高等职业院校精品教材系列

半导体集成电路

陆建恩　席筱颖
黄　玮　居水荣　编著

電子工業出版社
Publishing House of Electronics Industry
北京 · BEIJING

内 容 简 介

集成电路产品已经在社会生产和生活中得到广泛的应用。作者根据行业企业岗位的技能需求，在总结十余年课程教学及多年企业的集成电路设计经验的基础上，结合近几年取得的课程改革成果编写了本书。本书共 10 章，主要内容有：集成电路的基本制造工艺，集成电路中的有源器件与无源器件，双极型数字集成电路，MOS 型数字集成电路及其特性，双极型和 MOS 型模拟集成电路，模拟集成电路的典型产品——集成运算放大器，集成电路设计基础，典型综合实例——触摸感应按键集成电路设计。本书内容丰富实用，避免冗长的公式推导，注重岗位技能培养。

本书为高等职业本专科院校相应课程的教材，也可作为开放大学、成人教育、自学考试、中职学校和培训班的教材，以及集成电路工程师的参考工具书。

本书配有电子教学课件、习题参考答案等，详见前言。

图书列在版编目（CIP）数据

半导体集成电路/陆建恩等编著. —北京：电子工业出版社，2015.9（2025.2 重印）
高等职业院校精品教材系列
ISBN 978-7-121-26876-2

Ⅰ. ①半… Ⅱ. ①陆… Ⅲ. ①半导体集成电路－高等职业教育－教材 Ⅳ. ①TN43

中国版本图书馆 CIP 数据核字（2015）第 181813 号

策划编辑：陈健德（E-mail：chenjd@phei.com.cn）
责任编辑：李　蕊
印　　刷：北京捷迅佳彩印刷有限公司
装　　订：北京捷迅佳彩印刷有限公司
出版发行：电子工业出版社
　　　　　北京市海淀区万寿路 173 信箱　邮编 100036
开　　本：787×1 092　1/16　印张：14.75　字数：377.6 千字
版　　次：2015 年 9 月第 1 版
印　　次：2025 年 2 月第 10 次印刷
定　　价：48.00 元

凡所购买电子工业出版社图书有缺损问题，请向购买书店调换。若书店售缺，请与本社发行部联系，联系及邮购电话：（010）88254888，88258888。

质量投诉请发邮件至 zlts@phei.com.cn，盗版侵权举报请发邮件至 dbqq@phei.com.cn。

本书咨询联系方式：chenjd@phei.com.cn。

前言

信息技术在近些年迅猛发展，微电子技术水平也不断提高，集成电路产品已经在社会生产和生活中得到广泛的应用，企业需要大量具备集成电路技术知识的应用型人才。半导体集成电路是整个集成电路家族中的核心，伴随着制备技术的不断进步，其电路结构形式及性能也与时俱进。作为微电子技术专业的一门专业课程，其课程内容也应当紧跟技术发展的潮流，突出实践技能培养，符合教育部最新的职业教育教学改革要求。本书是作者在总结十余年半导体集成电路课程教学经验的基础上，结合近几年取得的课程改革成果，以及多年企业的集成电路设计经验编写而成的，其主要特点有以下几个方面。

(1) 依据集成电路产业链上各个岗位的能力要求，本书通过元器件、单元电路、电路模块和完整电路等几个层次递进的方式，以“集成”概念为中心介绍其算法分析、电路实现、仿真确认、版图设计、工艺加工、测试和封装等。

(2) 本书内容几乎涵盖了目前常见集成电路中各种类型的元器件、单元电路和电路模块。

(3) 为提高学生学习兴趣，本书尽量避免一些冗长、枯燥的数学公式的推导和理论介绍，多采用实例来加以说明。

(4) 本书详细介绍了采用行业最新技术的企业项目——触摸感应按键集成电路设计，给使用者建立了一个完整的集成电路的概念。

(5) 除了通常见到的关于元器件、单元电路和电路模块的版图设计之外，本书还加入了逻辑设计的内容，并且紧跟技术发展步伐，介绍了目前行业内最新的设计工具。

本书第 1 章重点介绍集成电路的基本制造工艺，为学习后续内容奠定基础；第 2 章介绍集成电路中的有源器件与无源器件，而且还包括各种寄生效应可能产生的影响；第 3 章介绍双极型数字集成电路，主要为 TTL 家族中的几种电路形式，鉴于双极型数字集成电路目前已不是主流电路，本书对这部分内容作了适当精简；第 4～6 章重点讨论目前已成为半导体集成电路主流品种的 MOS 型数字集成电路及其特性，其中突出 CMOS 电路内容，包括各类 MOS 反相器和 CMOS 逻辑门，重点介绍有代表性的 CMOS 逻辑部件和整体电路，包括加法器、多路选择器、锁存器、触发器、移位寄存器、计数器/定时器、译码器和编码器、存储器、算术逻辑单元、中央处理单元和微控制器等；第 7 章介绍双极型和 MOS 型模拟集成电路中的各类单元电路，考虑到模拟电路自身结构的特点，本书尝试采用两者并列介绍的方式，便于读者记忆和对它们的特性进行比较；第 8 章介绍模拟集成电路的典型产品——集成运算放大器；第 9 章介绍集成电路设计基础，包括设计软件、数字和模拟集成电路的设计方法、版图设计基础，并以 μA741 运放为例，给出其实例版图；最后一章为典型综合实例——触摸感应按键集成电路设计，首先介绍了该电路所包含的各种元器件，然后重点针对其中的数字单元电路和电路模块、模拟模块进行详细描述，最终简要介绍该电路的整体设计。

本书为高等职业本专科院校相应课程的教材，也可作为开放大学、成人教育、自学考试、中职学校和培训班的教材，以及集成电路工程师的参考工具书。

本书第 1～3 章由江苏信息职业技术学院黄玮编写，第 4～6 章由席筱颖编写，第 7～9 章由陆建恩编写，第 10 章和第 6 章、第 9 章的部分内容由居水荣编写，全书由陆建恩负责统稿。在编写过程中得到了电子信息工程系孙萍教授、微电子教研室其他老师及合作企业技术人员的大力帮助，在此表示由衷的感谢。

由于编者水平有限，书中难免存在缺点和错误，敬请广大读者批评指正。

为了方便教师教学，本书还配有免费的电子教学课件、习题参考答案等，请有此需要的教师登录华信教育资源网（http://www.hxedu.com.cn）免费注册后进行下载，有问题请在网站留言或与电子工业出版社联系。

编著者

目　录

第1章

集成电路的基本制造工艺

集成电路是指采用一定的工艺，把一个电路中所需的晶体管、二极管、电阻、电容和电感等元器件及布线互连在一起，制作在一小块或几小块半导体晶片或介质基片上，并最终实现所需功能的微型电路结构。集成电路产品的实现，要经过功能设计、逻辑设计、电路设计、版图设计、工艺制造、芯片封装等多个步骤。其中电路和版图的设计也必须考虑到相应的工艺制造流程，因此在展开有关半导体集成电路设计的分析介绍之前，首先要了解一般集成电路的基本制造工艺流程。

目前而言，无论是产品性能还是产品品种，半导体集成电路在整个集成电路中都独占鳌头，大约占据了90%以上的份额。半导体集成电路是指直接以半导体衬底材料（简称晶圆）或其他衬底材料为基础，并在它们的外延层（通常是一层对电阻率、厚度有专门要求的半导体材料）上通过专门的半导体工艺技术，围绕以光刻技术为核心，辅以其他一系列超微细半导体加工手段，如离子注入、扩散、化学气相淀积（CVD）、溅射等制作而成的一种微型电路。其中半导体衬底材料主要是指硅（Si）、砷化镓（GaAs）等晶体材料，而其他衬底材料则可能是玻璃或陶瓷等。其中以硅为衬底的集成电路（简称硅基集成电路）长期以来一直是集成电路制造业的主流，其应用也最为广泛，产品价格也最低廉。目前硅基集成电路的制备晶圆直径为5～12 in不等，最细加工线宽（特征尺寸）已缩小至22 nm。本章主要介绍硅基集成电路的制造工艺与设计知识。

集成电路根据所采用的器件，可以分为双极型集成电路和MOS型集成电路两大类。

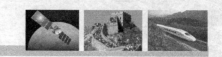

1.1 双极型集成电路的基本制造工艺

集成电路制造的一个关键点是要实现元器件之间的隔离。在双极型集成电路的制造工艺中，常用的隔离方法包括 PN 结隔离、介质隔离，以及 PN 结和介质混合隔离，如 TTL、STTL 等电路都是采用这几种制造工艺。也有少数双极型集成电路是利用元器件间自然隔离实现的，如 I^2L 电路。

下面以典型的采用 PN 结隔离的掺金 TTL 电路为代表来介绍双极型集成电路的工艺制造流程。

典型的采用 PN 结隔离的掺金 TTL 电路工艺流程如图 1-1 所示，其基本工艺过程可描述为：在衬底硅片上生长一层外延层，随后将外延层划分为彼此电隔离的区域，然后在各个隔离区内制作特定的元器件，如晶体管、二极管、电阻器等。接着完成元器件之间的互连，最后经由装片、引线、封装而成为集成电路成品。

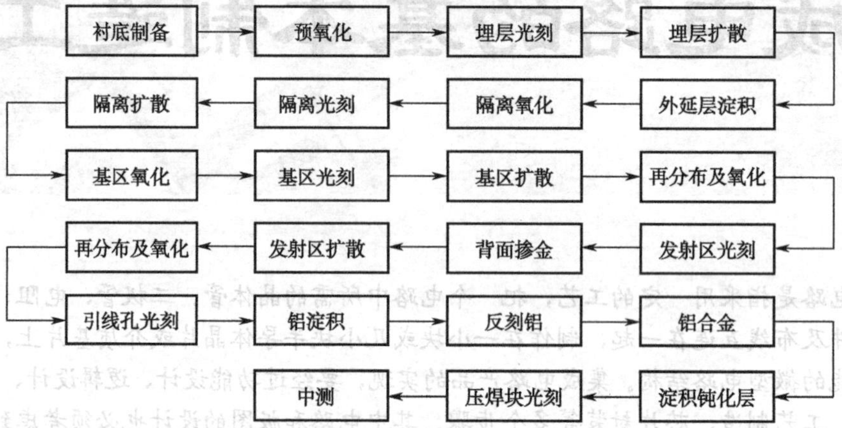

图 1-1　典型的采用 PN 结隔离的掺金 TTL 电路工艺流程

图 1-2 为典型 PN 结隔离双极型集成电路的工艺流程示意图。图中元器件为 NPN 型晶体管和硼扩散电阻。

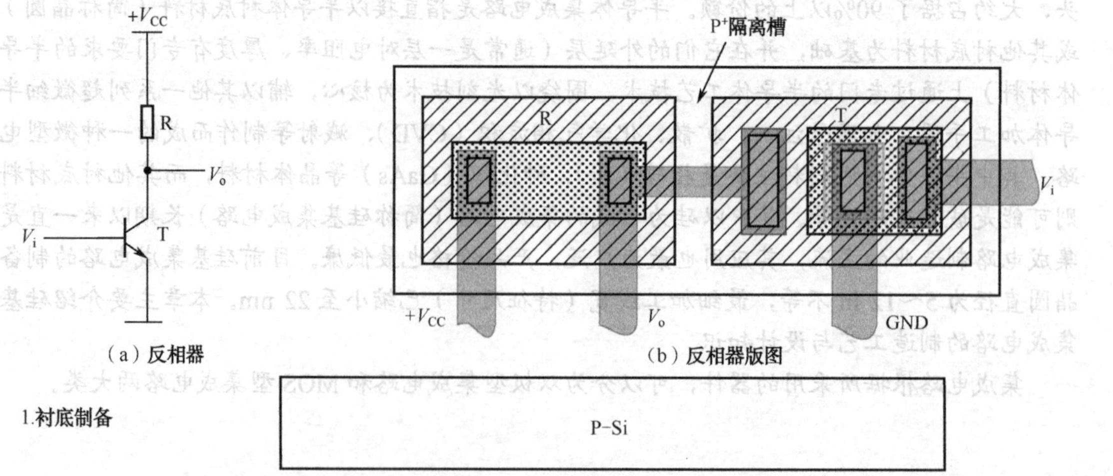

图 1-2　典型 PN 结隔离双极型集成电路的工艺流程示意图

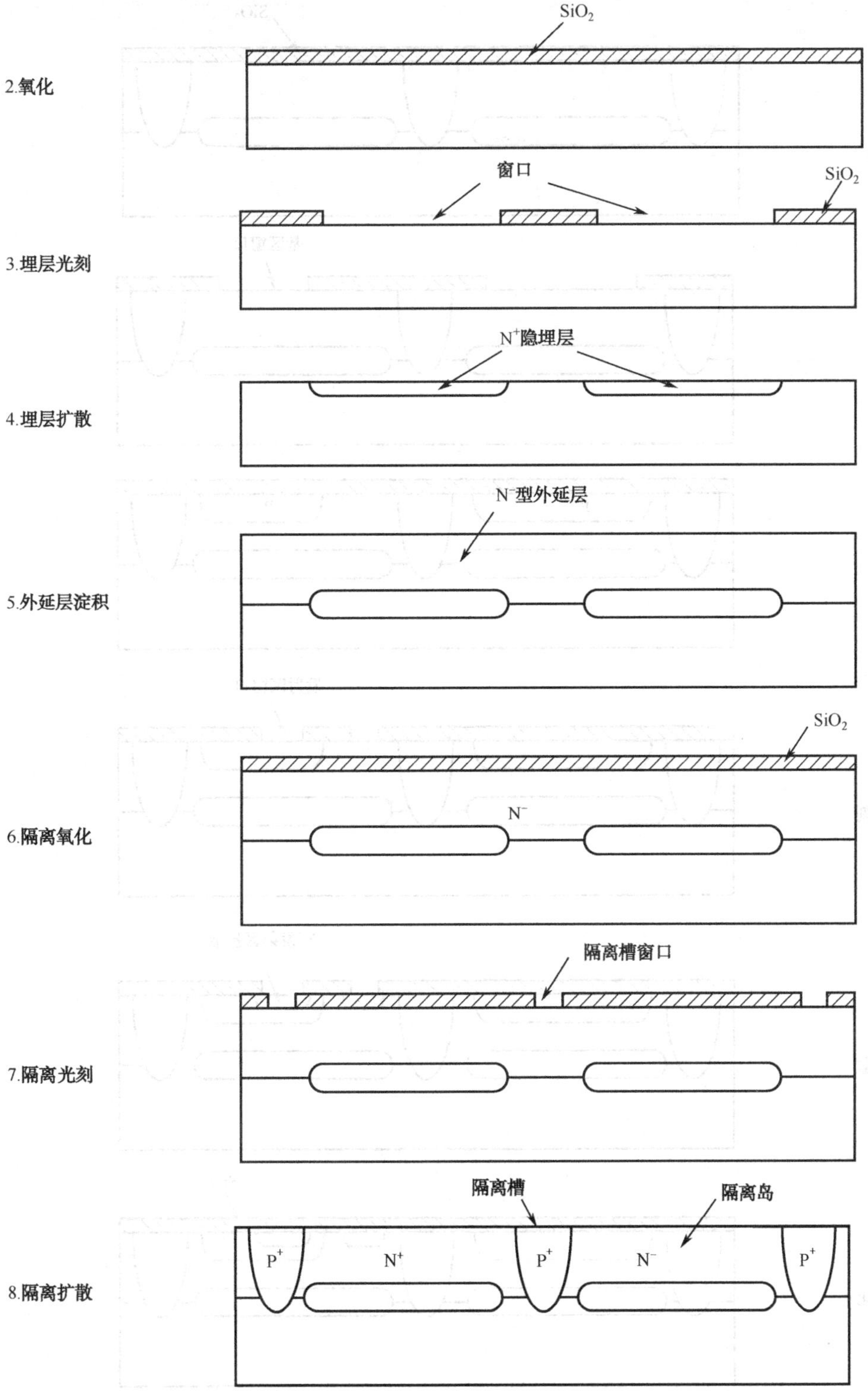

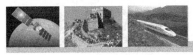

图 1-2　典型 PN 结隔离双极型集成电路的工艺流程示意图（续）

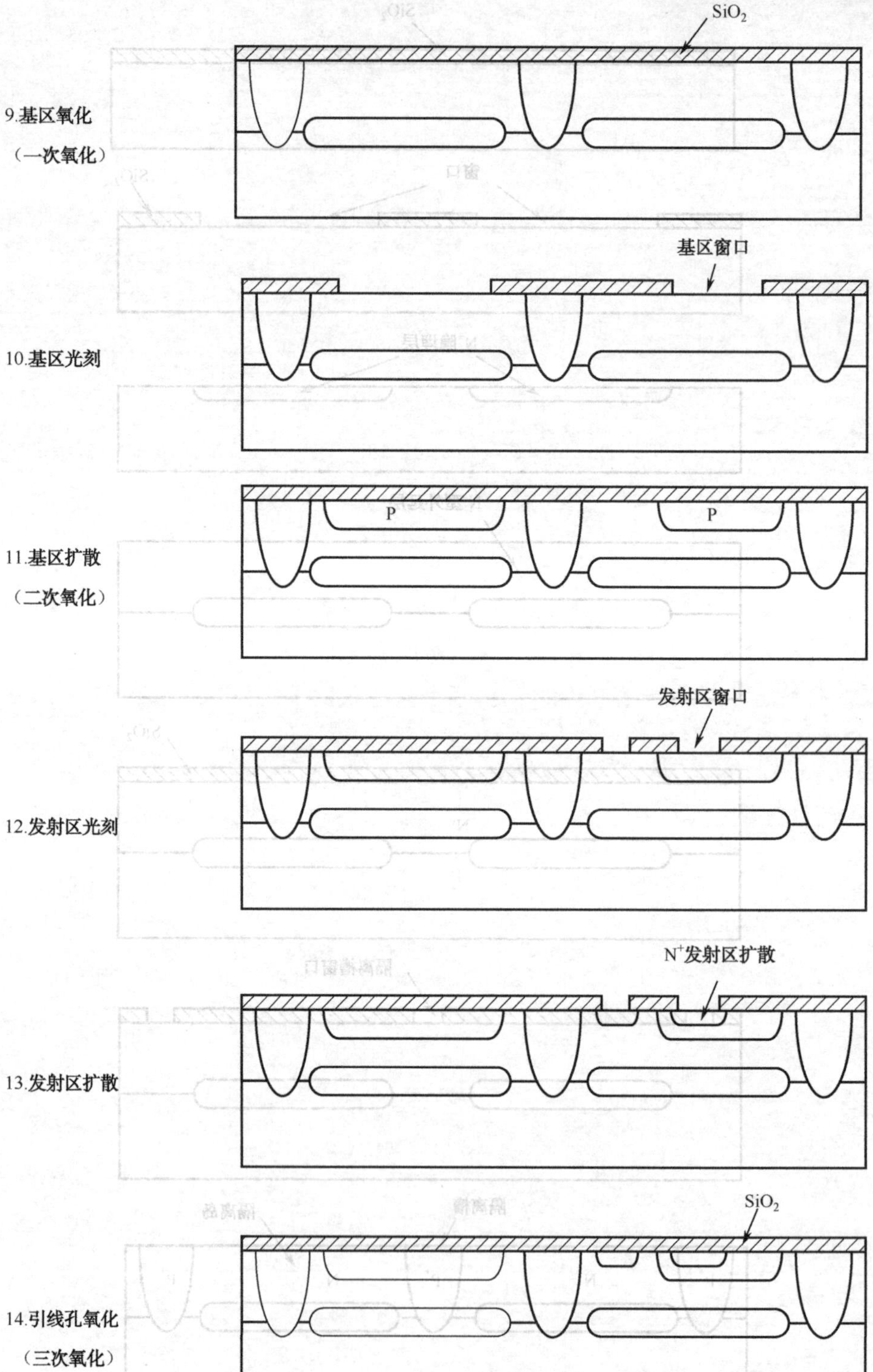

图 1-2　典型 PN 结隔离双极型集成电路的工艺流程示意图（续）

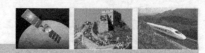

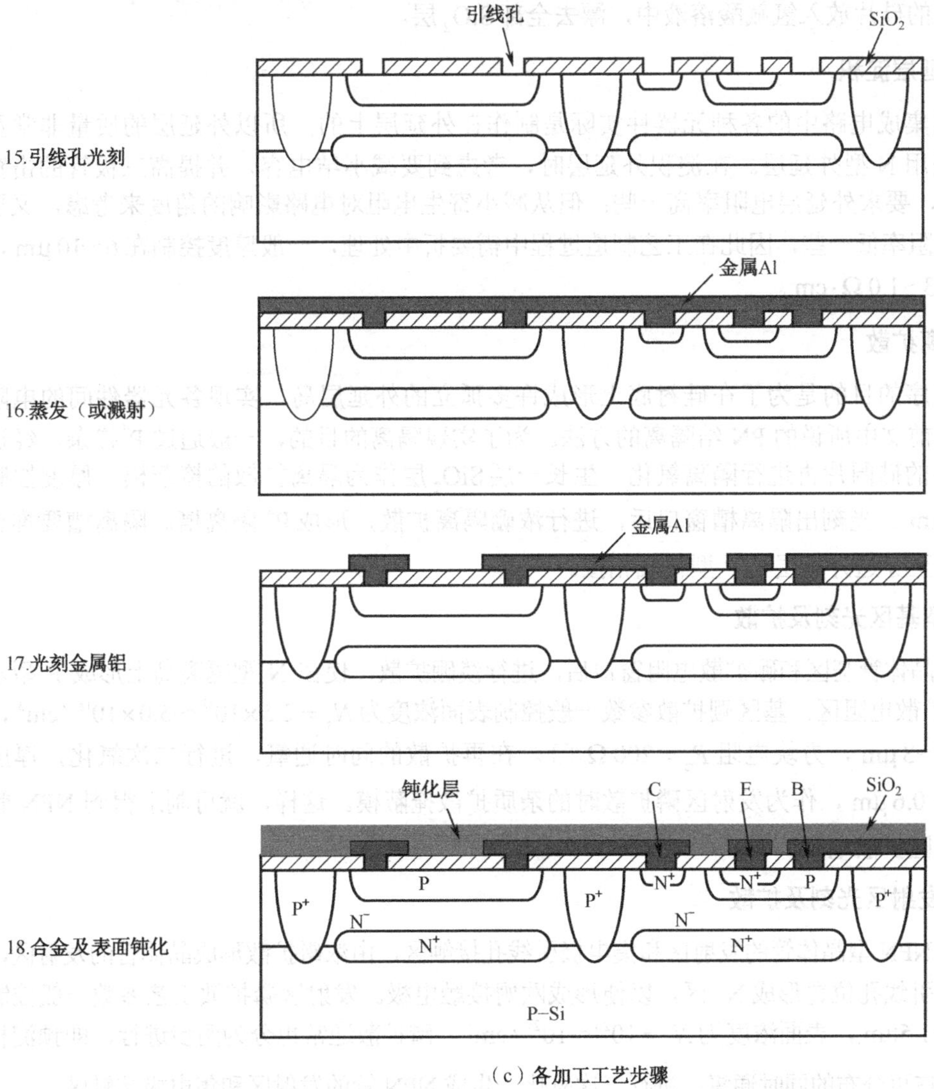

（c）各加工工艺步骤

图 1-2　典型 PN 结隔离双极型集成电路的工艺流程示意图（续）

根据图 1-1 和图 1-2，下面对双极型集成电路制造过程中的重要工艺工序进行说明。

1. 衬底制备

在双极型集成电路中一般选择电阻率为 8～13 Ω·cm 的 P 型硅单晶锭作为衬底，有助于提高隔离结的击穿电压。为获得良好的 PN 结结面，减少缺陷，常采用［111］晶向，厚度为 400～600 μm，缺陷密度控制在允许范围内。

2. 埋层光刻和扩散

埋层的制作主要是为了减小寄生效应对集成电路性能的影响，所以一般采用砷作为掺杂杂质来制作 N^+埋层。首先进行埋层氧化（预氧化），控制 SiO_2 厚度在 1.2～1.5 μm，该氧化层将作为隐埋扩散的掩蔽模。接着进行埋层光刻，形成埋层扩散窗口，选择 Sb 或 As 扩散，以形成一个高浓度的 N^+埋层区。埋层的扩散方块电阻 $R_{□}$ 一般控制在15～20 Ω/□。经埋层扩散后的硅片放入氢氟酸溶液中，漂去全部SiO_2层。

3. 外延层淀积

双极型集成电路中的各种元器件实际是制作在外延层上的，所以外延层的质量非常重要。一般采用N型外延层。在淀积外延层时，考虑到要减小结电容，并提高三极管的击穿电压BV_{CBO}，要求外延层电阻率高一些；但从减小寄生电阻对电路影响的角度来考虑，又要求外延层电阻率低一些，因此在工艺制造过程中需要折中处理，一般厚度控制在$6\sim10\ \mu m$，电阻率为$0.3\sim1.0\ \Omega\cdot cm$。

4. 隔离扩散

这道工序的目的是为了在硅衬底上形成许多孤立的外延层岛，实现各元器件间的电隔离，也就是前文中所说的PN结隔离的方法。为了实现隔离的目的，一般通过P^+掺杂，经过外延生长后的硅圆片再进行隔离氧化，生长一层SiO_2层作为隔离扩散的掩蔽模，厚度控制在$1.2\sim1.5\ \mu m$。光刻出隔离槽窗口后，进行浓硼隔离扩散，形成P^+隔离槽。隔离槽要推进得很深，直至穿透外延层与P型衬底相接。

5. P型基区光刻及扩散

光刻出晶体管基区和硼扩散电阻窗口后，进行淡硼扩散，使在N型隔离岛上形成P型基区和P型扩散电阻区。基区硼扩散参数一般控制表面浓度为$N_s = 2.5\times10^{18}\sim5.0\times10^{18}/cm^3$，结深$x_{jc} = 2\sim3\ \mu m$，方块电阻$R_{\square} = 200\ \Omega/\square$。在再扩散的同时通氧，进行二次氧化，厚度控制在$0.5\sim0.6\ \mu m$，作为发射区磷扩散时的杂质扩散掩蔽模。这样，就可制造得到NPN管的基区及基区扩散电阻。

6. N^+发射区光刻及扩散

光刻出NPN型晶体管的发射区和集电极引线孔接触区，由浓磷扩散形成晶体管的发射区，并在集电极引线孔位置形成N^+区，以便形成欧姆接触电极。发射区磷扩散工艺参数一般控制结深为$x_{je} = 1.5\mu m$，表面浓度为$N_s = 10^{20}\sim10^{21}/cm^3$。磷扩散通常也分为两步进行，即预淀积与再分布。在再分布的同时通氧，进行三次氧化，生成NPN管的发射区和集电极接触区。

7. 引线孔及铝淀积

光刻出引线孔，以便形成欧姆接触电极。通常是在硅圆片表面通过蒸发或溅射形成一层高纯度铝膜，膜厚为$1\sim1.5\ \mu m$。再根据集成电路引出线及电路元器件互连线的要求进行金属膜光刻，以去除不需要的铝膜，保留需要的铝膜（即互连线）。金属光刻后的硅片可在真空或氮气中经500 ℃左右的温度合金10～20 min，使铝电极硅形成良好的欧姆接触，从而形成金属引线孔和金属布线，实现元器件间的连接，完成电路。

8. 钝化层及压焊区

在合金化后的硅片表面淀积一层氮化硅（Si_3N_4）或磷硅玻璃（PSG）等钝化膜（厚为$0.8\sim1.2\ \mu m$），再光刻出键合的压点，形成钝化保护层来保护芯片，使其不易受外部环境影响，并制造出用于后续封装压焊用的PAD图形。然后对电路进行测试、划片、键合与封装，形成集成电路芯片成品。

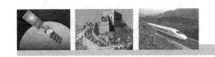

1.2　CMOS 集成电路的基本制造工艺

MOS 型集成电路是由 MOS 元件构成的集成电路，根据 MOS 管导电沟道的不同，可以分为 NMOS 集成电路、PMOS 集成电路和 CMOS 集成电路。在 NMOS 和 PMOS 集成电路中只采用一种导电沟道的 MOS 器件；而 CMOS 电路是利用 NMOS 管和 PMOS 管的一些互补特性来实现的，具有更低的静态功耗、更高的工作速度等优点，并且还能和 TTL 电路兼容，应用广泛。

目前，CMOS 集成电路工艺是数字集成电路制造的主流工艺，尤其是大规模与超大规模集成电路，如计算机中央处理器（CPU）、存储器等。CMOS 集成电路中一般只需制作两种类型的 MOS 管，即 NMOS 管与 PMOS 管，因此，总体来说，MOS 集成电路制造工艺相对双极型集成电路制造工艺而言要简单一些。

在 CMOS 电路中，需要将 NMOS 管和 PMOS 管制作在同一种衬底材料上，这就需要把一种 MOS 管直接做在衬底上，而把另一种 MOS 管做在特殊的阱中。根据不同阱的导电类型，可把 CMOS 集成电路制造工艺分为 N 阱和 P 阱两大类。

本节将以 N 阱 CMOS 工艺为例进行详细的说明。通过向 P 型半导体衬底注入（扩散）磷，就可以得到 N 阱，N 阱作为 PMOS 管的衬底，而 P 型衬底上则可以直接制作 NMOS 管。采用这种工艺方法可以降低 NMOS 管的结电容及衬底偏置效应。图 1-3 显示了 N 阱硅栅 CMOS 集成电路工艺的基本流程。

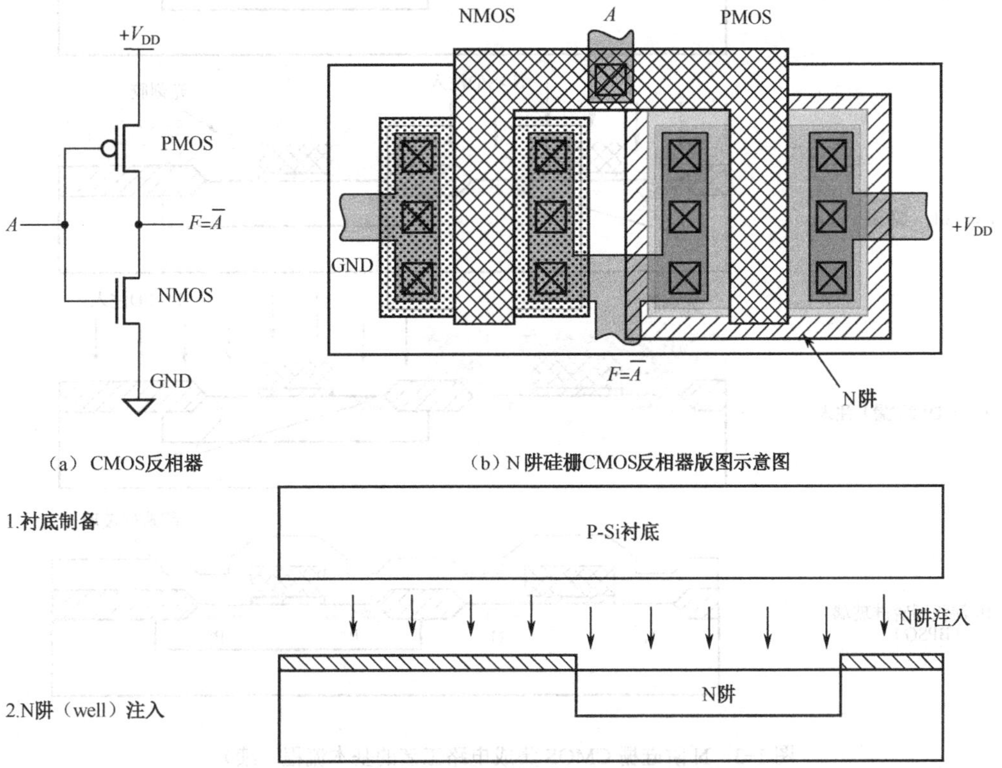

图 1-3　N 阱硅栅 CMOS 集成电路工艺的基本流程

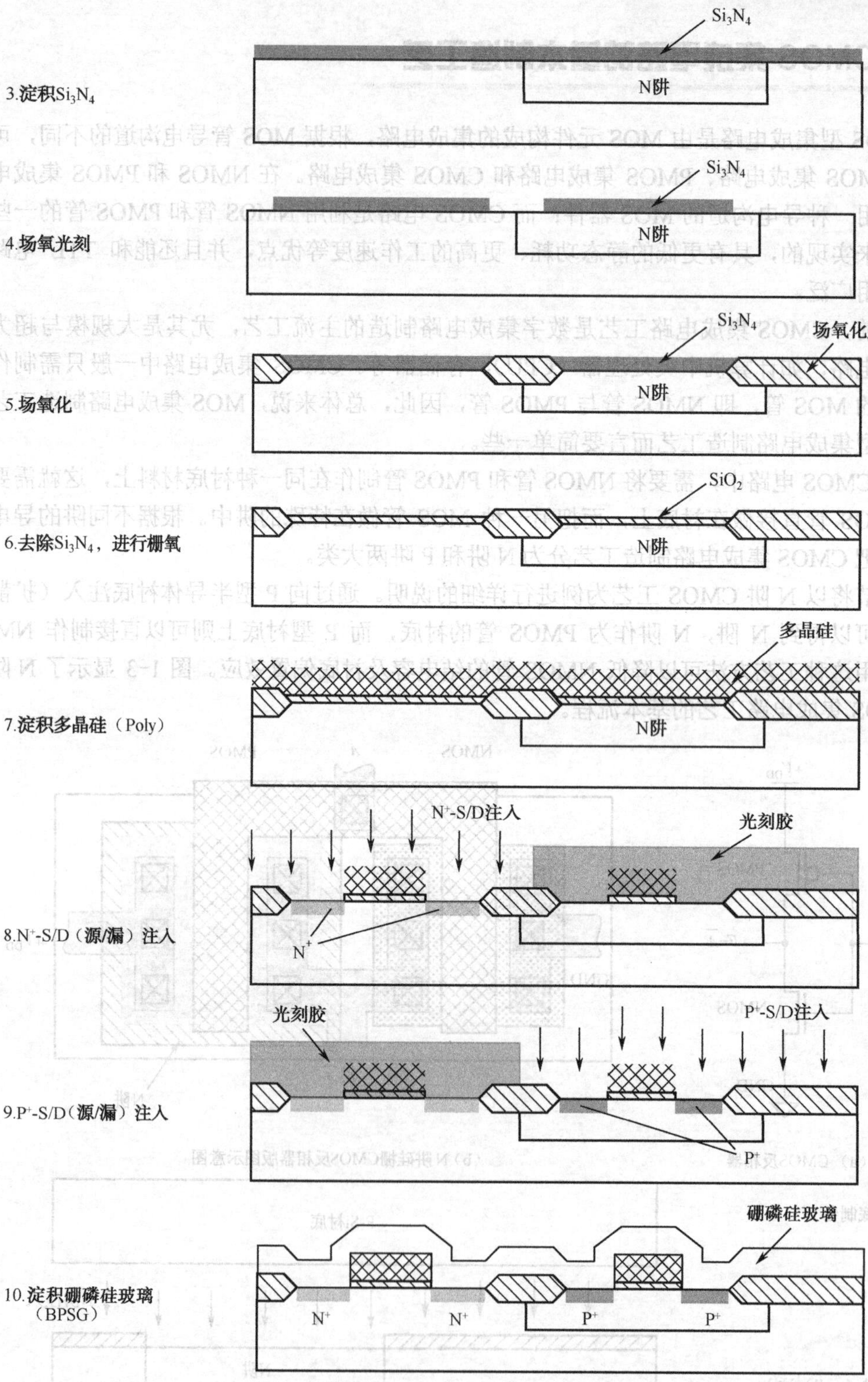

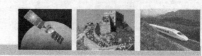

图 1-3　N 阱硅栅 CMOS 集成电路工艺的基本流程（续）

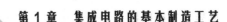

11.淀积金属（Metal）

12.淀积钝化层，并且化学机械抛光（CMP）

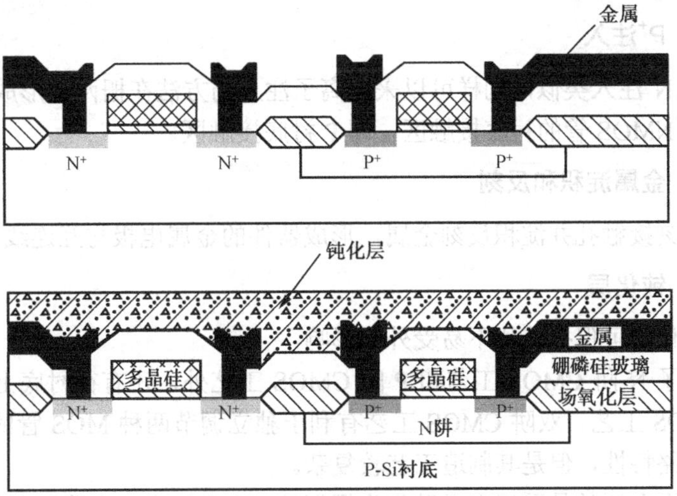

图 1-3　N 阱硅栅 CMOS 集成电路工艺的基本流程（续）

如图 1-3 所示的是典型的采用多晶硅作为栅极的 N 阱硅栅 CMOS 集成电路工艺的基本流程。下面对整个工艺流程中的重要工序进行说明。

1. 衬底制备

和双极型集成电路不同，一般选择［100］晶向的 P - Si 衬底。

2. N 阱

N 阱作为 PMOS 管衬底，掺杂浓度不需要很高。在光刻确定 N 阱区域后，可通过磷扩散形成。

3. 场氧化

整个衬底可分为有源区和场区两部分，有源区即器件工作区，而场区则是实现器件和器件间的电隔离。因而在典型 CMOS 集成电路制造时采用的是介质隔离的方法，可利用二氧化硅的良好绝缘特性来实现隔离。为了减小寄生 MOS 管对电路的影响，一般场氧化层比较厚，控制在 1 μm 左右。

4. 栅介质层

栅介质层是 MOSFET 构成中不可缺少的一部分，MOSFET 即是通过在栅极上施加电压从而在栅介质层中形成电场来控制沟道的。一般使用 SiO_2 作为栅介质，栅介质层的厚度较小。

5. 多晶硅淀积和光刻

多晶硅可用作 MOS 管的栅极，除多晶硅外，传统的铝金属也是常用的栅极材料。采用多晶硅可以实现硅栅自对准，能够减小工艺制造过程中的误差，因此在目前的 MOS 器件制作中多以多晶硅作为栅极。

6. N^+注入

采用离子注入的方法，以多晶硅栅作为掩蔽层，可直接在栅两边形成自对准的源、漏区。N^+注入形成的掺杂区除了可以作为 NMOS 管的源/漏区外，还可以作为 PMOS 管的衬底接触区，即 N 阱接触区。

7. P^+注入

与N^+注入类似，同样可以采用离子注入的方法在栅两边形成PMOS管的源/漏区。也可以作为NMOS管的衬底接触区，即P衬底接触区。

8. 金属淀积和反刻

光刻接触孔并淀积反刻金属，形成器件的金属电极与互连线，实现电路连接。

9. 钝化层

钝化层可保护芯片不易受外界影响。

除了N阱CMOS工艺和P阱CMOS工艺外，还有在衬底上分别制作N阱和P阱的双阱CMOS工艺。双阱CMOS工艺有利于独立调节两种MOS管的参数，又使CMOS获得优良的电路特性，但是其制造工艺较复杂。

上面介绍的是采用多晶硅作为栅极的CMOS集成电路工艺流程，如果采用金属铝作为栅极，则工艺流程会有较大的不同。由于目前CMOS集成电路以硅栅为主，因此铝栅CMOS集成电路工艺流程在本书中就不再叙述了。

知识梳理与总结

本章主要讨论了双极型集成电路和MOS集成电路这两大类集成电路的一般制造工艺流程，通过本章的学习，一方面可以对这两类电路的基本结构有一个初步的认识，另一方面也可以对这两类电路的制造工艺有一定的了解。同学们要对两类电路的基本特点、构成的器件，以及两类电路在结构和制造方面的区别有明确的认识，这对于后续章节有关电路构成及电路设计方面的学习有很大的帮助。

思考与练习题1

1. 何为半导体集成电路？
2. 双极型集成电路中常用的隔离方法是什么？其依据的原理又是什么？
3. 典型的双极型集成电路制造过程中制作埋层的作用是什么？
4. 什么是CMOS集成电路？
5. N阱CMOS集成电路制造工艺中制作N阱的作用是什么？

第2章 集成电路中的有源器件与无源器件

在前一章中介绍了常用集成电路的基本制造工艺流程。集成电路和分立器件的制造技术方法不一样，而且集成电路中所用的元器件结构与分立器件的结构也有所不同。对于集成电路的设计来说，除了包括电路结构的设计之外，还必须考虑到电路中各元器件的性能对电路功能的影响。考虑到集成电路工艺结构与分立器件工艺结构的区别，在集成电路中所使用的各种元器件在保留一般器件特性的基础上，也有其相对的特殊性。因而，本章将讨论集成电路中常用的元器件结构，并了解集成电路中元器件与分立器件的不同特点。

2.1 集成晶体管

2.1.1 双极型晶体管

双极型集成电路主要是由双极型晶体管即三极管构成的。分立三极管剖面结构示意图如图 2-1 所示。

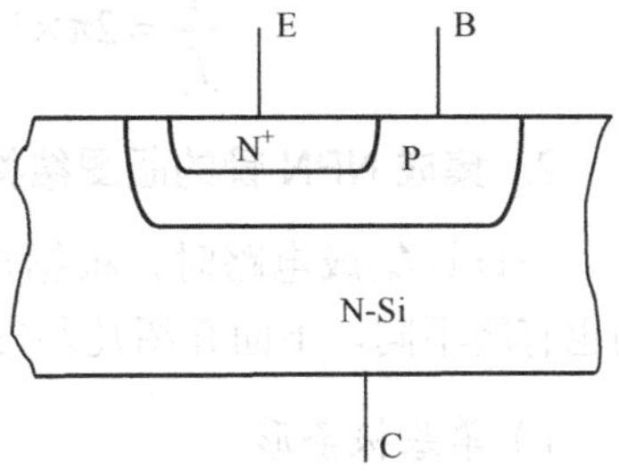

图 2-1 分立三极管剖面结构示意图

分立三极管的集电极可以直接从衬底背面引出，但是在集成电路中所有的元器件都公用一个衬底，因此，集电极不能直接从衬底背面引出，必须从衬底表面引出。另外，在集成电路中还需要考虑器件之间的隔离，并且尽可能减小器件寄生效应对电路性能的影响。集成 NPN 晶体管的结构示意图如图 2-2 所示，其等效结构如图 2-3 所示。

从图 2-2 和图 2-3 中可以看出，集成 NPN 晶体管具有四层三结结构，其电极都是从表面引出的。由于外延层掺杂浓度较低，为了使金属电极与半导体之间有良好的接触电阻，因此特别在外延层中制作了一个高浓度的 N^+ 掺杂区，构成集电极接触区，使集电极金属和外延层间形成良好的欧姆接触。又由于集电极从表面引出，电路结构中串联电阻和电容增大，制作 N^+ 埋层有利于减小集电极串联电阻，抑制寄生效应。P^+ 隔离区则实现了集成电路中器件间的电隔离，但是要求 P^+ 隔离区接整个电路中的最低电位。

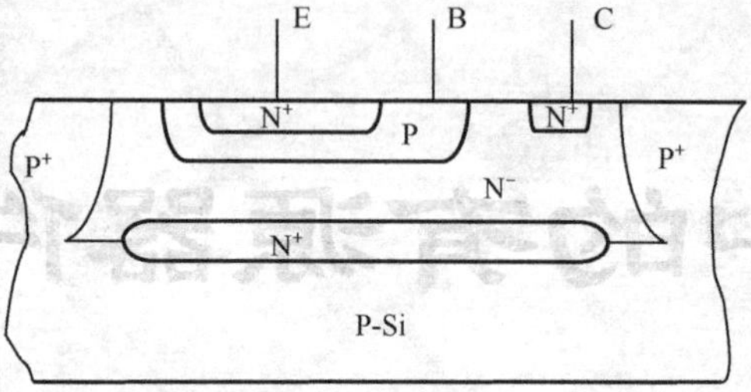

图 2-2 集成 NPN 晶体管的结构示意图

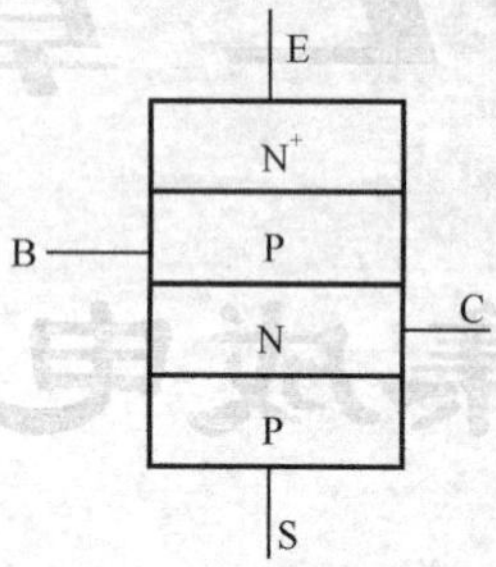

图 2-3 集成 NPN 晶体管的等效结构

1. 集成 NPN 管的特性参数

1）电流容量 I_{CM}

电流容量即集成 NPN 管可以允许的最大工作电流，“电流集边效应”使最大工作电流正比于有效发射极周长，即

$$I_{CM} = \alpha \cdot l_{eff}$$

式中，α 是单位有效发射极周长的最大工作电流，α 为 $0.16 \sim 0.40\ \mathrm{mA/\mu m}$；$l_{eff}$ 是有效发射极周长。

2）饱和压降 V_{CES}

集电极串联电阻的存在使晶体管饱和压降提高。

$$V_{CES} = V_{CESO} + I_C \cdot r_{CS}$$

式中，V_{CESO} 是本征饱和压降，$V_{CESO} \approx 0.1\,\mathrm{V}$。

3）频率特性 f_T

由于寄生电阻、寄生电容的存在，集成 NPN 管的特征频率比分立 NPN 管低很多。

$$\frac{1}{f_T} = 2\pi \times 1.4 \left(r_e \cdot C_e + \frac{W_b^2}{5D_{nb}} + \frac{\delta_c}{2v_m} + r_{cs} \cdot C_c + \frac{1}{2} r_{cs} \cdot C_c \right)$$

2. 集成 NPN 管的版图结构

在设计集成电路时，根据电路参数和要求的不同，实际设计的集成电路中的元器件结构也有所不同，下面介绍几种常见的集成 NPN 管版图结构。

1）单基极条形

如图 2-4 所示的是最基本的一种集成 NPN 管的版图结构，其对应的剖面等效结构与如图 2-3 所示的示意图类似。其结构简单，面积小，寄生电容小，电流容量小，基极串联电阻大，集电极串联电阻大。

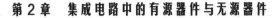

2）双基极条形

为了减小基极串联电阻，可在基区上的绝缘层中制作两个引线孔，并最终反刻两条基极金属电极，如图 2-5 所示。该版图结构所占面积较大，寄生电容较大，但电流容量也较大。

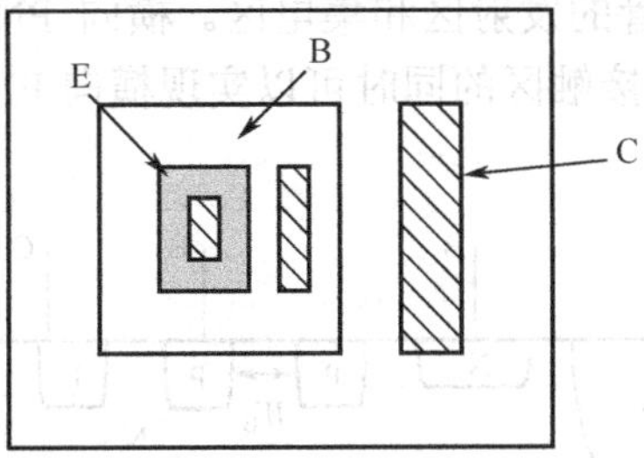

图 2-4　单基极条形集成 NPN 管版图

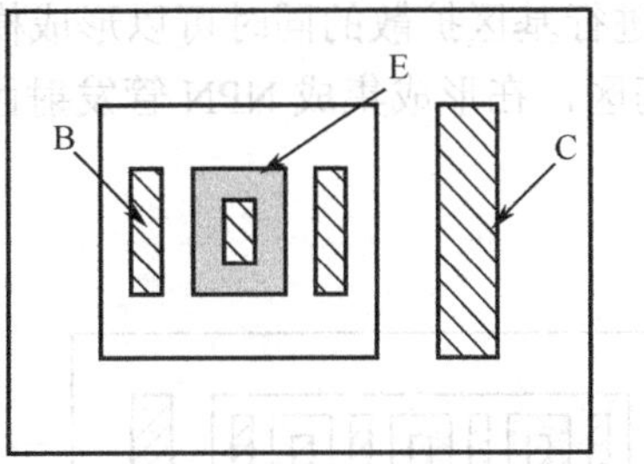

图 2-5　双基极条形集成 NPN 管版图

3）双基双集电极条形

与双基极条形版图结构类似，该版图结构对应的集成 NPN 管也具有较大的电流容量，而制作两个基极和两个集电极，不仅有利于减小基极串联电阻，还有利于减小集电极串联电阻，如图 2-6 所示。

4）马蹄形结构

马蹄形结构使得集成 NPN 管相当于有多个集电极和基极，具有减小集电极串联电阻和基极串联电阻的作用，电流容量较大，占据的芯片面积较大，寄生电容也较大，其版图如图 2-7 所示。

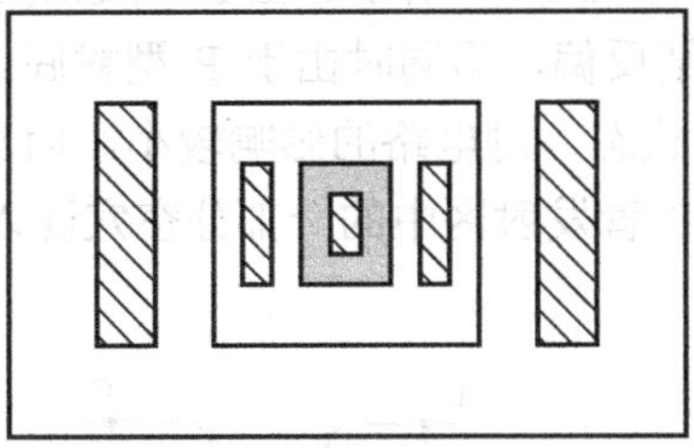

图 2-6　双基双集电极条形集成 NPN 管版图

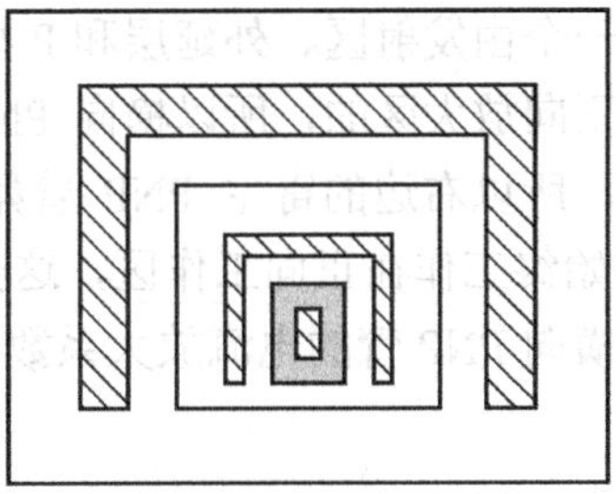

图 2-7　马蹄形结构集成 NPN 管版图

5）梳状结构

与马蹄形结构的版图类似，梳状结构的版图也使得集成 NPN 管相当于有了多个集电极和基极，具有减小集电极串联电阻和基极串联电阻的作用，电流容量较大，占据的芯片面积较大，寄生电容也较大，其版图如图 2-8 所示。

2.1.2　集成电路中的 PNP 管

双极型集成电路中常用的元器件是 NPN 管，但是也有需要用到 PNP 管的场合，特别是在模拟电路中，如运放电路中的输入级的有源负载、功率放大电路等，都经常使用到 PNP 管。由于双极型集成电路的制造工艺主要是针对 NPN 管来设计的，所以在使用 PNP 管的时候，也希望 PNP 管的制造工艺可以与 NPN 管兼容。在集成电路中常用的 PNP 管主要有两大类，横向 PNP 管和衬底 PNP 管。

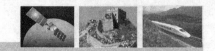

1. 横向 PNP 管

横向 PNP 管的结构如图 2-9 所示。其制造工艺与集成 NPN 管完全兼容，在集成 NPN 管进行基区扩散的同时可以形成横向 PNP 管的发射区和集电区。横向 PNP 管以外延层为基区，在形成集成 NPN 管发射区和集电极接触区的同时可以实现横向 PNP 管基极接触区。

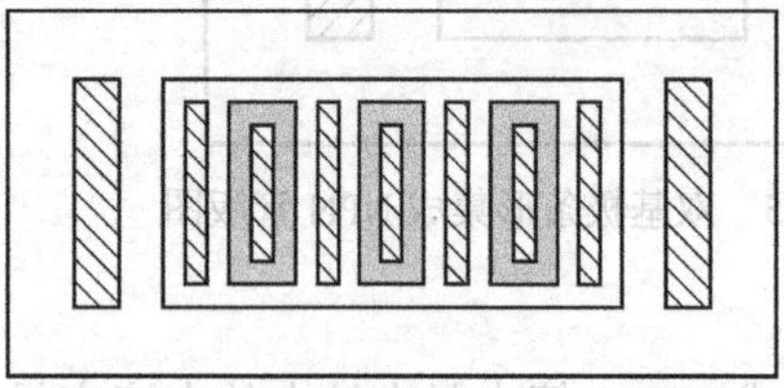

图 2-8 梳状结构集成 NPN 管版图

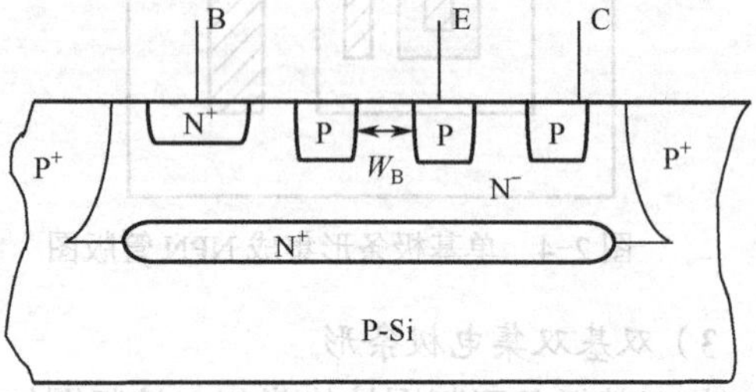

图 2-9 横向 PNP 管的结构示意图

从横向 PNP 管的结构示意图中可以明显看出，具有这种结构的 PNP 管的电流放大系数 β 比较小。这是由于其发射区浓度较低，而且由于工艺限制，基区宽度 W_B 不能太小，所以横向 PNP 管的电流放大系数受到限制。为了尽量提高横向 PNP 管集电极收集空穴的能力，在设计时往往采用集电区包围发射区的版图结构，如图 2-10 所示。

除了受到器件结构本身的限制外，横向 PNP 管的电流放大系数较小的主要原因是寄生的纵向 PNP 管的存在。横向 PNP 管有两个寄生晶体管，一个由集电区、外延层和 P 型衬底构成，另一个由发射区、外延层和 P 型衬底构成，如图 2-11 所示。由于一般横向 PNP 管都是工作在正向放大区的，所以横向 PNP 管的集电结反偏，而同时由于 P 型衬底一般接电路最低电位，所以右边的寄生 PNP 管始终处于截止状态，对电路的影响较小。而左边的寄生 PNP 管则始终工作在正向工作区，这会使横向 PNP 管发射区中的一部分空穴注入寄生 PNP 管，导致横向 PNP 管的电流放大系数变小。

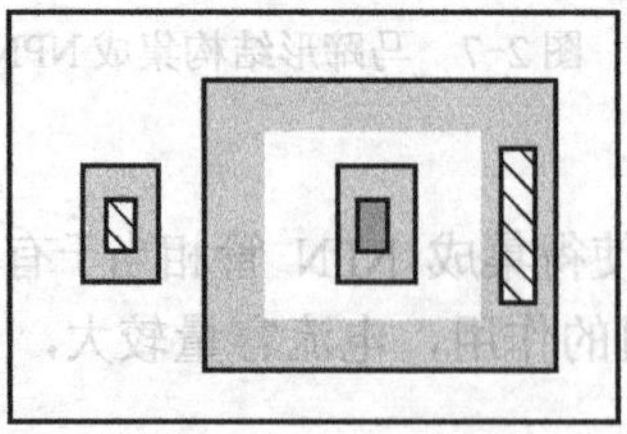

图 2-10 横向 PNP 管版图结构示意图

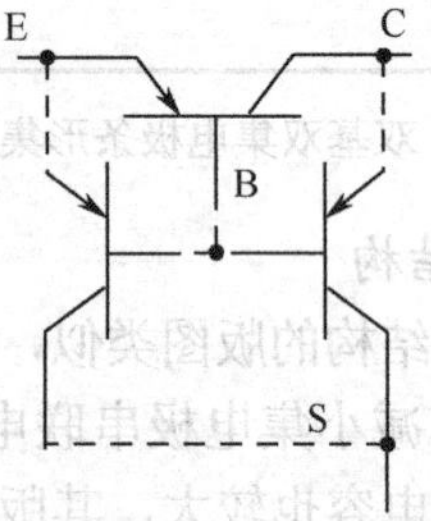

图 2-11 横向 PNP 管中的寄生 PNP 管

对于横向 PNP 管来说，只有从发射区侧面注入的空穴才对 PNP 管的增益有效，要抑制寄生 PNP 管的影响必须要提高横向注入的比例，所以在设计横向 PNP 管时，一般要减小发射区的面积与周长之比，这点与采用纵向结构的集成 NPN 管有所不同。通过增大发射结的结深，可以减小发射区的面积与周长之比，抑制寄生 PNP 管。而采用埋层工艺，可以使寄生 PNP 管的基区宽度增大，使寄生 PNP 管基区的复合增加，注入效率降低，同样可以起到改善寄生效应对横向 PNP 管影响的作用。

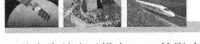

横向 PNP 管特征频率也比较小，导致特征频率较小的原因有如下几点：

（1）受工艺限制，横向 PNP 管的有效平均基区宽度较大；

（2）空穴的迁移率比电子的迁移率低；

（3）埋层的存在使折回集电极的少子路程增加。

以上原因使横向 PNP 管的基区渡越时间较长，基区存储电荷较多，从而导致特征频率较小。

2. 衬底 PNP 管

横向 PNP 管是集成电路中比较常用的一种 PNP 结构晶体管，但是它的电流放大系数和特征频率都比较小，一般比较适合小电流的情况。而当在较大电流下工作时，需要使用如图 2-12 所示的衬底 PNP 管。衬底 PNP 管的制造工艺也和集成 NPN 管的制造工艺完全兼容。在进行 NPN 管基区扩散的同时，可以得到衬底 PNP 管的发射区，将外延层作为基区，而 P 型衬底则作为衬底 PNP 管的集电区，其版图结构如图 2-13 所示。

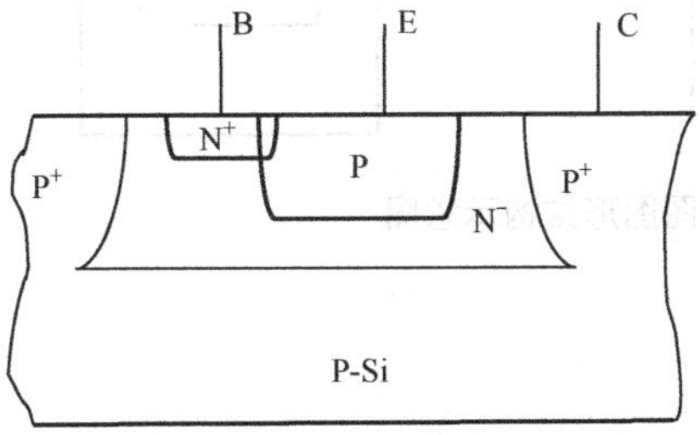

图 2-12　衬底 PNP 晶体管结构示意图

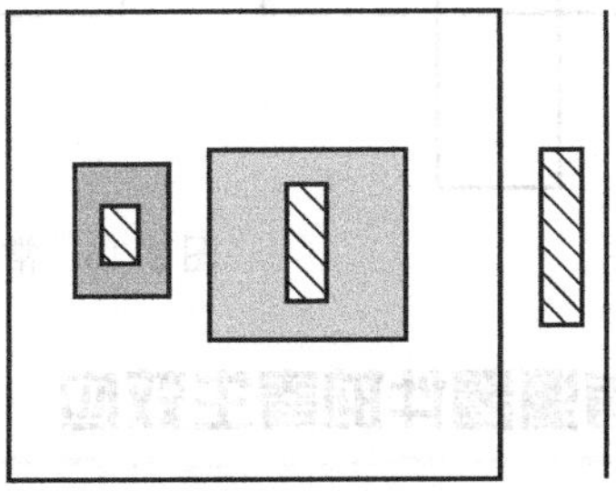

图 2-13　衬底 PNP 管版图结构示意图

由于衬底 PNP 管是以 P 型衬底为集电区的，而在双极型集成电路中，P 型衬底一般接整个电路的最低电位，所以限制了衬底 PNP 管的使用范围，一般只能用在集电极接最低电位的射极跟随电路中。但是采用 P 型衬底作为集电区，可以使得衬底 PNP 管中不存在寄生晶体管，所以可以不需要制作埋层。衬底 PNP 管的电流放大系数和特征频率都要比横向 PNP 管大一些，但仍然无法和集成 NPN 管相比较，这是由于衬底 PNP 管的发射区浓度较低，且有效基区宽度较大。

2.1.3 集成 MOS 晶体管

MOS 型集成电路是由 MOS 晶体管构成的，分立 NMOS 晶体管结构示意图如图 2-14 所示。

在 MOS 型集成电路中，所有的 MOS 晶体管都在同一个衬底上，所以不能直接从背面引出，需要从衬底表面引出。除此之外，MOS 管的结构基本不变，集成 NMOS 晶体管结构示意图如图 2-15 所示。

在 CMOS 集成电路中，由于 NMOS 和 PMOS 在同一个衬底上，所以必须单独制作 N 阱或 P 阱。

常用的 MOS 版图图形结构示意图如图 2-16 所示。

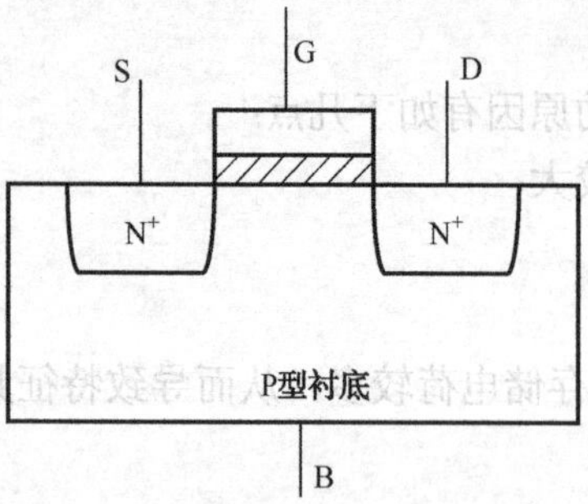

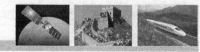

图 2-14　分立 NMOS 晶体管结构示意图

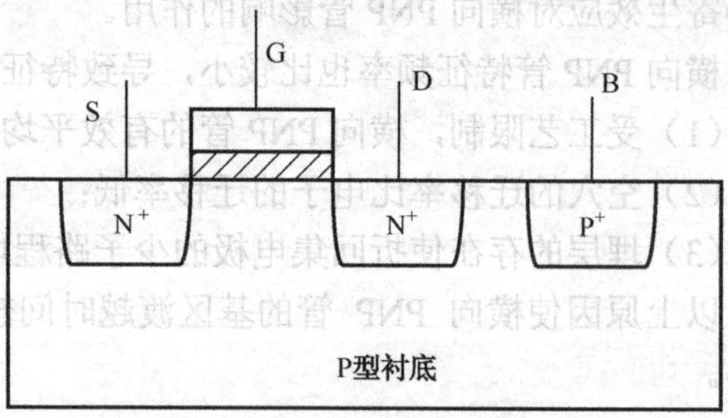

图 2-15　集成 NMOS 晶体管结构示意图

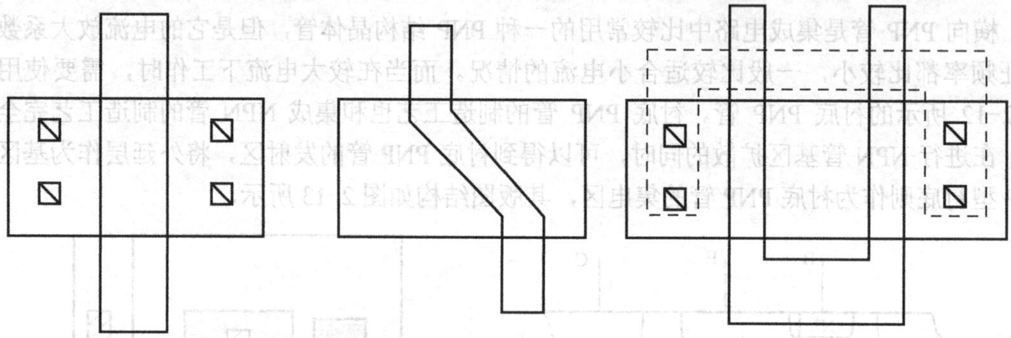

图 2-16　常用的 MOS 版图图形结构示意图

2.2　有源器件的寄生效应

在集成电路中，由于元器件结构的特殊性，可能会有寄生的元器件存在。这些寄生的元器件可能会对集成电路的性能产生影响，这种效应称为寄生效应。而根据这些寄生元器件的类型不同，又可以把寄生效应分为有源寄生效应和无源寄生效应两大类。本节主要讨论集成电路中存在的寄生效应及其对电路的影响，以及如何消除或抑制寄生效应对电路的影响。

2.2.1　集成 NPN 管中的有源寄生效应

有源寄生效应的产生主要是由于在集成电路中寄生有晶体管，如三极管、MOS 管等有源器件。

图 2-17 是集成在同一块衬底上的集成 NPN 管和硼扩散电阻的结构示意图，图中存在三个主要的有源寄生器件。

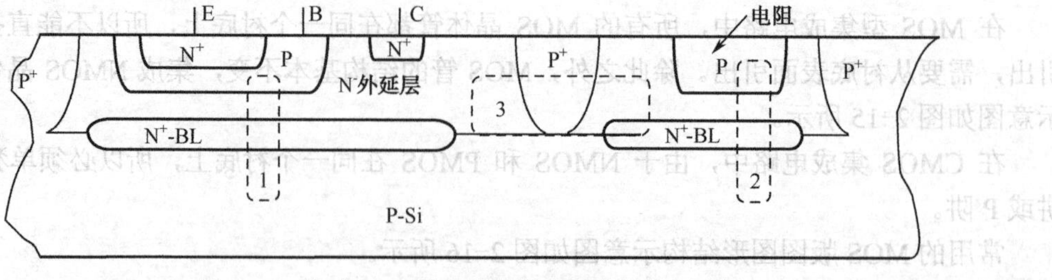

图 2-17　集成 NPN 管和硼扩散电阻的结构示意图

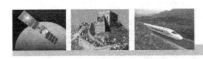

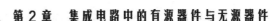

（1）由 P 型基区、N 型外延层与 P 型衬底构成的寄生 PNP 管。

（2）由 P 型扩散电阻层、N 型外延层与 P 型衬底构成的寄生 PNP 管。

（3）由 N 型外延层、P 型隔离区和 N 型外延层构成的横向寄生 NPN 管。

由于在双极型集成电路中，P^+隔离区与 P 型衬底通常接电路的最低电位，所以横向寄生 NPN 管始终反偏，实际上对电路基本无影响。下面重点分析寄生 PNP 管对集成 NPN 管的影响。

集成 NPN 管与对应的寄生 PNP 管在结构上的关系如图 2-18 所示。可以看出，集成 NPN 管的基区构成寄生 PNP 管的发射区，集成 NPN 管的集电区构成寄生 PNP 管的基区，而集成 NPN 管的衬底则构成寄生 PNP 管的集电区。由于集成 NPN 管的衬底接电路的最低电位，所以构成的寄生 PNP 管的集电结始终反偏截止。而寄生 PNP 管是否会对电路工作造成影响，主要看其发射结的工作状态，也就是看集成 NPN 管的集电结的工作状态，即与集成 NPN 管有关。

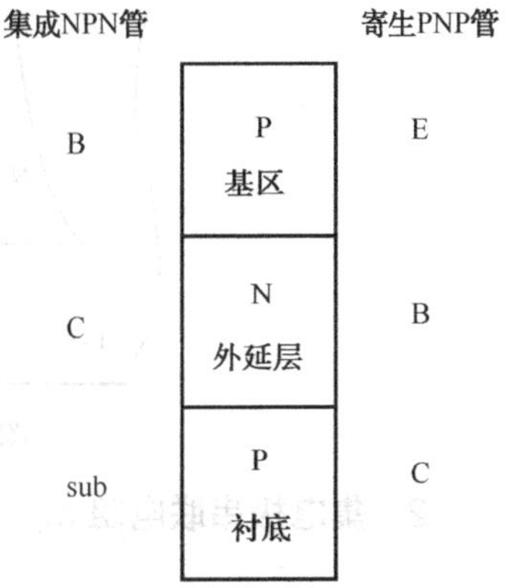

图 2-18　寄生 PNP 管的结构示意图

当集成 NPN 管工作在正向放大状态和截止状态时，其集电结反偏截止，所以寄生 PNP 管的发射结也反偏截止，此时寄生 PNP 管的存在对于集成 NPN 管的电流基本上无影响，只是增加了 I_B 和 I_C 中的反向漏电，同时增加了衬底漏电流。

但当集成 NPN 管工作在反向放大状态或饱和状态时，其集电结正偏导通，因此寄生 PNP 管的发射结也正偏导通。此时寄生 PNP 管的存在会使得集成 NPN 管中的电流减小，导致集成 NPN 管的一部分电流作为无用电流流入衬底。

为了减小寄生 PNP 管的影响，可以通过以下几种方法来进行改进。

（1）掺金：向外延层中掺金，通过增加复合中心使寄生 PNP 管基区中的复合增多，从而使其电流增益下降，减小寄生 PNP 管对集成器件的影响。

（2）埋层：制作埋层，使寄生 PNP 管的基区宽度和掺杂浓度都增加，减小其电流放大能力，抑制寄生 PNP 管对集成器件的影响。

（3）降低集成 NPN 管的基区浓度：适当降低集成 NPN 管的基区浓度，可以使寄生 PNP 管的发射效率下降，从而实现减小寄生 PNP 管电流放大能力的作用。

特别说明：如图 2-17 所示，在硼扩散电阻下也存在寄生 PNP 管，为了消除寄生 PNP 管对硼扩散电阻的影响，一般采用让硼扩散电阻所在隔离岛的外延层接电路中最高电位的方法。

2.2.2　集成 NPN 管中的寄生电阻

集成 NPN 管中寄生的无源器件主要包括电阻和电容，而寄生电阻或电容的存在，会影响集成电路中的信号传输，从而影响电路的频率特性。集成 NPN 管中的寄生电阻示意图如图 2-19 所示。

1. 发射极串联电阻 r_{es}

发射极串联电阻由发射极金属与硅的接触电阻及发射区体电阻两部分组成。由于发射区掺杂浓度比较高，发射区的体电阻较小，所以发射极串联电阻主要由接触电阻决定。接触孔的面积越大，接触电阻越小。

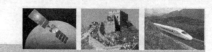

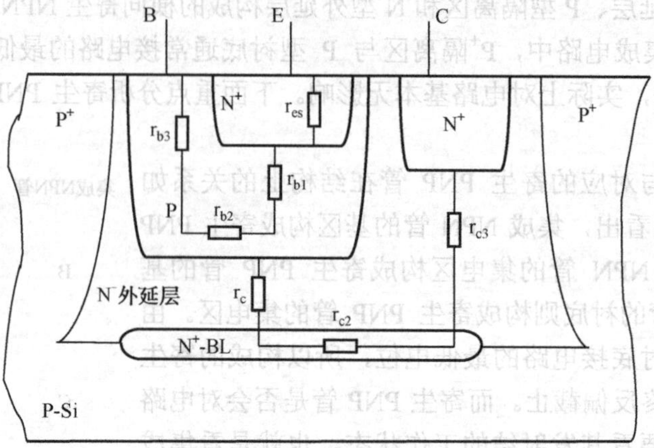

图 2-19　集成 NPN 管中的寄生电阻示意图

2. 集电极串联电阻 r_{cs}

$$r_{cs} = r_{c1} + r_{c2} + r_{c3}$$

式中　r_{c1}——基区下的集电区电阻；

r_{c2}——基区到集电极接触区的集电区电阻；

r_{c3}——集电极接触区下的集电区电阻。

由于集成 NPN 管的集电极是从表面引出的，所以相对于分立晶体管，集成 NPN 管的集电极串联电阻还要大一些，对电路的影响也更明显。

为了减小集电极串联电阻，一般可以采用制作埋层的方法，埋层的掺杂浓度比较高，可以使 r_{c2} 减小。另外，还可以通过版图设计对器件结构进行调整，采用双集电极或者马蹄形集电极来减小集电极串联电阻。

3. 基区电阻 r_b

$$r_b = r_{b1} + r_{b2} + r_{b3}$$

式中　r_{b1}——发射区下方的有效基区电阻；

r_{b2}——发射区边缘到基区接触孔边缘的基区电阻；

r_{b3}——基极金属的接触电阻和接触孔下方有基极电流流过的基区电阻。

基区电阻的存在容易在大注入时发生发射极电流的集边效应，影响模拟电路的噪声性能。为了减小基区电阻，一般通过版图设计来进行改进，如采用双基极条形的版图结构或者梳状版图结构等。

2.2.3　集成 NPN 管中的寄生电容

集成 NPN 管中的寄生电容主要影响器件和电路的高频性能及开关特性。寄生电容主要包括与 PN 结有关的耗尽层势垒电容 C_j，如图 2-20 所示。另外还有与可去载流子在中性区的存储电荷有关的扩散电容 C_D。对于集成晶体管而言，除了 EB 结电容、BC 结电容外，还多了一个 CS 结电容。

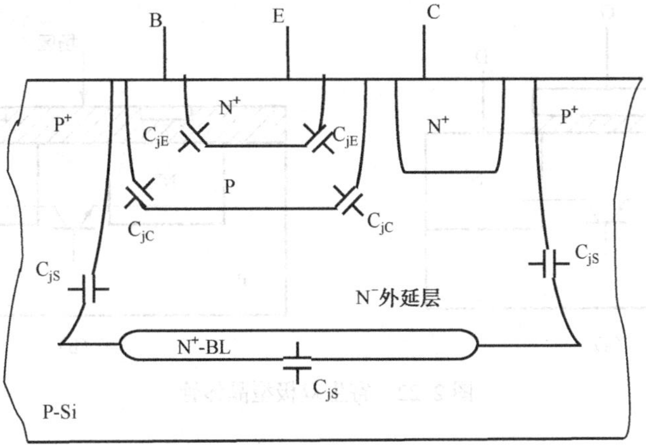

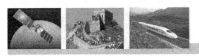

图 2-20　集成 NPN 管中的寄生电容示意图

2.2.4　集成 MOS 管中的有源寄生效应

和双极型集成电路一样，在 MOS 集成电路中，也存在各种寄生元器件，同样会对集成电路的性能造成影响，特别是一些寄生晶体管。下面讨论集成 MOS 管中存在的有源寄生效应。

1. 场区寄生 MOSFET

如图 2-21 所示，当铝线跨过相邻的两个掺杂区时，铝线和场氧化层及掺杂区就形成了寄生 MOSFET。当铝线上施加的电压足够大，使得场氧化层下方的半导体表面形成沟道时，这个寄生 MOSFET 就导通了。此时会造成两个掺杂区之间产生电流流通，导致电路参数变化甚至电路失效。

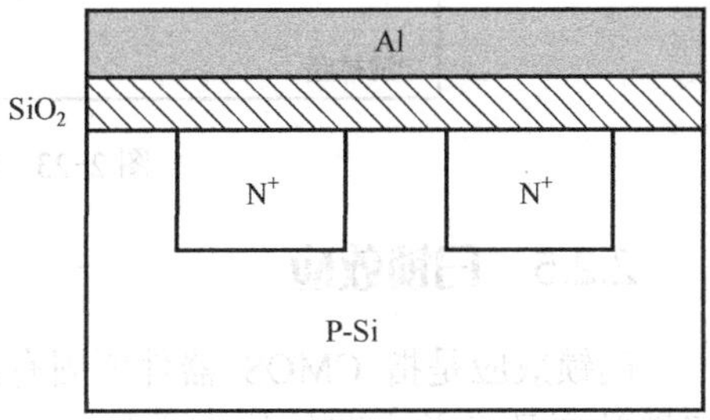

图 2-21　场区寄生 MOSFET

为了尽可能减小场区寄生 MOSFET 对电路的影响，需提高场区寄生 MOSFET 的开启电压。主要有两种方法，一是提高场区氧化层的厚度，二是在场区中注入与衬底同型的杂质，从而提高衬底的表面浓度。

2. 寄生双极型晶体管

MOS 集成电路中也存在有寄生的双极型晶体管，一种是由 MOS 的源、漏区和衬底构成的寄生三极管，另一种是由两个相邻的掺杂区与衬底构成的寄生三极管，如图 2-22（a）和图 2-22（b）所示。一般两种寄生三极管都处于截止状态，但若寄生三极管的基区宽度较窄，且当两个 PN 结中有一个导通时，就会使寄生三极管导通。在图 2-22（a）中，若 MOS 管的沟道长度较小，而源极电位低于衬底电位，则寄生 NPN 管导通。源区的电子通过寄生 NPN 管被漏区收集。此时，即使相应的 MOS 管未导通，也会有电流通过寄生三极管流过，对电路的性能造成严重影响。

为了抑制寄生双极型晶体管，一般保证 P 型衬底在电路的最低电位，N 型衬底在电路的最高电位。

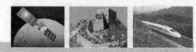

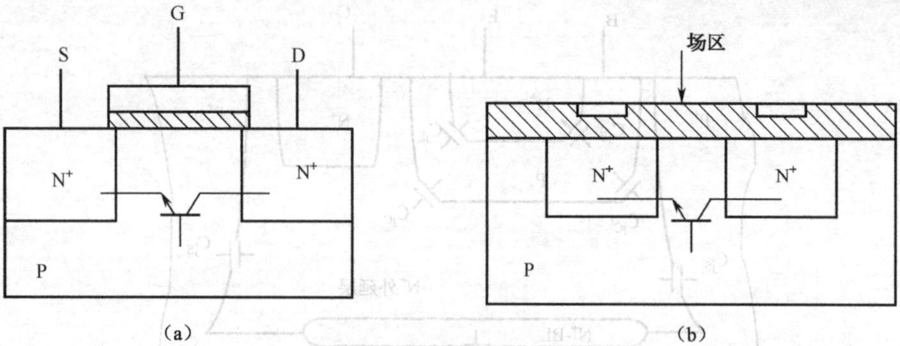

图 2-22　寄生双极型晶体管

3. 闩锁效应

在 CMOS 集成电路中，上面所说的寄生双极型晶体管有可能造成更严重的后果。如图 2-23 所示，在 N 阱 CMOS 电路中，NMOS 管的源区或漏区与 P 型衬底和 N 阱构成了一个寄生 NPN 管，而 PMOS 管的源区或漏区与 N 阱和 P 型衬底又构成了一个寄生 PNP 管，因此在 CMOS 集成电路中，不可避免地出现了一个 PNPN 结构（可控硅）。在特定的偏置情况下，PNPN 结构会导通，使得电源与地之间形成一个低阻通路，这样就会导致电路无法正常工作，甚至烧毁电路，这种现象被称为闩锁效应。

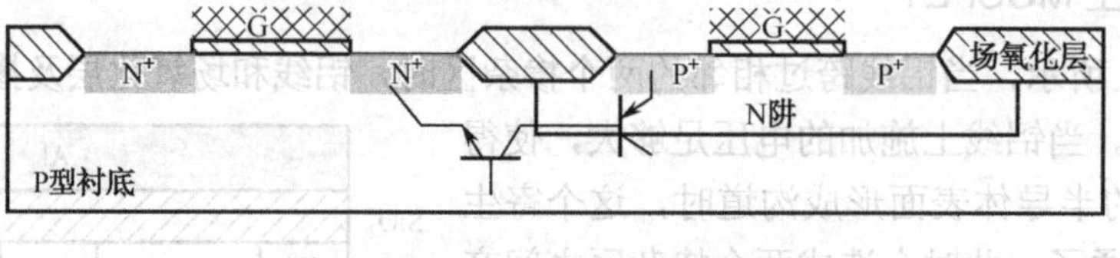

图 2-23　CMOS 电路中的闩锁效应

2.2.5 闩锁效应

闩锁效应是指 CMOS 器件所固有的寄生双极型晶体管在异常工作条件下被触发导通。闩锁效应是目前电路结构中常见的一个问题，它会对电路系统的正常运行产生严重的影响，甚至会导致芯片出现被烧毁的后果。通常情况下，NMOS 的有源区及其组成的 NPNP 结构、N 阱、P 型衬底等是导致闩锁效应的主要因素，这些结构中的任意一个三极管出现正偏现象时都会导致正反馈现象的发生，从而造成闩锁效应。

1. 闩锁效应的机理

如图 2-24（a）所示，通常情况下，V_{DD} 和 GND 之间两个寄生三极管处于截止情况，只有少量的漏电流。但当 N 阱或者衬底上的电流足够大，使得 R_{Nwell} 或 R_{sub} 上的压降为 0.7 V 时，就会导致 VT_1 或者 VT_2 开启。如果 VT_1 开启，它会提供足够大的电流给 R_{Nwell}，使得 R_{Nwell} 上的压降也达到 0.7 V，这样 VT_2 也会开启，同时又给 VT_1 提供反馈电流，形成恶性循环，最后导致大部分的电流从 V_{DD} 直接通过寄生晶体管到 GND，而不是通过 MOSFET 的沟道，这样栅压就不能控制电流了。之后即使外界干扰消失，由于两个三极管之间形成正反馈，还是会有电源和地之间的漏电，即处于锁定状态，闩锁效应由此而产生。如果电源产生的电流足够大，则电路有可能由于闩锁效应而引起电流过大，并最终被烧毁。

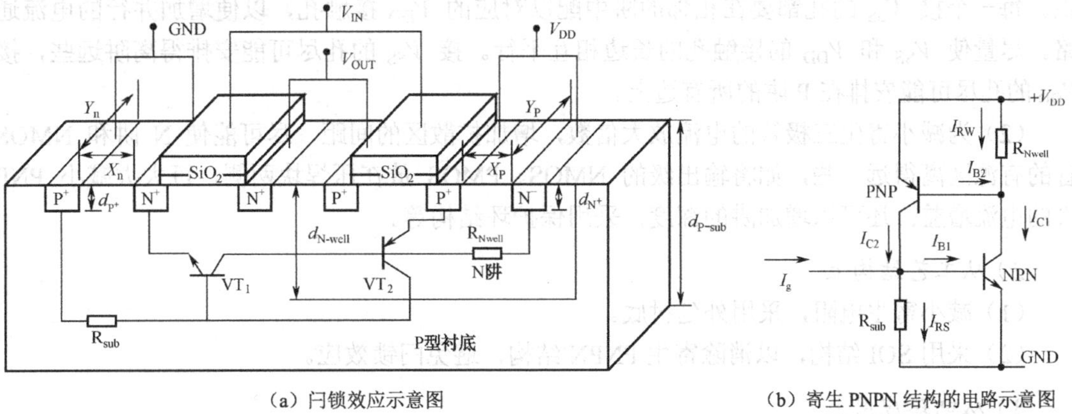

图 2-24　闩锁效应原理

2. 产生闩锁效应的条件

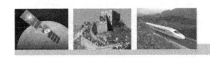

如图 2-24（b）所示，CMOS 电路寄生的双端 PNPN 器件，相当于一个由噪声引起的兼有电压触发和门极电流触发的可控硅器件。I_g 对应的就是可控晶闸管中的控制栅极，电路中的串联电阻 R_{sub} 和 R_{Nwell} 越大越容易引起闩锁效应，下面给出门极电流触发闩锁效应的条件。

假设 NPN 晶体管的共射极放大倍数为β_1，PNP 晶体管的共射极放大倍数为β_2，根据发射极、集电极、基极的电流关系有

$$I_g = I_{RS} + I_{B1};\ \ I_{C1} = \beta_1 I_{B1}$$

$$I_{C1} = I_{RW} + I_{B2};\ \ I_{C2} = \beta_2 I_{B2}$$

所以，$I_{C2} = \beta_2(I_{C1} - I_{RW}) = \beta_2[(I_g - I_{RS})\beta_1 - I_{RW}]$。

式中I_{RW}与I_{RS}较小，所以$I_{C2} \approx \beta_1\beta_2 I_g$。

若 $\beta_1\beta_2 > 1$，则I_g的反馈量$I_{C2} > I_g$。

受外界因素影响，寄生可控硅结构中形成了一个正反馈的闭合回路，即使外界的触发消失，在 V_{DD} 和 V_{SS} 之间也有电流流过，导致一般正常电路工作中断，甚至会由于高电流散热的问题而烧毁芯片。

总的说来，产生闩锁效应的基本条件有三个：

（1）由于受噪声或外界信号影响，两个寄生三极管的发射结处于正偏；

（2）两个寄生三极管的电流放大倍数$\beta_{NPN}\beta_{PNP}$>1；

（3）电源所提供的最大电流大于寄生 PNPN 结构（可控硅）导通所需要的维持电流。

3. 预防闩锁效应的措施

由于工艺结构限制，CMOS 集成电路中必定存在着寄生 PNPN 结构，闩锁效应造成电路的损失巨大。若想消除闩锁效应，则上述的三个条件中至少要有一个条件不具备。这就要求从版图设计、工艺制造、结构设计等多个方面来采取措施。

1）从版图设计上

（1）加粗电源线和地线，合理布局电源接触孔，减小横向电流密度和串联电阻。采用接衬底的环形电源线，并尽可能在衬底背面接，增加电源 V_{DD} 和 V_{SS} 接触孔，并加大接触面

积。每一个接 V_{SS} 的孔都要在相邻的阱中配以对应的 V_{DD} 接触孔，以便增加并行的电流通路。尽量使 V_{SS} 和 V_{DD} 的接触孔的长边相互平行。接 V_{SS} 的孔尽可能安排得离阱远些，接 V_{DD} 的孔尽可能安排在 P 阱的所有边上。

（2）为减小寄生三极管的电流放大倍数，增加扩散区的间距，尽可能使 N 阱和 NMOS 管的有源区离得远一些，如将输出级的 NMOS、PMOS 放在压焊块两侧，可大大减小 PNP 管的电流增益；还可以增加阱的深度，采用保护环结构等。

2）从工艺结构上

（1）减小寄生电阻，采用外延衬底。

（2）采用 SOI 结构，以消除寄生 PNPN 结构，避免闩锁效应。

3）从电路应用上

（1）在使用电路的过程中，要特别注意电源的跳动。输入信号不得超过电源电压，防止寄生三极管的发射结正偏。

（2）要限制电源的输出电流能力，防止电源提供电流过大超过寄生 PNPN 结构导通所需的维持电流。

2.3 集成二极管

2.3.1 一般集成二极管

除了三极管或 MOS 管，二极管在集成电路中也有广泛的应用。在双极型集成电路中，二极管的设计与制作均十分容易，在某一独立的隔离岛单独进行一次扩散即可形成一个 PN 结，而且所占用的晶片面积也不大，如图 2-25 所示。

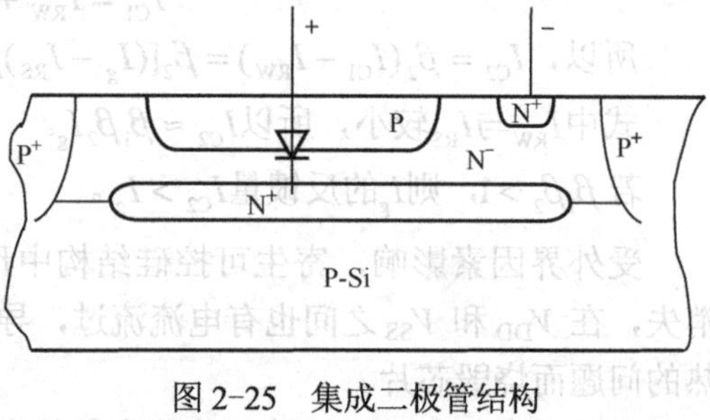

图 2-25 集成二极管结构

集成二极管的特点有：

（1）结构简单，反向耐压较高；

（2）反向恢复时间较长，存在寄生 PNP 管效应。

集成电路中更多的是通过集成晶体管的不同接法来形成二极管。不同的接法，可以获得不同参数的二极管，无须增加新的工序，就可以满足集成电路的不同要求。如表 2-1 所示为六种集成二极管的特性比较。

表 2-1 六种集成二极管的特性比较

连接方式 / 特性	发射极开路	集电极开路	BC 短接	BE 短接	CE 短接	单独 BC 结
连接示意图	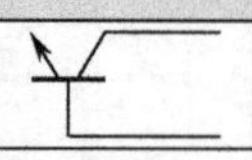	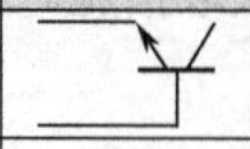	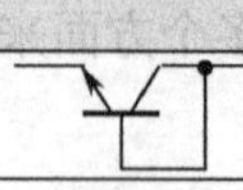	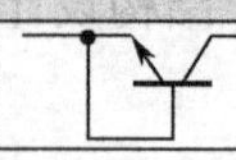	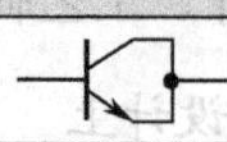	
存储时间	长	长	最短	长	最长	长
小电流正向压降	V_{BC}	V_{BE}	V_{BE}	V_{BC}	V_{BC}	V_{BC}

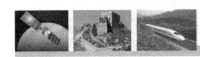

续表

特性 \ 连接方式	发射极开路	集电极开路	BC 短接	BE 短接	CE 短接	单独 BC 结
击穿电压	>20 V	6～9 V	6～9 V	>20 V	6～9 V	>20 V
结电容	C_C	C_E	C_E	C_C	C_C+C_E	C_C
寄生电容	C_S	$\frac{C_S \cdot C_C}{C_S+C_C}$	C_S	C_S	C_S	C_S
漏电流（5 V 反偏）	1 μA	5 μA	5 μA	1 μA	5 μA	1 μA
寄生晶体管效应	有	有	无	有	有	有
特点	耐压高	寄生电容小	存储时间短，无寄生 PNP 效应	耐压高	存储时间长，存储电荷多	面积小，正向压降低，击穿电压高

其中最常用的两种二极管如下。

（1）BC 短接二极管：不存在寄生 PNP 效应，且存储时间最短，正向压降低。

（2）单独 BC 结二极管：不需要制作发射结，所以面积可以做得很小，正向压降也较低，且击穿电压高。

2.3.2　集成齐纳二极管

齐纳二极管是一种特殊二极管，工作在反向电压下，具有动态电阻小、击穿电压稳定及噪声小等特点，其 *I-V* 特性如图 2-26 所示。在集成电路中，常采用 BC 短接的反向工作三极管来构成齐纳二极管，如图 2-27 所示。其制作工艺与一般的集成 NPN 管制作工艺相兼容，得到的$V_Z = BV_{EBO}$为 6～9 V。不过这种方法得到的齐纳二极管有以下缺点：

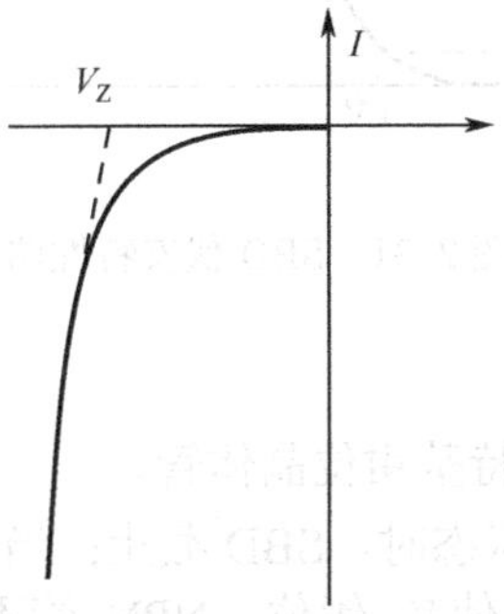

图 2-26　齐纳二极管的 *I-V* 特性

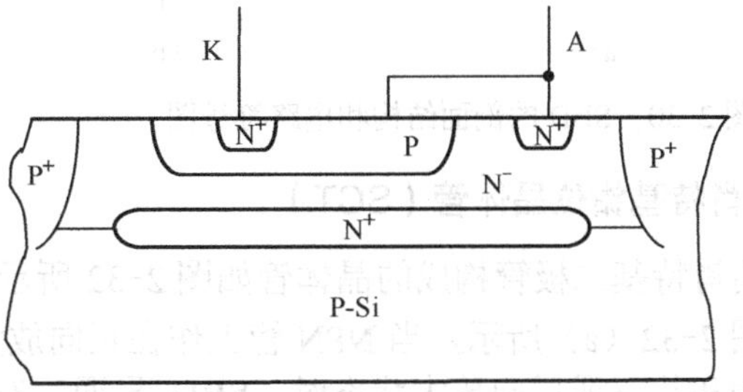

图 2-27　集成齐纳二极管

（1）内阻较大，所以 V_Z 受电源电压和负载电流的影响也较大。

（2）温度系数高，热稳定性差。

（3）V_Z 的离散性大，由于 V_Z 由多次扩散决定，所以精确性较难控制。

（4）输出噪声较大。由于实际起作用的就是 BE 结，所以容易受表面影响。

为了改进集成齐纳二极管的特性，考虑将击穿由表面引入体内，形成隐埋齐纳二极管。并利用离子注入来实现较精确控制，如图 2-28 和图 2-29 所示。

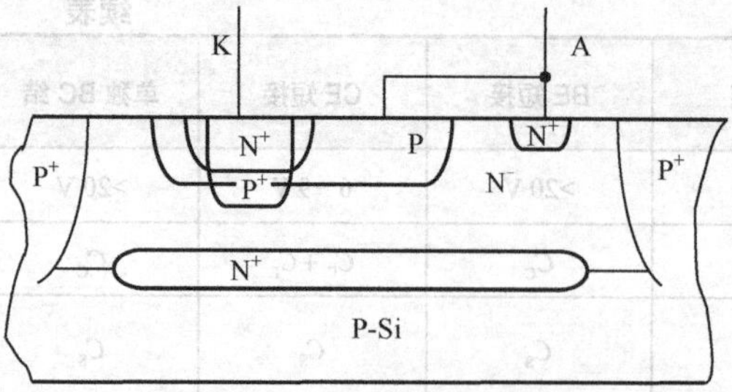

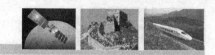

图 2-28　隐埋集成齐纳二极管（1）

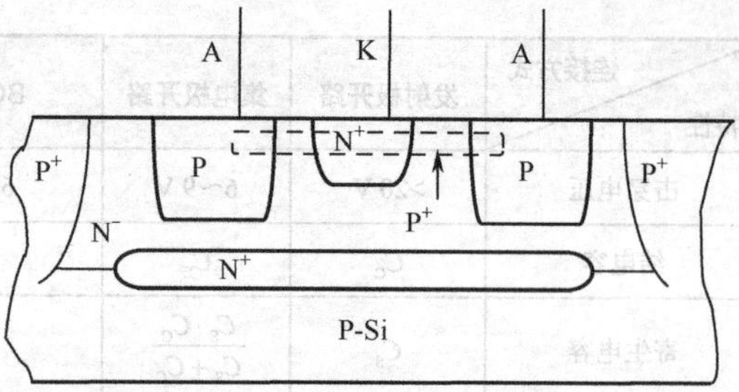

图 2-29　隐埋集成齐纳二极管（2）

2.3.3　肖特基势垒二极管和肖特基钳位晶体管

1. 肖特基势垒二极管（SBD）

肖特基势垒二极管是一种由金属铝与 N 型半导体硅（非重掺杂）接触所形成的具有整流特性的 PN 结器件。它几乎没有少子的存储效应，因此反向恢复时间 t_r 趋于零，具有很高的开关速度。它的正向导通压降也较小，一般为 0.3～0.4 V，如图 2-30 所示为 SBD 的剖面结构与电路符号图。

SBD 的伏安特性曲线如图 2-31 所示，可以看出 SBD 的正向导通压降比一般二极管要小。另外，由于 SBD 是多子导电器件，所以不存在 PN 结中的少子存储问题，其开关时间较短，而且 SBD 的反向击穿电压也较高。

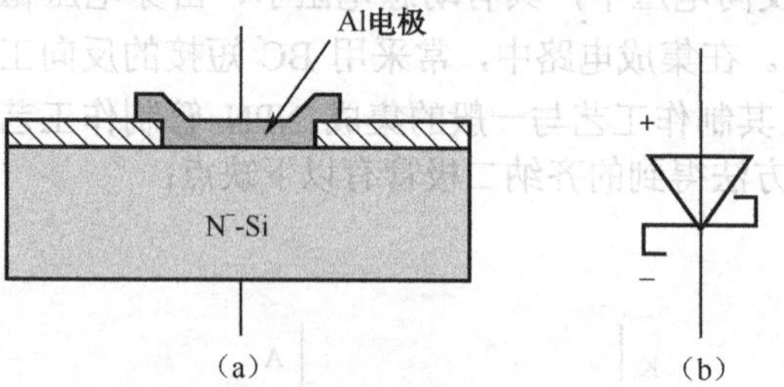

图 2-30　SBD 的剖面结构和电路符号图

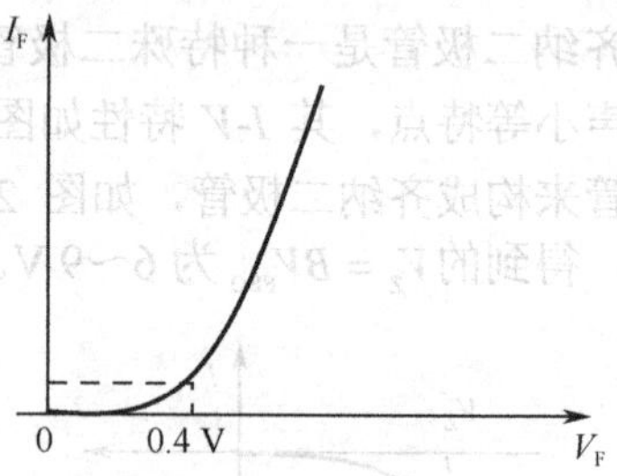

图 2-31　SBD 伏安特性曲线

2. 肖特基钳位晶体管（SCT）

利用肖特基二极管构成的晶体管如图 2-32 所示，称为肖特基钳位晶体管。

如图 2-32（a）所示，当 NPN 管工作在正向放大或截止状态时，SBD 截止；当 NPN 管工作在饱和状态或反向放大状态时，SBD 导通，对 I_B 分流，使 V_{BC} 钳位，NPN 管不会进入饱和状态。在 TTL 电路中，当三极管由导通变为截止时，要使存储电荷较小，导通速度较快，而利用 SBD 构成的肖特基钳位晶体管（SCT）就可以实现这一目的。肖特基钳位晶体管的剖面结构示意图如图 2-33 所示。

2.4　集成电阻器

集成电阻器也是双极型半导体集成电路中用得最多的元器件之一。从制作工艺上来讲，

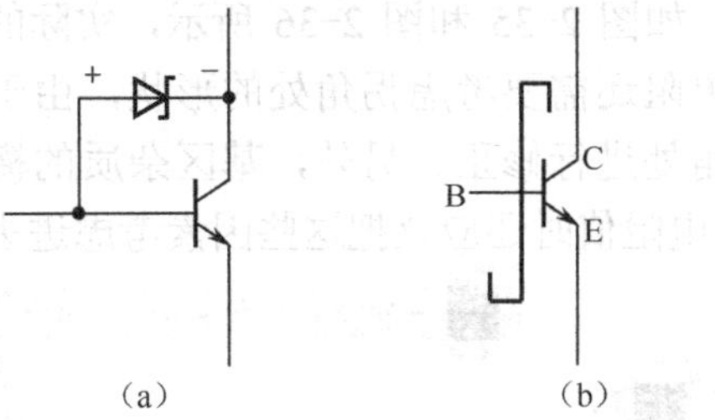

图 2-32　肖特基钳位晶体管及其电路符号

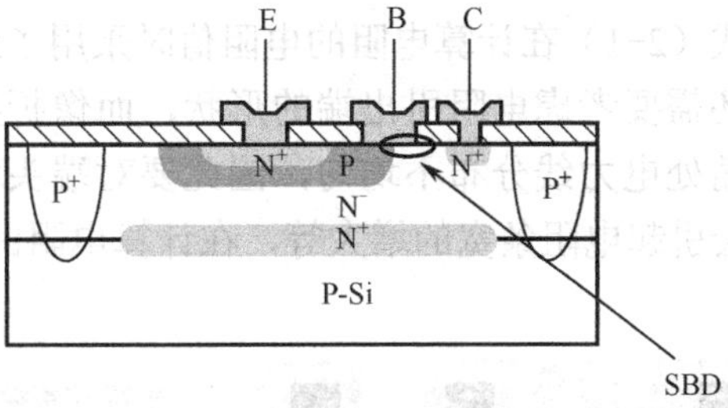

图 2-33　肖特基钳位晶体管的剖面结构示意图

双极型集成电路中的电阻器主要是利用扩散层来形成的，例如，常见的硼扩散电阻，它是在形成 NPN 管的基区时一同形成的，也称为基区扩散电阻。其方块电阻 R_S=100～200 Ω/□。除此之外，也可以利用隔离岛的 N^- 高阻层形成独立的高阻值体电阻及沟道电阻等。一般可以把其他常用的集成电阻分为以下三大类：

（1）低阻类电阻，如发射区电阻（R_S≈5 Ω/□）、隐埋层电阻（R_S≈20 Ω/□）；

（2）高阻类电阻，如基区沟道电阻（R_S=5～15 kΩ/□）、外延层电阻（R_S≈2 kΩ/□）；

（3）高精度电阻，如离子注入电阻（R_S=0.1～20 kΩ/□）。

在 MOS 集成电路中，还有利用多晶硅制作的多晶硅电阻，以及利用 MOSFET 形成的电阻。

2.4.1　双极型集成电路中的常用电阻

1. 基区扩散电阻

基区扩散电阻也称为硼扩散电阻，是与 NPN 管的基区一同形成的，利用 P 型掺杂区获得的电阻，其制作工艺与 NPN 管的制作工艺完全兼容，如图 2-34 所示。

基区扩散电阻的阻值可表示为

$$R \approx R_S \frac{L}{W} \tag{2-1}$$

式中，R_S 是硼扩散区的方块电阻；L、W 分别是电阻的长度和宽度，如图 2-35 所示。因此，电阻的图形结构会影响最终的阻值大小。

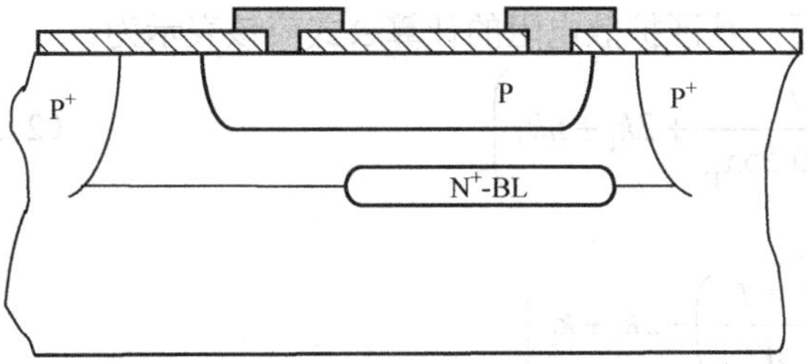

图 2-34　基区扩散电阻结构示意图

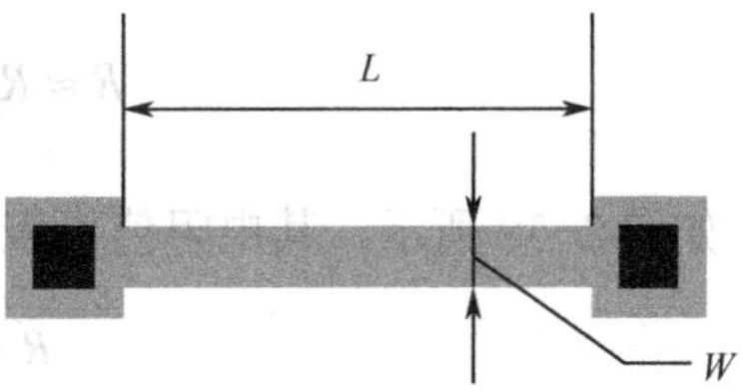

图 2-35　基区扩散电阻版图结构示意图

常用的电阻图形有三种：胖形电阻、瘦形电阻和折叠形电阻，如图 2-36 所示。在方块电阻相等，长度 L 相同的情况下，胖形电阻对应的电阻值要小于瘦形电阻的电阻值。而折叠形电阻适合用来制作大电阻，通过让电阻图形折叠来获得较大的电阻长度，同时又不会占据过多的芯片面积。

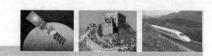

式（2-1）在计算电阻的电阻值时采用了近似。如图 2-35 和图 2-36 所示，实际的电阻图形还需要考虑电阻引出端的形状，而像折叠形电阻还需要考虑拐角处的形状，由于端头和拐角处电力线分布不均匀，因此要对端头和拐角处进行修正。另外，基区杂质的横向扩散也会引起电阻条宽的增大等，在计算电阻的实际电阻值时还应该把这些因素考虑进去。

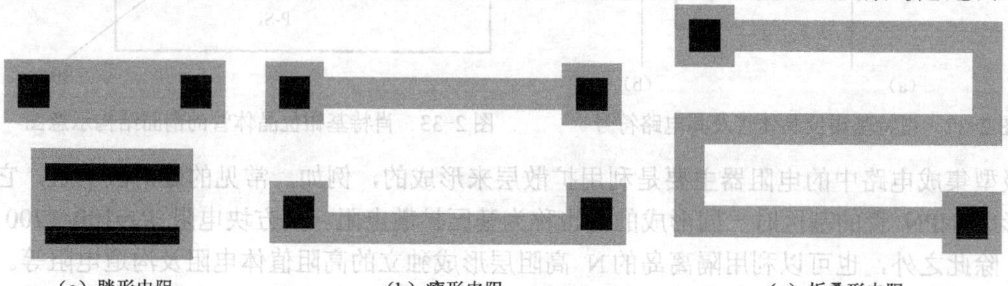

（a）胖形电阻　　（b）瘦形电阻　　（c）折叠形电阻

图 2-36　常用的电阻图形

端头处从引线孔流入的电流大多是从正对着电阻条的一边流入的，从引线孔侧面和背面流入的电流较小。因而在使用式（2-1）进行计算时，要对端头处进行修正。端头修正常采用经验方法，引入端头修正因子 k_1 来表示端头对总电阻的贡献。k_1 的大小与电阻条宽和端头形状有关，若电阻 $L \gg W$，则可以忽略端头对电阻的影响。

拐角处与端头处类似，电力线分布不均匀，所以在计算时也要进行修正。对于一般的直角弯头，实验表明，每个拐角对总电阻的贡献大概是 0.5 个方块电阻，即拐角修正因子 k_2=0.5□。

除了考虑电阻形状对总电阻值的影响外，在制作电阻条时，基区中必定存在横向扩散，基区扩散电阻的剖面示意图如图 2-37 所示，表面处最宽，用表面处基区扩散宽度 W_S 表示。杂质浓度分布在横向扩散区表面与扩散窗口正下方的表面区域不同，对于基区扩散电阻，有效基区宽度用 W_{eff} 来表示。

如果假定横向扩散区的纵向杂质分布与扩散窗口正下方相同，则可得到

$$W_{eff} = W + 0.55x_{jc} \tag{2-2}$$

即横向扩散修正因子 m=0.55。

考虑端头、拐角和横向扩散三处修正后，基区扩散电阻的计算公式应该表示为

$$R \approx R_S \left(\frac{L}{W + 0.55x_{jc}} + 2k_1 + nk_2 \right) \tag{2-3}$$

如图 2-38 所示，其电阻值可表示为

$$R \approx R_S \left[\left(\frac{L_1 + L_2}{W} \right) + 2k_1 + k_2 \right]$$

2. 发射区扩散电阻

发射区扩散电阻又称为磷扩散电阻，是与 NPN 管发射区一同形成的扩散电阻，属于低电阻，如图 2-39 所示。

发射区扩散电阻可以直接在外延层上扩散 N^+层来形成，这类电阻需要专门制作一个隔离区，不存在寄生效应，所以可以不需要制作埋层。发射区扩散电阻还可以与其他电阻公

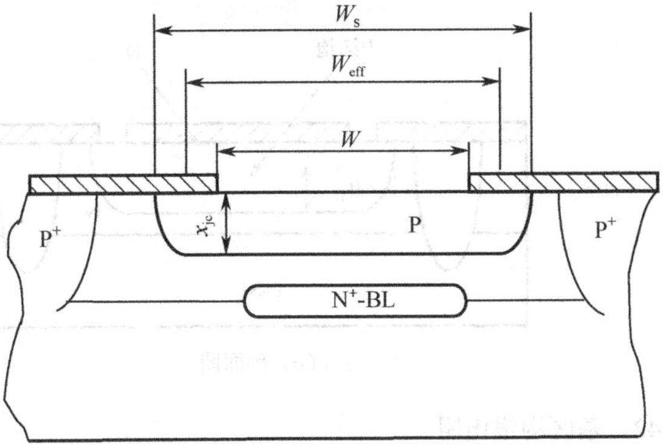

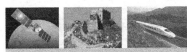

图 2-37　基区扩散电阻的剖面示意图

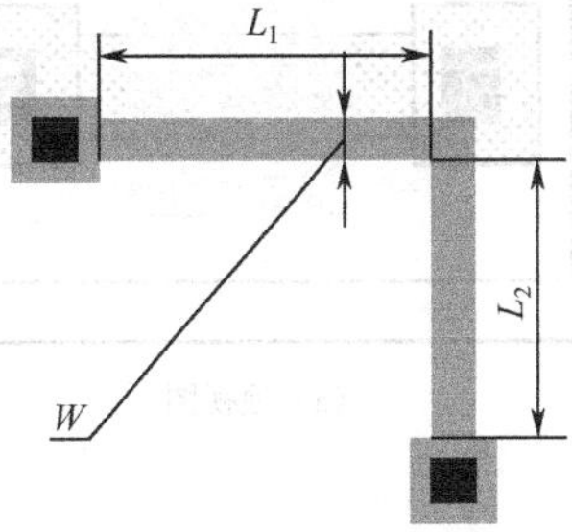

图 2-38　基区扩散电阻示例

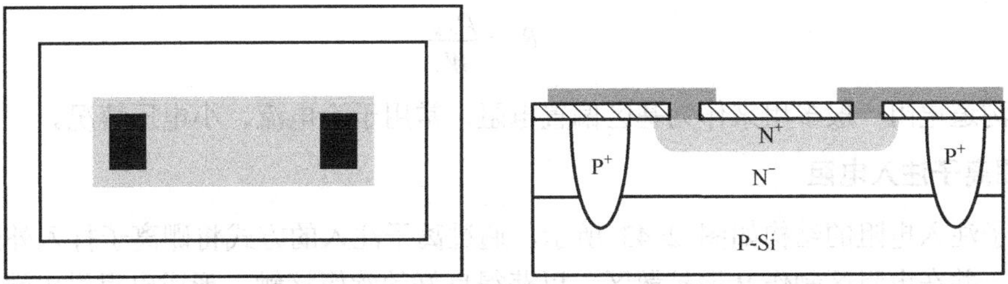

（a）顶视图　　（b）剖面图

图 2-39　发射区扩散电阻

用一个隔离岛，但是发射区扩散电阻必须做在单独的 P 型扩散区中，类似集成 NPN 管的结构，这种类型的发射区扩散电阻存在寄生效应，必须制作埋层，如图 2-40 所示。

发射区扩散电阻由于电阻值较小，所以也可以在布线不便时用来作为连线，可与金属布线交叉，称为磷桥，如图 2-41 所示。

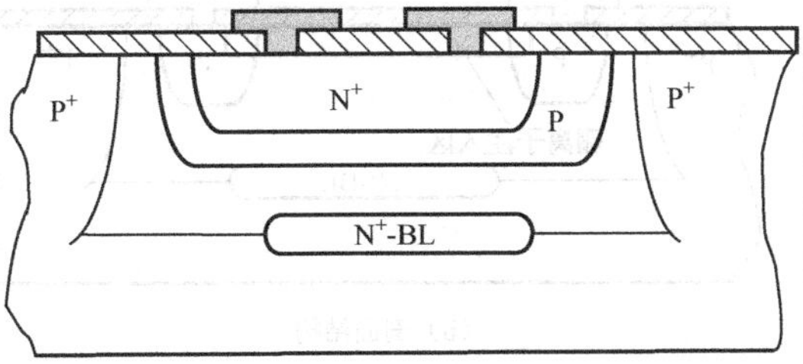

图 2-40　发射区扩散电阻结构示意图

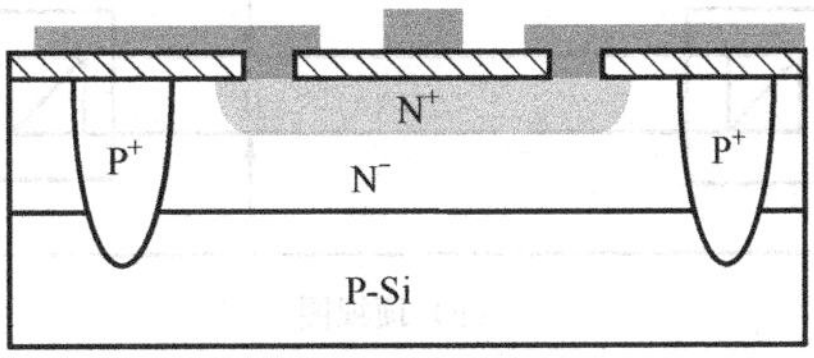

图 2-41　发射区扩散电阻作为“磷桥”

3. 基区沟道电阻

基区沟道电阻如图 2-42 所示，它采用集成 NPN 管的结构，利用基区和发射区两次扩散之间的基区部分作为电阻器，所以称为基区沟道电阻。由于基区掺杂浓度较低，且采用这种结构的电阻宽度较小，所以基区沟道电阻的阻值较大，属于高电阻。

由于基区沟道电阻是通过两次扩散形成的，受到两次扩散的共同作用，由 $W_B = x_{jc} - x_{je}$ 决定，没有独立控制的因素，所以基区沟道电阻的精度较低，其电阻值的相对误差较大。另外，基区沟道电阻结构中具有大面积的 PN^+ 结，寄生电容较大，又因为基区的方块电阻

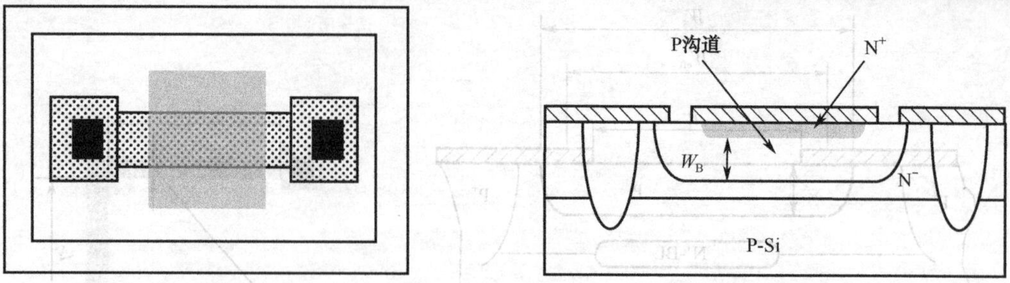

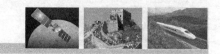

（a）顶视图　　（b）剖面图

图 2–42　基区沟道电阻

较大，所以基区沟道电阻的温度系数也较高。

$$R_S = \frac{\rho_{\text{base}}}{W_B} \tag{2-4}$$

基区沟道电阻一般多用来作为基区偏置电阻，常用于小电流、小电压情况。

4. 硼离子注入电阻

硼离子注入电阻的结构如图 2–43 所示，通过离子注入的方式将硼离子打入外延层中形成电阻区，并在电阻区制作 P 型扩散区，以获得良好的欧姆接触，形成电阻引出端。

由于硼离子注入电阻是使用离子注入的方式获得的，所以形成的电阻精度较高，属于高精度电阻。可以通过控制离子注入的剂量来获得不同的方块电阻，所以离子注入电阻的电阻值可控范围也较大。另外离子注入工艺的横向扩散比较小，所以硼离子注入电阻的 L、W 可以通过掩模较精确地确定。离子注入之后一般需要进行退火，而退火的条件会影响最终形成电阻的温度系数，在退火的过程中进行适当控制，可以使电阻的温度系数下降。

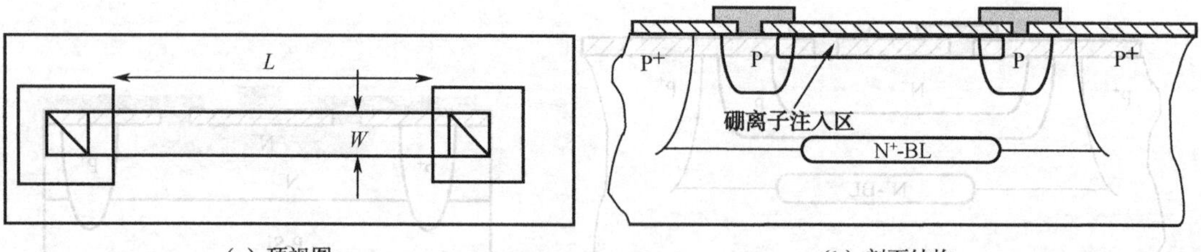

（a）顶视图　　（b）剖面结构

图 2–43　硼离子注入电阻

5. 外延层电阻

外延层电阻包括两类，一种是外延层体电阻，另一种是外延层沟道电阻。这两种电阻都是利用外延层来制作电阻器的。

1）外延层体电阻

外延层体电阻直接利用外延层来作为电阻器，由于外延层的掺杂浓度较低，所以外延层体电阻的方块电阻值较大，属于高电阻。如图 2–44 所示，在外延层上制作两个 N^+扩散区以获得良好的欧姆接触，作为外延层体电阻的引出端。因而不存在寄生 PNP 效应，所以可

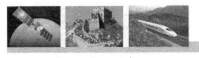

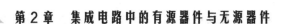

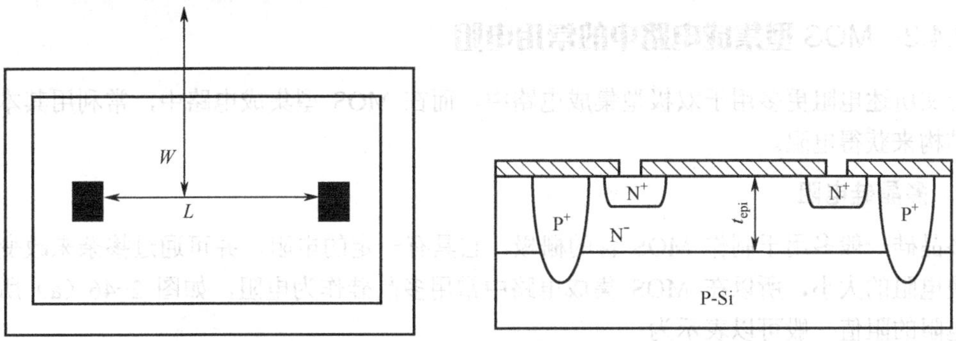

（a）顶视图　　　　（b）剖面图

图 2-44　外延层体电阻

以不用制作埋层。

$$R_S = \frac{\rho_{epi}}{t_{epi}} \tag{2-5}$$

外延层体电阻的击穿电压就是隔离结的击穿电压，可以有较高的电压。外延层电阻在计算的时候要考虑到隔离结横向扩散对电阻区实际宽度的影响，所以要把横向修正因子包括在内。

由于外延层电阻主要是根据外延层制作工艺和隔离区扩散工艺来决定的，对电阻的控制比较困难，而且后续工艺也会对外延层有影响，所以外延层电阻的相对误差较大。而外延层电阻的温度系数也较高，主要是因为受到外延层掺杂浓度的影响。

2）外延层沟道电阻

在外延层上再制作一个 P 型扩散层，可以得到更高阻值的电阻，这种电阻就被称为外延层沟道电阻，如图 2-45 所示。

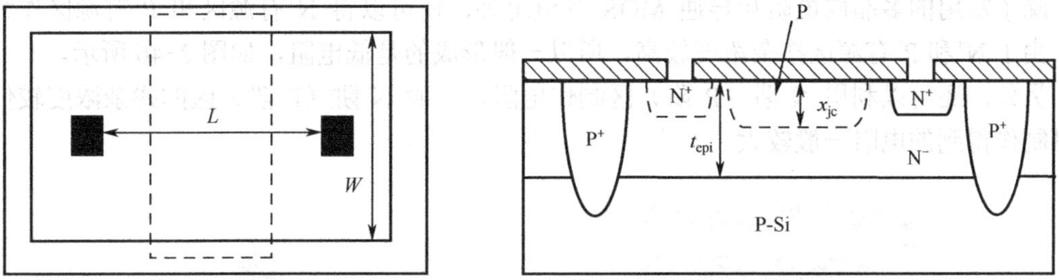

（a）顶视图　　　　（b）剖面图

图 2-45　外延层沟道电阻

$$R_S = \frac{\rho_{epi}}{t_{epi} - x_{jc}} \tag{2-6}$$

外延层沟道电阻实际上也还是利用外延层作为电阻的，但由于 P 型扩散层的引入，电阻的方块电阻值增大，如式（2-6）所示，所以外延层沟道电阻也属于高阻值电阻，而且可得到比外延层体电阻阻值更大的电阻。由于都是利用外延层作为电阻器，所以外延层沟道电阻与外延层体电阻类似，受隔离区横向扩散的影响，电阻精度较低，温度系数较高。

2.4.2 MOS 型集成电路中的常用电阻

上文所述电阻更多用于双极型集成电路中，而在 MOS 型集成电路中，常利用其本身的一些结构来获得电阻。

1. 多晶硅电阻

多晶硅一般多用于制作 MOS 管的栅极，它具有一定的电阻，并可通过掺杂来改变多晶硅方块电阻的大小，所以在 MOS 集成电路中常用多晶硅作为电阻，如图 2-46（a）所示。这类电阻的阻值一般可以表示为

$$R = R_{\text{Spoly-Si}} \frac{L_{\text{eff}}}{W} \tag{2-7}$$

式中，$R_{\text{Spoly-Si}}$ 是多晶硅的方块电阻值，与多晶硅的掺杂浓度有关；L_{eff} 是多晶硅电阻的有效长度，不包括源、漏区横向扩散量。

2. MOS 管作为电阻

MOS 电路中还经常使用 MOS 管作为电阻，与 MOS 集成电路的制作工艺兼容，且所占的芯片面积较小。由 MOSFET 的特性可知，当 MOSFET 工作在线性区时，可以把 MOSFET 等效成一个非线性电阻。

$$R = \frac{\partial V_{\text{DS}}}{\partial I_{\text{DS}}} = \frac{1}{2k(V_{\text{GS}} - V_{\text{T}}) - V_{\text{DS}}} \tag{2-8}$$

当 V_{DS} 较小时，可以得到

$$R \approx \frac{1}{2k(V_{\text{GS}} - V_{\text{T}})} \tag{2-9}$$

3. 其他 MOS 电阻

除了常用的多晶硅电阻和导通 MOS 管电阻外，还可以将 N^+ 有源区和 P^+ 有源区作为电阻。由于 N^+ 和 P^+ 有源区掺杂浓度较高，所以一般形成的是低电阻，如图 2-46 所示。

另外，还可以利用 N 阱（P 阱）区制作电阻，一般 N 阱（P 阱）区的掺杂浓度较低，所以制作得到的电阻一般较大。

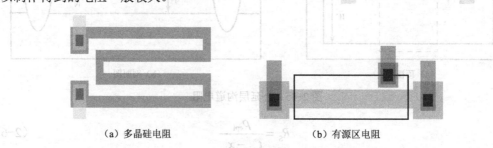

（a）多晶硅电阻　　（b）有源区电阻

图 2-46　MOS 型集成电路中的常用电阻

2.5 集成电容器

集成电路中也需要用到电容，但是集成电容器的单位面积电容量比较小，而为了达到

一定的电容量，就必须有较大的面积，所以在集成电路设计中一般要尽量避免使用集成电容器。

2.5.1　双极型集成电路中常用的集成电容器

1. PN 结电容

PN 结电容与集成 NPN 管的制作工艺完全兼容，但是其电容值一般较小。可以让 PN 结工作在反向电压下，利用反向 PN 结的电容结构，如图 2-47 所示。还可采用发射区—隔离扩散层—埋层 PN 结电容结构，如图 2-48 所示。这种结构的电容实际上是两个电容并联，这样可获得更大的电容量。

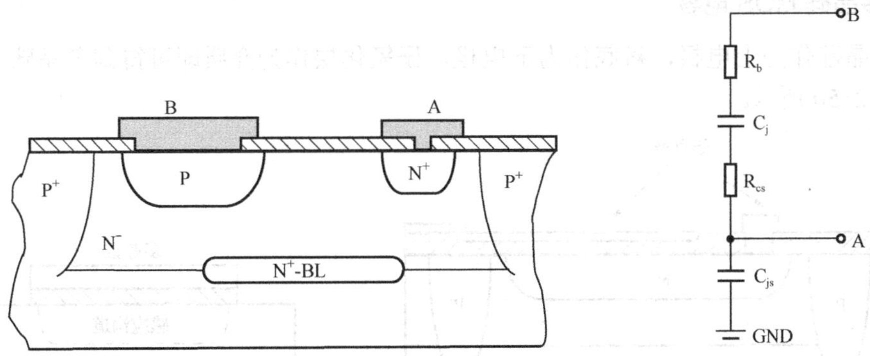

（a）剖面示意图　　（b）等效电路

图 2-47　PN 结电容结构（一）

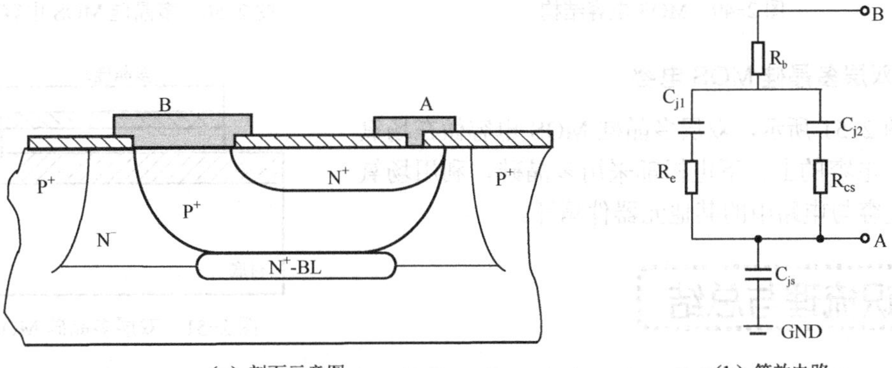

（a）剖面示意图　　（b）等效电路

图 2-48　PN 结电容结构（二）

2. MOS 电容

双极型集成电路中还会用到 MOS 电容，其结构如图 2-49 所示。以 N^+发射区扩散层作为下电极，以铝膜作为上电极，中间介质层为 SiO_2，不过要求厚度大于 1000 Å，需要特别制作工艺，其他工艺环节都与集成 NPN 管的制作工艺相兼容。

MOS 电容的电容量应该与电容两端的电压 V_{MS} 和下电极即 N^+发射区的掺杂浓度有关。不过实验发现，当 N^+发射区的掺杂浓度 $N \approx 10^{20}/cm^3$ 时，只要氧化层厚度超过 0.1 μm，就可以认为 MOS 电容量与工作电压及信号频率无关，即

$$C_{MOS} \approx C_{ox} = \frac{\varepsilon_{SiO_2}\varepsilon_0}{t_{ox}}A \tag{2-10}$$

MOS 电容具有以下特点：

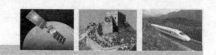

（1）MOS 电容单位面积的电容量较小，所以占用的芯片面积较大。

（2）击穿电压较高。$BV = E_B t_{ox}$，其中 E_B 为 SiO_2 的击穿电场强度，其值较大。

（3）温度系数小，因为温度变化只对耗尽层电容有影响，而耗尽层电容在整个 MOS 电容中所占比例很小。

2.5.2 MOS 集成电路中常用的 MOS 电容

1. 多晶硅 MOS 电容

以多晶硅作为上电极，衬底作为下电极，栅氧化层作为介质即可得到多晶硅 MOS 电容，如图 2-50 所示。

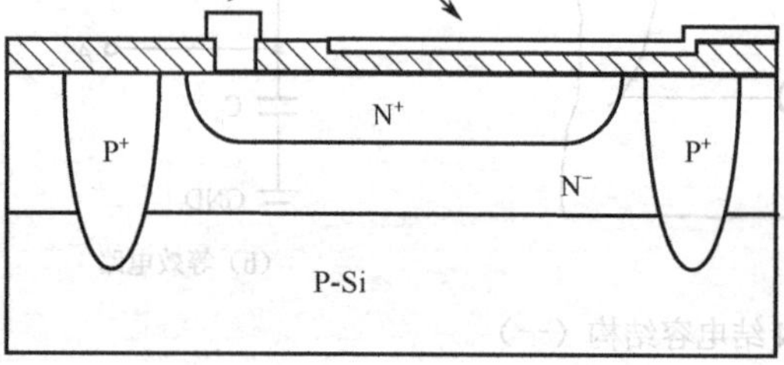

图 2-49 MOS 电容结构

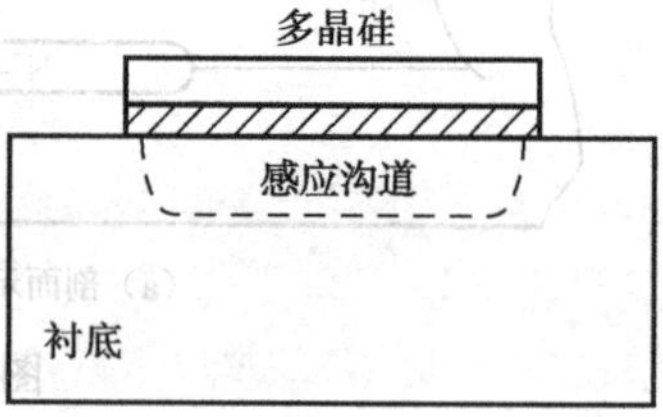

图 2-50 多晶硅 MOS 电容

2. 双层多晶硅 MOS 电容

如图 2-51 所示，双层多晶硅 MOS 电容做在场氧化层上，电容的上、下电极都采用多晶硅，利用场氧化层将电容与电路中的其他元器件隔开。

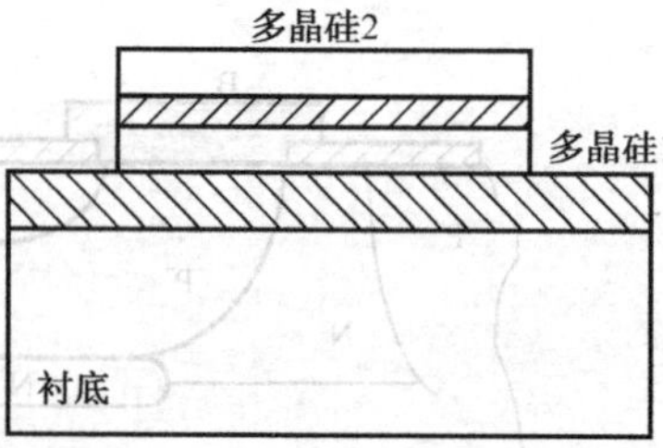

图 2-51 双层多晶硅 MOS 电容

知识梳理与总结

本章主要讨论分析了集成电路中的主要元器件，包括 NPN 管、PNP 管、MOS 管、二极管、电阻和电容。由于集成电路结构的特殊要求，在集成电路中所使用的各类元器件具有各自相应的特点，本章从结构，制造和版图等方面重点分析了集成电路中所使用的元器件相对分立器件的特别之处。重点要掌握集成器件的工艺结构和版图结构，了解集成器件的基本特性，并熟悉集成器件中常见的寄生效应及相应的避免措施。

思考与练习题 2

1．画出集成 NPN 管的剖面结构示意图，并对各部分进行说明。

2．横向 PNP 管的版图设计中为何常用多个集电极或采用集电极环绕发射极的结构？

3．抑制集成 NPN 管中的寄生效应的措施有哪些？

4．在 MOS 集成电路制备过程中，一般要制作一层较厚的场氧化层，其原因是什么？

5．常用的集成二极管是哪种类型的？为什么？

6．设硼扩散方块电阻 R_S=200 Ω/□，现有一硼扩散电阻 R=2 kΩ，其中该电阻条宽 W=10 μm，试计算电阻的条长 L。

7．简述肖特基钳位三极管的工作原理。

8．试述在多个硼扩散电阻公用隔离岛的情形下，岛上设置的电源高电位孔的作用。

第3章

双极型数字集成电路

双极型集成电路可以分为双极型数字集成电路和双极型模拟集成电路。在双极型数字集成电路的发展过程中，先后出现了电阻-晶体管耦合的逻辑电路（RTL）、二极管-晶体管耦合的逻辑电路（DTL）、晶体管-晶体管逻辑电路（TTL）。本章将介绍 TTL 单元电路，重点讨论 TTL 四管标准单元的工作原理和电路特性，最后介绍 LSTTL 电路。

电阻-晶体管耦合的逻辑电路（RTL）如图 3-1 所示，这种电路结构简单，功耗也小，但是在基极回路中有电阻，所以速度较慢。为了提高 RTL 的工作速度，可在基极电阻上并联一个电容，得到电阻-电容-晶体管耦合逻辑电路（RCTL），不过电容要占据较大的芯片面积，所以并不实用。

二极管-晶体管耦合的逻辑电路（DTL）如图 3-2 所示。在 DTL 中，二极管用来实现信号的输入，完成与逻辑，而晶体管则主要完成电路的输出，实现非逻辑。其中二极管 D_1、D_2 是电平位移二极管，可以提高电路的抗干扰能力。在电路工作过程中，当输出由低电平转变为高电平时，三极管也应该相应地从饱和状态转变为截止状态。但是由于三极管饱和时，基区和集电区中累积了大量存储电荷，电荷的释放需要一定的时间，因而 DTL 的工作速度也较慢。

晶体管-晶体管逻辑电路（TTL）是集成电路最早的产品，是双极型数字集成电路的基础，也是本章将要重点介绍的内容。TTL 引入了多发射极晶体管作为输入级，工作速度相对有了明显的改进。而采用肖特基钳位晶体管的 STTL，工作速度更快，特别是低功耗肖特基 TTL，在改善工作速度的同时，还大大降低了功耗。

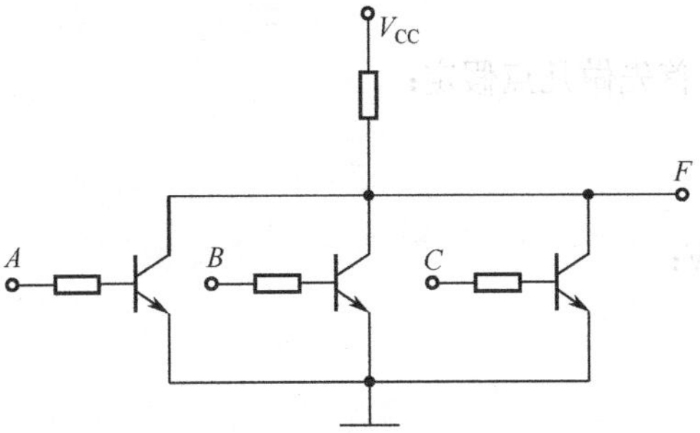

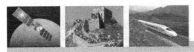

图 3-1　RTL 或非门电路

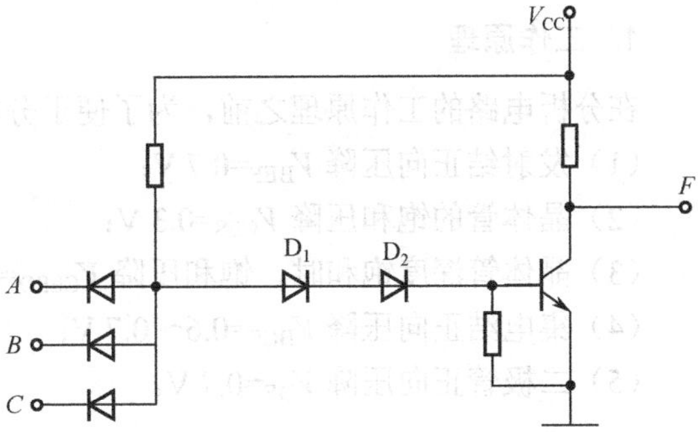

图 3-2　DTL 与非门电路

可以看出，双极型集成电路的发展过程，就是以提高电路工作速度和降低功耗为目标，不断改进电路形式和工艺的过程。

3.1 TTL 与非门

3.1.1 简易 TTL 与非门电路

如图 3-3 所示，简易 TTL 与非门电路是由 DTL 与非门电路演变而来的。前面提到过，在 DTL 中，三极管 T 要从饱和状态转变为截止状态，需要释放大量的电荷。由于三极管 T 此时无基极电流，所以这些电荷只能通过 R_3 释放。R_3 中不存在复合，而且为了不过分分流三极管 T 的基极驱动电流，R_3 阻值一般较大，所以释放时间也较长，这会导致电路工作速度较慢。

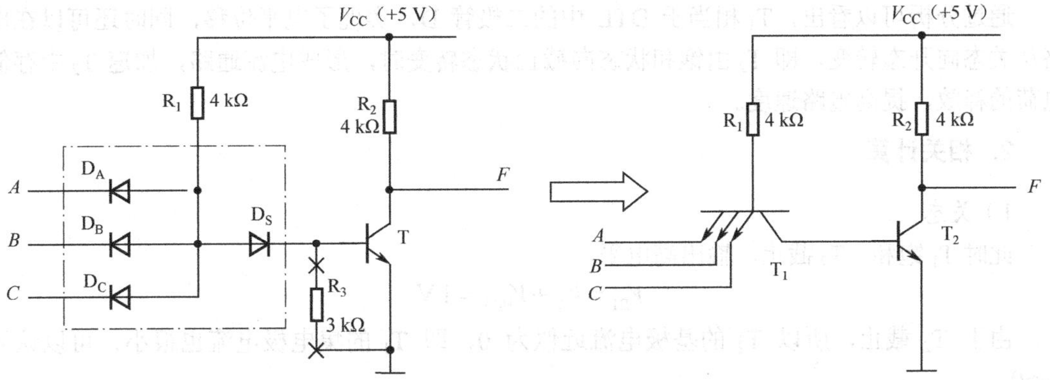

（a）DTL 与非门电路　　（b）简易 TTL 与非门电路

图 3-3　DTL 与非门电路及简易 TTL 与非门电路

与非门电路的逻辑符号如图 3-4 所示。

为了获得较快的截止转换速度，在 TTL 中使用多发射极晶体管 T_1 代替二极管作为输入级。所以，在 T_2 从饱和状态向截止状态转变的时候，T_1 可以反向抽取 T_2 基区中的过剩少子，从而减小电荷释放的时间，使得电路的工作速度大大提高。

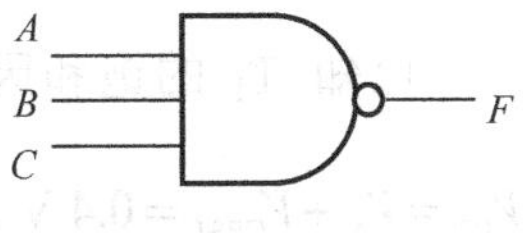

$F=\overline{ABC}$

图 3-4　与非门电路的逻辑符号

1. 工作原理

在分析电路的工作原理之前，为了便于分析，首先做几点假定：

（1）发射结正向压降 V_{BEF}=0.7 V；

（2）晶体管的饱和压降 V_{CES}=0.3 V；

（3）晶体管深度饱和时，饱和压降 V_{CESO}=0.1 V；

（4）集电结正向压降 V_{BCF}=0.6～0.7 V；

（5）二极管正向压降 V_{DF}=0.7 V。

1）输入信号中至少有一个低电平

例如，假定输入 V_A=0.3 V，此时 T_1 的发射结 A 导通，T_1 的基极电位 $V_{B1}=V_A+V_{BEA}$。

由于 PN 结导通需要满足发射结上的电压大于 V_{BE}，所以 V_{B1} 的电位无法使 T_1 的集电结和 T_2 的发射结同时导通，因此，此时 T_1 的集电结导通，T_1 饱和；而 T_2 的发射结截止，表明此时 T_2 截止。

由于 T_2 截止，所以输出电压 $V_O=V_{CC}-R_2\cdot I_{OH}$，接近于 V_{CC}，输出高电平。I_{OH} 是输出高电平时，电路供给后级负载的电流。此时称电路处于关态，也叫截止态。

2）输入信号全都是高电平

假设 V_A=V_B=V_C=3.6 V，则 T_1 的发射结均截止，$V_{B1}=V_{CC}-R_1\cdot I_{R1}$，电位较高，能使 T_1 的集电结和 T_2 的发射结同时导通，而一旦 T_1 的集电结和 T_2 的发射结都导通，V_{B1} 就被钳位在 1.4 V 了。

T_1 发射结截止，集电结导通，处于反向工作状态。通过设置合适的 R_1 和 R_2，可使 T_2 处于饱和状态，此时输出电压 V_O=V_{CES2}=0.3 V，输出低电平。此时称电路处于开态，也叫导通态。

通过分析可以看出，T_1 相当于 DTL 中的二极管 D，实现了电平位移，同时还可以在电路从关态向开态转变，即 T_2 由饱和状态向截止状态转变时，形成电流通路，加速 T_2 中存储电荷的释放，提高电路速度。

2. 相关计算

1）关态

此时 T_1 饱和，T_2 截止，输出高电平。

$$V_{B1}=V_A+V_{BEA}=1\,\text{V}$$

由于 T_2 截止，所以 T_2 的基极电流近似为 0，即 T_1 的集电极电流也很小，可以认为 I_{C1}≈0。

$$I_{B1}=I_{R1}=\frac{V_{CC}-V_{B1}}{R_1}=1\,\text{mA}$$

已知 T_1 的饱和因子 $S_1=\dfrac{\beta I_{B1}}{I_{C1}}\to\infty$，所以 T_1 处于深度饱和，则有 $V_{CES1}=0.1\,\text{V}$，而 $V_{B2}=V_A+V_{CES1}=0.4\,\text{V}$。

2）开态

此时 T_1 反向工作，T_2 饱和，输出低电平。

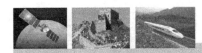

由前面分析可知，V_{B1} 受钳位，$V_{B1}=V_{BC1}+V_{BE2}=1.4\ V$，而 $V_{OL}=V_{CES2}=0.3\ V$，由于 T_1 反向工作，可以认为此时的 $\beta_1 \ll 1$，所以有

$$-I_{E1}=\beta_1 I_{R1}$$

$$-I_{C1}=(\beta_1+1)I_{B1}$$

$$\therefore -I_{C1}\approx I_{B1}，即 I_{B2}=-I_{C1}\approx I_{B1}$$

$$I_{B1}=\frac{V_{CC}-V_{B1}}{R_1}=0.9\ mA$$

3. 电路特性

1）电压传输特性

电压传输特性描述了简易 TTL 与非门电路输出电压随输入电压变化的情况，如图 3-5 所示。当电路工作在截止区的时候，输入低电平，T_2 截止，输出为高电平。当电路工作在导通区的时候，输入高电平，T_2 导通，输出为低电平。一般在 TTL 中，电路都工作在截止区和导通区，要尽量避免电路工作在过渡区，以免造成电路逻辑状态混乱。

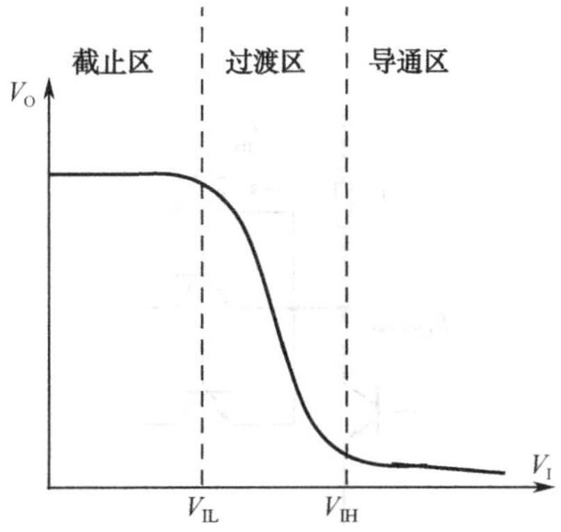

图 3-5　简易 TTL 与非门的电压传输特性

2）抗干扰能力

图 3-5 中的 V_{IL} 和 V_{IH} 分别表示电路中的关门电平和开门电平。一般将输出电压等于 90%的输出幅值时所对应的输入电压称为关门电平；而当输出电压等于 10%的输出幅值时所对应的输入电压称为开门电平。简单地说，关门电平表示电路输入低电平所允许的最大值，一旦输入的信号超过关门电平，电路就不再工作在截止区。相类似的，开门电平表示电路输入高电平所允许的最小值，如果输入的信号小于开门电平，则表示电路肯定不工作在导通区。当输入信号介于关门电平 V_{IL} 和开门电平 V_{IH} 之间的时候，容易引起电路逻辑状态混乱。

抗干扰能力指的是电路抗噪声信号干扰的能力，一般希望电路的抗干扰能力越强越好。通常讨论电路抗干扰能力的时候，会分输入低电平和输入高电平两种情况，分别用低电平噪声容限 V_{NL} 和高电平噪声容限 V_{NH} 来表示。

$$V_{NL}=V_{IL}-V_{OL} \tag{3-1}$$

$$V_{NH}=V_{OH}-V_{IH} \tag{3-2}$$

式（3-1）和式（3-2）中的 V_{OL} 和 V_{OH} 表示电路输出的低电平和高电平数值。

噪声容限表示电路所能承受干扰信号的最大限度，如果噪声信号超过范围，会导致电路性能受到严重影响。简易 TTL 与非门电路的抗干扰能力较弱。

3）负载能力

负载能力是用来描述电路驱动后续负载门能力的参数，一般定义为在保证 V_{OL} 和 V_{OH} 符合规范的前提下，电路所能带动的负载门数。在讨论负载能力的时候通常会分输出低电平和输出高电平两种情况，分别用低电平负载能力 N_L 和高电平负载能力 N_H 来表示。而电路

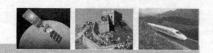

最终的负载能力则是取两者中的较小值（$N_0=\min[N_L, N_H]$）。

对于简易 TTL 与非门，当输出高电平 V_{OH} 时，所能驱动的负载门数为 N_H，如图 3-6 所示，则有

$$V_{OH} = V_{CC} - I_{OH} \cdot R_2 = V_{CC} - N_H \cdot I_{IH} \cdot R_2$$

即

$$N_H = \frac{V_{CC} - V_{OH}}{I_{IH} \cdot R_2} \tag{3-3}$$

I_{IH} 指电路中只有一个输入接高电平时的输入电流，如图 3-7 所示，根据定义可得

$$I_{IH} \approx \beta_1 I_{B1} = \beta_1 \cdot \frac{V_{CC} - V_{B1}}{R_1}$$

式中，β_1 是反向工作的三极管的电流放大系数，一般很小，所以 I_{IH} 一般较小。

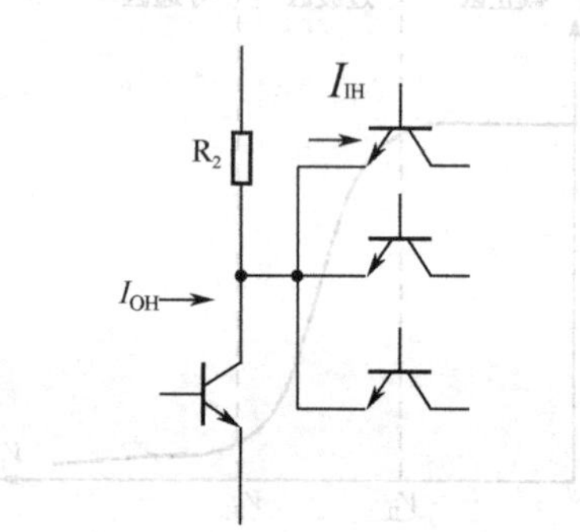

图 3-6　高电平负载能力

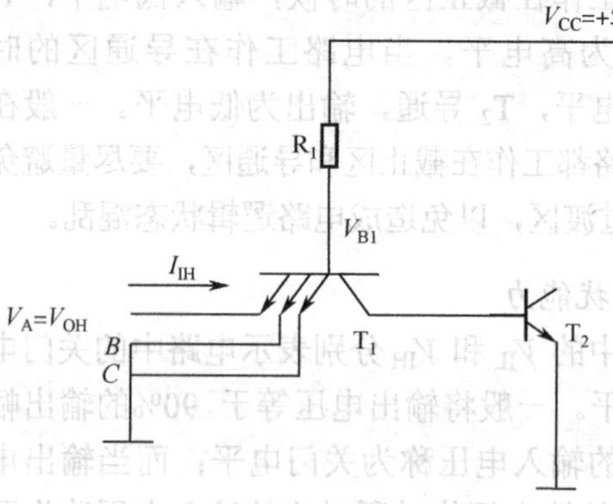

图 3-7　I_{IH} 的示意图

当输出低电平 V_{OL} 时，所能驱动的负载门数为 N_L，如图 3-8 所示，则有

$$\begin{aligned} V_{OL} &= V_{CES2} = V_{CESO2} + I_{C2} \cdot r_{CS2} \\ &= V_{CESO2} + (I_{R2} + I_{OL}) \cdot r_{CS2} \\ &= V_{CESO2} + \left(\frac{V_{CC} - V_{OL}}{R_2} + N_L \cdot I_{IL} \right) \cdot r_{CS2} \end{aligned}$$

即

$$N_L = \frac{V_{OL} - V_{CESO2} - \dfrac{V_{CC} - V_{OL}}{R_2} \cdot r_{CS2}}{I_{IL} \cdot r_{CS2}} \tag{3-4}$$

I_{IL} 是指当电路中有一个输入端接地时，从这个输入端流入地的电流。如图 3-9 所示，根据定义可得

$$I_{IL} \approx \frac{V_{CC} - V_{B1}}{R_1}$$

I_{IL} 一般较大，所以通常 TTL 中高电平负载能力都较好，而低电平负载能力较差，电路总的负载能力主要看低电平负载能力，即

$$N_0 = \min[N_L, N_H] = N_L$$

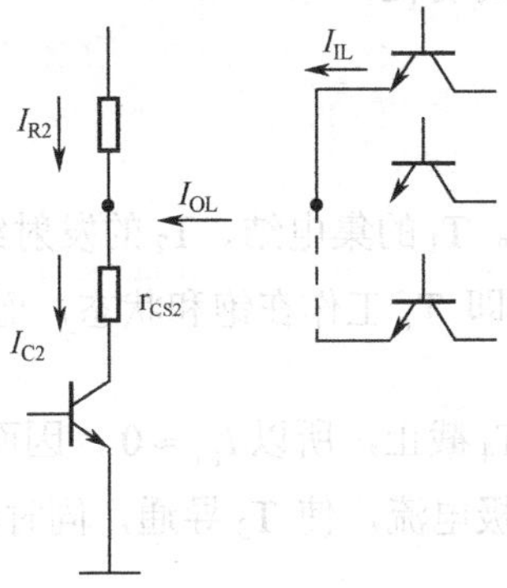

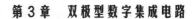

图 3-8　低电平负载能力

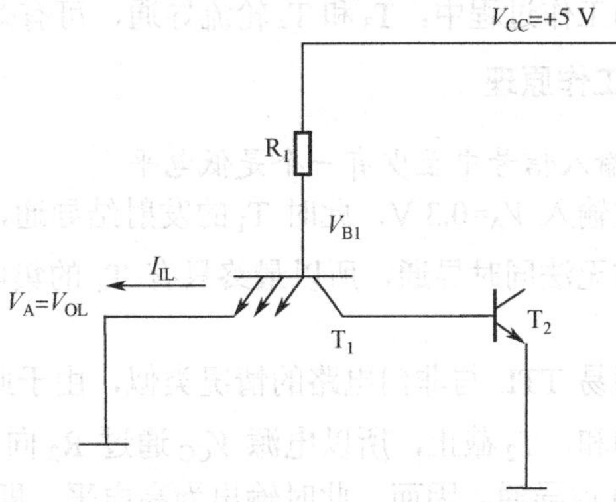

图 3-9　I_{IL} 的示意图

4）直流功耗

$$P = V_{CC} \cdot I_{CC}$$

当电路工作在截止区的时候，输出高电平，此时的电源电流用 I_{CCH} 来表示为

$$I_{CCH} = I_{R1} + I_{R2}$$

由于此时 T_2 截止，所以可以得到

$$I_{CCH} = I_{R1} = \frac{V_{CC} - V_{B1}}{R_1}$$

当电路工作在导通区的时候，输出低电平，此时的电源电流用 I_{CCL} 来表示为

$$I_{CCL} = I_{R1} + I_{R2}$$

$$= \frac{V_{CC} - V_{B1}}{R_1} + \frac{V_{CC} - V_{OL}}{R_2}$$

所以有

$$P_{OH} = V_{CC} \cdot I_{CCH}$$

$$P_{OL} = V_{CC} \cdot I_{CCL}$$

总的说来，简易 TTL 与非门电路结构简单，元器件少，占用的芯片面积较小，但是其电路抗干扰能力和负载能力都不太好。工作速度虽然相对于 DTL 与非门电路有了一定的提高，但还不是很理想。所以，还需要对电路结构进行改进，以获得更好的电路性能。

3.1.2　四管标准 TTL 与非门

四管标准 TTL 与非门电路结构如图 3-10 所示，相对于简易 TTL 与非门电路，四管单元的结构更为复杂一些，电路中采用了四个三极管，其中输入部分仍然使用了多发射极的三极管来实现，完成“与”逻辑。T_2 作为中间驱动级，其集电极和发射极的输出分别驱动 T_3 和 T_4，T_3 和 T_4 实现最终的输出。而二极管 D 可以防止 T_3 和 T_4 同时导通。

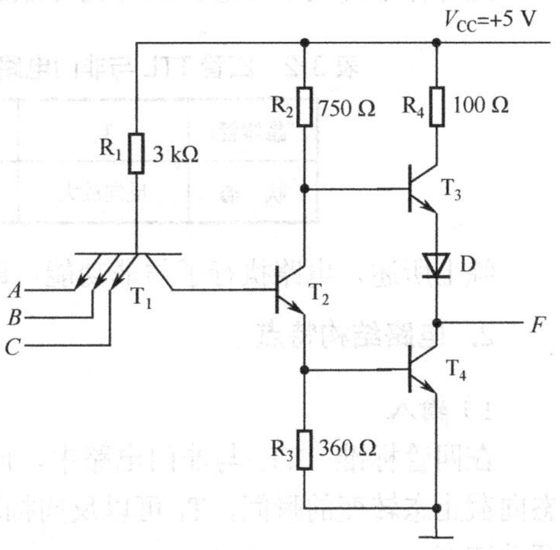

图 3-10　四管标准 TTL 与非门电路结构

在电路的工作过程中，T_3 和 T_4 轮流导通，可有效降低电路的功耗。

1. 工作原理

1）输入信号中至少有一个是低电平

假定输入 V_A=0.3 V，此时 T_1 的发射结导通，$V_{B1}=1\,\text{V}$。T_1 的集电结、T_2 的发射结和 T_4 的发射结无法同时导通，所以最终只有 T_1 的集电结导通，即 T_1 工作在饱和状态，而 T_2 和 T_4 截止。

与简易 TTL 与非门电路的情况类似，由于此时 T_2 和 T_4 截止，所以 $I_{C1}\approx 0$，因而 T_1 处于深度饱和。T_2 截止，所以电源 V_{CC} 通过 R_2 向 T_3 提供基极电流，使 T_3 导通，同时还能使二极管 D 也导通。因而，此时输出为高电平，即

$$V_{OH}=V_{CC}-I_{B3}\cdot R_2-V_{BEF3}-V_{DF}$$

考虑 T_3 中的基极电流很小，可以认为近似为零，所以

$$V_{OH}\approx V_{CC}-V_{BEF3}-V_{DF}=3.6\,\text{V}$$

此时称电路处于关态，又叫截止态，电路中各器件的状态如表 3-1 所示。

表 3-1　四管 TTL 与非门电路工作在截止态时，电路中各器件的工作状态

晶体管	T_1	T_2	T_3-D	T_4
状　态	深度饱和	截止	导通	截止

2）输入信号全为高电平

假设 V_A=V_B=V_C=3.6 V，此时 T_1 的发射结均截止，V_{B1}=V_{CC}−R_1I_{R1}。

V_{CC} 通过 R_1 向 T_1、T_2 和 T_3 供电，使 T_1 的集电结、T_2 和 T_4 的发射结均导通。而 V_{B1} 也被钳位，$V_{B1}=V_{BCF1}+V_{BEF2}+V_{BEF4}\approx 2.1\,\text{V}$。

一般电路中通过合适的偏置使 T_2 和 T_4 工作在饱和区，所以 $V_{B3}=V_{BEF4}+V_{CES2}=\ 1\,\text{V}$，无法使 T_3 和二极管 D 都导通，因而 T_3-D 截止，电路输出低电平，即

$$V_{OL}=V_{CES4}\approx 0.3\,\text{V}$$

此时称电路处于开态，又称为导通态，电路中各器件的状态如表 3-2 所示。

表 3-2　四管 TTL 与非门电路工作在导通态时，电路中各器件的工作状态

晶体管	T_1	T_2	T_3-D	T_4
状　态	反向放大	饱和导通	截止	饱和导通

综上所述，电路执行了与非功能，即 $F=\overline{ABC}$。

2. 电路结构特点

1）输入

在四管标准 TTL 与非门电路中，同样采用多发射极晶体管作为输入管。在电路由导通态向截止态转变的瞬间，T_1 可以反向抽取 T_2 基区中的过剩少子，加快电荷释放，提高电路开关速度。

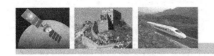

2）输出

四管标准 TTL 与非门电路的输出部分采用了图腾柱结构，T_3-D 和 T_4 轮流导通，大大降低了电路功耗，提高了电路的工作速度。

3）T_4、二极管 D 复合版图

在电路制造的过程中，由于 T_4 的集电极和二极管 D 的阴极电位相等，可以公用一个隔离岛，所以通常把 T_4 和二极管 D 作为一个整体来考虑。在电路制作时，通常制作为复合管，如图 3-11 和图 3-12 所示。

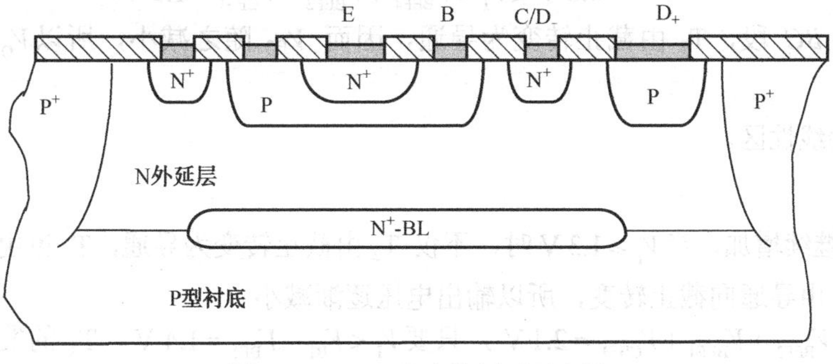

图 3-11　T_4-D 复合管剖面示意图

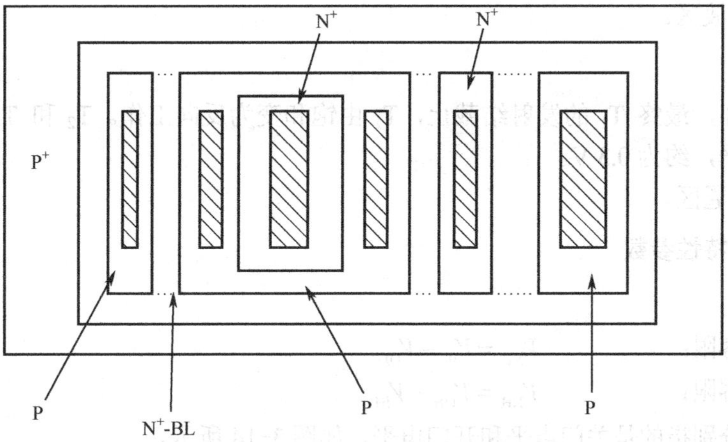

图 3-12　T_4-D 复合管版图示意图

3. 电压传输特性

电压传输特性是描述电路输出电压随输入信号变化的情况。四管标准 TTL 与非门电路的电压传输特性如图 3-13 所示。

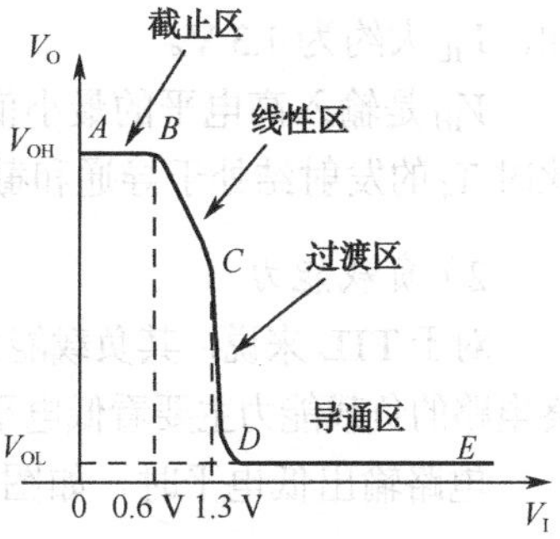

图 3-13　四管标准 TTL 与非门电路的电压传输特性

1）*AB* 段

在 *AB* 段中，输入信号较小，根据前面工作原理的分析可知，T_1 工作在深度饱和状态，可以得到

$$V_{B2} = V_I + V_{CES1} = 0.4\ V \qquad (3-5)$$

此时 T_2 截止，由式（3-5）能够看出，随着输入信号的

增加，V_{B2} 也在增加。只要满足 $V_{B2} < 0.7\ V$，即 $V_I < 0.6\ V$，则 T_2 始终截止，输出保持高电平不变，约为 3.6 V。

AB 段称为截止区。

2）*BC* 段

随着输入信号的不断增加，当 $V_I \geqslant 0.6\ V$ 时，$V_{B2} \geqslant 0.7\ V$。T_2 由截止向导通转变，V_{B2} 在增加，V_{B4} 也在增加，但是只要满足 $V_{B4} < 0.7\ V$，就可以认为 T_4 仍处于截止状态，也就是此时输入信号应满足：

$$0.6\ V \leqslant V_I < V_{BEF4} + V_{BEF2} - V_{CES1} = 1.3\ V \tag{3-6}$$

又因为在 *BC* 段，T_2 由截止转变为导通，因而 V_{B3} 随之减小，所以 $V_O = V_{B3} - V_{BEF3} - V_{DF}$ 也在减小。

BC 段称为线性区。

3）*CD* 段

输入信号继续增加，当 $V_I \geqslant 1.3\ V$ 时，不仅 T_2 由截止转变为导通，T_4 也由截止向导通转变。此时 T_3-D 由导通向截止转变，所以输出电压逐渐减小。

由于 $V_{B1} = V_{BEF2} + V_{BEF4} + V_{CBF1} = 2.1\ V$，只要 $V_I < V_{B1} - V_{BE1} = 1.4\ V$，$T_1$ 的发射结就仍正向导通，处于正偏边缘。

CD 段称为过渡区。

4）*DE* 段

输入信号增加，最终 T_1 的发射结截止，T_1 由饱和变为反向工作。T_2 和 T_4 饱和，T_3-D 截止，输出低电平，约为 0.3 V。

DE 段称为导通区。

4. 其他静态特性参数

1）噪声容限

低电平噪声容限：　　$V_{NL} = V_{IL} - V_{OL}$

高电平噪声容限：　　$V_{NH} = V_{OH} - V_{IH}$

式中，V_{IL} 和 V_{IH} 分别指的是关门电平和开门电平，如图 3-14 所示。

V_{IL} 是输入低电平的最大值，当 $V_I \geqslant V_{IL}$ 时，电路工作进入过渡区，根据前面的分析可知，V_{IL} 大约为 1.3 V。

V_{IH} 是输入高电平的最小值，即当 $V_I \leqslant V_{IH}$ 时，电路处于过渡区。根据前面的分析可知，此时 T_1 的发射结处于导通和截止的临界状态，V_{IH} 大约为 1.4 V。

2）负载能力

对于 TTL 来说，其负载能力 $N_0 = \min[N_L, N_H]$，而通常 TTL 的高电平负载能力较好，所以最终电路的负载能力主要看低电平负载能力的强弱。

电路输出低电平时，如图 3-15 所示，此时 T_4 饱和，T_3-D 截止，可以得到

$$\begin{aligned} V_{OL} &= V_{CES4} = V_{CESO4} + I_{OL} \cdot r_{CS4} \\ &= V_{CESO4} + N_L \cdot I_{IL} \cdot r_{CS4} \end{aligned}$$

即

$$N_{\mathrm{L}}=\frac{V_{\mathrm{OL}}-V_{\mathrm{CESO4}}}{I_{\mathrm{IL}}\cdot r_{\mathrm{CS4}}} \tag{3-7}$$

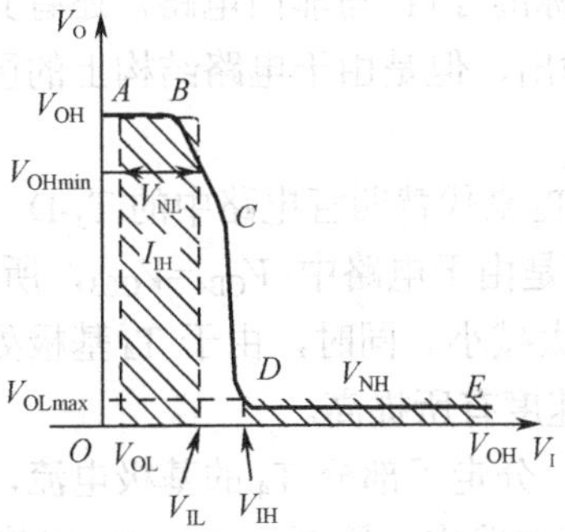

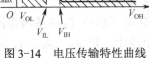

图 3-14　电压传输特性曲线

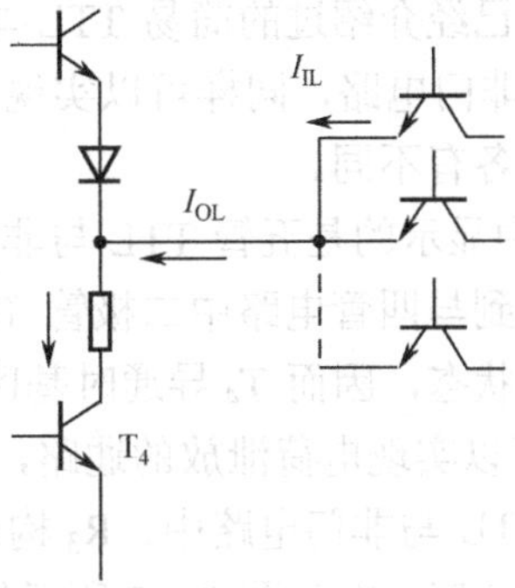

图 3-15　四管 TTL 与非门电路低电平负载能力

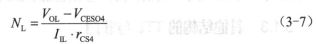

由式（3-7）可以看出，与式（3-4）相比而言，由于在四管 TTL 与非门电路中，T_3-D 和 T_4 不会同时导通，使得电路低电平负载能力有明显的提高，从而增加了电路总的负载能力。

3）直流功耗

当电路输出为高电平时，电路处于截止态，T_2 和 T_4 均截止，所以得到

$$I_{\mathrm{CCH}}=I_{\mathrm{R1}}=\frac{V_{\mathrm{CC}}-V_{\mathrm{B1}}}{R_1}=1\,\mathrm{mA}$$

而当电路输出为低电平时，电路处于导通态，T_2 和 T_4 饱和导通，但是 T_3-D 截止，所以得到

$$\begin{aligned}I_{\mathrm{CCL}}&=I_{\mathrm{R1}}+I_{\mathrm{R2}}\\&=\frac{V_{\mathrm{CC}}-(V_{\mathrm{BEF4}}+V_{\mathrm{BEF2}}+V_{\mathrm{BCF1}})}{R_1}+\frac{V_{\mathrm{CC}}-(V_{\mathrm{BEF4}}+V_{\mathrm{CES2}})}{R_2}\\&=3.225\,\mathrm{mA}\end{aligned}$$

可取电路的平均功耗为

$$\overline{P}=V_{\mathrm{CC}}\cdot\frac{1}{2}(I_{\mathrm{CCH}}+I_{\mathrm{CCL}})$$

由于四管 TTL 与非门电路输出级的 T_3-D 和 T_4 始终不会同时导通，所以电路功耗也有了明显的减小。

通过上面的分析可以看出，四管标准 TTL 与非门电路的电路结构要相对复杂一些，占用的芯片面积更大，但是从电路性能的角度来说，要比简易 TTL 与非门电路有较大的改进。

在四管标准 TTL 与非门电路中，采用了图腾柱输出结构，T_3-D 和 T_4 始终不会同时导通，这就使得电路的功耗降低，负载能力也有所提高，同时电路抗干扰能力也有所提高。

四管标准 TTL 与非门电路中，在输出端从低电平向高电平转变的瞬间，从电源经 R_4→T_3→D→T_4 有瞬态大电流流过，因而在二极管 D 的 PN 结中有大量存储电荷。由于电路中没有释放回路，这些电荷只能依靠管子本身的复合而消失，所以虽然电路工作速度相对于简

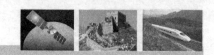

易 TTL 与非门电路有了一定的提高，但是提高的程度有限。

3.1.3 其他结构的 TTL 与非门

除了前面已经介绍过的简易 TTL 与非门电路和四管标准 TTL 与非门电路，还有其他结构的 TTL 与非门电路，同样可以实现“与非”逻辑的输出，但是由于电路结构上的区别，电路的性能也各有不同。

图 3-16 中显示的是五管 TTL 与非门电路，用 T_3 和 T_4 来代替四管电路中的 T_3-D。T_4 的发射结可以起到与四管电路中二极管 D 类似的作用，但是由于电路中 $V_{CB4}=V_{CE3}$，所以 T_4 不会进入饱和状态，因而 T_4 导通时基区中的存储电荷大大减小。同时，由于 T_4 基极处有泄放电阻 R_4，可以实现电荷泄放的通路，因而电路的工作速度有所提高。

在五管 TTL 与非门电路中，R_3 构成 T_4 的基极回路，分走了部分 T_4 的基极电流，会影响电路的开关速度。在如图 3-17 所示的六管 TTL 与非门电路中，用 R_B、R_C、T_6 代替 R_3。R_B 的存在使 T_6 比 T_5 晚导通，从而使 T_2 的发射极电流全部流入 T_5 的基极，使 T_2 和 T_5 几乎同时导通，从而改善了电路的电压传输特性，提高了电路的抗干扰能力。

在 T_5 导通饱和后，T_6 也逐渐导通并进入饱和，对 T_5 进行分流，使 T_5 的饱和度减小，存储电荷变少，因而 T_5 从饱和状态向截止状态转变的速度得到提高。所以，六管 TTL 与非门电路的工作速度也得到进一步改进。

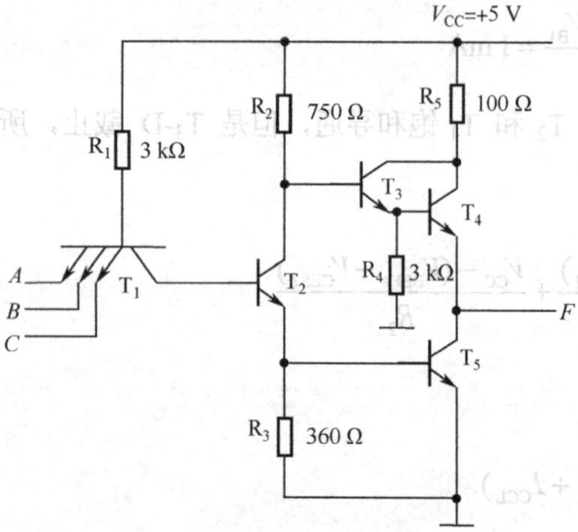

图 3-16 五管 TTL 与非门电路

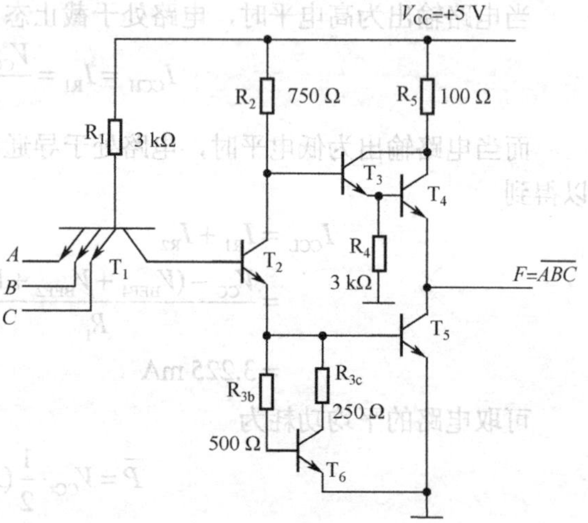

图 3-17 六管 TTL 与非门电路

3.2 STTL 和 LSTTL

在 TTL 与非门电路的基础上加上 SBD 肖特基二极管就构成了 STTL 与非门电路。

在 2.3.3 节中，已经介绍了 SBD 和由 SBD 构成的 SCT 肖特基钳位晶体管。可知，在 TTL 与非门电路中，三极管在导通的时候一般都工作在饱和区，而此时三极管中存储的大量电荷对电路开关速度的影响很大。而采用 SBD 可以有效抗饱和，提高电路的开关速度。图 3-18 为一个四管 STTL 与非门电路。

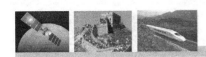

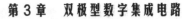

加了 SBD 之后，STTL 电路的工作速度有了明显的提高，而功耗却基本保持不变。除了改善电路工作速度外，STTL 电路通过在多发射极晶体管上施加 SBD，可有效抑制多发射极晶体管的反向漏电流。当 T_1 反向工作时，正偏的集电结会向反偏的发射结发射电子，形成反向漏电流。而当 T_1 的集电结之间加上 SBD 之后，集电结压降就钳位在 0.4 V 左右，大大削弱了反向发射电子的能力，从而起到了抑制反向漏电流的作用。

另外，STTL 与非门电路还有利于减小寄生 PNP 效应。集成 NPN 管是一种四层三结的结构，集成 NPN 管的集电结就相当于寄生 PNP 管的发射结。当集成 NPN 管的集电结正偏时，基区会向集电区注入空穴，未被复合掉的部分会被反偏进入 P 型衬底，形成一股从基区到衬底的漏电流。而采用 SBD 之后，减小了寄生 PNP 管发射区向基区的正向注入，从而减小了寄生 PNP 管造成的漏电。

不过采用 STTL 与非门电路也存在一些问题：

（1）晶体管加上 SBD 后，其本征饱和压降会从原来的 0.1 V 增加到 0.2 V，所以 T_3 加了 SBD 之后，输出低电平 V_{OL} 会增加。而 T_1 加了 SBD 之后饱和压降也将升高，会使电压传输特性曲线上 B 点相应减小（见图 3-13），从而导致电路低电平噪声容限减小，使电路低电平抗干扰能力减弱。

（2）由于 SBD 与晶体管的集电结并联，而 SBD 具有耗尽层电容，与晶体管的集电结电容并联后，总电容变大，会影响到电路的速度，因此一般希望在保证 SBD 钳位效果的前提下，尽量减小 SBD 的面积。

如果对 STTL 与非门电路中的输入管做一些改进，就可得到 LSTTL 与非门电路，如图 3-19 所示。LSTTL 与非门电路也叫低功耗肖特基 TTL 与非门电路。

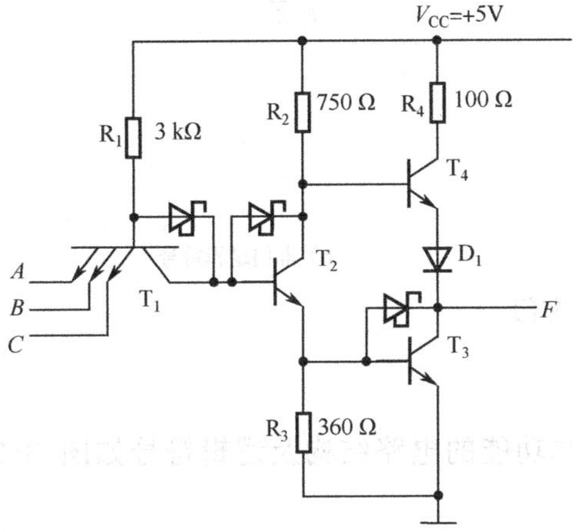

图 3-18　四管 STTL 与非门电路

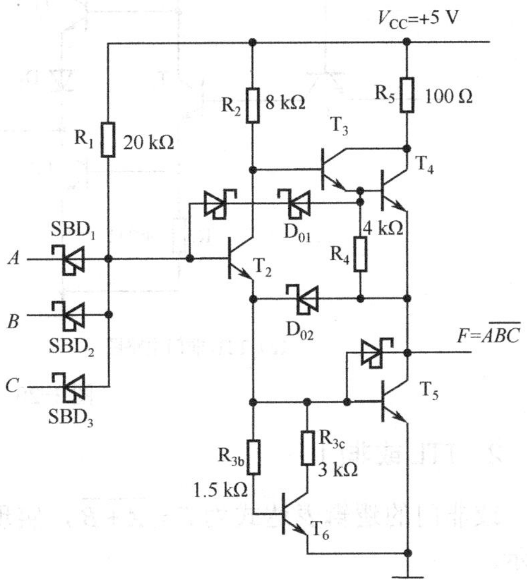

图 3-19　LSTTL 与非门电路

LSTTL 与非门电路用若干个 SBD 取代多发射极晶体管作为输入管。一方面，SBD 是多子器件，没有少子存储，其导通电压也比常规二极管要小，所以使用 SBD 作为输入管有利于提高电路的速度。另一方面，SBD 的反向饱和电流要比多发射极晶体管的输入漏电流小很多，可以减少电路的输入漏电流。最后，SBD 的反向击穿电压要比多发射极晶体管的发射结的反向击穿电压高很多。

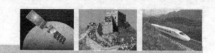

而在电路输出部分，R_4 由直接接地改为接至输出端，从而降低了电路的静态功耗。不过 R_4 接到输出端会使 T_4 的基极泄放能力减弱，因而在电路中接入 D_{01}。利用 D_{01} 来抽取 T_4 的电荷，加快 T_4 由导通状态向截止状态的转变。

另外，电路中所选用电阻的阻值都较大，可减小电源电流，使电路平均静态功耗大大降低。

3.3 TTL 门电路的逻辑扩展

前面介绍的是各种结构的 TTL 与非门电路。除了构成与非门电路外，TTL 也可以通过电路组合得到其他逻辑。包括 TTL 倒相器（非门）、TTL 与门、TTL 或非门、TTL 或门、TTL 与或非门等电路，从而构成一个完备的 TTL 系列，进而构成 TTL 触发器等电路单元。

1. TTL 非门

非门也叫倒相器，其逻辑表达式为 $F=\overline{A}$。它就是单输入端的与非门，用普通三极管代替多发射极三极管作为输入的 T_1 就可以得到非门。

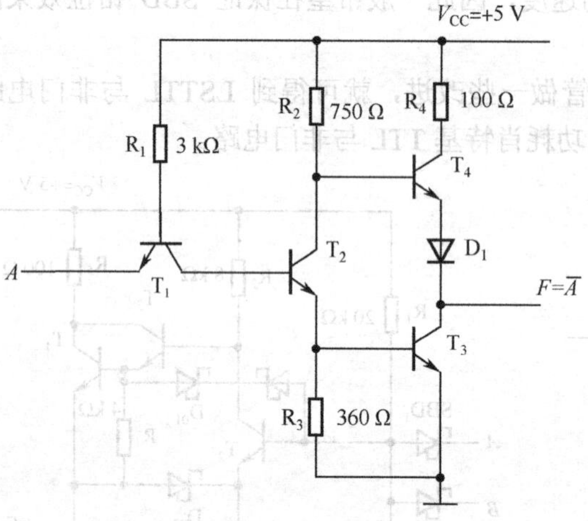

（a）TTL 非门电路图

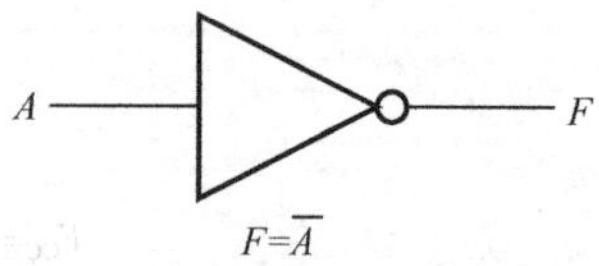

（b）非门逻辑符号

图 3-20　TTL 非门

2. TTL 或非门

或非门的逻辑表达式为 $F=\overline{A+B}$，实现或非功能的电路结构及逻辑符号如图 3-21 所示。

3. TTL 与门

与门的逻辑表达式为 $F=\overline{\overline{ABC}}=ABC$。实际上就是由与非门和非门构成的，在与非门上再加一个非门就得到了与门。不过在 TTL 集成电路中，一般不能采用这种直接的方法，这样会造成信号传输速度减慢、功耗增大等不利因素。一般的电路结构如图 3-22（a）所示。

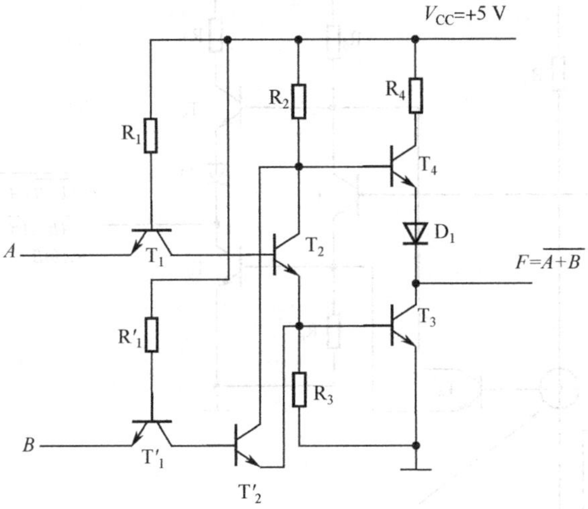

（a）TTL 或非门电路图

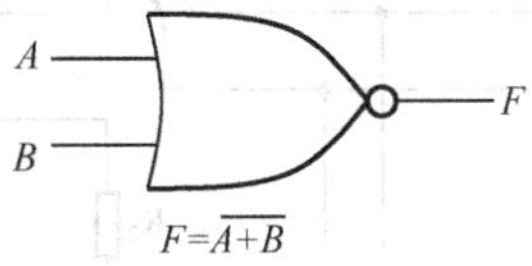

（b）或非门逻辑符号

图 3-21　TTL 或非门

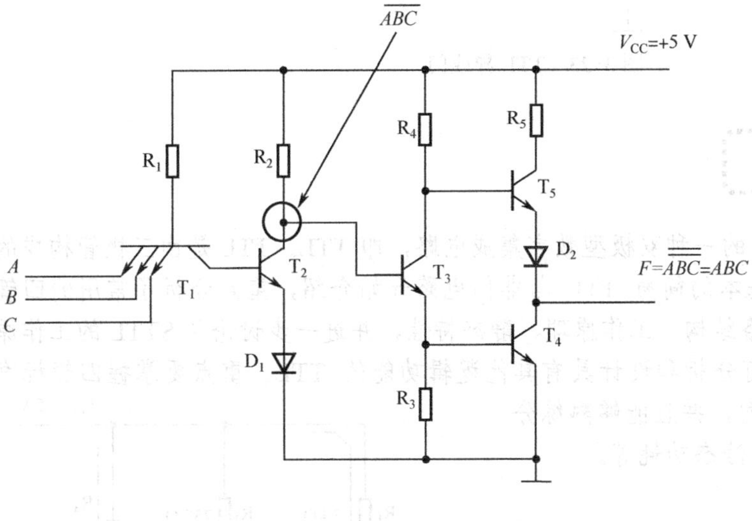

（a）TTL 与门电路图

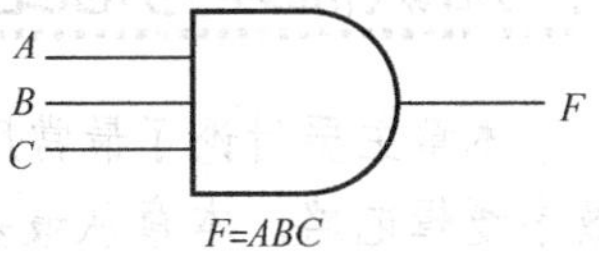

（b）与门逻辑符号

图 3-22　TTL 与门

4. TTL 异或门

异或门电路的逻辑表达式为

$$F = A \oplus B = \overline{A}B + A\overline{B} = \overline{\overline{A+B} + AB}$$

通过逻辑变换可以看出，异或门可由与非门和与门进行或非得到，如图 3-23 所示。

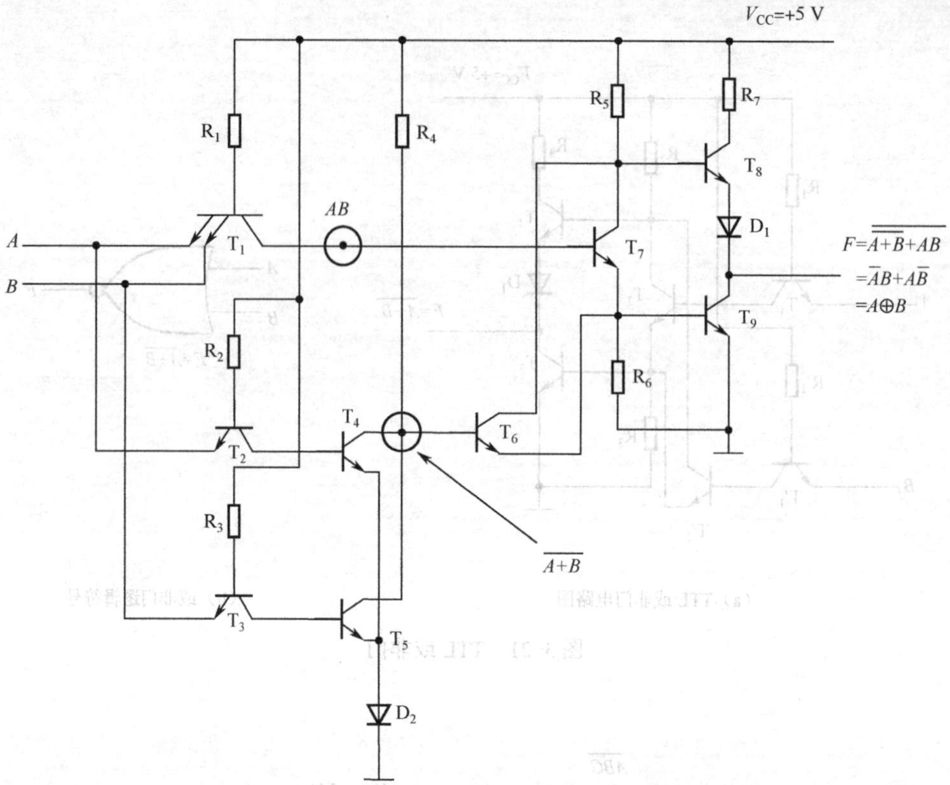

图 3-23　TTL 异或门

知识梳理与总结

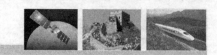

本章主要讨论了最常用的一种双极型数字集成电路，即 TTL。TTL 是由三极管构成的数字逻辑电路。本章从最基本的简易 TTL 与非门电路开始介绍，重点分析了常用的四管标准 TTL 与非门电路的电路结构、工作原理、静态特性，并进一步讨论了 STTL 的工作原理。本章最后还介绍了如何分析和设计具有其他逻辑功能的 TTL。重点要掌握四管标准 TTL 与非门电路的工作原理，并且能够熟练分析其传输特性、噪声容限、静态功耗等。

思考与练习题 3

1．试述 TTL 与非门电路中多发射极晶体管对提高电路开关速度的作用。

2．电路如图 3-24 所示，试分析该电路处于导通态和截止态时，各晶体管的工作状态。

3．电路如图 3-24 所示，试计算电路处于导通态时，图中两条支路中的电流 I_{R1} 和 I_{R4} 的

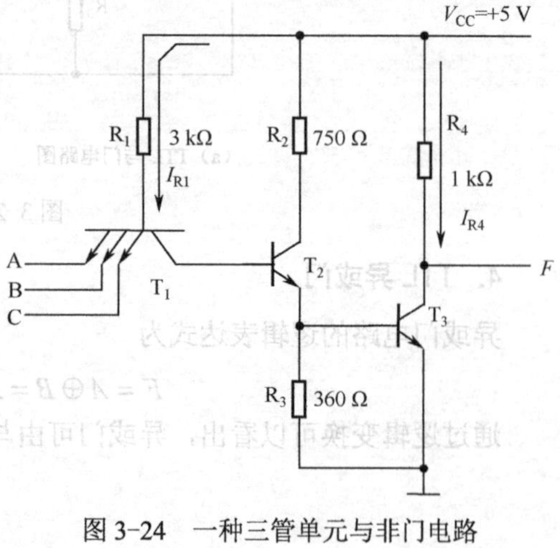

图 3-24　一种三管单元与非门电路

大小。

4．为什么 STTL 比常规 TTL 具有更高的开关速度？

5．用 TTL 实现下列函数，并画出电路图。

$$F=\overline{AB+CD}$$

$$F=\overline{A+B}+\overline{CD}$$

6．试分析如图 3-25 所示的电路对应的逻辑函数。

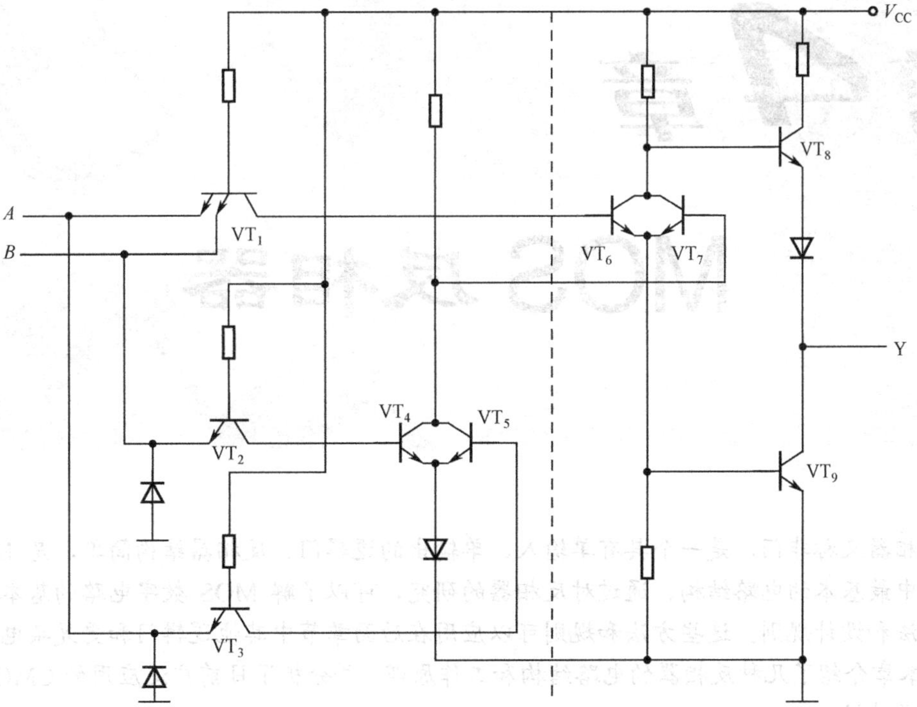

图 3-25　电路图

第 4 章 MOS 反相器

反相器又称非门，是一个具有单输入、单输出的逻辑门。反相器结构简单，是 MOS 数字电路中最基本的电路结构。通过对反相器的研究，可以了解 MOS 数字电路的基本结构、设计方法和设计规则。这些方法和规则可以应用在后面章节中其他逻辑门和更复杂电路的设计中。本章介绍了几种反相器的电路结构和工作原理，并分析了目前广泛应用的 CMOS 反相器的电学特性。

反相器的逻辑符号和真值表如图 4-1 所示。

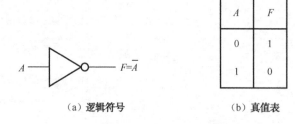

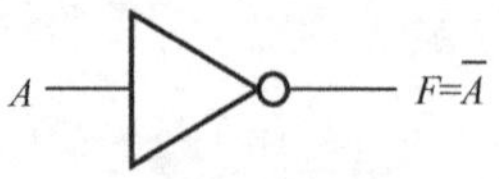

（a）逻辑符号

A	F
0	1
1	0

（b）真值表

图 4-1　反相器的逻辑符号和真值表

4.1　NMOS 反相器

MOS 数字电路发展之初，是由单沟道 MOS 器件构成的，即电路中只包含 NMOS 晶体管或 PMOS 晶体管。下面就以 NMOS 反相器为例，介绍单沟道 MOS 反相器的电路结构和工作原理。

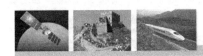

图 4-2（a）为 NMOS 反相器通用电路结构，输入控制器件为增强型 NMOS 晶体管。晶体管的栅极作为电路输入端，漏极与负载器件相连处引出输出端。为了减小衬偏效应的影响，将 NMOS 管的衬底和源极接地，使得源极和衬底之间的电压 V_{SB}=0 V。从图 4-2（b）给出的反相器电压参考方向可以看到，反相器的输入电压为 NMOS 管的栅源电压，输出电压为漏源电压，即 $V_i=V_{GS}$，$V_o=V_{DS}$。

根据负载器件不同，NMOS 反相器可分为三种类型。

（1）电阻负载 MOS 反相器，负载器件为线性扩散电阻；

（2）E/E MOS 反相器，采用增强型 NMOS 管作为负载器件，称为增强型 MOS 反相器；

（3）E/D MOS 反相器，采用耗尽型 NMOS 管作为负载器件，称为耗尽型 MOS 反相器。

下面介绍这几种 NMOS 反相器的电路结构和工作原理。

4.1.1 电阻负载 MOS 反相器

图 4-3 为电阻负载 MOS 反相器的电路结构，它以一个纯电阻 R_L 为负载器件。R_L 一端与输入管 T_N 相连，另一端接电源 V_{DD}。设计中令负载电阻 R_L 的阻值远大于 NMOS 管的导通电阻。

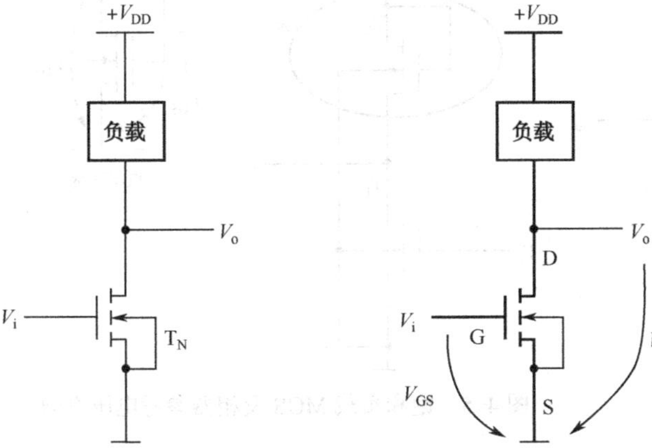

（a）电路结构　　（b）电压参考方向

图 4-2　NMOS 反相器通用电路

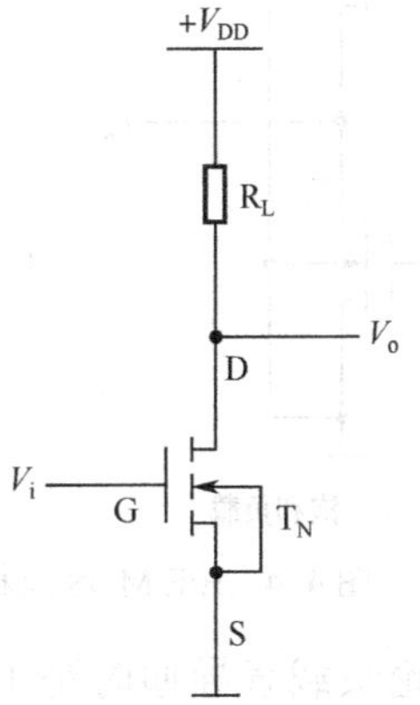

图 4-3　电阻负载 MOS 反相器的电路结构

理想 MOS 管具有极小的导通电阻和无限大的截止电阻，但实际上截止电阻的阻值并不能达到无限大，而是一个远大于 R_L 的值。当反相器输入逻辑“1”（$V_i=V_{GS}=V_{DD}$）时，输入管 T_N 导通，其导通电阻远小于负载电阻 R_L，电源电压 V_{DD} 几乎全部降落在 R_L 上，T_N 上的电压降几乎为零，则输出低电平（V_o≈0 V）。当在输入端施加逻辑“0”（V_i=0 V）时，T_N 截止，此时截止电阻的阻值远大于 R_L，V_{DD} 主要降落在输入管的源漏之间，使得 $V_o≈V_{DD}$，输出高电平。

电阻负载反相器的输出电压具有一定的损失，并不是与 V_{DD} 和 0 V 一样的高电平或低电平，输出摆幅较小。要增大输出摆幅，就要使 NMOS 管导通时的输出电压尽可能小，这就要求增大 R_L 的阻值，而降低电路功耗，减小导通电流，同样都需要增大 R_L 的阻值。R_L 为扩散电阻，占用芯片面积大，生产成品率低，且扩散结与衬底间形成的电容较大，影响开关速度。所以，后来的电路中不再使用纯电阻作为负载器件，而是采用 MOS 管作为负载。

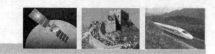

4.1.2 E/E MOS 反相器

E/E MOS 反相器采用增强型的 MOS 管作为负载，从而解决了电阻负载占用较大芯片面积的问题。由于输入管和负载管都是增强型 MOS 管，所以将这种电路结构称为增强型-增强型（Enhancement/Enhancement）MOS 反相器。提供不同栅电压，负载管工作区域不同，可将 E/E MOS 反相器分为饱和负载 MOS 反相器和非饱和负载 MOS 反相器两种类型，如图 4-4 所示。

饱和负载 MOS 反相器负载管 T_L 的栅极和漏极共接电源 V_{DD}，栅极电压 $V_{GG}=V_{DD}$。从图 4-5 标注的参考电压方向可以看出，负载管栅源电压 $V_{GSL}=V_{GG}-V_{SL}=V_{DD}-V_{SL}$，漏源电压 $V_{DSL}=V_{DD}-V_{SL}$，则有 $V_{DSL}=V_{GSL}>V_{GSL}-V_{TL}$。这样可保证 T_L 导通时工作在饱和区。而非饱和负载 MOS 反相器的负载管 T_L 栅极和漏极分别接两个电源 V_{GG} 和 V_{DD}，并且应使 V_{GG} 至少比 V_{DD} 高出一个阈值电压 V_{TL} 值，参考电压方向如图 4-6 所示。这样负载管满足 $V_{DSL}<V_{GSL}-V_{TL}$，保证了 T_L 工作在非饱和区。

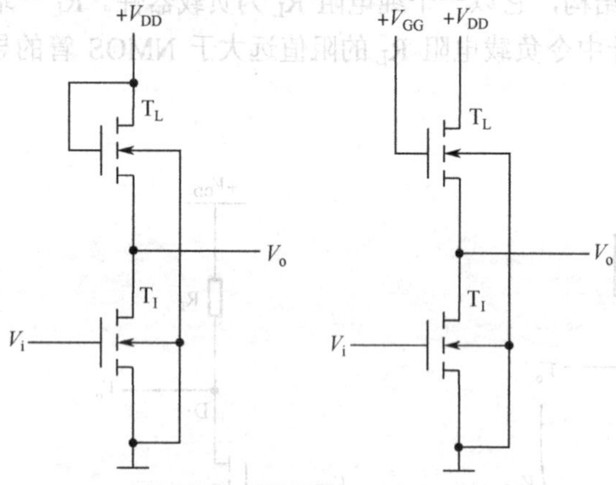

（a）饱和负载　　（b）非饱和负载

图 4-4　E/E MOS 反相器电路结构

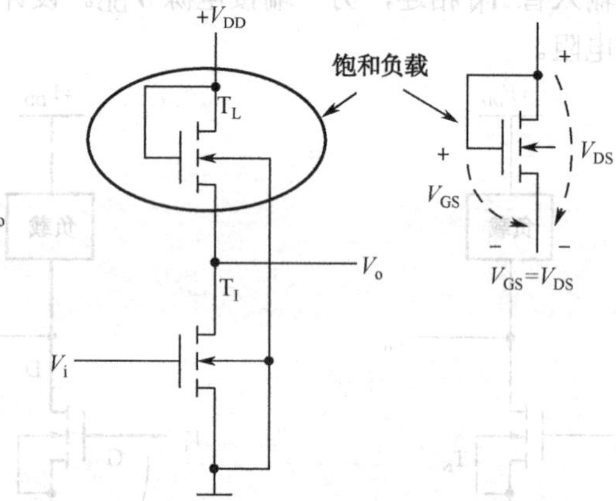

图 4-5　饱和负载 MOS 反相器参考电压方向

无论负载管导通时是工作在饱和区还是非饱和区，电路的工作原理都相同。在设计时，负载管 T_L 导通电阻远大于输入管 T_I 导通电阻。当输入高电平“1”（$V_i=V_{GSI}=V_{DD}$）时，输入管 T_I 和负载管 T_L 同时导通，但是由于 T_I 导通电阻远小于负载管 T_L 导通电阻，因此电源电压 V_{DD} 大部分降落在 T_L 上，输出为低电平“0”。当输入低电平“0”（V_i=0 V）时，T_I 截止，T_L 仍导通，电源电压 V_{DD} 大部分降落在截止的 T_I 上，输出为高电平“1”。

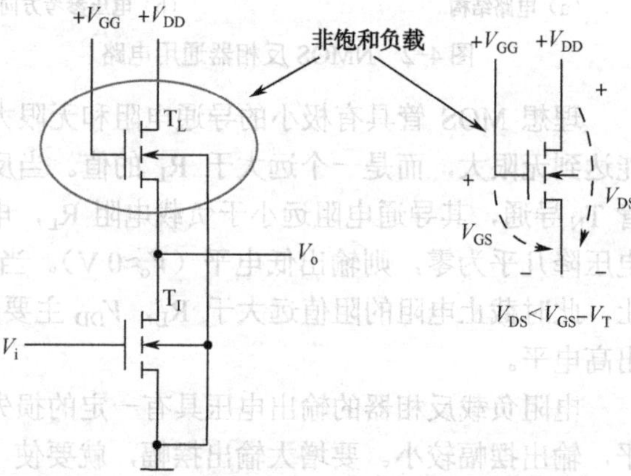

图 4-6　非饱和负载 MOS 反相器参考电压方向

饱和负载 MOS 反相器与非饱和负载 MOS 反相器这两种电路结构各有优缺点。如图 4-5 所示的饱和负载 MOS 反相器只需要一个电源，电路结构简单。但当输入“0”时，负载管微导通，其栅源电压和漏源电压的值等于

阈值电压 V_{TL}，这样就使得 V_{OH} 电压限制在 V_{DD}-V_{TL}，产生阈值损失，输出电压幅度小。而非饱和负载 MOS 反相器的 V_{OH} 虽然等于 V_{DD}，但是却需要两个独立电源，结构复杂。此外，两种结构在输入高电平时，负载管和输入管都处于导通状态，电源和地之间存在直流电流，因此直流功耗较大。所以，在大规模集成电路中，都不采用增强型负载 MOS 反相器。

4.2 CMOS 反相器

数字 CMOS（Complementary Metal Oxide Semiconductor，互补型金属氧化物半导体）集成电路是基于 MOSFET 互补对形成的。不同于前面介绍的单沟道 MOS 器件构成的电路，CMOS 电路中每个互补对由一个 PMOS 晶体管和一个 NMOS 晶体管构成，并将它们的栅极连在一起，用同一个输入信号控制。这样，可以保证当一个晶体管导通时，另一个晶体管处于截止状态。

CMOS 电路具有以下几个特点：

（1）低功耗；

（2）开关速度快（可以与 TTL 相比拟）；

（3）抗干扰能力强；

（4）电源电压适应范围宽；

（5）易于与其他电路接口。

所以，CMOS 电路适用于制作大规模集成电路（LSI）与超大规模集成电路（VLSI），如微处理器（CPU）、数字信号处理器（DSP）、大规模数字逻辑电路等。

4.2.1 CMOS 反相器的电路结构

CMOS 反相器的电路结构如图 4-7 所示，电路中 NMOS 管的衬底总是接地，PMOS 管的衬底总是接电源。为了绘制方便，可以省略衬底这一极，常采用图 4-8 中的简化电路符号来表示。简化电路图中默认晶体管的衬底已经接在正确的位置。在后面的电路中，都将采用这种简化的符号，省略的衬底这一极正确的连接方式相同，即所有 NMOS 管的衬底都是接地的，所有 PMOS 管的衬底都接电源。

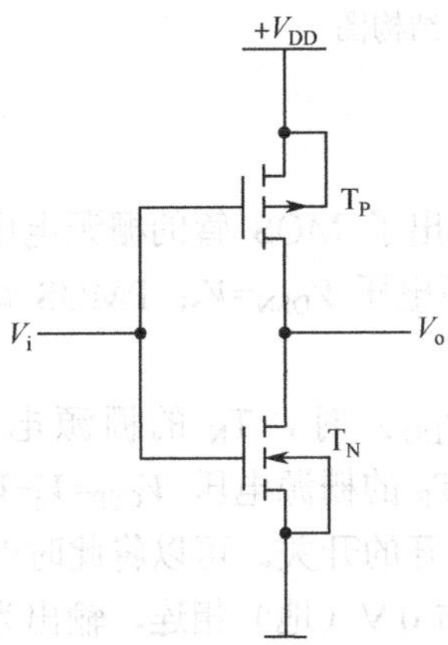

图 4-7 CMOS 反相器的电路结构

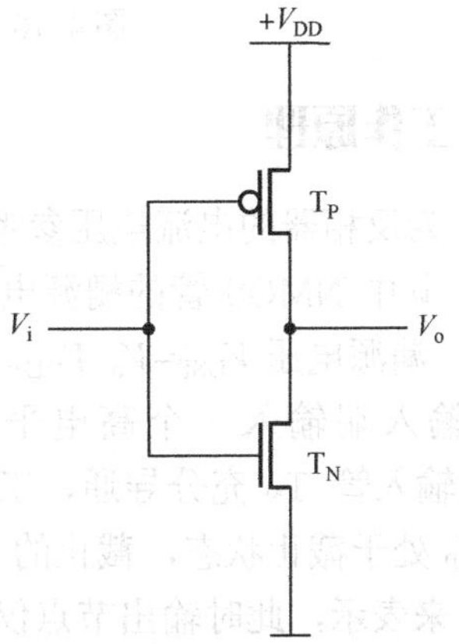

图 4-8 CMOS 反相器简化电路符号

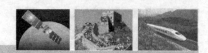

图 4-7 中 CMOS 反相器是由一个 PMOS 管和一个 NMOS 管构成的，两个晶体管形成互补对。PMOS 管与 NMOS 管的栅极连接在一起，作为电路的输入端；漏极连接在一起，作为输出端。NMOS 管的源端和衬底接地（0 V），PMOS 管源端和衬底接电源（V_{DD}）。其 N 阱工艺的版图结构如图 4-9 所示，PMOS 管和 NMOS 管加工在同一块 P 型衬底上。通过掺杂的方法局部改变衬底导电类型，制造出 N 阱，并将 PMOS 管加工在 N 阱中。

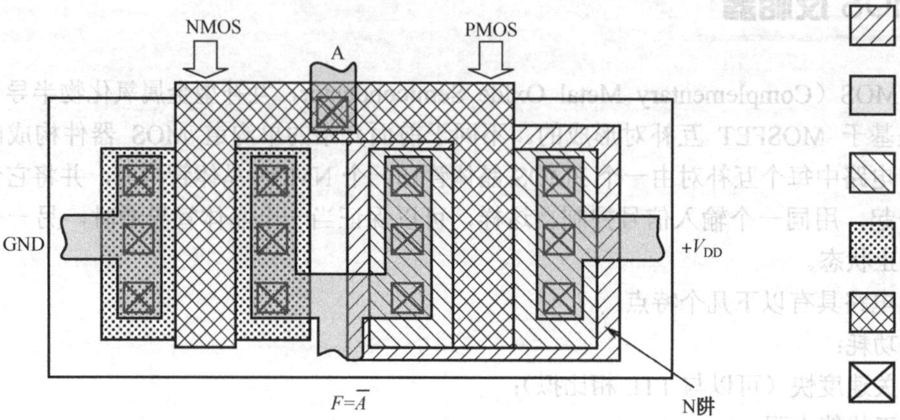

图 4-9　CMOS 反相器 N 阱工艺的版图结构

版图的目的是设计出各工艺层掩模图形，通过氧化、光刻、腐蚀和扩散等工艺方法，可以加工出与版图结构一致的反相器电路芯片。图 4-10 为 CMOS 反相器剖面结构图。

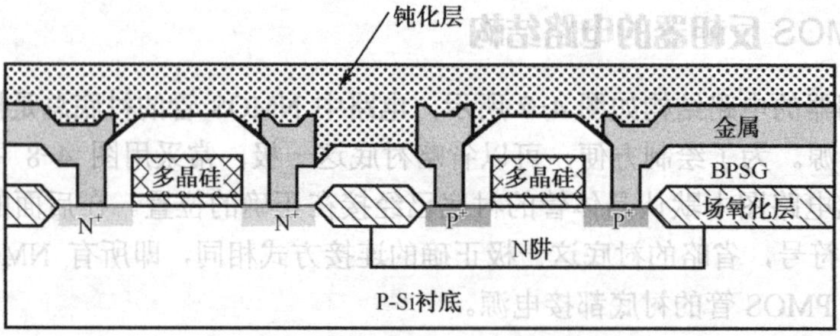

图 4-10　CMOS 反相器剖面结构图

4.2.2　工作原理

图 4-11 为反相器的电流电压参考方向。图中标注出了 MOS 管的栅源电压、栅漏电压和电流方向，其中 NMOS 管的栅源电压 $V_{GSN}=V_i$，漏源电压 $V_{DSN}=V_o$；PMOS 管的栅源电压 $V_{GSP}=V_i-V_{DD}$，漏源电压 $V_{DSP}=V_o-V_{DD}$。

当电路输入端输入一个高电平信号（$V_i=V_{OH}=V_{DD}$）时，T_N 的栅源电压 $V_{GSN}=V_i=V_{DD}>V_{TN}$，故输入管 T_N 充分导通，工作在非饱和区。T_P 的栅源电压 $V_{GSP}=V_i-V_{DD}=V_{DD}-V_{DD}=0\ V>V_{TP}$，$T_P$ 处于截止状态，截止的 T_P 相当于一个断开的开关。可以将此时的电路状态用图 4-12（a）来表示，此时输出节点仅通过导通的 T_N 与 0 V（地）相连，输出为低电平，即 $V_o=V_{OL}=0\ V$。

若反相器输入一个低电平信号（$V_i=V_{OL}=0\,V$），则 $V_{GSN}=V_i=0\,V< V_{TN}$，T_N 截止；而 $V_{GSP}=V_i-V_{DD}=0\,V-V_{DD}=-V_{DD}<V_{TP}$，负载管 T_P 充分导通。反相器输出与电源 V_{DD} 相连（见图 4-12（b）），输出为高电平，即 $V_o=V_{OH}=V_{DD}$。

可见，反相器输出的逻辑摆幅为全轨输出，其值为

$$V_L = V_{OH} - V_{OL} = V_{DD} \tag{4-1}$$

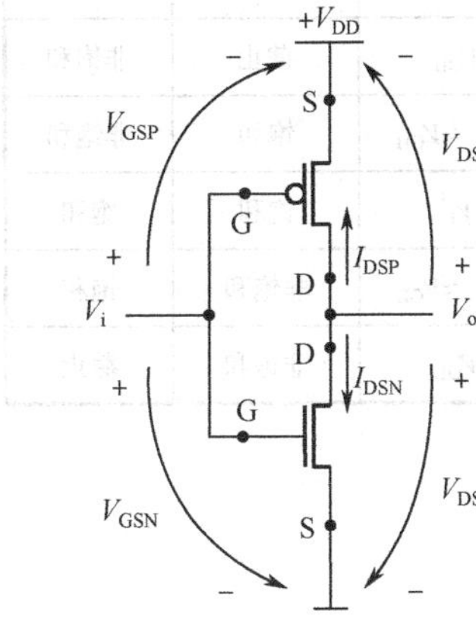

图 4-11　反相器的电流电压参考方向

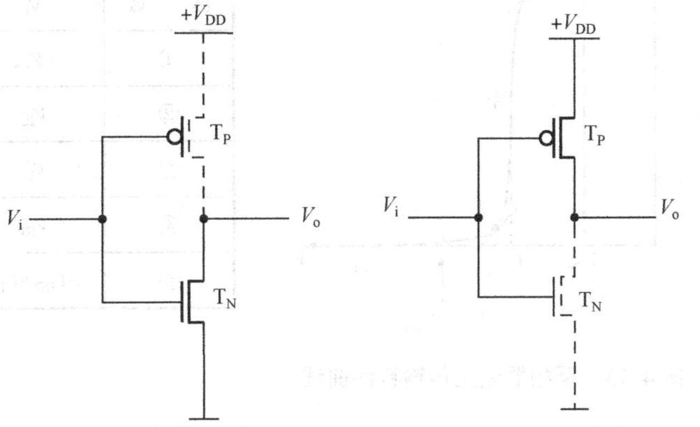

（a）高输入电平　（b）低输入电平

图 4-12　反相器电路的工作情况

通过对 CMOS 反相器工作原理的分析可以看到，反相器的输出与输入的逻辑状态总是相反的。这是 CMOS 电路的一个特点，可以通过 MOSFET 的串并联直接设计出与非门、或非门及与或非门，但是无法直接得到与门、或门和与或门。如果想得到与门，要在与非门输出端连接一个反相器才可以实现。

从 CMOS 反相器的电路结构上可以总结出这样的规律：首先，CMOS 电路是由 PMOS 管和 CMOS 管构成的互补对形成的，并且电路里所有的 NMOS 管的衬底端都要接地，所有 PMOS 管的衬底端都要接电源；其次，互补对中的 NMOS 管和 PMOS 管的栅极需要共接，并引出输入端，这样使得一个输入信号可以同时控制两个晶体管，保证一个晶体管导通时，另一个晶体管处于截止状态；最后，电路的输出端总是从 NMOS 管和 PMOS 管漏极相连位置引出，扩展到其他电路中，即从 NMOS 网络和 PMOS 网络最终连接在一起的部位引出输出端。

4.3　CMOS 反相器的静态特性

由于电路在制造过程中存在偏差，并且工作时存在干扰噪声的影响，电路制造出来后所测得的行为特性和预期响应之间会存在差别，所以需要讨论电路的静态特性，以保证电路在制造偏差和噪声干扰下可以稳定工作。

4.3.1　直流特性

进行直流（DC）分析是为了确定给定输入值 V_i 时，对应输出 V_o 值的情况。将 V_o 作为 V_i 的函数，在 0 V 到 V_{DD} 范围内改变 V_i 的值，求出对应的 V_o 并绘制出 V_o 随 V_i 变化的曲线称为电压传输特性（VTC）曲线（见图 4-13），它可以用来表示电路的直流特性。

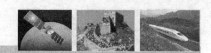

将该曲线划分成五个区域，在每个区域内器件的工作状态各不相同，表 4-1 给出了各个区域中器件的工作状态。

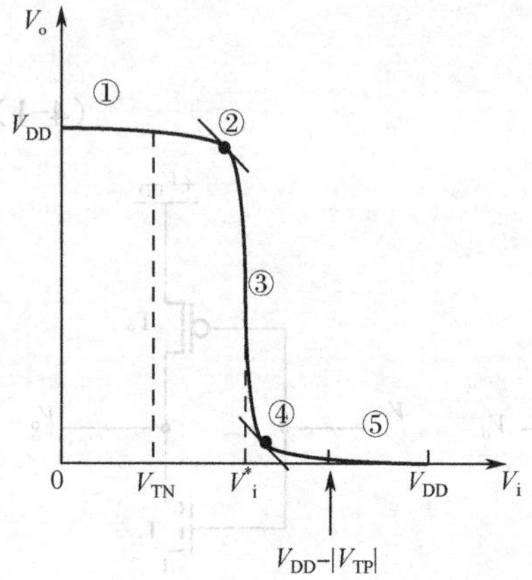

图 4-13 反相器电压传输特性曲线

表 4-1 器件工作状态表

区 域	V_i	V_o	NMOS	PMOS
①	$<V_{TN}$	V_{OH}	截止	非饱和
②	V_{IL}	高，$\approx V_{OH}$	饱和	非饱和
③	V_i^*	V_i^*	饱和	饱和
④	V_{IH}	低，$\approx V_{OL}$	非饱和	饱和
⑤	$>V_{DD}+V_{TP}$	V_{OL}	非饱和	截止

下面来讨论反相器在这五个区域的工作状态。

（1）在①区 $V_i<V_{TN}$，T_N 截止，T_P 充分导通，且处于非饱和状态，反相器输出高电平。由于 T_N 和 T_P 串联，流经 T_N 和 T_P 的电流相等，则有

$$-K_P[2(V_{OL}-V_{DD}-V_{TP})(V_{OH}-V_{DD})-(V_{OH}-V_{DD})^2]=0 \qquad (4\text{-}2)$$

求得输出为高电平 $V_{OH}=V_{DD}$。

（2）当增大 V_i 使 $V_i \geqslant V_{TN}$ 时（②区），T_N 导通，工作于饱和状态，并且随着 V_i 增加，T_N 导电能力增强（V_{GSN} 增大）。由于此时 T_P 仍导通，可以看到，随 V_i 增加输出电压略有下降。此时仍可以认为输出电平为逻辑高电平（$\approx V_{OH}$）。

（3）当 V_i 达到临界电压 V_{IL} 后，T_P 工作在饱和区，并且随 V_i 的增大$|V_{GSP}|$减小，T_P 导电能力下降，输出电压随之下降，曲线下行，如图 4-13 中③区所示。这里的电压既不是定义的逻辑 0 也不是定义的逻辑 1，称为“过渡区”。此区域非常狭窄，输入电压的一个微小变化会引起输出电压很大变化。

（4）V_i 继续增大到 $V_i>V_{IH}$，T_N 充分导通，工作在非饱和区，输出电压下降近似为 V_{OL}，曲线进入到④区。

当 $V_i>V_{DD}-|V_{TP}|$时，T_P 截止，只有 T_N 导通，输出低电平 V_{OL}（⑤区）。

$$K_n[2(V_{OH}-V_{TH})V_{OL}-V_{OL}^2]=0 \qquad (4\text{-}3)$$

输出电压为 V_{OL}=0 V。

在数字电路中，高逻辑电平 V_{OH} 和低逻辑电平 V_{OL} 并不是一个额定的电压值，而是一个可接受的电压范围。反相器直流特性曲线可以直观地提供输出与输入间的对应关系，并给出定义逻辑值 0 和 1 的电压范围。从上面的分析可以看出，在 $V_i<V_{IL}$ 的电压范围，输出电压都可以看作是逻辑 1。因此，在这个范围内输入电压都可以看作是逻辑 0。当 $V_i>V_{IH}$ 时，输出电压是逻辑 0，即在 $V_i>V_{IH}$ 范围内输入电压相当于逻辑 1。

可见 V_{IL} 和 V_{IH} 可以确定逻辑 0 和逻辑 1 的电压范围，其确切值可以由曲线中两个斜率为-1 的点 a 和 b 确定（见图 4-14）。

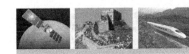

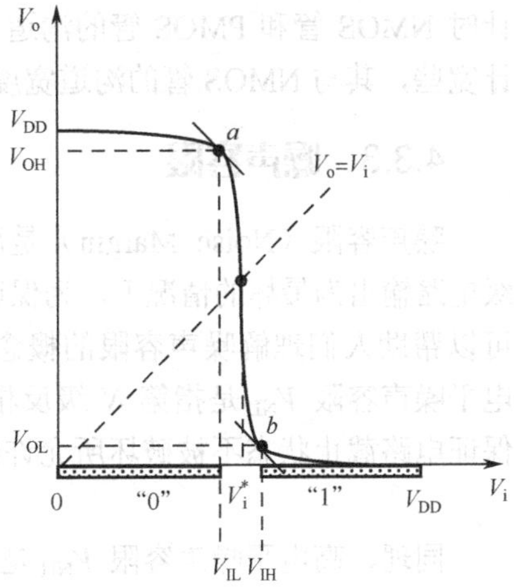

图 4-14 逻辑电平与电压范围

a 点确定了电路输入低电平的最大值 V_{IL}（此时输出端信号为输出高电平的最小值 V_{OH}），则逻辑 0 的输入电压范围是

$$0 \leqslant V_i \leqslant V_{IL} \tag{4-4}$$

b 点确定了输入高电平的最小值 V_{IH}（对应输出低电平的最大值 V_{OL}），则逻辑 1 的输入电压范围是

$$V_{IH} \leqslant V_i \leqslant V_{DD} \tag{4-5}$$

4.3.2 中点电压

虽然可以求出高电平和低电平的确切电压范围，但为了表示方便，在电压传输特性曲线中引入一个中点电压 V_i^*（也称"开关阈值"）。该点是由 VTC 曲线与 $V_i=V_o$ 的交点确定的。当 $V_i=V_i^*$ 时，NMOS 管和 PMOS 管都工作在饱和区，因此可以用饱和电流公式来计算该点电压值，即

$$\frac{K_N}{2}(V_i^* - V_{TN})^2 = \frac{K_P}{2}(V_{DD} - V_i^* - |V_{TP}|)^2 \tag{4-6}$$

整理求得中点电压为

$$V_i^* = \frac{V_{DD} - |V_{TP}| + \sqrt{K_N/K_P}\,V_{TN}}{1 + \sqrt{K_N/K_P}} \tag{4-7}$$

令 $v_i^* = \dfrac{V_i^*}{V_{DD}}$，$\alpha_P = \dfrac{|V_{TP}|}{V_{DD}}$，$\alpha_N = \dfrac{V_{TN}}{V_{DD}}$，$\beta_R = \dfrac{K_P}{K_N}$，则得归一化转换电压 v_i^* 为

$$v_i^* = \frac{\sqrt{\beta_R}(1-\alpha_P) + \alpha_N}{1 + \sqrt{\beta_R}} \tag{4-8}$$

可见，V_i^* 的值是由导电因子之比确定的。

当 $V_i<V_i^*$ 时，输入电压趋近于逻辑 0；反之，当 $V_i>V_i^*$ 时，输入电压趋向于逻辑 1，所以 V_i^* 为输入过渡变化的中点。

在对称反相器设计中，要求"0"和"1"的输入电压范围相同，即中点电压 $V_i^*=\dfrac{1}{2}V_{DD}$。若使电路中器件的阈值电压满足 $V_{TN}=|V_{TP}|$，根据式（4-7）可求出在对称设计中 K_N 和 K_P 满足条件：$\dfrac{K_N}{K_P}=1$，则有

$$\frac{K_N}{K_P} = \frac{K'_N\left(\dfrac{W}{L}\right)_N}{K'_P\left(\dfrac{W}{L}\right)_P} = 1 \tag{4-9}$$

由于电子迁移率和空穴迁移率不同，所以两者本征导电因子之比的典型值为 2～3，即 K'_N/K'_P 为 2～3。欲满足 $K_N/K_P=1$，在设计中 PMOS 管和 NMOS 管的宽长比应不同。一般设

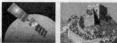

计时 NMOS 管和 PMOS 管的沟道长度都是相同的，这就需要将 PMOS 管的沟道宽度 W_P 设计宽些，其与 NMOS 管的沟道宽度 W_N 之间的关系为 $W_P \approx 2W_N$。

4.3.3 噪声容限

噪声容限（Noise Margin）是衡量一个门在噪声干扰下能稳定工作的量。它是指在前一级电路输出为最坏的情况下，为保证后一级电路正常工作，所允许的最大噪声幅度。图 4-15 可以帮助人们理解噪声容限的概念。噪声容限分为低电平噪声容限和高电平噪声容限。低电平噪声容限 V_{NL} 是指第 N 级反相器输出低电平，传递到第 N+1 级作为输入低电平时，为保证电路截止状态不被破坏所允许的最大输入噪声电压。

$$V_{NL} = V_{IL} - V_{OL} \tag{4-10}$$

同理，高电平噪声容限 V_{NH} 是第 N 级电路输出高电平，传递到第 N+1 级电路作为输入高电平时，保证电路导通状态不被破坏所允许的最大输入噪声电压。

$$V_{NH} = V_{IH} - V_{OH} \tag{4-11}$$

为了运算方便，可以将噪声容限近似为

$$V_{NL} \approx V_i^* - 0\ \text{V} = V_i^* \tag{4-12}$$

$$V_{NH} \approx V_{DD} - V_i^* \tag{4-13}$$

为使电路能正常工作，噪声容限应越大越好。

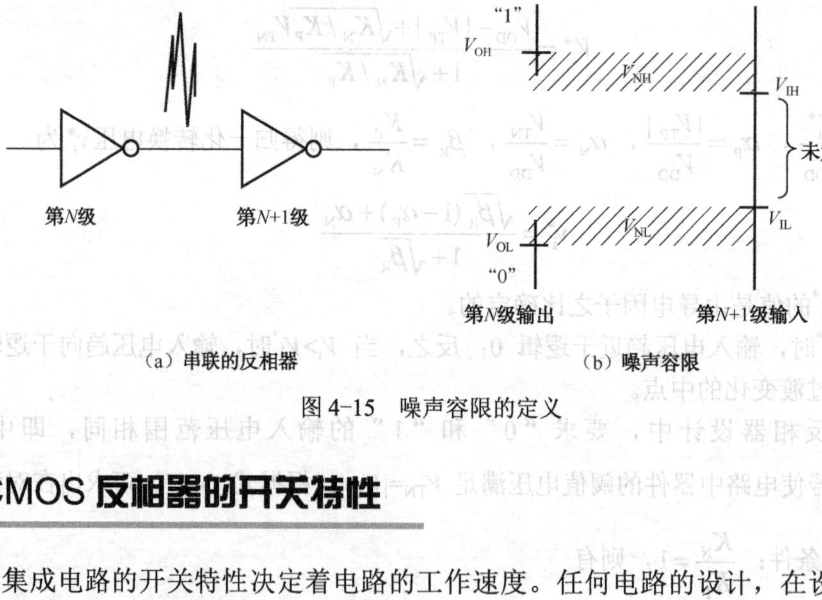

（a）串联的反相器　　（b）噪声容限

图 4-15　噪声容限的定义

4.4 CMOS 反相器的开关特性

数字集成电路的开关特性决定着电路的工作速度。任何电路的设计，在设计初期都要对电路的开关速度进行估算和优化。对反相器开关特性研究得出的结论与规则，有助于将其运用于其他电路设计中进行高速电路设计。

反相器开关特性的研究，主要是研究输入电压变化后输出电压随时间变化的过程。如果在图 4-16（a）的输入端上加一个矩形波，输出电压不可能瞬时改变，而是输出一个如图 4-16（b）所示的波形。从图中可以看出，在 t_1 时刻 V_i 由 0 变为 1，但 V_o 从 1 过渡到 0 需要经过一个下降时间 t_f。而在 t_2 时刻 V_i 由 1 变为 0，V_o 从 0 过渡到 1 需要一个上升时间 t_r。

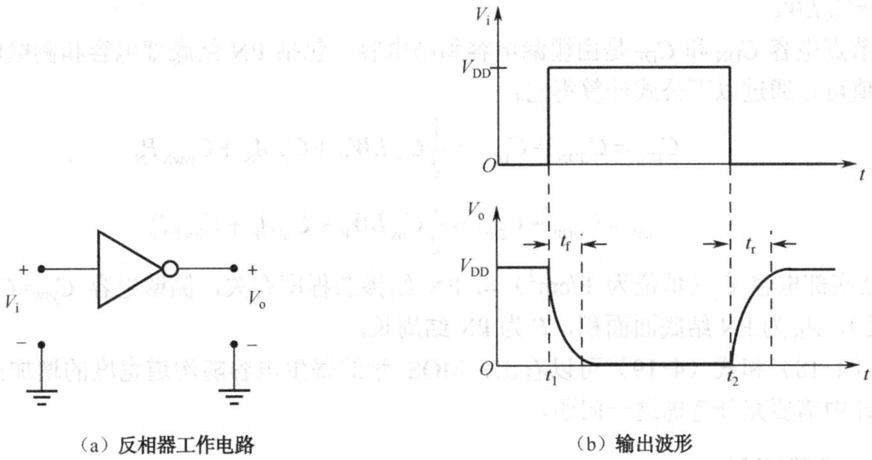

图 4-16 开关波形示意图

产生这样的输出变化是电路中晶体管存在着寄生电阻和寄生电容造成的。将 NMOS 管和 PMOS 管等效为电压控制开关，可以用如图 4-17 所示的简化 RC 开关模型来说明输出电压发生延迟变化的原因。

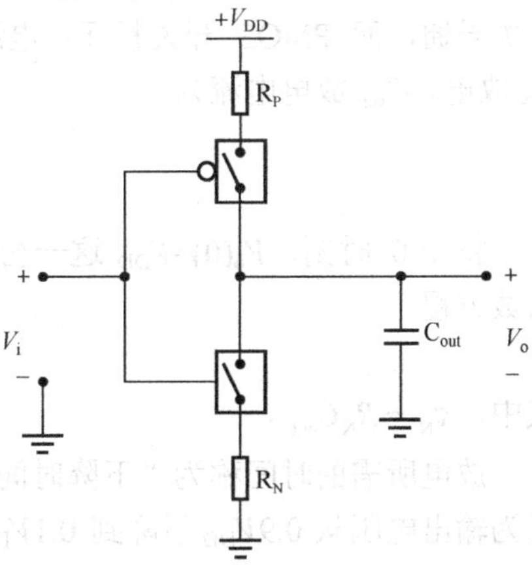

图 4-17 CMOS 反相器等效 RC 开关模型

当输入电压从 0 变化为 1 时，积累在 C_{out} 上的电荷通过 NMOS 管寄生电阻 R_N 放电，经过 t_f 时间后放电结束，输出电压变为 0 V；而当输入电压从 1 变为 0 时，输出端通过 R_P 和 C_{out} 充电，经过 t_r 时刻后充电至 V_{DD}，输出状态变为逻辑 1。

用 N 和 P 来区分 NMOS 管和 PMOS 管的各个物理量。当反相器电路中晶体管的尺寸确定（即宽长比确定）时，寄生电阻 R_N 和 R_P 可以表示为

$$R_N = \frac{1}{K_N(V_{DD} - V_{TN})} \tag{4-14}$$

$$R_P = \frac{1}{K_P(V_{DD} - |V_{TP}|)} \tag{4-15}$$

在电路中每个逻辑门都要有能够驱动其他门的能力，这些被驱动的门称为“扇出门”，作为驱动电路的负载。用 C_L 来表示外加负载电容，则反相器电路总输出电容为

$$C_{out} = C_{FET} + C_L \tag{4-16}$$

式中，C_{FET} 为晶体管寄生电容，可表示为输出节点电容之和，即

$$C_{FET} = C_{DN} + C_{DP} \tag{4-17}$$

负载电容 C_L 实际上就是被驱动门的输入电容 C_{in}。若如图 4-15（a）所示的连接电路，则第 N 级反相器的负载电容就是第 N+1 级反相器的输入电容，其值为第 N+1 级反相器的两个 MOS 电容之和

$$C_{in} = C_{GN} + C_{GP} \tag{4-18}$$

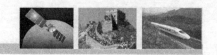

式中，$C_G=C_{ox}LW$。

输出节点电容 C_{DN} 和 C_{DP} 是由栅漏电容和结电容（包括 PN 结底部电容和侧壁电容）构成的，其值可以通过以下公式计算得出：

$$C_{DN}=C_{GDN}+C_{DBN}=\frac{1}{2}C_{ox}LW_N+C_{jN}A_N+C_{jswN}P_N \tag{4-19}$$

$$C_{DP}=C_{GDP}+C_{DBP}=\frac{1}{2}C_{ox}LW_P+C_{jP}A_P+C_{jswP}P_P \tag{4-20}$$

PN 结底部电容 C_j（单位为 F/cm^2）与 PN 结掺杂程度有关，侧壁电容 $C_{jsw}=C_jx_j$（x_j 为 PN 结深度），A_N 为 PN 结底面面积，P 为 PN 结周长。

从式（4-18）和式（4-19）可以看出，MOS 管的寄生电容随沟道宽度的增加而增大，所以在设计中需要充分考虑这一问题。

4.4.1　下降时间

设输出端初始状态 $V_o(0)=V_{DD}$，从图 4-18 可以看出，当输入电压从 0 变为 1 时，NMOS 开关导通，而 PMOS 开关断开，电源和输出端之间没有电流，此时 C_{out} 上积累的电荷通过 R_N 放电。C_{out} 放电电流为

$$i=-C_{out}\frac{dV_o}{dt}=\frac{V_o}{R_N} \tag{4-21}$$

将 $t=0$ 时刻，$V_o(0)=V_{DD}$ 这一初始条件带入微分方程中进行求解，则可得到输出电压的指数方程

$$V_o(t)=V_{DD}e^{-t/\tau_N} \tag{4-22}$$

式中，$\tau_N=R_NC_{out}$。

放电所需的时间称为“下降时间”，也称导通时间，用 t_f 表示。为了测量方便，将其定义为输出电压从 $0.9V_{DD}$ 下降到 $0.1V_{DD}$ 所需的时间（见图 4-19），即输出幅值的 90%到 10%的时间间隔。

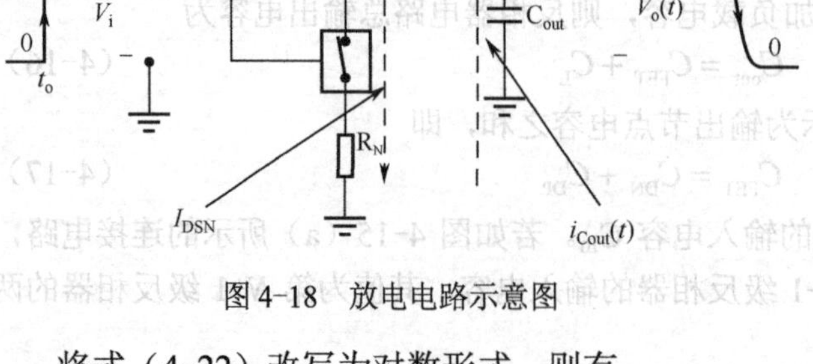

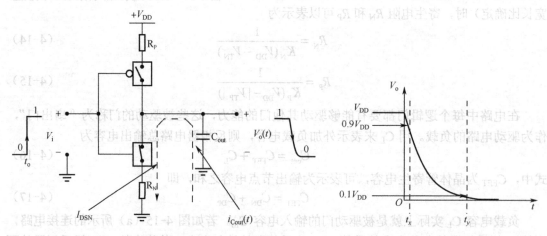

图 4-18　放电电路示意图

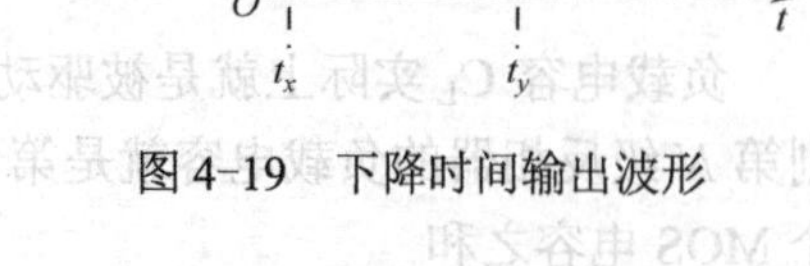

图 4-19　下降时间输出波形

将式（4-22）改写为对数形式，则有

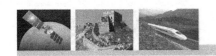

$$t=\tau_N \ln\left(\frac{V_{DD}}{V_o}\right) \quad (4-23)$$

将 $0.9V_{DD}$ 和 $0.1V_{DD}$ 带入上式中，求得 t_f 的值为

$$\begin{aligned} t_f &= \tau_N \ln\left(\frac{V_{DD}}{0.1V_{DD}}\right)-\tau_N \ln\left(\frac{V_{DD}}{0.9V_{DD}}\right) \\ &= \tau_N \ln 9 \\ &\approx 2.2\tau_N \end{aligned} \quad (4-24)$$

4.4.2 上升时间

当输入电压由 1 变为 0 时，NMOS 开关断开而 PMOS 开关导通。假定输出端初始状态为 0V，此时通过 R_N 对 C_{out} 充电（见图 4-20）。

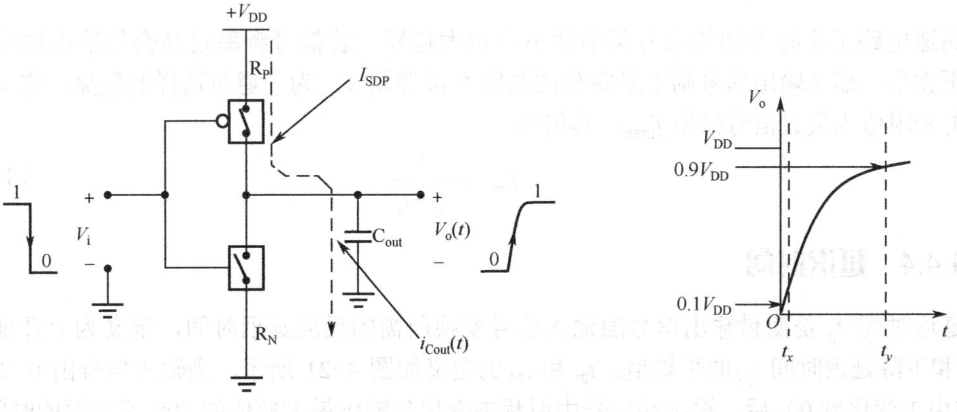

（a）充电电路　　（b）输出波形

图 4-20　定义下降时间

充电所需的时间称为上升时间，也称截止时间，用 t_r 表示。可以用计算 t_f 的方法来计算 t_r。C_{out} 充电电流为

$$i=C_{out}\frac{dV_o}{dt}=\frac{V_{DD}-V_o}{R_P} \quad (4-25)$$

将初始条件 $V_o(0)=0$ V 带入上式中求解该方程得到

$$V_o(t)=V_{DD}(1-e^{-t/\tau_P}) \quad (4-26)$$

式中，$\tau_P=R_P C_{out}$。为测量方便，同样定义上升时间为输出幅值 10%～90%的时间间隔，则可通过同样的方法运算得到

$$t_r=\tau_P \ln 9 \approx 2.2\tau_P \quad (4-27)$$

虽然 NMOS 管和 PMOS 管所驱动的输出电容是相同的，但由于两个晶体管的寄生电阻不同，所以上升时间和下降时间的值也不相同。寄生电阻反比于器件宽长比，所以两个晶体管的器件尺寸（W/L）决定了输出波形的形状。若两个器件尺寸相同，则输出波形是对称的，即 $t_r=t_f$。

反相器在电路中应用时，每个门输出节点电容 C_{FET} 一定，C_{out} 随驱动的负载电容大小而变化。为了更直观的体现这一变化，可将开关时间改写成下面的形式：

$$t_f \approx 2.2\tau_N = 2.2R_N(C_{FET} + C_L) \quad (4\text{-}28)$$

$$t_r \approx 2.2\tau_P = 2.2R_P(C_{FET} + C_L) \quad (4\text{-}29)$$

从上式可以看出，上升时间和下降时间可以表示为由 C_{FET} 引起的延时和由 C_L 引起的延时两个部分。

令 $\alpha_N = 2.2R_N = \dfrac{2.2}{K_N(V_{DD}-|V_{TP}|)}$，$\alpha_P = 2.2R_P = \dfrac{2.2}{K_P(V_{DD}-V_{TN})}$，则上式可改写为

$$t_f = t_{f0} + \alpha_N C_L \quad (4\text{-}30)$$

$$t_r = t_{r0} + \alpha_P C_L \quad (4\text{-}31)$$

可见，当外加负载时开关时间呈线性增加。这样的表示方法，方便人们在驱动不同负载情况下估算上升时间和下降时间。

4.4.3 最大信号频率

高速电路工作时施加的信号频率并不是越大越好，若信号频率过高会使输出端电容充放电不完全，那么输出信号则不是完整的逻辑 0 或逻辑 1。为了避免这样的现象，定义信号频率的极限值为最大信号频率 f_{max}，其值为

$$f_{max} = \frac{1}{t_f + t_r} \quad (4\text{-}32)$$

4.4.4 延迟时间

延迟时间 t_p 是衡量输出信号随输入信号变换所需的反应延迟时间，定义为上升延迟时间 t_{pr} 和下降延迟时间 t_{pf} 的平均值。t_{pr} 和 t_{pf} 的定义如图 4-21 所示，当输入信号由 0 变化到 1（或由 1 变化到 0）后，输出端信号由原状态变化到输出最大幅值的 50%所需要的时间。

利用公式可以求出 t_{pr} 和 t_{pf} 的值

$$t_{pf} = \tau_N \ln 2 \quad (4\text{-}33)$$

$$t_{pr} = \tau_P \ln 2 \quad (4\text{-}34)$$

则延迟时间 t_p 的值为

$$t_p = \frac{t_{pf} + t_{pr}}{2} = \frac{\ln 2}{2}(\tau_N + \tau_P) \approx 0.35(\tau_N + \tau_P) \quad (4\text{-}35)$$

4.5 CMOS 反相器的功耗特性

追求小尺寸、高速度、低功耗已成为 IC 设计的趋势。电路功耗大小决定了电路工作时所消耗的能量和耗散的热量，因此对反相器功耗的研究也是十分必要的。CMOS 电路功耗由静态功耗和动态功耗两部分组成，其中占主要地位的是动态功耗。下面分别研究两种功耗产生的原因及计算方法。

4.5.1 静态功耗

理想情况下认为 CMOS 稳定状态时，NMOS 管和 PMOS 管之间必然一个导通，另一个

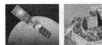

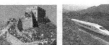

截止，因此静态电流为 0。但实际上，由于漏电流（表面漏电和 PN 结漏电）的存在，有漏电功耗 P_S 存在，可以用下面的公式来表示：

$$P_S = I_{OS}V_{DD} \tag{4-36}$$

静态功耗的值很小，漏电流的典型值只有微微安数量级，对电路工作影响不大，一般可以忽略不计。设计时减小 PN 结面积可减小静态功耗。

4.5.2 动态功耗

动态功耗主要是由于状态转换时，输出节点寄生电容充放电所产生的开关功耗 P_c，如图 4-22 所示。

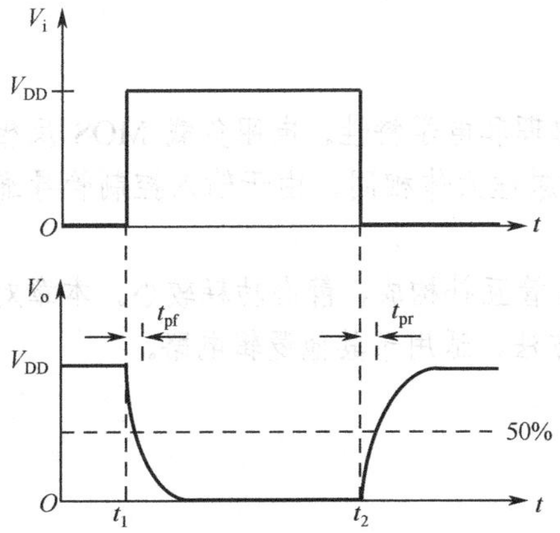

图 4-21 延迟时间

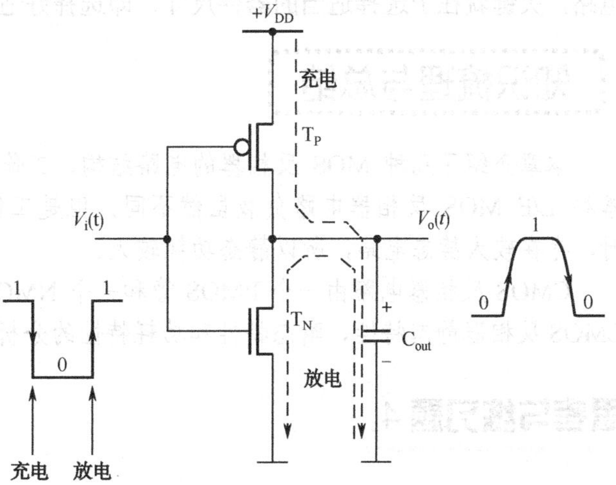

图 4-22 开关功耗示意图

图 4-22 中输入信号由 1 变为 0 时，NMOS 管截止，PMOS 管导通，C_{out} 通过 PMOS 管充电，从电源获得一定能量。其中一部分能量被晶体管消耗，其余存储在电容上使电压从 0 V 上升至 V_{DD}。在信号的另一个半周期中，输入信号由 0 变为 1 时，NMOS 管导通而 PMOS 管截止，C_{out} 通过 NMOS 管放电。存储在电容上的能量被消耗掉，电压从 V_{DD} 降至 0 V。所以，开关功耗实际上是由电路的开、关两部分功耗构成的。

从图 4-22 中可以看出，C_{out} 的充电电流与 PMOS 管的漏极电流相等，而放电电流则等于 NMOS 管的漏极电流。这两个电流值可以近似认为，在一个周期内存储在 C_{out} 上的电量 Q_e 充放电产生的电流。

用一个周期的平均功耗来衡量开关功耗的大小，则可以表示为

$$P_c = V_{DD}I_{DD} = V_{DD}\left(\frac{Q_e}{T}\right) \tag{4-37}$$

式中，$Q_e = C_{out}V_{DD}$，为 C_{out} 充电至 V_{DD} 时存储的电荷量。将其带入上式得

$$P_c = \frac{1}{T}C_{out}V_{DD}^2 \tag{4-38}$$

用频率 $f=1/T$ 来表示，式（4-37）可写为

$$P_c = C_{out}V_{DD}^2 f \tag{4-39}$$

开关功耗是无法避免的，但设计时可以通过减小节点寄生电容来降低开关功耗。

实际上的动态功耗比所计算的值要大，这是由于当 V_i 在过渡区时，NMOS 管和 PMOS 管均导通，电源到地存在一个较大的瞬态电流，因此电路中存在因瞬态电流而产生的瞬态功耗 P_t。瞬态功耗的计算比较复杂，这里不对它做过多研究。

从这一章的分析中可以发现，反相器的静态特性和动态特性由两组参数确定：

（1）工艺参数，如 k'、V_T 和寄生电容；

（2）晶体管宽长比 W/L。

每个芯片制造工厂的工艺参数都有差异，一般在设计之初，代工厂会提供相应的工艺参数，IC 设计人员无法对其进行控制。那么对于设计人员而言，要设计出电气性能良好的电路，关键就在于选择适当的器件尺寸，即选择好适当的宽长比。

知识梳理与总结

本章介绍了几种 MOS 反相器的电路结构、工作原理和电学特性。电阻负载 MOS 反相器和 E/E MOS 反相器电路负载虽然不同，但是工作原理大体相同。由于输入控制管导通时，存在较大静态电路，所以静态功耗较大。

CMOS 反相器电路由一个 PMOS 管和一个 NMOS 管互补构成，静态功耗较小。本章对 CMOS 反相器静态特性、瞬态特性和功耗特性的分析方法，适用于其他逻辑电路。

思考与练习题 4

1．导出饱和型负载（N 沟）E/E MOS 反相器的低电平 V_{OL} 的表达式。

2．试阐述 CMOS 反相器的工作原理，说明空载时的 V_{OH} 和 V_{OL} 各为多少。

3．为什么 CMOS 电路具有良好的抗干扰能力？（从电路的噪声容限 V_{NL}、V_{NH} 角度分析）

4．画出 CMOS 反相器器件剖面结构（N-Si 衬底，P 阱）示意图。

第5章 CMOS逻辑门

任何复杂的数字电路，都是由基本逻辑门通过各种连接方式构成的，所以对数字电路的研究都是从基本逻辑门开始。值得注意的是，由于 CMOS 数字电路的反相特性，CMOS 数字电路的输出与输入的逻辑状态总是相反的，所以 CMOS 数字电路的基本门是非门（反相器）、与非门和或非门。在此基础上可构造形成与门、或门、与或非门和异或门等常用逻辑门。

在第 4 章中介绍了 CMOS 反相器的电路结构和电学特性，从中得到的规律可以扩展到其他逻辑门的设计中。本章重点介绍 CMOS 数字电路中基本逻辑门和触发器等基本逻辑单元的电路结构及工作原理。

5.1 互补对

在进行逻辑门的研究之前，先介绍 CMOS 互补对的概念。每个 CMOS 互补对都是由一个 NMOS 晶体管和一个 PMOS 晶体管构成的，将它们的栅联在一起，用同一个输入信号进行控制。为了简化分析过程，可以将 MOS 管看作一个由栅电压控制的开关，那么 NMOS 晶体管可看作高电平控制开关，当输入信号为高电平时开关闭合，低电平时开关断开；而 PMOS 晶体管则视为低电平控制开关，当输入低电平时开关闭合，高电平时开关断开。这样，在任何一个输入状态下，互补对中只有一个晶体管是导通的。前面介绍过的反相器电路就可以很好地诠释互补对的这种工作情况。

从反相器电路结构可以看出，在互补 CMOS 结构中，通过 NMOS 晶体管将输出端与地（0 V）连接，当 NMOS 晶体管导通时可以传递逻辑 0 信号，PMOS 晶体管将输入端与电压

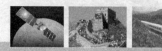

V_{DD} 连接来传递逻辑 1。所以，由 NMOS 晶体管构成的电路部分称为下拉网络，PMOS 晶体管电路部分称为上拉网络。下面介绍 NMOS 逻辑和 PMOS 逻辑的结构特点。

图 5-1 为 CMOS 逻辑规则示意图。若想将图 5-1（a）中串联链一端的 0 信号传递到另一端，则所有 NMOS 晶体管的输入必须均为高电平，有 $A\cdot B$=0，则 $\overline{A\cdot B}$=1，所以串联的 NMOS 晶体管实现了逻辑“与非”逻辑。同样，若想使图 5-1（b）并联 NMOS 晶体管结构能够将一端的 0 值传递到另一端，则两个并联的 NMOS 晶体管至少有一个输入为逻辑 1，$A+B$=0，$\overline{A+B}$=1，此时 NMOS 网络实现了“或非”逻辑。

PMOS 网络的逻辑规则如图 5-1（c）和（d）所示。只有当图（c）中两个 PMOS 晶体管都输入低电平时，串联的 PMOS 晶体管组合才导通传递 1 信号，有 $\overline{A}\cdot\overline{B}=\overline{A+B}$=1，实现的是“或非”逻辑。当图（d）中至少一个输入为低电平时，并联 PMOS 晶体管导通，$\overline{A}+\overline{B}=\overline{A\cdot B}$=1，实现“与非”逻辑。

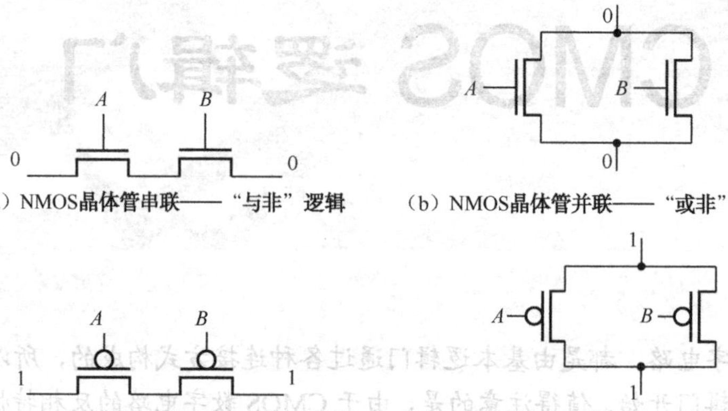

（a）NMOS晶体管串联——“与非”逻辑　（b）NMOS晶体管并联——“或非”逻辑

（c）PMOS晶体管串联——“或非”逻辑　（d）PMOS晶体管并联——“与非”逻辑

图 5-1　CMOS 逻辑规则示意图

总结以上分析可以得到这样的结论：

（1）NMOS 晶体管串联实现“与非”逻辑，并联实现“或非”逻辑。

（2）PMOS 晶体管并联实现“与非”逻辑，串联实现“或非”逻辑。

通过上面的分析可以看出，串联的 NMOS 晶体管对应的是并联的 PMOS 晶体管，而并联的 NMOS 晶体管对应串联的 PMOS 晶体管，这种结构称为对偶结构，对应的规则称为串并联规则。

在设计电路时，常用串并联规则先设计出 NMOS 逻辑，再根据对偶原理实现 PMOS 逻辑的连接。

5.2 基本的 CMOS 逻辑门

5.2.1 与非门（NAND）

根据前面讨论的 CMOS 逻辑规则，要想实现与非逻辑，需将 NMOS 晶体管串联，其对应的对偶结构应该是 PMOS 晶体管并联。设计的方法是：

（1）对每个输入使用一个 NMOS/PMOS 互补对；

（2）将输出节点通过 PMOS 晶体管与电源 V_{DD} 相连；

（3）将输出节点通过 NMOS 晶体管与地（0 V）相连；

（4）确保输出总是一个正确定义的高电平或低电平。

按照这一方法，可以得到如图 5-2（a）所示的电路结构。将 T_{N1} 和 T_{N2} 两个 NMOS 晶体管串联，T_{P1} 和 T_{P2} 两个 PMOS 晶体管并联，T_{N1} 的漏极和 T_{P1}、T_{P2} 的漏极连接在一起引出输出端 F。将 NMOS 串联链一端接地，使输出端通过 NMOS 晶体管接地；两个 PMOS 晶体管接电源，通过 PMOS 晶体管将输出与电源连接。T_{P1}、T_{N1} 的栅极连接在一起作为输入端 A，T_{P2}、T_{N2} 的栅极连接在一起作为输入端 B，这样的连接方式可以使 T_{P1}、T_{N1} 和 T_{P2}、T_{N2} 形成两组互补对，在输入状态稳定的情况下，每个互补对中只有一个晶体管处于导通状态。图中采用了简化符号，默认所有 NMOS 晶体管衬底接地，PMOS 晶体管衬底接电源。

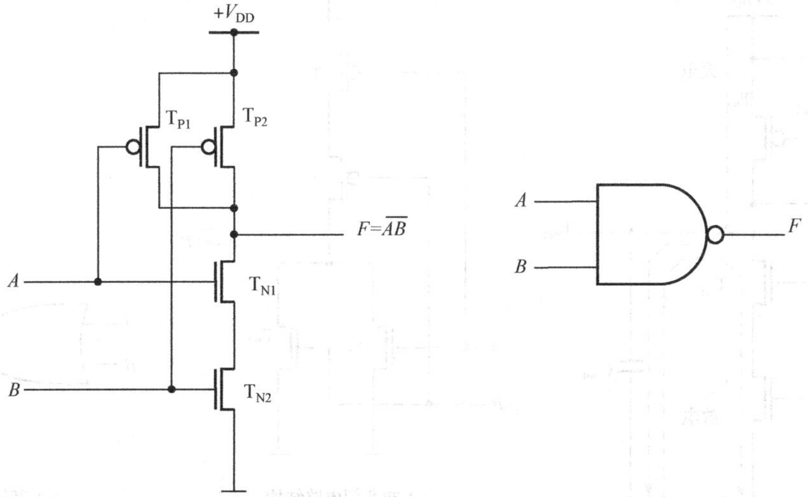

（a）NAND逻辑电路　　（b）逻辑符号

图 5-2　CMOS 与非门电路

与非门电路的工作机理为当 A、B 同时输入逻辑 0（0 V）时，T_{N1} 和 T_{N2} 均截止，T_{P1} 和 T_{P2} 均导通，此时通过导通的 PMOS 晶体管将高电平（V_{DD}）传送到输出端，输出为高电平 1。若 A 或 B 中有一个输入为 0，另一个输入为 1，则两个 NMOS 晶体管中只有一个导通，另一个截止，NMOS 网络对地没有通路，不能传送信号；而两个 PMOS 晶体管中总有一个会导通，将 PMOS 网络另一端的 1 信号传送到输出端，输出为 1。只有当 A 和 B 同时输入逻辑 1 时，T_{N1} 和 T_{N2} 才同时导通，而 T_{P1} 和 T_{P2} 同时截止，输出端通过导通的 NMOS 网络与地相连，输出低电平 0。所以，电路实现了“与非”逻辑功能，其逻辑式为 $F=\overline{A \cdot B}$。

在设计与非门等逻辑门时，同样要考虑电路的开关速度，即考虑门的工作速度。与非门输出电容充放电情况如图 5-3 所示。估算上升时间和下降时间时，采用“最坏情况”的方法来估算。

充电时的最坏情况是只有一个 PMOS 晶体管导电，则上升时间与反相器上升时间计算方法相同。在放电过程中，C_{out} 通过两个 NMOS 晶体管放电，等效寄生电阻值为 $2R_n$，若器件尺寸相同，与非门的下降时间为反相器的 2 倍。可见，下降时间受 NMOS 串联链的影响。为了使与非门的开关时间与反相器相同，设计中应将两个串联的晶体管尺寸设计为单个 NMOS 晶体管的 2 倍，这样就增大了芯片面积。所以，在电路设计中，尽量避免多个晶体管串联的情况，尤其是多个 PMOS 晶体管串联。

实际上，由于两个串联的 NMOS 晶体管之间还存在着晶体管间电容，这个寄生电容也需要通过晶体管放电，所以实际的放电时间受其影响，比估算的还要略大些。

5.2.2 或非门（NOR）

图 5-4 中或非门电路的连接方法正好和与非门相反，两个 NMOS 晶体管 T_{N1} 和 T_{N2} 并联，T_{P1} 和 T_{P2} 串联，形成对偶结构。同样将 T_{N1} 和 T_{P1} 的栅极连接作为输入端 A，T_{N2} 和 T_{P2} 的栅极连接作为输入端 B，T_{P2} 的漏极与 T_{N1}、T_{N2} 的漏极连接在一起引出输出端 F。省略的一极——衬底极的连接方法同上。

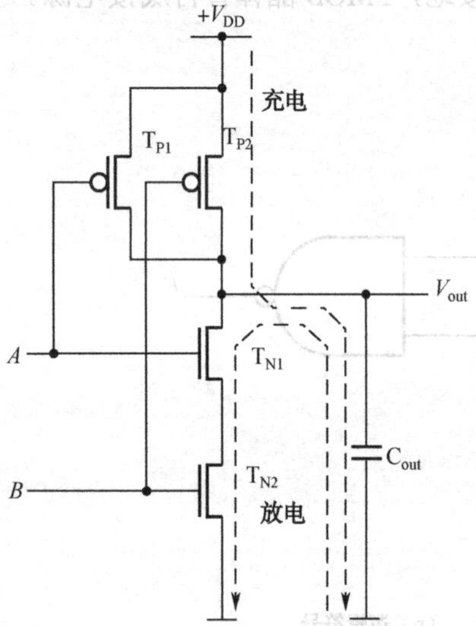

图 5-3　充放电电路

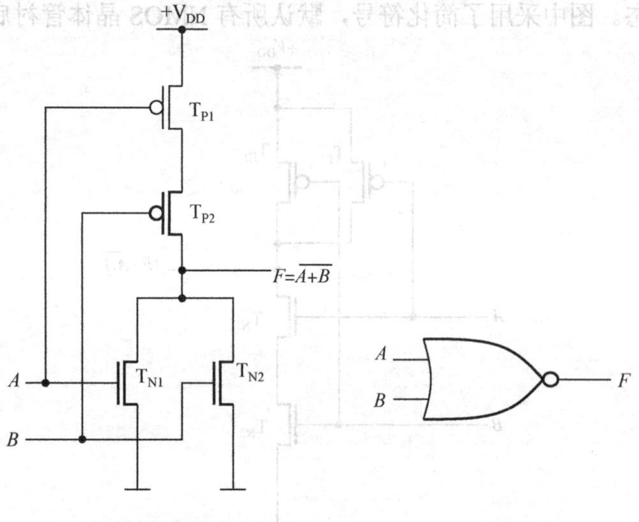

（a）或非门电路结构　（b）逻辑符号

图 5-4　或非门电路

当 A 和 B 同时输入 0 时，T_{N1} 和 T_{N2} 均截止，T_{P1} 和 T_{P2} 均导通，通过导通的 PMOS 链将 V_{DD} 传送到输出端，输出为逻辑 1。若 A 或 B 中只有一个输入 1，另一个输入 0，则两个并联的 NMOS 晶体管中总有一个导通，而两个串联的 PMOS 晶体管中总有一个截止，使得 PMOS 链断路。逻辑 0（接地）通过导通的 NMOS 晶体管传送到输出端，输出为 0。当 A 和 B 同时输入 1 时，T_{N1} 和 T_{N2} 均导通，T_{P1} 和 T_{P2} 均截止，输出仍为 0。电路实现了“或非”逻辑功能，逻辑式为 $F=\overline{A+B}$。

串联的 PMOS 晶体管导致过多的逻辑延迟，使上升时间 t_r 增加。为了避免这一情况，需将 T_{P1} 和 T_{P2} 的宽长比增大到原来的 2 倍。

5.3 CMOS 复合逻辑门

5.3.1 与或非门（AOI）

1）AOI21

通过对反相器（非门）、与非门和或非门这三个基本逻辑门的学习，可基本掌握 CMOS

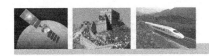

串并联规则，下面考虑如何用串并联规则设计其他复合逻辑门电路。

与或非门的电路形式在数字电路中经常用到，逻辑图见如图 5-5。其逻辑式为

$$F=\overline{AB+C} \qquad (5\text{-}1)$$

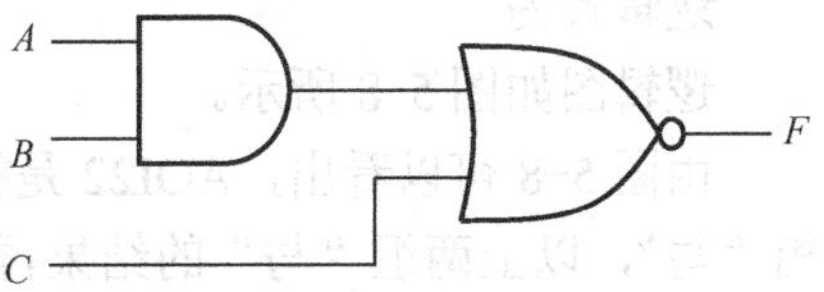

图 5-5　与或非门逻辑图

与或非门的 NMOS 电路可以按以下方式构成。

第一组：输入为 A 和 B 的 NMOS 晶体管串联，实现“与”逻辑。

第二组：第一组与输入为 C 的 NMOS 晶体管并联，实现“或”逻辑。

图 5-6 清楚地显示了上述各组连接方式。PMOS 晶体管采用对偶原则连接，即串联的 NMOS 晶体管对应并联的 PMOS 晶体管，并联的 NMOS 晶体管对应串联的 PMOS 晶体管。每组 PMOS 结构与具有同样输入的一组 NMOS 相对应，可得到 PMOS 电路的连接方式。

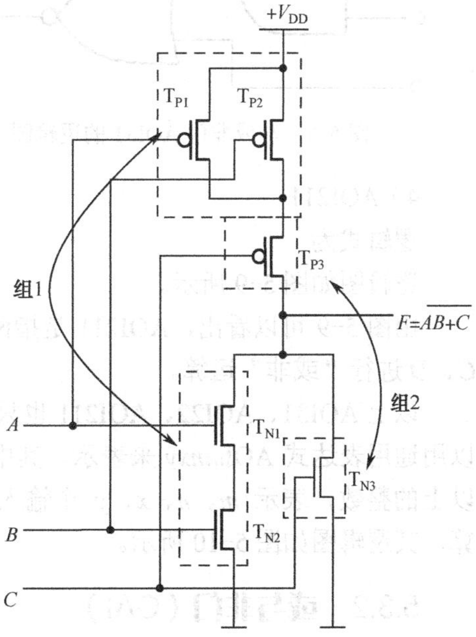

图 5-6　与或非门电路结构

第一组：输入为 A 和 B 的 PMOS 晶体管并联，实现“与”逻辑。

第二组：第一组与输入为 C 的 PMOS 晶体管串联，实现“或”逻辑。

最后，从 NMOS 网络和 PMOS 网络连接处引出输出端，实现“非”逻辑。

当 $A=B=C=0$ 时，NMOS 晶体管均截止，PMOS 晶体管均导通。V_{DD} 通过导通的 PMOS 结构传送到输出端，输出为“1”。当 $AB=1$ 或 $C=1$ 时，则 T_{N1}、T_{N2} 均导通，或者 T_{N3} 导通，NMOS 网络与地（0 V）导通。而 T_{P1} 和 T_{P2} 截止，或者 T_{P3} 截止，PMOS 网络与电源（V_{DD}）间不导通。此时逻辑 0 信号通过导通 NMOS 结构传送到输出端，$F=0$。当 $A=B=C=1$ 时，则 T_{N1}、T_{N2}、T_{N3} 均导通，T_{P1}、T_{P2}、T_{P3} 均截止，PMOS 网络与 V_{DD} 不导通，输出仍为 0。

通过真值表、卡诺图等方式可以验证图 5-6 中的电路能实现与或非逻辑，这里不再详细说明。

如图 5-5 所示的与或非门通常称为 AOI21，其中“2”表示是两个输入信号 A、B 的“与”，“1”表示 A、B“与”完成后再跟一个信号 C 进行“或非”运算。

除了如图 5-5 所示的 AOI21 逻辑外，还有其他的与或非门逻辑，下面分别介绍。

2）AOI31

逻辑式为

$$F=\overline{ABC+D} \qquad (5\text{-}2)$$

逻辑图如图 5-7 所示。

由图 5-7 可以看出，AOI31 是指三个输入信号 A、B、C 相“与”，然后再跟另一个信号 D 进行“或非”运算。

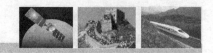

3）AOI22

逻辑式为

$$F=\overline{AB+CD} \tag{5-3}$$

逻辑图如图 5-8 所示。

由图 5-8 可以看出，AOI22 是指两个输入信号 A、B 相“与”，另外两个输入信号 C、D 相“与”，以上两组“与”的结果再进行“或非”运算。

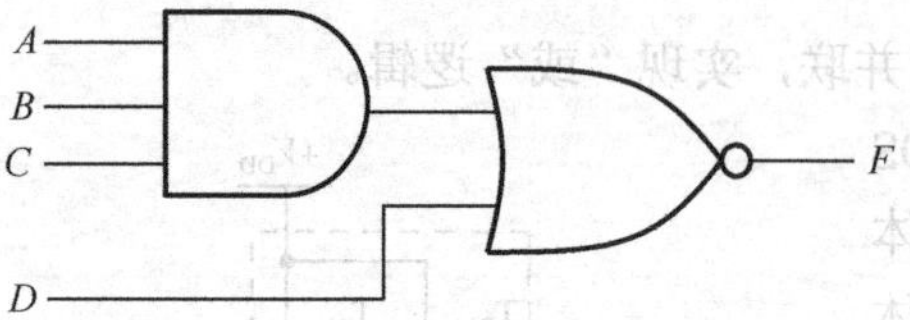

图 5-7　与或非门 AOI31 的逻辑图

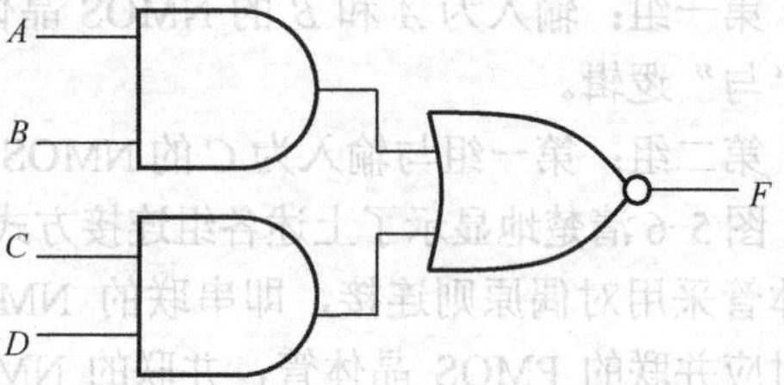

图 5-8　与或非门 AOI22 的逻辑图

4）AOI211

逻辑式为

$$F=\overline{AB+C+D} \tag{5-4}$$

逻辑图如图 5-9 所示。

由图 5-9 可以看出，AOI211 是指两个输入信号 A、B 相“与”，然后再跟另外两个信号 C、D 进行“或非”运算。

以上 AOI31、AOI22、AOI211 也只是众多 AOI 运算中的一些而已，其他的 AOI 运算可以用通用表达式 AOI*mnxy* 来表示，其中 m 可以是 2 以上的整数，而 n、x、y 分别可以是 1 以上的整数，表示 m、n、x、y 个输入信号相“与”，以上相“与”结果再进行“或非”运算，其逻辑图如图 5-10 所示。

5.3.2　或与非门（OAI）

采用同样的方法还可以设计出或与非逻辑电路。

一般化的或与非逻辑式为

$$F=\overline{(A+B)\cdot C} \tag{5-5}$$

或与非门逻辑图如图 5-11 所示。

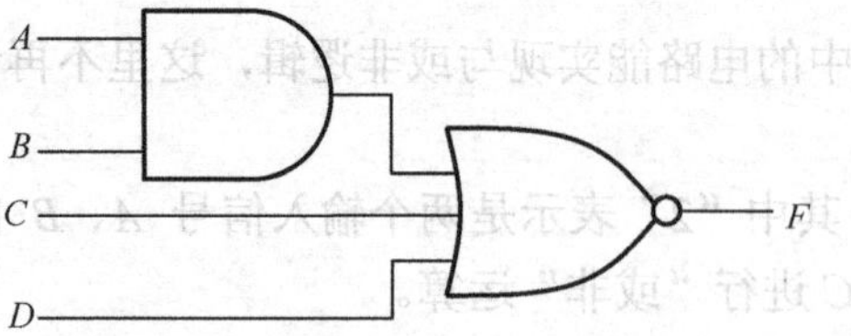

图 5-9　与或非门 AOI31 的逻辑图

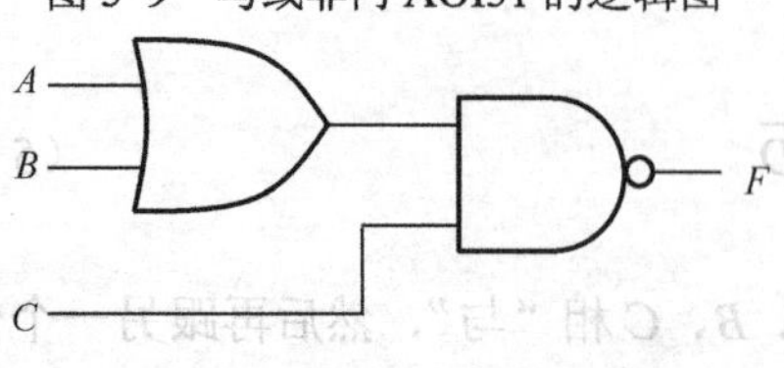

图 5-11　或与非门逻辑图

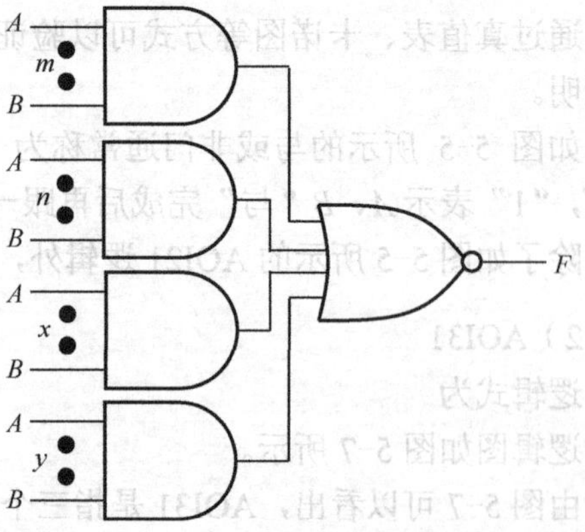

图 5-10　与或非门 AOI*mnxy* 的逻辑图

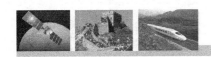

按照设计与或非门的方法，或与非门的 NMOS 电路如下。

第一组：输入为 A 和 B 的 NMOS 晶体管并联，实现“或”逻辑。

第二组：第一组与输入为 C 的 NMOS 晶体管串联，实现“与”逻辑。

PMOS 晶体管采用对偶原则得到。

第一组：输入为 A 和 B 的 PMOS 晶体管串联。

第二组：第一组与输入为 C 的 PMOS 晶体管并联。

图 5-12 给出了最终得到的电路结构，对比与或非门电路可以看出，或与非电路结构和与或非门的连接方式刚好相反。

如图 5-11 所示的或与非门通常称为 OAI21，其中“2”表示是两个输入信号 A、B 的“或”，“1”表示 A、B“或”完成后再跟一个信号 C 进行“与非”运算。

同与或非门一样，除了如图 5-11 所示的 OAI21 逻辑外，还有其他的或与非门逻辑，可以用通用表达式 OAI*mnxy* 来表示，其中 m 可以是 2 以上的整数，而 n、x、y 分别可以是 1 以上的整数，表示 m、n、x、y 个输入信号相“或”，以上相“或”结果再进行“与非”运算，其逻辑图如图 5-13 所示。

5.3.3　异或门（XOR）

异或门是运用与或非电路的一个重要例子，图 5-14 为异或门的逻辑符号图。

异或门的逻辑式为

$$F = A \oplus B = \bar{A}B + A\bar{B} \tag{5-6}$$

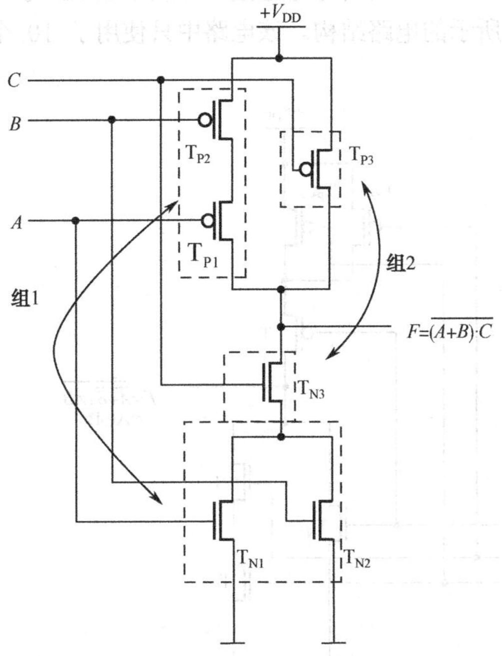

图 5-12　或与非门电路结构

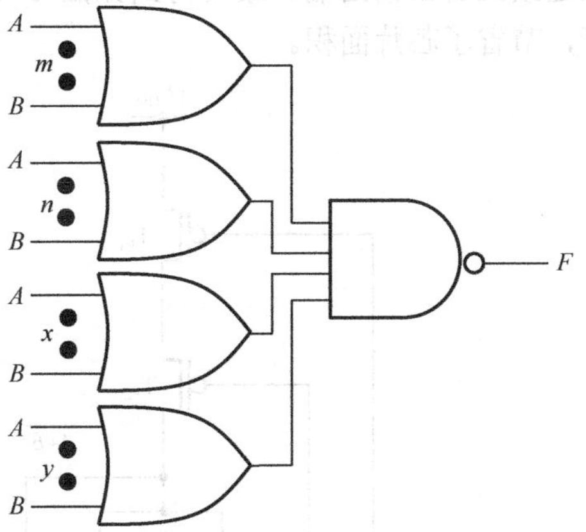

图 5-13　或与非门 OAI*mnxy* 的逻辑图

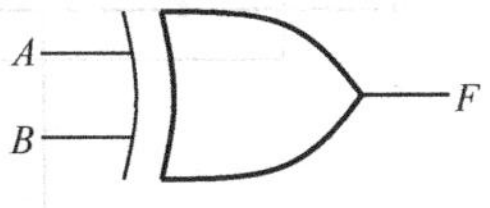

图 5-14　异或门逻辑符号

由于 CMOS 电路的反相特性，不能直接得到式（5-6）的电路结构，所以需要将其改写为某个函数取反的形式。根据摩根定律有

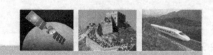

$$F = A \oplus B = \overline{A \odot B} = \overline{\overline{A}\,\overline{B} + AB} \tag{5-7}$$

若实现该逻辑功能，需要两个非门用以实现 A、B 信号的反，还需要一个由 8 个晶体管构成的与或非门，电路中一共需要 12 个晶体管。如果将式（5-7）的结果整理一下，则可以用更少的晶体管来实现该逻辑功能。

$$\overline{\overline{A}\,\overline{B} + AB} = \overline{\overline{A+B} + AB} \tag{5-8}$$

这种形式的异或门电路由两级构成，第一级是输入为 A 和 B 的与非门，第二级为与或非门。参照与或非门的设计方法，可以按下面方式构成电路。

首先实现第一级电路结构。

输入为 A 和 B 的 NMOS 晶体管串联，对应输入为 A 和 B 的 PMOS 晶体管并联。该电路的输出逻辑式为 $\overline{A+B}$。

然后，将第一级电路输出逻辑式作为第二级电路中 T_{N3} 的输入变量，实现第二级电路的 NMOS 结构。

第一组：输入为 A 和 B 的 NMOS 晶体管串联。

第二组：输入为 $\overline{A+B}$ 的 NMOS 晶体管与第一组并联。

采用串并联结构规则（对偶规则），将与 NMOS 结构相对应的具有同样输入的一组 PMOS 结构画出。

第一组：输入为 A 和 B 的 PMOS 晶体管并联。

第二组：输入为 $\overline{A+B}$ 的 PMOS 晶体管与第一组串联。

最后将所有的 PMOS 网络与电源连接，NMOS 网络与地连接，并从 NMOS 与 PMOS 相连接处引出输出端，最终得到如图 5-15 所示的电路结构。该电路中只使用了 10 个晶体管，节省了芯片面积。

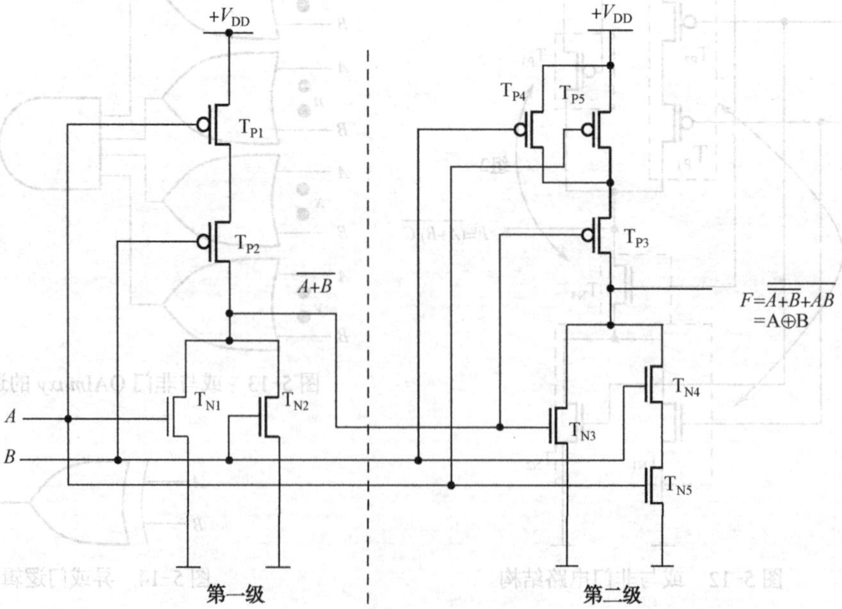

图 5-15　异或门电路

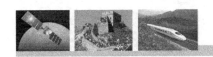

T_{P4} 和 T_{P5} 均截止，输出 F=0。若 A 和 B 输入不相同，即一个输入高电平 1，另一个输入低电平 0，则第一级的或非门中，两个 PMOS 晶体管始终有一个截止，使输出与电源间无导电通道。而两个 NMOS 晶体管始终有一个导通，输出为 0。同时 A、B 的不同输入状态使第二级与或非门电路中的 T_{N4} 和 T_{N5} 总有一个截止，串联 NMOS 为断路状态，而 T_{P4} 和 T_{P5} 总有一个导通，与导通的 T_{P3} 形成通路，将电源电压传送到输出端，输出 F=1。

所以图 5-15 中的电路实现了两个输入变量相同时，输出为 0；相异时，输出为 1 的逻辑功能。

5.3.4 同或门（XNOR）

同或门也称异或非门，其逻辑式与异或门互为反函数，所以电路结构与异或门连接方式相反，其逻辑函数式可表示为

$$F = A \odot B = AB + \bar{A}\bar{B} \tag{5-9}$$

将式（5-9）改写成反相输出的形式为

$$AB + \bar{A}\bar{B} = \overline{\overline{AB + \bar{A}\bar{B}}} = \overline{\overline{AB} \cdot \overline{\bar{A}\bar{B}}} = \overline{\overline{AB} \cdot (A+B)} \tag{5-10}$$

按照异或门的连接方法，可以得到如图 5-16 所示电路。

从图中可以看出，同或门的第一级电路是输入为 A 和 B 的与非门，第二级电路为或与非门，并将第一级电路输出 $\overline{AB}$ 作为第二级电路中 T_{N3} 的输入。

可以用分析 XOR 的方法，对图 5-16 中各个晶体管的工作情况进行分析，不难证明该电路在两个输入变量相同时，输出为 1；两个输入变量不同时，输出为 0，实现了同或逻辑。

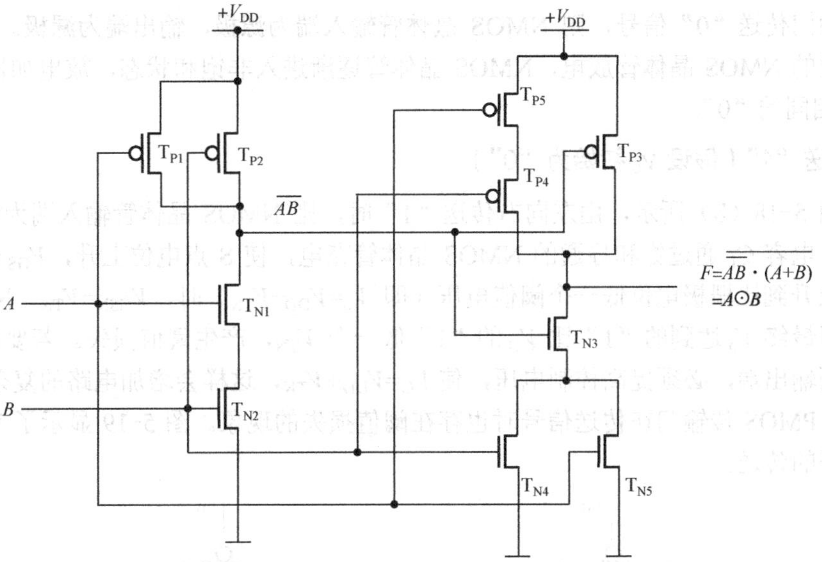

图 5-16 同或门电路结构

5.4 传输门

传输门在电路中往往作为一种电子开关，可以双向传递信号。根据沟道情况不同，传

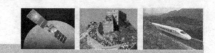

输门可以分为单沟道传输门和双沟道（CMOS）传输门。

5.4.1 单沟道传输门

根据沟道类型不同，单沟道传输门又可分为 NMOS 传输门和 PMOS 传输门两种。实际上，单沟道传输门是由单个 MOS 晶体管构成的。

图 5-17 为 NMOS 传输门结构。栅极接控制电压，源极和漏极为输入端和输出端。由于 MOS 晶体管的源极和漏极在结构上完全一样，可以互相交换工作，所以输入端和输出端可以任意选择，实现信号双向传送。

传输门的控制信号 V_G 决定了传输门是否可以传送信号。当 V_G 输入为 0V 时，NMOS 晶体管截止，不传送信号。当 V_G 输入为 V_{DD} 时，NMOS 晶体管开启，传送信号。图 5-18 为 NMOS 传输门高低电平的传送。

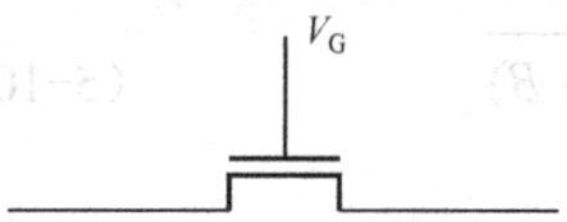

图 5-17　NMOS 传输门

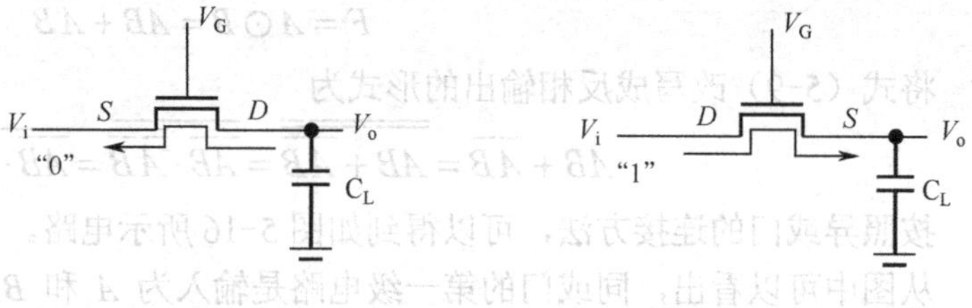

（a）传送 "0"　　（b）传送 "1"

图 5-18　NMOS 传输门高低电平的传送

1. 传送 "0"（假设 V_o 初始为 "1"）

若传输门传送 "0" 信号，则 NMOS 晶体管输入端为源极，输出端为漏极。电容 C_L 通过饱和导通的 NMOS 晶体管放电，NMOS 晶体管逐渐进入非饱和状态，放电加快，最终 V_o 达到与 V_i 相同的 "0"。

2. 传送 "1"（假设 V_o 初始为 "0"）

若如图 5-18（b）所示，由左向右传送 "1" 时，则 NMOS 晶体管输入端为漏极，输出端为源极。电容 C_L 通过饱和导通的 NMOS 晶体管充电，使 S 点电位上升，V_{GS} 值下降。当 S 点电位上升到比栅极电位低一个阈值电压（即 $V_o=V_{DD}-V_{TN}$）时，$V_{GSN}=V_{TN}$，NMOS 晶体管截止，即最终 V_o 达到的 "1" 比 V_G 的 "1" 低一个 V_{TN}，产生阈值损失。若要使输入电压全部传输到输出端，必须提高控制电压，使 $V_G=V_{DD}+V_{TN}$，这样会增加电路的复杂性。

同样，PMOS 传输门在传送信号时也存在阈值损失的现象。图 5-19 显示了 PMOS 传输门高低电平的传送。

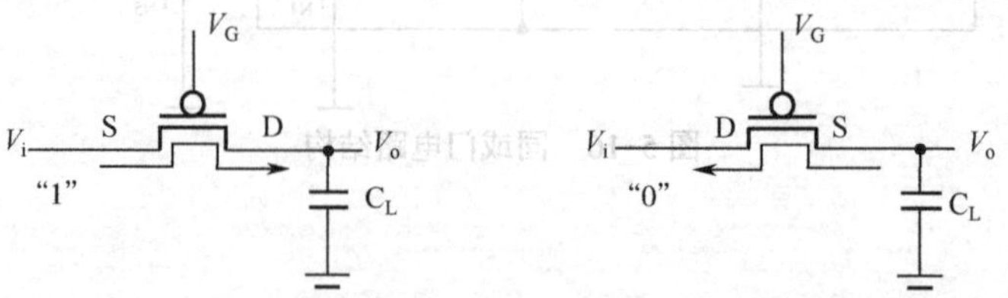

（a）传送 "1"　　（b）传送 "0"

图 5-19　PMOS 传输门高低电平的传送

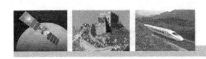

PMOS 传输门可以传递一个与 V_i 相同的“1”电平。但在传送低电平“0”时，当 V_o 下降到比 V_G 高一个阈值电压值时，$V_{GSP}=V_{TP}$，PMOS 晶体管截止。最终 V_o 达到的“0”比 V_G 的“0”高一个 $|V_{TP}|$。

从上面的分析中可以得到以下结论：

（1）NMOS 晶体管传送强逻辑 0 电平，但传送弱逻辑 1 电平。

（2）PMOS 晶体管传送强逻辑 1 电平，但传送弱逻辑 0 电平。

5.4.2　CMOS 传输门

为解决电平传送的问题，可用 NMOS 晶体管传送逻辑 0，用 PMOS 晶体管传送逻辑 1，构建一个可以传送理想逻辑电平 0 和 V_{DD} 的互补电路。将 NMOS 晶体管和 PMOS 晶体管并联就构成了如图 5-20 所示的 CMOS 传输门电路。提供给两个晶体管的栅电压也要设置成互补信号，这样可以保证两个晶体管同时导通或截止，使 CMOS 传输门成为受信号 C 控制的双向开关。

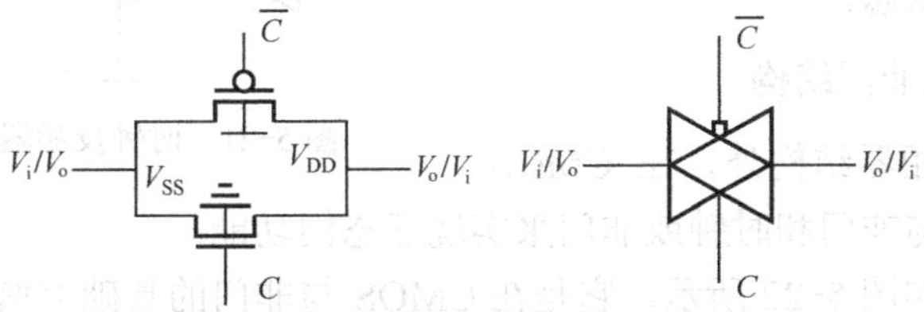

图 5-20　CMOS 传输门电路结构和逻辑符号

如果控制信号 C=1，则 $\overline{C}$=0，NMOS 晶体管和 PMOS 晶体管同时导通，传输门开启，可以双向传送电平信号。此时若传送逻辑 0，当输出端电位下降到 PMOS 晶体管截止后，可以通过 NMOS 晶体管使 V_o 最终达到与 V_i 相同的“0”。同理，在传送逻辑 1 时，在 NMOS 晶体管截止后，可以通过 PMOS 晶体管使 V_o 达到与 V_i 相同的“1”。

当控制信号 C=0，$\overline{C}$=1 时，两个晶体管同时截止，CMOS 传输门此时的作用相当于一个断开的开关。输入、输出间为开路状态，这种状态也称为高阻状态。

在 CMOS 设计中广泛采用传输门的逻辑设计。这种结构的开关操作非常简单，并且可以全范围传送电压。

注：在 4.2.1 节中介绍 CMOS 反相器结构时，由于 PMOS 晶体管衬底总是与其源极一起接电源的，而 NMOS 晶体管衬底也总是与其源极一起接地的，因此通常忽略衬底这一极，即 PMOS 晶体管、NMOS 晶体管只需要画栅、源、漏三个极，如图 4-8 所示。但是对于 CMOS 传输门，其中两个 MOS 管的衬底和它们的源极是分开的，因此必须要画栅、源、漏和衬底四个极，如图 5-20 所示。正是由于传输门中两个晶体管的衬底和它们源极的电位不一定相等，因此存在衬底偏置效应，从而引起晶体管的阈值电压的变化。

5.5　CMOS 三态门

CMOS 集成电路中，实现三态门的电路结构有很多，这里只介绍常见的几种。

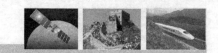

1. 时钟反相器结构

时钟反相器结构在 CMOS 触发器中被广泛应用（见图 5-21），它是在 CMOS 反相器的基础上增加一组以时钟为控制信号的互补对。

控制管 T_{N2} 和 T_{P2} 的输入为一对互补信号 C 和 $\overline{C}$。当 $\overline{C}=0$（$C=1$）时，T_{N2} 和 T_{P2} 同时导通。可将导通的晶体管视为导通的开关，则此时三态门的逻辑功能与反相器相同，即当 $A=1$ 时，$F=0$；当 $A=0$ 时，$F=1$。当 $\overline{C}=1$（$C=0$）时，T_{N2} 和 T_{P2} 同时截止，输出端与地和电源均不导通，输出呈高阻状态。此时，无论 A 为何值，都不会影响到三态门后面电路的工作状态。

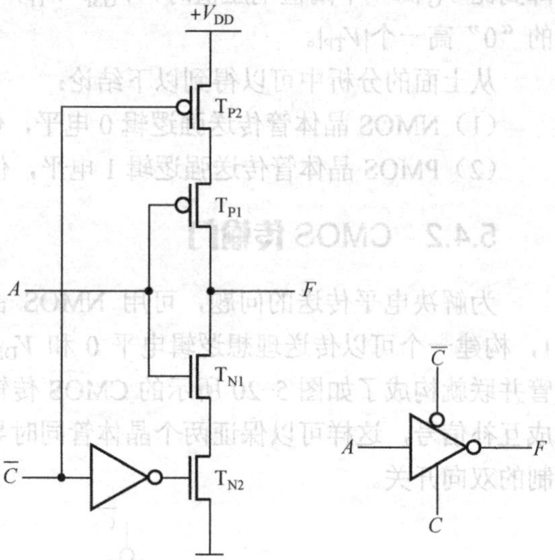

图 5-21　时钟反相器的结构和逻辑符号

2. 时钟与非、或非门结构

除了以上时钟反相器结构外，在 CMOS 触发器中还使用时钟与非门和时钟或非门来实现三态门功能。

时钟与非门结构如图 5-22 所示，它是在 CMOS 与非门的基础上增加一组以时钟为控制信号的互补对。

与时钟反相器一样，控制管 T_{P1} 和 T_{N1} 的输入为一对互补信号 C 和 $\overline{C}$。当 $C=0$ 时，T_{P1} 和 T_{N1} 同时导通，此时时钟与非门结构跟普通的与非门相同，实现与非功能；当 $C=1$ 时，T_{P1} 和 T_{N1} 同时截止，此时时钟与非门结构呈现高阻状态。

时钟或非门原理与时钟与非门相同。

3. 时钟与或非门、或与非门结构

互补对除了可以用在与非门、或非门上，还可以进一步使用在与或非门、或与非门上，原理与时钟与非门、或非门相同，这里不再详细展开。时钟与或非门的结构如图 5-23 所示。

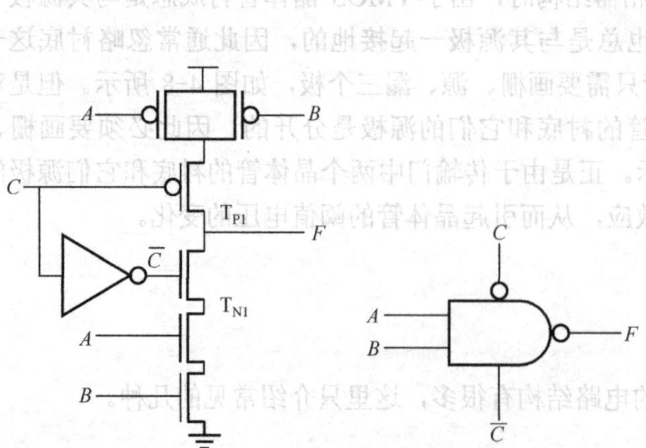

图 5-22　时钟与非门结构和逻辑符号

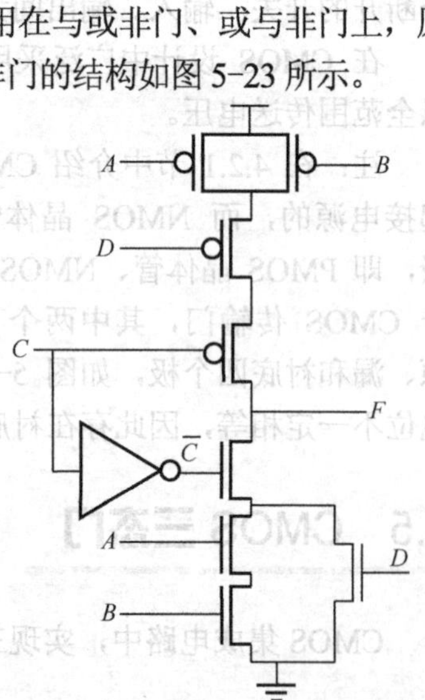

图 5-23　时钟与或非门结构

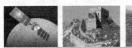

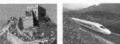

至此，MOS 集成电路中常见的 CMOS 逻辑门都作了介绍，需要指出的是 MOS 逻辑门的输入端就是 MOS 管的栅极，有很高的输入阻抗，容易因静电感应而造成栅极击穿，因此 MOS 逻辑门的输入端是不允许悬空的，应该根据逻辑功能要求接电源或地。同样，为了防止瞬态电压损坏 MOS 逻辑门，不允许在电源接通的情况下拆装 MOS 电路，焊接时烙铁应保持良好的接地。

知识梳理与总结

本章介绍了与非门、或非门、与或非门、异或门和三态门等 CMOS 常用逻辑门的电路结构及工作原理。

CMOS 逻辑电路结构由 NMOS 晶体管和 PMOS 晶体管的互补对构成，一般设计电路时，先完成 NMOS 逻辑，再根据对偶原则绘制出相应的 PMOS 结构。

（1）串联的 NMOS 晶体管实现“与”逻辑，并联的 NMOS 晶体管实现“或”逻辑；

（2）并联的 PMOS 晶体管实现“或”逻辑，串联的 NMOS 晶体管实现“与”逻辑。

思考与练习题 5

1．请画出 CMOS 传输门的电路结构，并分析其工作原理。

2．如图 5-24 所示电路，请回答：

（1）电路输出的逻辑表达式 F 是什么？

（2）当 A=0，B=1，C=0 时，各输入晶体管的状态如何？

（3）当电路输出低电平时，低电平 V_{OL} 是否为 0？说明理由。

3．试分析如图 5-25（a）所示的电路，并填写相应的如图 5-25（b）所示的真值表。

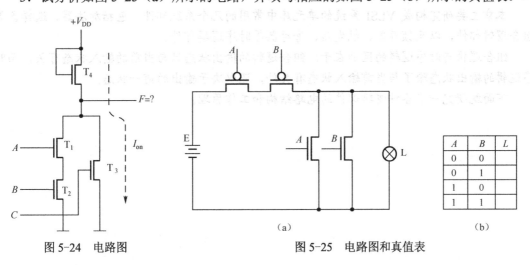

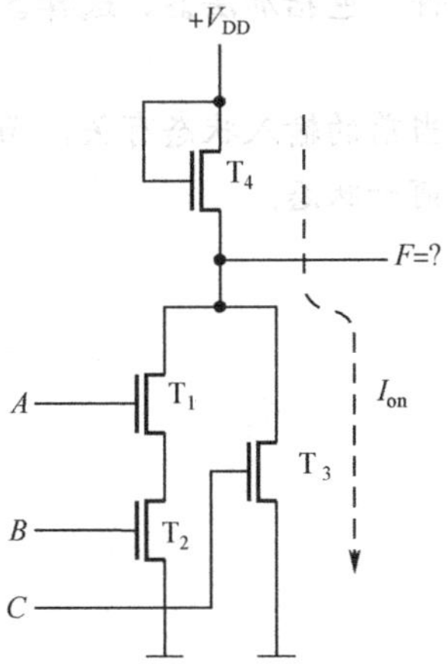

图 5-24　电路图

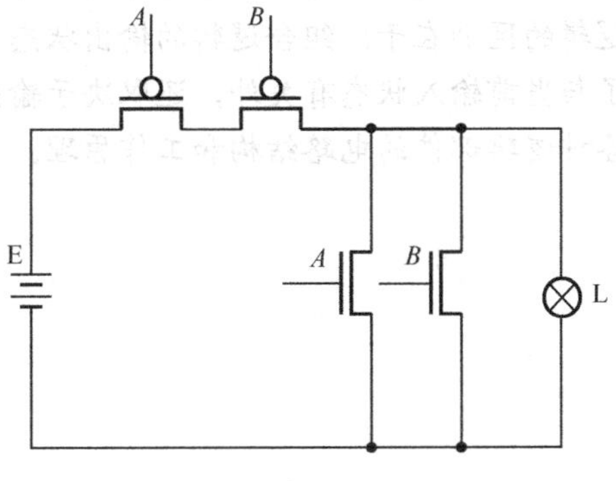

（a）

A	B	L
0	0	
0	1	
1	0	
1	1	

（b）

图 5-25　电路图和真值表

4．用 CMOS 电路实现下述逻辑函数。

（1）$F=\overline{AB+\overline{C}}$

（2）$F=\overline{AB+AC+BD}$

第6章 CMOS基本逻辑部件

在超大规模（VLSI）集成电路设计中，不可能一个逻辑门一个逻辑门的建立电路系统。为了节省设计时间，避免重复工作，人们将VLSI中常用的系统部件建立成一个部件功能库。这些基本的实体，除了前面几章里介绍的MOS管和基本逻辑门外，还包括较高层次的功能模块。

本章主要研究构成VLSI系统的单元库中常用的几个系统部件，包括加法器、选择器等组合逻辑部件，以及锁存器、触发器、寄存器等时序逻辑部件。

组合逻辑与时序逻辑的区别在于：组合逻辑的输出状态只与当前的输入状态有关，而时序逻辑的输出状态除了与当前输入状态有关外，还取决于输出的前一状态。

下面就研究一下各种逻辑部件的电路结构和工作原理。

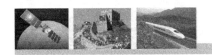

6.1　CMOS 加法器

算数运算的基础是两个二进制数的加法运算，在加法运算的基础上演变出减法运算、乘法运算和除法运算等，因此对加法器的学习和研究十分必要。而加法器的基本单元则是半加器，所以下面从半加器开始，介绍加法器的电路设计。

6.1.1　半加器

考虑两个二进制数 A 和 B，它们的二进制和用 $A+B$ 表示，则有：

0+0=0；0+1=1；1+0=1；1+1=10

这里最后一个结果是二进制数 10，即十进制中的 2。这个结果可以被看成是一个本位和 0 与一个左移的进位 1，后者即为进位输出。综上可以看出，半加器有两个输入（A 和 B），两个输出（本位和 S 与进位输出 C_o）。根据上面的运算结果，可总结出半加器真值表（见表 6-1）。

从真值表中直接获得输出逻辑表达式为

$$S=\overline{A}B+A\overline{B}=A\oplus B \tag{6-1}$$

$$C_o=AB \tag{6-2}$$

图 6-1 为上述表达式的逻辑图及逻辑符号。

表 6-1　半加器真值表

A	B	S	C_o
0	0	0	0
0	1	1	0
1	0	1	0
1	1	0	1

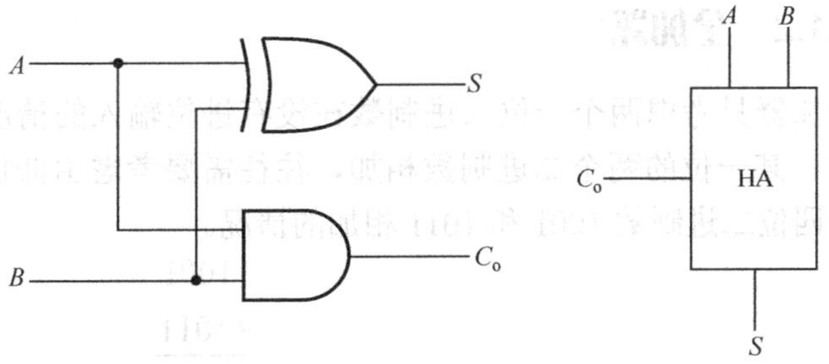

图 6-1　半加器逻辑图及逻辑符号

图中的电路结构需要一个异或门、一个与非门和一个反相器来实现，这需要 16 个晶体管。在实现一个逻辑功能的电路时可以有很多种方式，在 IC 设计中，保证准确实现逻辑功能的同时，还要追求更小的芯片面积和更快的工作速度，所以选取晶体管个数最少的结构可以帮助节省更多的芯片面积。按照这样的原则，可以变换上面的电路结构。

$$S=\overline{A\odot B}=\overline{AB}\cdot(A+B) \tag{6-3}$$

$$C_o=AB \tag{6-4}$$

用同或门和两个反相器可构成一位半加器电路，可以得到如图 6-2 所示电路结构。

显然，在图中同或门输出端加一级反相器就构成了异或门。当两个输入变量值不同时，输出高电平（S=1）；当两个输入值相同时，输出低电平（S=0），实现了本位和 S 的逻辑操作。在同或门电路中，由 T_{N1}、T_{N2} 和 T_{P1}、T_{P2} 构成二输入与非门，其输出节点 a 加一级反相器，可以得到与逻辑，实现进位输出 C_o 的逻辑功能。在这个电路中，S 和 C_o 两个输出的子电路共享一个与非门，减少了电路结构。最终只用了 14 个晶体管实现半加器电路，比最初设计减少 2 个。

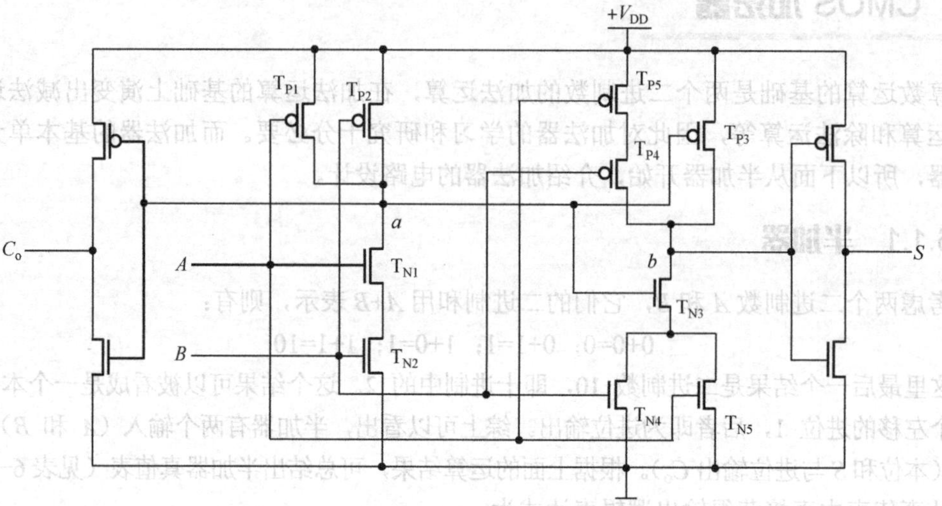

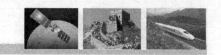

图 6-2　同或门和反相器构成的半加器电路

像这样几个输出子电路共享某个逻辑的电路结构在集成电路设计中十分必要，可以在很大程度上简化电路结构，节省设计时间。

6.1.2　全加器

半加器只考虑两个一位二进制数在没有进位输入的情况下相加。但在多位二进制加法运算中，某一位的两个二进制数相加，往往需要考虑由低位产生的进位输入。下面来看一下两个四位二进制数 1001 和 1011 相加的情况。

$$\begin{array}{r} 1001 \\ \underline{+1011} \\ 10100 \end{array} \tag{6-5}$$

式中，第 0 位的两个二进制数 1 和 1 相加，向第 1 位产生进位输出。这个进位将作为输入量参与第 1 位的运算，即第 1 位上的运算为 0+1+1=10。可见，欲实现多位数相加，需要一个在有进位输入的情况下，能对两个二进制数进行相加的电路。这样的电路叫全加器，图 6-3 给出了它的逻辑符号。

把上面的四位二进制运算以列为基础分解，可以得到某一列通用的标准进位计算方程。

$$\begin{array}{r} C_i \\ A \\ \underline{+B} \\ C_oS \end{array}$$

式中，C_i 为来自前位的进位输出，C_o 为进位输出。全加器能实现上述方程操作，它的真值表如表 6-2 所示。

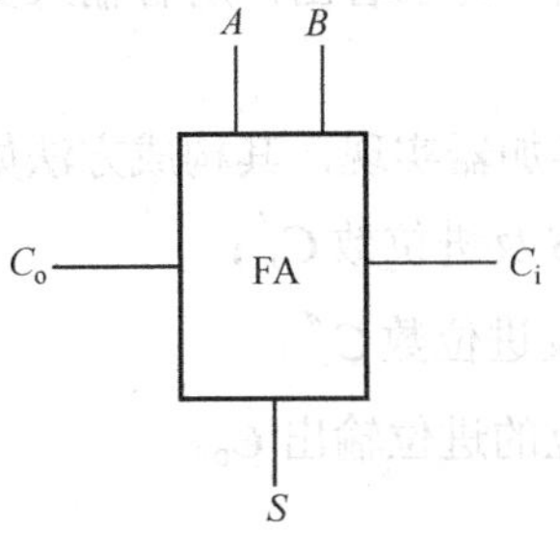

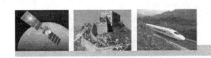

图 6-3　全加器的逻辑符号

表 6-2　全加器真值表

输	入		输	出
A	B	C_i	S	C_o
0	0	0	0	0
1	0	0	1	0
0	1	0	1	0
1	1	0	0	1
0	0	1	1	0
1	0	1	0	1
0	1	1	0	1
1	1	1	1	1

由真值表列出全加器的逻辑表达式为

$$S=\overline{A}B\overline{C}_i+A\overline{B}\,\overline{C}_i+\overline{A}\,\overline{B}C_i+ABC_i$$
$$=A\oplus B\oplus C_i \qquad (6\text{-}6)$$
$$C_o=AB+BC_i+AC_i \qquad (6\text{-}7)$$

式（6-6）中每个输入变量都存在反变量的形式，这就意味着在电路中，每个输入级都要有反相器结构，增加了电路复杂性。另外在电路设计中，常通过一些逻辑变换，尽量使几个不同输出的子电路共享某些逻辑。所以，将上面两个函数式经过变换改写成下面的方式：

$$C_o=AB+BC_i+AC_i=AB+C_i(A+B) \qquad (6\text{-}8)$$
$$S=ABC_i+\overline{C_o}(A+B+C_i) \qquad (6\text{-}9)$$

图 6-4 为根据式（6-8）和式（6-9）设计的一位全加器电路。

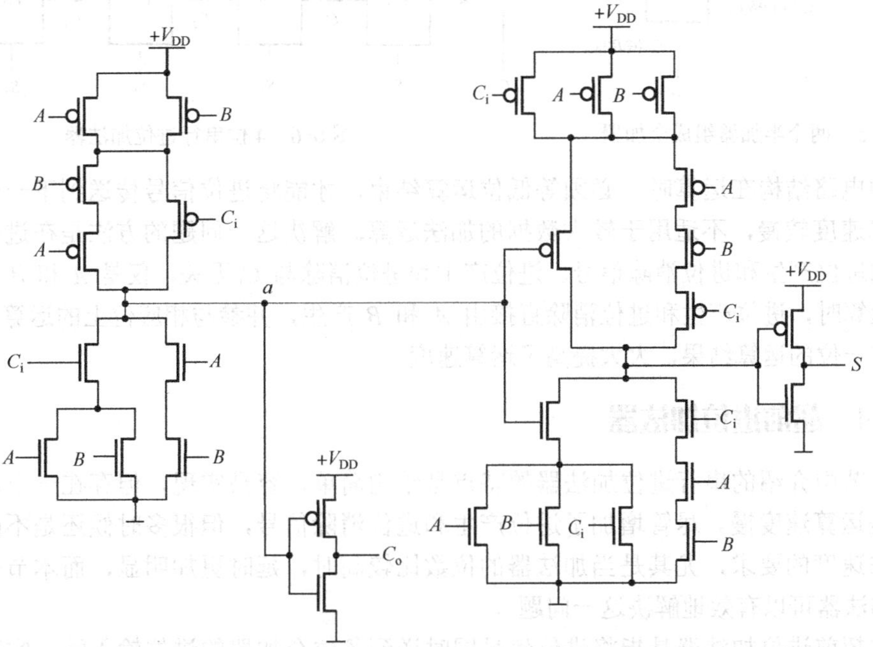

图 6-4　CMOS 全加器

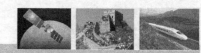

其中，a 点输出为$\overline{C_o}$，将该节点加一个反相器，得到进位输出 C_o。

这样的结构，使得输出 S 和 C_o 共享 $\overline{C_o}$ 逻辑。从图中可以看出，所有输入变量都是原变量的形式，使得电路结构得到简化。

构成一位全加器的另一种常见电路形式是用两个半加器实现，其构成方法如下。

首先，将两个二进制数 A 和 B 相加，得到本位和 S' 及进位数 C_o'；

其次，将本位和 S' 与前位进位 C_i 相加，得到和 S 及进位数 C_o''；

最后将两个进位数 C_o' 和 C_o'' 做或运算，得到向高位的进位输出 C_o。

获得的电路如图 6-5 所示。

6.1.3 串行进位加法器

式（6-5）显示的加法方程是将两个二进制数由最低位向左逐位进行运算，低位产生的进位输出作为高位的进位输入。可见，多位二进制数相加可以分解为单个位上的全加运算，所以一位全加器是多位二进制加法运算的基础。如果要实现如式（6-5）所示的 4 位二进制数相加，可在全加器电路的基础上进行扩展，将低位全加器的进位输出串联到高位全加器的进位输入上，可以实现进位的串行传递（见图 6-6）。

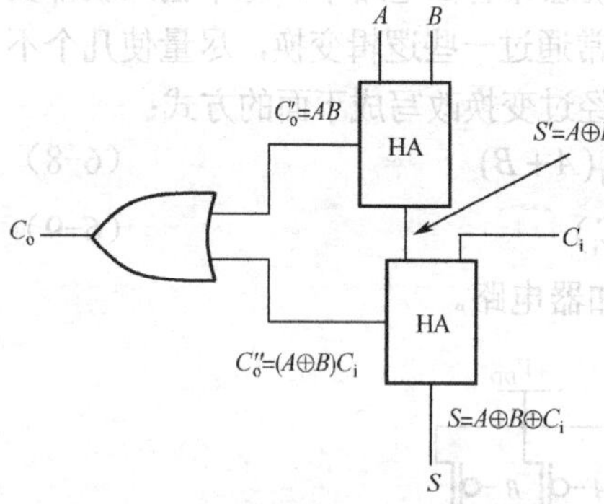

图 6-5 两个半加器组成全加器

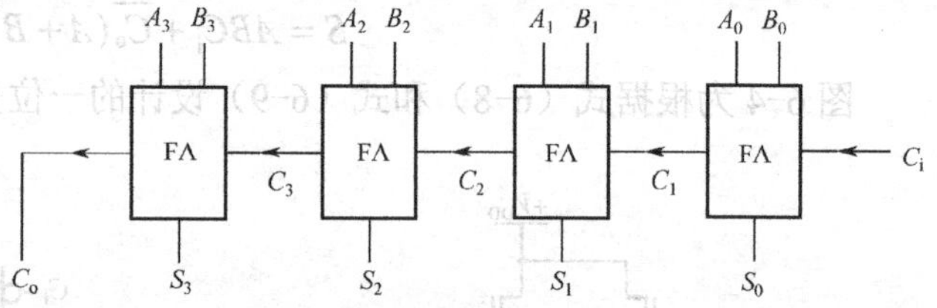

图 6-6 4 位串行进位加法器

这种电路结构在运算时，必须等低位运算结束，才能将进位信号传送到下一位进行运算，运算速度较慢，不适用于较大数据的加法运算。解决这一问题的方法是在进位传播电路中增加进位产生和进位消除信号。进位产生和进位消除与 C_i 无关，仅是 A 和 B 的函数。在数据运算时，进位产生和进位消除直接由 A 和 B 产生，并参与相应位上的运算，不需要再等待前一位的运算结果，大大提高了运算速度。

6.1.4 超前进位加法器

上一节中介绍的串行进位加法器的特点是结构简单，容易实现，但存在一个明显的缺点，就是运算速度慢。尽管增加了进位产生和进位消除信号，但很多时候还是不能满足系统对加法速度的要求，尤其是当加法器的位数比较高时，延时更加明显，而本节介绍的超前进行加法器可以有效地解决这一问题。

所谓超前进位加法器是指将进位信号同时送到各位全加器的进位输入端，实现同时进位的一种加法器电路形式，这种加法器是对普通的全加器进行改良设计而成的，这里先介绍这种超前进位加法器的设计思想。

假设二进制加法器第 i 位数据输入分别为 A_i，B_i，进位输入为 C_i；加法器“和”的输出为 S_i，其进位输出为 C_{i+1}，那么“和”与进位输出分别可以用以下表达式来表示：

$$S_i=A_i \oplus B_i \oplus C_i \tag{6-10}$$

$$C_{i+1}=A_iB_i+(A_i+B_i)C_i \tag{6-11}$$

定义进位产生信号 $G_i=A_iB_i$，进位传递信号 $P_i=A_i+B_i$，那么加法器的进位输出可以表示为

$$C_{i+1}=G_i+P_i C_i \tag{6-12}$$

当 A_i 和 B_i 都为 1 时，$G_i=1$，产生进位 $C_{i+1}=1$，即无条件产生进位，不管 C_i 是多少；当 A_i 和 B_i 有一个为 1 时，$P_i=1$，传递进位 $C_{i+1}=C_i$，即进位输出跟 C_i 之前的逻辑有关。

下面以 4 位超前进位加法器为例，具体说明其设计思想。

设 4 位加数和被加数为 A 和 B，进位输入为 C_{in}，进位输出为 C_{out}，对于第 i 位的进位产生信号 $G_i=A_iB_i$，进位传递信号 $P_i=A_i+B_i$，i 依次为 0,1,2,3，因此各级进位输出依次为

$C_0=C_{\text{in}}$

$C_1=G_0+P_0 \cdot C_0$

$C_2=G_1+P_1 \cdot C_1= G_1+P_1 \cdot G_0+ P_1 \cdot P_0 \cdot C_0$

$C_3=G_2+P_2 \cdot C_2 = G_2+P_2 \cdot G_1+ P_2 \cdot P_1 \cdot G_0+P_2 \cdot P_1 \cdot P_0 \cdot C_0$

$C_4=G_3+P_3 \cdot C_3= G_3+P_3 \cdot G_2+P_3 \cdot P_2 \cdot G_1+P_3 \cdot P_2 \cdot P_1 \cdot G_0+P_3 \cdot P_2 \cdot P_1 \cdot P_0 \cdot C_0$

$C_{\text{out}}=C_4$

由以上进位表达式可以看出，每一级的进位彼此独立产生，只与输入数据和 C_{in} 有关，消除了各级间的进位级联传播，因此减小了进位产生的延迟。

超前进位加法器的思想可以用三步运算来理解：第一步，由输入的 A、B 算出每一位的进位产生信号 G 和进位传递信号 P；第二步，由各位的 G、P 算出每一位的 $G_{n\sim0}$ 与 $P_{n\sim0}$；第三步，由每一位的 $G_{n\sim0}$、$P_{n\sim0}$ 与 C_{in} 算出每一位的进位输出 C_{out}“和”输出 S。

4 位超前进位加法器的逻辑图如图 6-7 所示。

6.2 多路选择器

在现代数字电路设计中经常用到多路选择器（MUX），它的作用是通过一个控制字在多个输入通道中选择一个，将其信号选送到输出端。一个多路选择器包括 n 个数据输入端 $D_0 \sim D_n$，一个 m 位的选择控制端 S 和一个输出端 Y。为了保证控制端可以选择所有的输入，必须使 m 满足 $n=m^2$。

实现多路选择的方式有很多，下面以 2 选 1 多路选择器（2:1MUX）为例，分析多路选择实现方法。D_0 和 D_1 为两个数据输入，S 为控制端，则输出 Y 的逻辑式为

$$Y = D_0\overline{S} + D_1 S \tag{6-13}$$

图 6-8 为与非门组成的多路选择器。电路中每个与非门有 4 个晶体管，所以整个电路中共需要 16 个晶体管才可以实现。当 S=0 时，m_2 被 S 封锁，无论 D_1 状态如何改变，m_2 的输出都被锁定为逻辑 1。此时 m_1 输出一个与 D_0 反相的信号，经过 m_3 的与非操作，最终 D_0 被传送到输出端，即 $Y=D_0$；若 S=1，则 m_1 被封锁，m_2 解除封锁，D_1 被选送到输出端（$Y=D_1$）。

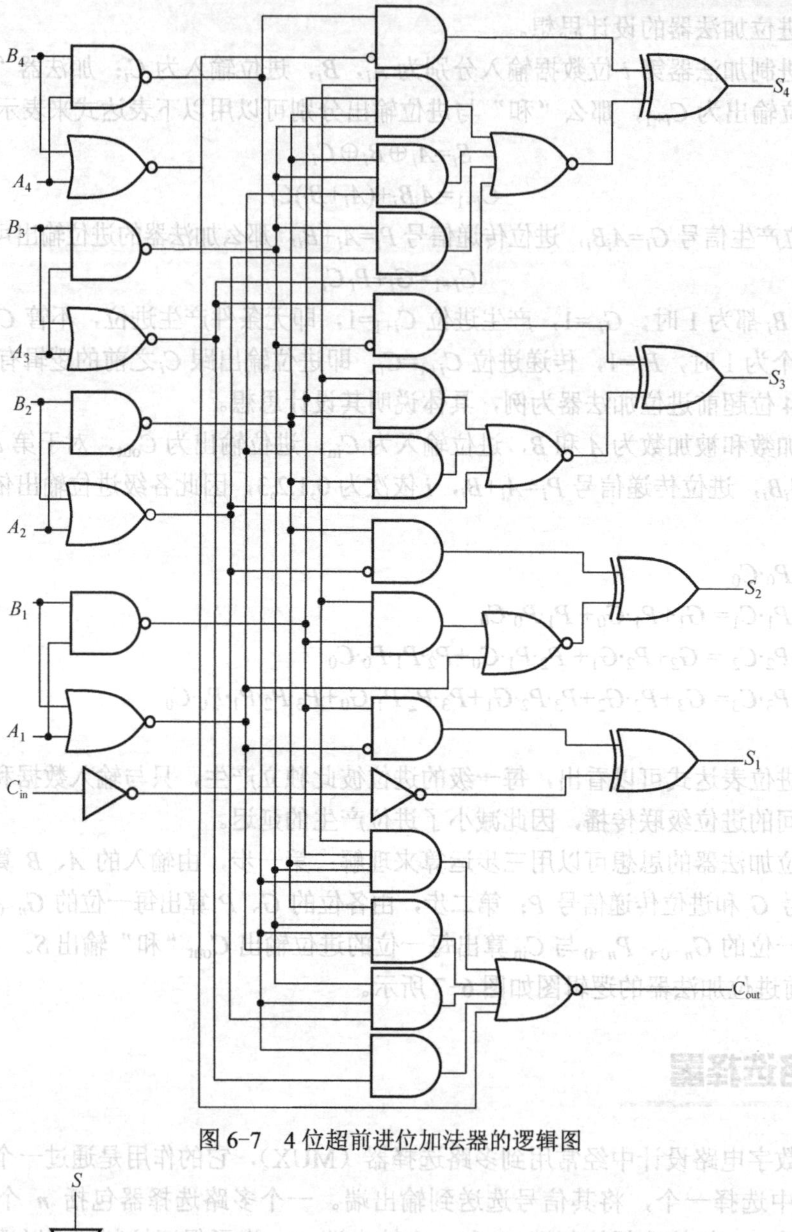

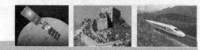

图 6-7　4 位超前进位加法器的逻辑图

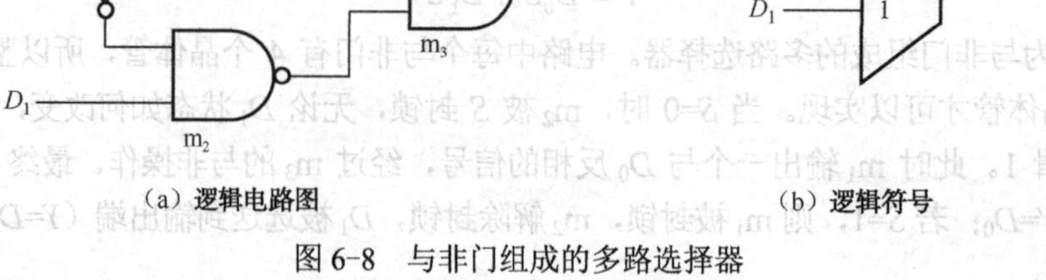

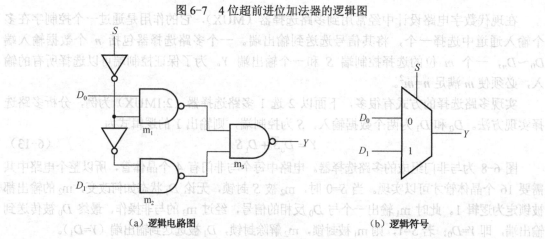

（a）逻辑电路图　　（b）逻辑符号

图 6-8　与非门组成的多路选择器

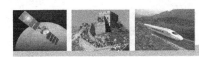

另一种比较常见的电路结构是采用 CMOS 传输门（见图 6-9）。当 S=0 时，第一个传输门导通，第二个传送门断开，将 D_0 传送到输出端。当 S=1 时，两个传输门的开关状态相反，电路将 D_1 传送到输出端。

从图 6-9 中可以看出，这种电路结构只需要两个传输门和一对用于产生互补信号 S 和 $\overline{S}$ 的非门就可实现，电路中公用了 8 个晶体管，和与非门构成的电路相比较，这种电路结构更简单。

除了“2 选 1”多路选择器外，还有“4 选 1”、“8 选 1”和“16 选 1”等电路。下面考虑如何用上面的方法实现 4 选 1 多路选择器。

4:1 MUX 具有 4 个数据输入，则控制线应该具有 4 种不同状态，所以需要 2 位控制线（$2^2=4$），即 S_0 和 S_1。S_0 和 S_1 的不同状态组合选择一个对应的数据通道，将其输入的数据选送到输出端上。输出逻辑方程可表示为

$$Y = D_0\overline{S_0}\,\overline{S_1} + D_1S_0\overline{S_1} + D_2\overline{S_0}S_1 + D_3S_0S_1 \tag{6-14}$$

将上式改写为与非结构，有

$$Y = \overline{\overline{D_0\overline{S_0}\,\overline{S_1}} \cdot \overline{D_1S_0\overline{S_1}} \cdot \overline{D_2\overline{S_0}S_1} \cdot \overline{D_3S_0S_1}} \tag{6-15}$$

需要 5 个与非门实现上述逻辑。图 6-10 即为与非门构成的 4:1 MUX 逻辑图。控制输入 S_0 和 S_1 分别通过两个反相器构成的缓冲结构得到两组互补信号。当 S_1=S_0=0 时，G_0 输出为 $\overline{D_0}$。G_1、G_2 和 G_3 被 0 封锁，无论输入端信号如何变化，3 个与非门的输出都被封锁在高电平。最终 D_0 通过 G_0 反相输出传送到 G_4，多路选择器输出 Y=D_0。当 S_1=0、S_0=1 时，控制信号将 G_0、G_2、G_3 封锁，D_1 被选送到输出端。同理，当 S_1=1、S_0=0 时选送 D_2 输出；当 S_1=S_0=1 时，选送 D_3。

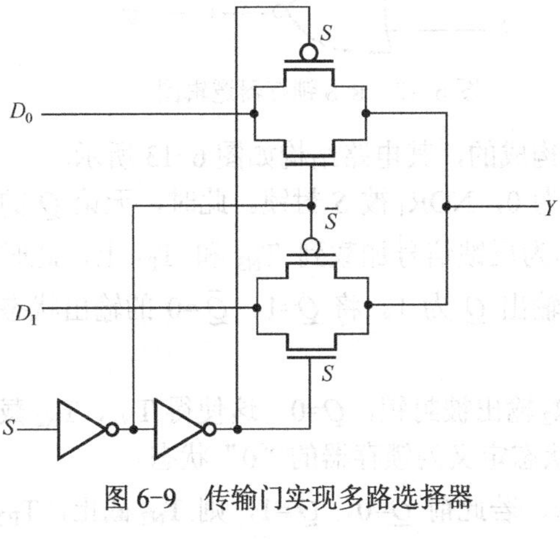

图 6-9 传输门实现多路选择器

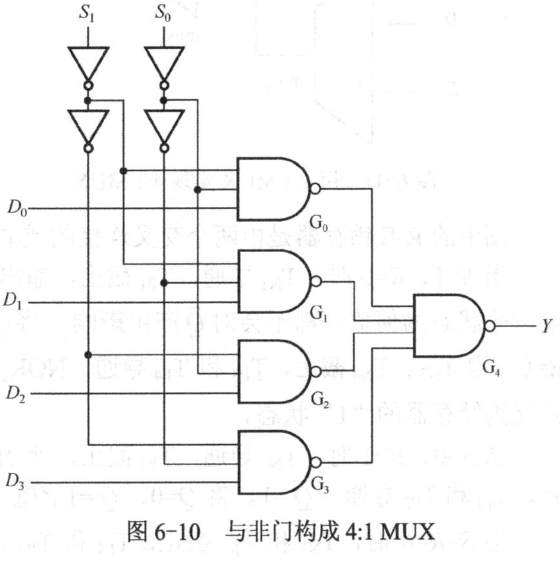

图 6-10 与非门构成 4:1 MUX

参考图 6-9 的结构，读者可以思考一下用传输门构成 4 选 1 多路选择器的方法。除了用与非门和传输门构成多路选择器的方式外，还可以用 2:1 MUX 电路实现 4 选 1 电路。图 6-11 中使用了两级选择，当 S_0=0 时，第一级电路中 mux_1 和 mux_2 分别选出 D_0 和 D_2，此时若 S_1=0，则 Y=D_0，若 S_1=1，则 Y=D_2。若 S_0=1，则 mux_1 和 mux_2 输出 D_1 和 D_3。若

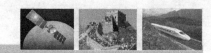

S_1=0，则输出 D_1，否则输出 D_3。

6.3 锁存器

前面章节介绍的电路具有一个共同特点，就是一旦输入信号消失，输出状态不能自行保持，这样的电路称为组合逻辑电路。与组合逻辑不同，时序逻辑的输出状态不仅与输入状态有关，还取决于输出的前一状态。

锁存器（Latch）是许多时序逻辑设计的基础，它能够接收和维持一个二进制数输入变量，是最基本的时序逻辑部件。下面分别介绍几种锁存器电路结构及其逻辑功能。

6.3.1 R-S 锁存器

基本的 R-S 锁存器又叫置位复位锁存器，其逻辑图如图 6-12 所示。

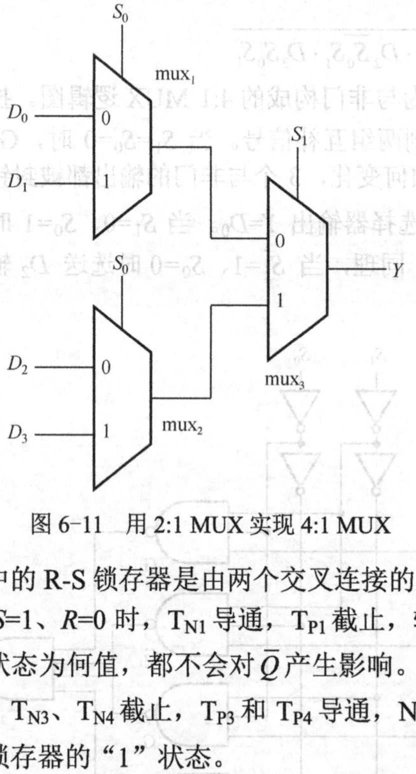

图 6-11　用 2:1 MUX 实现 4:1 MUX

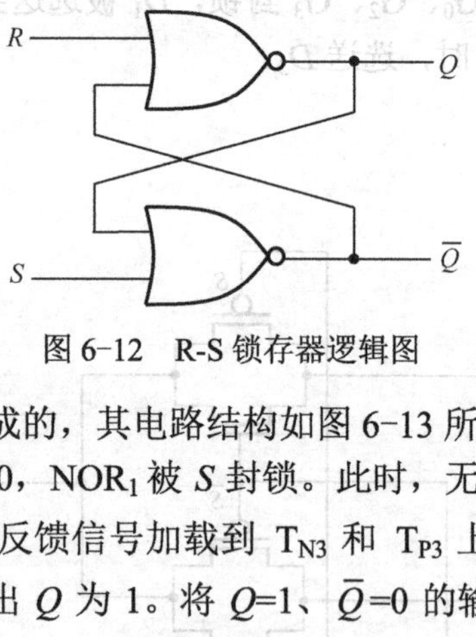

图 6-12　R-S 锁存器逻辑图

图中的 R-S 锁存器是由两个交叉连接的或非门构成的，其电路结构如图 6-13 所示。

当 S=1、R=0 时，T_{N1} 导通，T_{P1} 截止，输出 $\bar{Q}$ 为 0，NOR_1 被 S 封锁。此时，无论 Q 的前一个状态为何值，都不会对 $\bar{Q}$ 产生影响。将 $\bar{Q}$ 作为反馈信号加载到 T_{N3} 和 T_{P3} 上，此时 R=0，则 T_{N3}、T_{N4} 截止，T_{P3} 和 T_{P4} 导通，NOR_1 的输出 Q 为 1。将 Q=1、$\bar{Q}$=0 的输出状态定义为锁存器的“1”状态。

当 S=0、R=1 时，T_{N4} 导通，T_{P4} 截止，使 NOR_2 输出被封锁，Q=0。这使得 T_{N1}、T_{N2} 截止，T_{P1} 和 T_{P2} 导通，$\bar{Q}$=1。将 Q=0、$\bar{Q}$=1 的输出状态定义为锁存器的“0”状态。

当 S=R=0 时，T_{N1} 和 T_{N4} 截止，T_{P1} 和 T_{P4} 导通，若此前 Q=0，$\bar{Q}$=1，则 T_{N2} 截止，T_{P2} 导通，NOR_1 的输出为 1，$\bar{Q}$ 保持原来状态不变。$\bar{Q}$ 会使 T_{N3} 保持导通状态，T_{P3} 截止，NOR_2 的输出 Q 保持 0 状态不变。同理可以证明，当 S=R=0 时，可以保持 Q=1，$\bar{Q}$=0 的状态不变。

当 S 和 R 同时输入 1 时，两个或非门同时输出 0，即 Q=$\bar{Q}$=0。这既不是定义的“0

“状态，也不是定义的“1”状态。当 S 和 R 同时从 1 跳变为 0 时，Q 和 $\bar{Q}$ 的次状态将无法确定。所以在 R-S 锁存器工作时不允许这种情况出现，电路必须满足这个约束条件：RS=0。

总结一下 R-S 锁存器的工作情况，可以得到以下结论：

（1）当 S=0、R=1 时，Q=0、$\bar{Q}$=1，锁存器工作在“0”状态；

（2）当 S=1、R=0 时，Q=1、$\bar{Q}$=0，锁存器工作在“1”状态；

（3）当 S=R=0 时，锁存器输出状态不变；

（4）电路工作时，不允许 S=R=1，即两个输入不能同时有效。

通过对电路的分析可以看出，R 和 S 为两个高电平有效的信号，在满足约束条件 RS=0 的情况下，S=1 的全部时间内 Q=1，R=1 的全部时间内 Q=0，所以称 S 为直接置位端（置“1”），R 为直接复位端（置“0”）。这也是基本 R-S 触发器被称为直接置位复位触发器的原因。

6.3.2 D 锁存器

R-S 锁存器的约束条件限制了电路工作时的输入状态，所以电路中一般很少使用这种结构。将 R-S 锁存器做一下改变，可以得到如图 6-14 所示的电路结构。它将输入变量 D 通过反相器转变成一对互补信号，然后将这对互补信号加载到 R-S 锁存器的 S 和 R 端上构成的。这个电路称为 D 锁存器，它避免了 R 和 S 同时为 1 的情况出现。D 锁存器作为许多时序电路设计的基础，得到了广泛的应用。

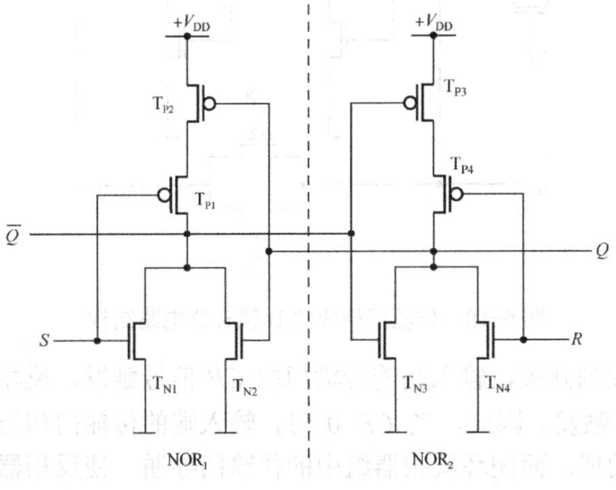

图 6-13　R-S 锁存器电路结构

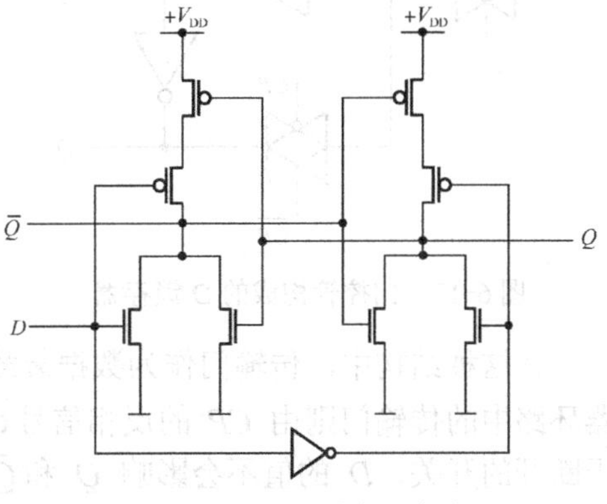

图 6-14　D 锁存器电路

当 D=0 时，$\bar{D}$=1，电路工作状态相当于 R-S 锁存器中 S=0、R=1 的情况，输出 Q=0、$\bar{Q}$=1；当 D=1 时（$\bar{D}$=0），相当于 S=1、R=0，锁存器输出为“1”状态，即 Q=1，$\bar{Q}$=0。可以看到，D 锁存器中输出端 Q 的值总是与 D 相同，即 Q=D。这说明 D 的变化在经过了电路延迟时间后总是可以在输出端看到，所以将这样的锁存器称为“透明锁存器”。

锁存器的另一种结构是由两个反相器及传输门构成的，这种设计的基础是双稳电路。将两个反相器的输入和输出依次首尾相连，形成一个闭合的“锁存环”（见图 6-15）。这个闭环结构可以长期稳定的存储逻辑 0 或逻辑 1，称为双稳电路。

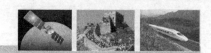

双稳电路的存储原理如图 6-16 所示。如果图 6-16（a）中双稳电路左边的值 a=1，通过上面一个反相器后，右边的值为$\bar{a}$=0。继续追踪信号路径，则经过下面一个反相器后到达左边，得到 a=1 的起始点。这表示这个闭环结构可以由自身来维持 a=1 的稳定状态。同样的道理可以应用在图 6-16（b）中，证实该电路可以维持 a=0 这一稳定状态。

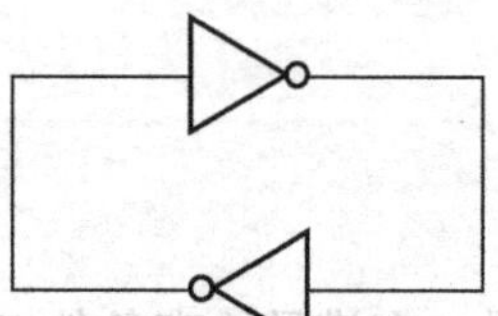

图 6-15　基本的双稳电路

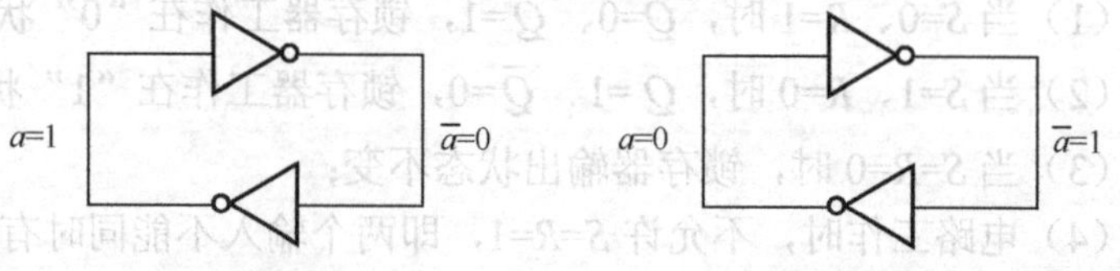

（a）存储逻辑1　　（b）存储逻辑0

图 6-16　双稳电路的存储原理

为双稳电路提供输入和输出节点，并用传输门作为装载控制门，可以实现 D 锁存器功能。由门控管构成的 D 锁存器如图 6-17 所示。

传输门构成的 D 锁存器电路结构如图 6-18 所示。这种电路形式所使用的 MOS 管较少，在超大规模集成电路设计中应用比较广泛。

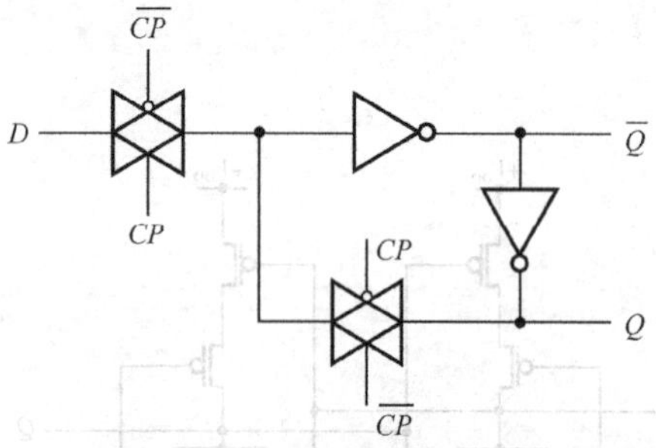

图 6-17　门控管构成的 D 锁存器

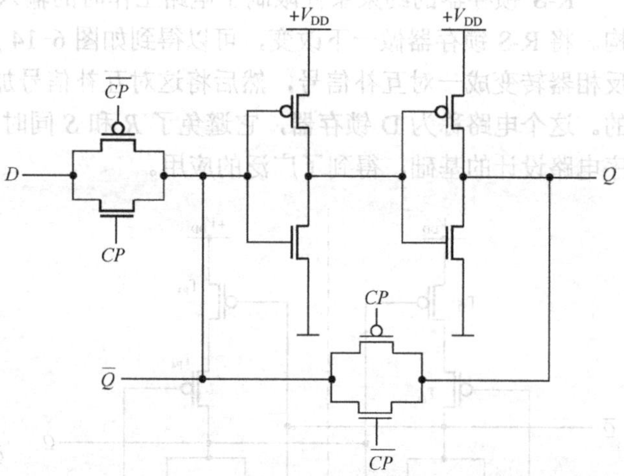

图 6-18　传输门构成的 D 锁存器电路结构

在这种结构中，传输门作为数据装载控制开关，输入端的传输门由 CP 信号触发，反相器环路中的传输门则由 CP 的反相信号$\overline{CP}$触发。因此，当 CP=0 时，输入端的传输门相当于断开的开关，D 的值不会影响 Q 和$\bar{Q}$的值。而闭环反相器组中的传输门导通，使反相器环路的状态保持不变。当 CP=1 时，输入端传输门开启，而锁存环中的传输门截止，于是切断反馈环，允许输入信号 D 传送到锁存电路，使反相器环路状态随输入信号而改变，即 Q=D。

6.3.3　带使能控制的 D 锁存器

如果在电路中加一个使能控制，则可以通过使能信号来控制 D 锁存器的工作节拍。在 NMOS 逻辑中将使能控制信号 CP 分别与输入为 D 和 $\bar{D}$ 的 T_{N1}、T_{N4} 串联，PMOS 结构分别与 T_{P1}、T_{P4} 并联，就构成了带使能控制的 D 锁存器（见图 6-19），称为钟控 D 锁存器。

该电路由两个 AOI 门和一个反相器构成。当 CP=0 时，T_{N2}、T_{N5}截止，输入数据 D 无法传递到输出端。此时 T_{P2}、T_{P5} 导通，若初态为“0”，则 $\bar{Q}$=1。这使得 T_{P6} 导通，Q 值为 0。Q=0 反过来又确保了 T_{P3} 导通，第一级 AOI 输出为 1，保持 $\bar{Q}$ 状态不变。不难证明当锁存器初态为“1”时，在 CP=0 的全部时间内输出状态保持“1”不变。

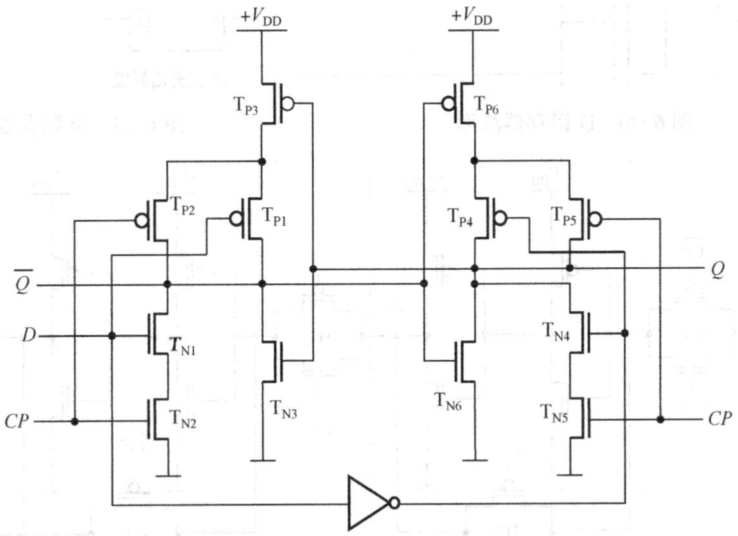

图 6-19　有使能控制的 D 锁存器

当 CP=1 时，T_{N2}、T_{N5} 均导通，可以将其视为闭合的开关，而 T_{P2}、T_{P5} 均截止，可以看为断开的开关。可见，T_{N2}、T_{N5} 及 T_{P2}、T_{P5} 对电路逻辑均没有影响，可以忽略。简化的电路结构与没有使能控制的 D 锁存器相同，实现 $Q = D$ 的逻辑操作。

可见，在 CP=0 的全部时间，锁存器保持原来的状态不变；在 CP=1 的全部时间，D 锁存器的输出状态随输入状态的变化而改变。

6.4 CMOS 触发器

6.4.1 D 触发器

D 锁存器在 CP=1 的时间里，输入 D 可能会发生多次翻转，输出端 Q 的状态也会随之多次改变。如图 6-20 所示的波形图说明了这一问题。

在一个时钟周期内，锁存器输出多次翻转的现象称为“空翻”，这种现象是设计者不希望看到的。为提供电路工作的可靠性，希望在每个时钟周期里输出端的状态只改变一次，所以在钟控 D 锁存器的基础上设计出主从结构触发器。这种电路结构成为 D 触发器（D Flip-Flop，DFF），是 CMOS 电路中最常用的触发器。图 6-21 为 D 触发器逻辑符号。

基本的 D 触发器设计是一个主从形式的触发器，它是把两个控制相位相反的 D 锁存器串联在一起得到的，如图 6-22 所示。

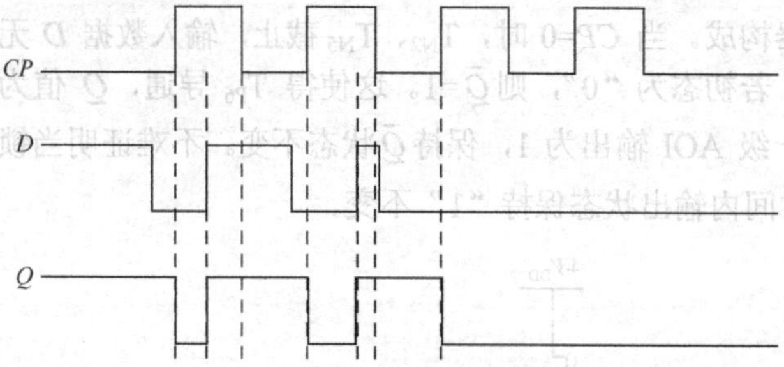

图 6-20　D 锁存器波形

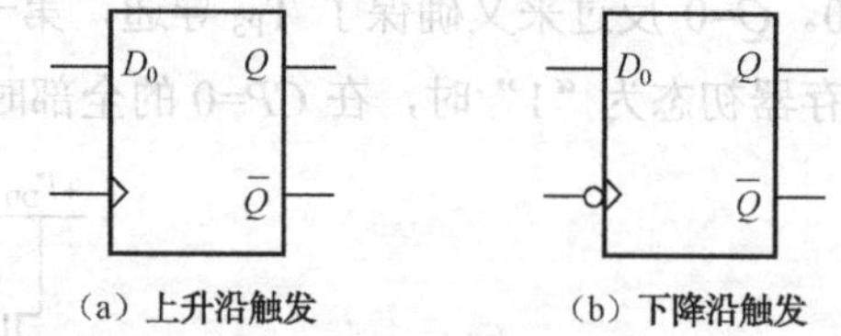

图 6-21　D 触发器逻辑符号

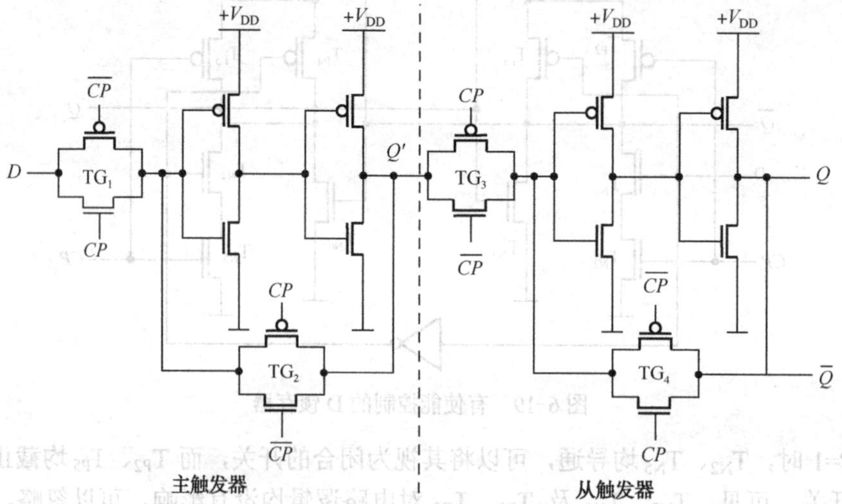

图 6-22　基本 D 触发器（负沿触发）

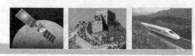

当时钟信号为高电平时，TG_1 导通，TG_2 截止，主触发器允许数据 *D* 存入，主触发器状态与输入信号一致，即 $Q'=D$。而 TG_3 截止，TG_4 导通，从触发器则维持先前状态不变。当时钟信号从逻辑“1”跳变为逻辑“0”时，TG_1 截止，TG_2 导通，主触发器切断与 *D* 的通道，停止对输入信号采样，在时钟跳变时刻存储 *D* 值。同时，从触发器中 TG_3 导通，TG_4 截止，从触发器变为开启状态，使主触发器存储的 Q' 被传送到从触发器，从触发器输出与主触发器相同，$Q=Q'$。因为主触发器与输入信号 *D* 分离，所以此时输入不影响 D 触发器的输出。

当时钟信号再次由逻辑“0”跳变到“1”时，从触发器锁存主触发器的输出，主触发器又开始对输入信号进行采样。可见，D 触发器只有在时钟信号从 1→0（时钟信号下降沿）时才会对输入进行采样，输出状态才发生翻转，保证了每个时钟只改变一次状态，故此电路为负边沿触发的 D 触发器。

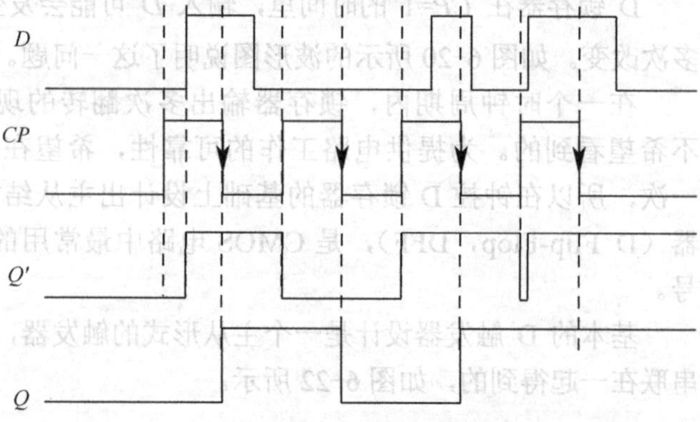

图 6-23　负边沿触发 D 触发器输入和输出波形图

图 6-23 为负边沿触发的 D

触发器输入和输出波形图。当时钟信号为“1”时，主触发器将输入 D 作为输出；当时钟信号下降到“0”时，从触发器输出变为有效。D 触发器在每个时钟脉冲下降沿对输入进行采样。

将上述电路进行改进，用三态门结构作为从触发器可以减少晶体管的数量。要注意，三态门的钟控信号相位要与主触发器钟控信号相反，才可以使主、从触发器分别在时钟的两个半周期存入数据。在电路中加入两个直接置位和直接复位控制端，可以直接对触发器输出进行置位和复位操作，电路结构如图 6-24 所示。

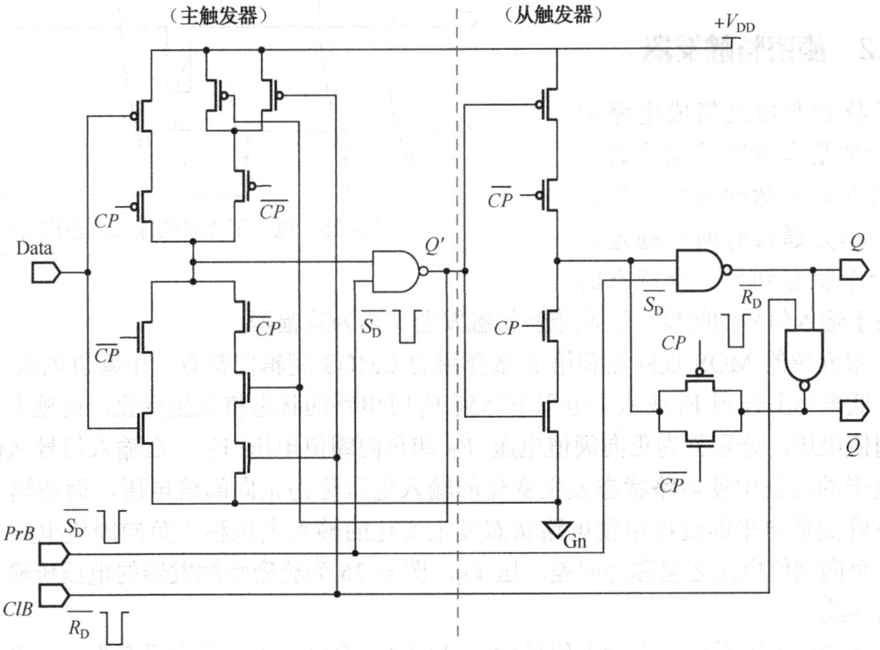

图 6-24 带直接置位、复位功能的 D 触发器

从图 6-24 中可以看出，D 触发器的主触发器用逻辑“0”触发，从触发器用逻辑“1”触发，是正沿触发，在时钟从“1”跳变到“0”时对输入信号进行采样。PrB 和 ClB 为电路提供置位和复位信号，可以将输出直接置“1”或置“0”。PrB 和 ClB 低电平有效，因此不允许有两个信号同时为低电平的输入状态。置位端 PrB 输入信号 $\overline{S_D}$ 为低电平时（此时 ClB 的输入 $\overline{R_D}$=1），无论时钟为何状态，都将主触发器输出的与非门锁定为逻辑“1”状态，Q'=1 在时钟的上升沿输入从触发器中。该信号经过三态门反相后变为逻辑“0”传送到与非门上，和同样加载到这个与非门上的 $\overline{S_D}$ 进行与非操作，得到高电平输出，即 Q=1。输出为 $\overline{Q}$ 的与非门两个输入 $\overline{R_D}$ 和 Q 都是高电平，则 $\overline{Q}$ 输出为逻辑“0”。可见 $\overline{S_D}$ 的低电平信号起到了将触发器置位的作用。

同样的道理，当复位端 ClB 输入信号 $\overline{R_D}$ 为低电平时，$\overline{S_D}$ 必须输入高电平。无论时钟是否有效，复位信号都直接将输出为 $\overline{Q}$ 的与非门输出锁定在逻辑“1”，经传输门反馈到输出为 Q 的与非门输入端。此时由于 $\overline{S_D}$ 和 $\overline{Q}$ 都为“1”，所以与非门输出低电平，即将 Q 置“0”，起到复位的作用。图 6-25 为电路工作时的输入、输出波形。

可见，无论时钟是否处于上升沿时刻，$\overline{S_D}$ 和 $\overline{R_D}$ 都可以将输出置“1”或者置“0”，所以 *PrB* 和 *ClB* 为直接置位端和直接复位端。在电路正常工作时，应该将 $\overline{S_D}$ 和 $\overline{R_D}$ 置“1”，以保证电路可以作为边沿触发器正常工作。

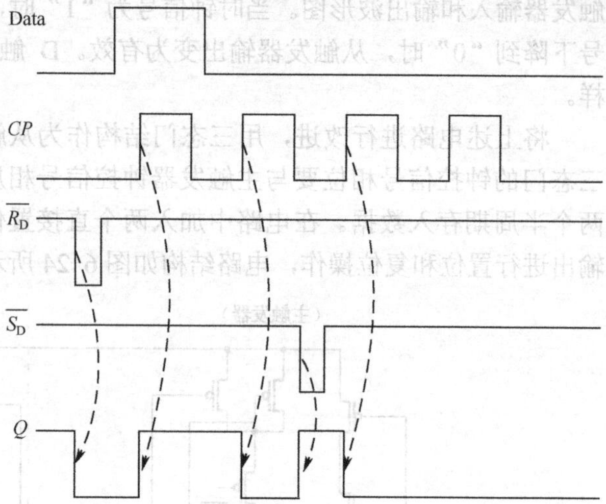

图 6-25　电路工作时的输入、输出波形

6.4.2　施密特触发器

施密特触发器是集成电路中常用的一种基本电路单元形式，它可以将非矩形脉冲变成矩形脉冲，这种单元通常有两个稳定状态，从一个状态到另一个状态的转换取决于输入信号的幅度，因此施密特触发器又称为鉴幅器。

第 4 章介绍的 MOS 反向器和第 5 章介绍的 CMOS 逻辑门都有一个阈值电压 V_T，当输入电压从低电平上升到 V_T 或从高电平下降到 V_T 时电路的状态将发生变化；而施密特触发器有两个阈值电压，分别称为正向阈值电压 V_{T+} 和负向阈值电压 V_{T-}，在输入信号从低电平上升到高电平的过程中使电路状态发生变化的输入电压称为正向阈值电压，而在输入信号从高电平下降到低电平的过程中使电路状态发生变化的输入电压称为负向阈值电压。正向阈值电压与负向阈值电压之差称为回差电压 V_H。图 6-26 为施密特触发器的电压传输特性，也称为迟滞回线。

从图 6-26 可以看出，当输入信号大于 V_{T+} 时，输出电压由低电平变为高电平；只有当输入信号小于 V_{T-} 时，输出电压才由高电平变为低电平，而当输入信号处于 V_{T+} 和 V_{T-} 之间时，输出是不变的，即具有记忆功能。由此可见，施密特触发器究其本质而言是一种阈值开关电路，又是一种双稳态多谐振荡器，具有突变的输入/输出特性，这种特性可以广泛应用在阻止当输入电压出现微小变化而引起输出电压改变的场合。具体包括以下几种应用。

（1）可以把边沿变化缓慢的周期性信号变换为边沿很陡的矩形脉冲信号，即输入的信号只要幅度大于 V_{T+}，即可在施密特触发器的输出端得到同等频率的矩形脉冲信号。

（2）当输入电压由低向高增加，到达 V_{T+} 时，输出电压发生突变；而当输入电压 V_i 由高变低，到达 V_{T-} 时，输出电压发生突变，因而出现输出电压变化滞后的现象，可以看出对于要求一定延迟启动的电路，它是特别适用的。

（3）矩形脉冲经传输后经常会发生波形畸变，比如当传输线上的电容较大时，波形的上升沿将明显变缓；而当传输线较长，而且接收端的阻抗与传输线的阻抗不匹配时，在波形的上升沿和下降沿将产生振荡现象；另外，当其他脉冲信号通过导线间的分布电容或公共电源线叠加到矩形脉冲信号时，信号上将出现附加噪声等，以上这些情形都可以通过施密特反相触发器整形而得到比较理想的矩形脉冲波形，具体如图 6-27 所示。

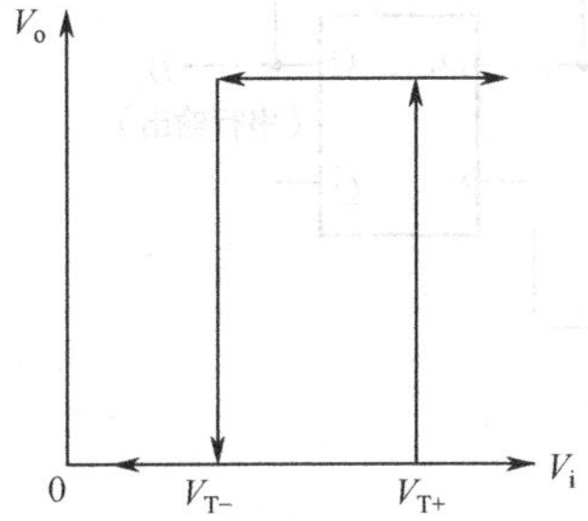

图 6-26　施密特触发器的电压传输特性

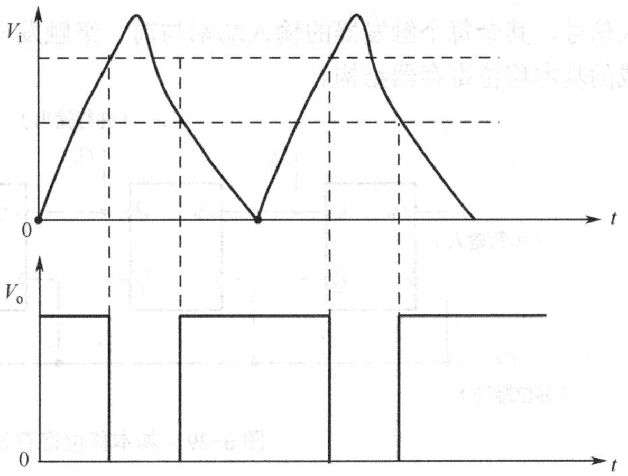

图 6-27　施密特触发器的整形功能

图 6-28 为一种施密特触发器的具体电路结构形式。

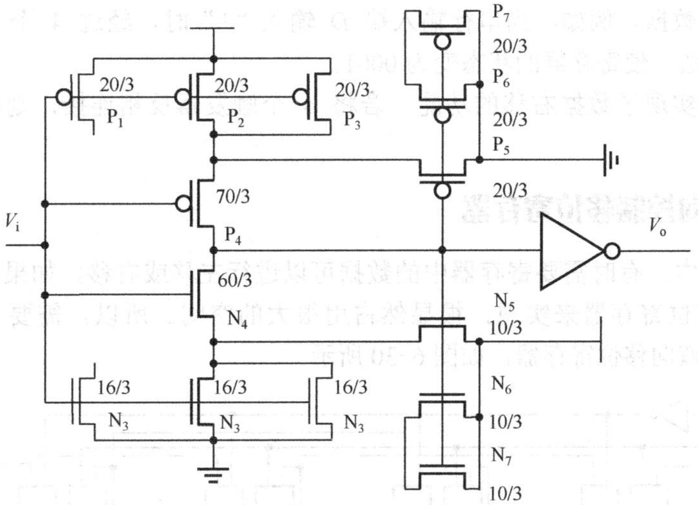

图 6-28　一种施密特触发器的具体电路结构形式

6.5　移位寄存器

寄存器是能把一个字（Byte）作为一个整体存放起来的一类电路的统称。一位的寄存器就是一个触发器，而一个 *n* 位的寄存器则可装载和保存一个 *n* 位的字。一个 *n* 位正沿触发寄存器可以利用 *n* 个 D 触发器来构成。常用的寄存器结构为静态移位寄存器，它除了具有存储二进制代码的功能外，还具有移位的功能，可将存储在寄存器中的代码在移位脉冲的作用下依次左移或右移，以实现数据的串行-并行转换、数值的运算及数据处理等。

6.5.1　基本移位寄存器

基本的移位寄存器结构采用触发器串联的形式，其中第一个触发器的输入端用来接收输入信号，其余每个触发器的输入端都与前一级触发器的输出 Q 相连。图 6-29 为 D 触发器构成的基本移位寄存器结构。

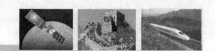

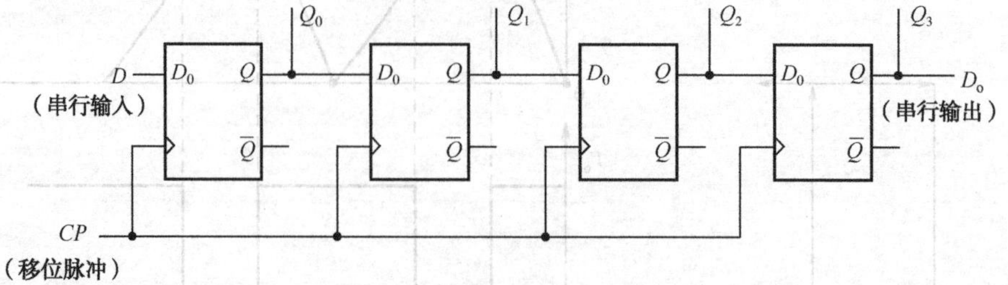

图 6-29　基本移位寄存器结构

假设移位寄存器中的 4 个触发器初始状态为“0”（Q_0=Q_1=Q_2=Q_3=0），当移位脉冲 CP 的上升沿作用所有触发器时，每个触发器都会按照前一级触发器输出端的状态发生翻转，这样在 4 个移位脉冲作用下，串行输入端的输入数据就可以移至寄存器中，并可以通过并行输出端口读出数据。例如，当串行输入端 D 输入“1”时，经过 4 个 CP 脉冲，可将“1”右移到最右边，使寄存器的状态变为 0001。

这个寄存器实现了数据右移的功能，若将 4 个触发器反相连接，则可得到左移寄存器。

6.5.2　双向控制移位寄存器

在电路应用中，有时需要寄存器中的数据可以进行左移或右移，如果分别用左移移位寄存器或右移移位寄存器来实现，很显然占用很大的空间。所以，需要一个可以进行左移、右移控制的双向移位寄存器，如图 6-30 所示。

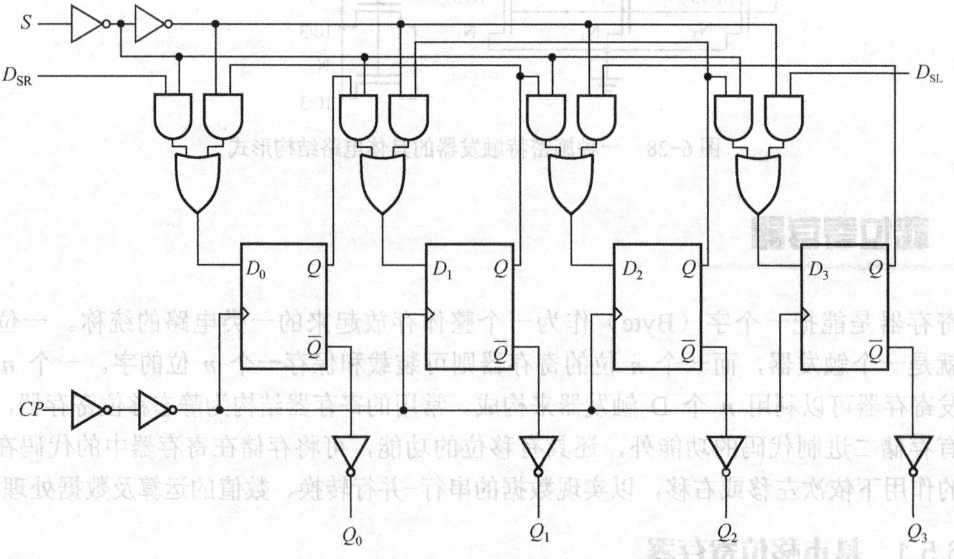

图 6-30　可以左移、右移的移位寄存器电路

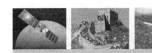

图 6-30 就是一个可以由移位状态控制信号 S 控制的左移、右移移位寄存器电路。当控制端 S=0，$\overline{S}$=1 时，各与或门左半边的与门打开，右半边的与门被 S=0 封锁。当右移输入端 D_{SR} 有信号输入时，在移位脉冲的作用下，信号可以从左边第一个触发器向右移位。在 4 个脉冲的作用下，输入信号可以移到最右边。

当 S=1，$\overline{S}$=0 时，各个与或门的左半边与门被逻辑"0"封住，而右半边的与门打开。当左移输入端 D_{SL} 有信号输入时，在 CP 作用下，可以将信号从右边移至左边。

6.6 计数器和定时器

计数器是统计输入脉冲个数的一种时序电路，是数字电路的基本模块，可以作为计时单元、控制电路和信号发生器等。

计数器按其工作方式可分为同步计数器和异步计数器；按其计数进制可分为二进制计数器、十进制计数器等；根据计数增加可以分向上计数器和向下计数器等。

表征计数器最重要的参数指标为"模"，即计数器累计输入脉冲的最大数目，用 M 表示。

计数器通常由基本的计数单元和逻辑门组成，其中计数单元则是具有存储信息功能的各类触发器。触发器的数量及它们的互连方式决定了计数器序列中的状态个数。图 6-31 是由 8 个触发器构成的计数器。

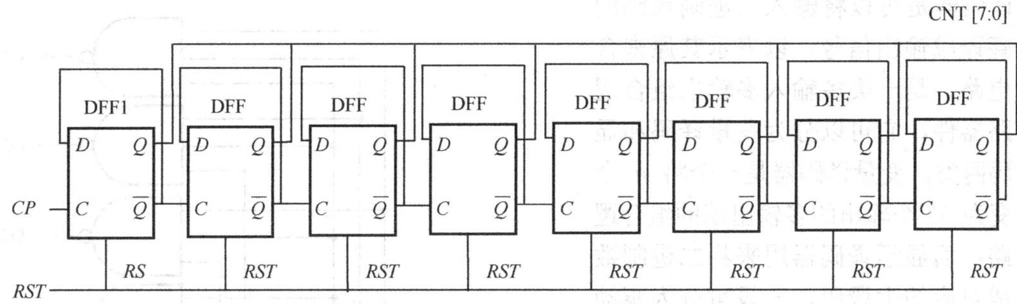

图 6-31　8 位计数器电路结构图

从图 6-31 中可以看出，计数脉冲 CP 只加到第一级触发器的时钟端，而后续各级触发器的时钟则是上一级触发器的输出端，这种连接方式决定了该计数器中各级触发器状态的变化是有先后次序的，是一种异步计数器，其计数波形如图 6-32 所示。

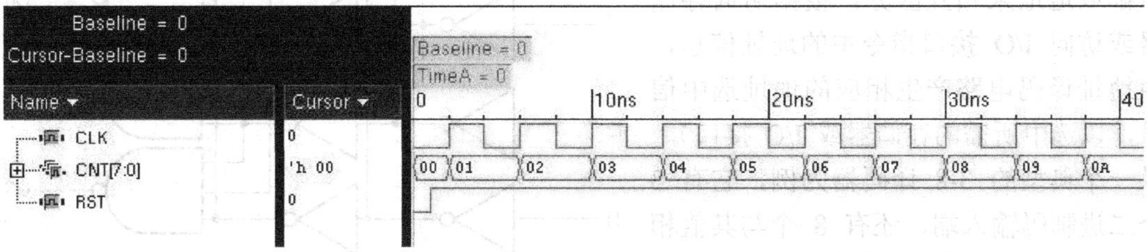

图 6-32　8 位计数器的波形图

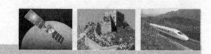

计数器的初始状态为 00，在每一个时钟上升沿自动加 1，所以这又是一种向上计数的计数器。以上计数波形是通过仿真得到的，将在 9.2 节中作详细介绍。

如果将图 6-31 中每一级触发器的时钟端全部接到计数脉冲 *CP* 上，那么各级触发器就可以实现同步翻转，从而提高计数的速度，这种计数器就是同步计数器。

计数器在数字系统中应用广泛，如在微控制器中对指令地址进行计数，以便顺序取出下一条指令；在运算器（如 6.9 节中介绍的算术逻辑单元）中作乘法、除法运算时记下加法、减法次数，也可应用在数字仪器中对脉冲计数等。

以上计数器除了可以计数之外，还能当作时钟，即定时器，也就是说计数实际上和定时有明确的对应关系，比如一个定时在 1 h 后闹铃的闹钟，其实是其秒针走了 3600 次，因此时间可以转化为秒针走的次数也即计数的次数，计数的次数和时间之间有明确的对应关系，即秒针每一次走动的时间正好是 1 s。利用这个关系，只要计数脉冲的间隔相等，则计数值就代表了时间的流逝，也就是定时。

从原理上来说，以上讨论的计数器和定时器本质上是同一种电路类型，只不过计数器是记录外界发生的事件，而定时器是由系统时钟提供的一个稳定的计量时间的部件。以上两种电路结构形式将在 6.11 节中作进一步介绍。

6.7 译码器和编码器

译码器是可以将输入二进制代码的状态翻译成输出信号，以表示其原来含义的电路，是一类多输入多输出组合逻辑电路器件，它可以分为变量译码和显示译码两类。变量译码器是一个将 *n* 个输入变为 2^n 个输出的多输出端的组合逻辑电路；而显示译码器用来将二进制数转换成对应的七段码，一般可分为驱动 LED 和驱动 LCD 两类。

这里以微控制器系统中的地址译码电路为例介绍变量译码器的工作原理。在微控制器中所有的存储器或者 I/O 接口都以地址来相互区分，根据访问存储器或访问 I/O 接口指令中的地址信息，由地址译码电路产生相应的地址选中信号，以选中所需的存储器或 I/O 接口）。以一个典型的 3-8 译码器为例，它有 3 个二进制码输入端，还有 8 个与其值相应的输出端，其逻辑图如图 6-33 所示。

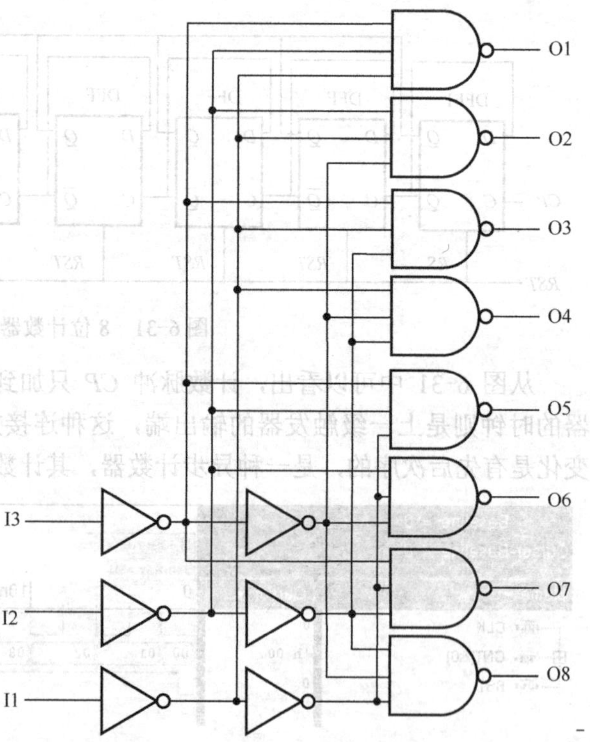

图 6-33　典型的 3-8 译码器的逻辑图

3-8 译码器的功能如表 6-3 所示。

表 6-3 一种 3-8 译码器的真值表

输入			输出							
I1	I2	I3	O1	O2	O3	O4	O5	O6	O7	O8
0	0	0	0	1	1	1	1	1	1	1
0	0	1	1	0	1	1	1	1	1	1
0	1	0	1	1	0	1	1	1	1	1
0	1	1	1	1	1	0	1	1	1	1
1	0	0	1	1	1	1	0	1	1	1
1	0	1	1	1	1	1	1	0	1	1
1	1	0	1	1	1	1	1	1	0	1
1	1	1	1	1	1	1	1	1	1	0

编码器的功能正好与译码器相反，它的每一条输入线代表一个字符，输出是与该字符相对应的二进制码。编码器输入端数 m 和输出端数 n 之间的关系应该满足 $m \leq 2^n$。一种典型的 8-3 优先编码器的真值表如表 6-4 所示。

表 6-4 一种典型的 8-3 优先编码器的真值表

输入							输出		
I1	I2	I3	I4	I5	I6	I7	O1	O2	O3
X	X	X	X	X	X	0	0	0	0
X	X	X	X	X	0	1	0	0	1
X	X	X	X	0	1	1	0	1	0
X	X	X	0	1	1	1	0	1	1
X	X	0	1	1	1	1	1	0	0
X	0	1	1	1	1	1	1	0	1
0	1	1	1	1	1	1	1	1	0
1	1	1	1	1	1	1	1	1	1

根据表 6-4 设计的逻辑图如图 6-34 所示。

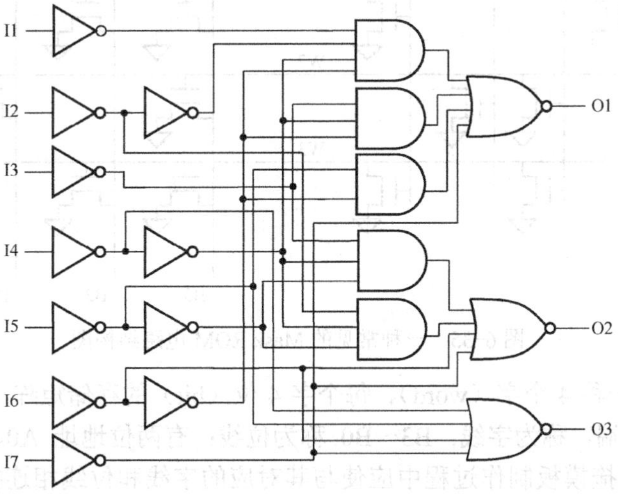

图 6-34 一种典型的 8-3 优先编码器的逻辑图

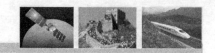

6.8 存储器

存储器是用来存放数据和程序的一种电路结构，它的基本功能是保存大量代码，按需要取出来（即读出）或者把新的代码存进去（即写入）。按功能划分，存储器可分为只读存储器ROM（Read Only Memory）和随机存取存储器RAM（Random Access Memory）两大类。ROM中存储的信息在断电后仍能保留，不存在信息挥发问题，而RAM存储的信息在断电后全部挥发。

6.8.1 只读存储器（ROM）

只读存储器是一种在工作中只能读出所保存的信息，而不能写入信息的存储器类型，所读出的信息都是预先保存在其中的，这种存储器在计算机系统中常用来存放常数表、字库、固定函数、微程序代码和固定指令等。

根据预先保留在存储器中信息的编程方法，只读存储器又可分为固定只读存储器、可编程只读存储器和可擦除可编程只读存储器三种类型。

1. 固定ROM

这种存储器的存储内容在出厂时已经完全固定下来，最常用的方式是在芯片制作时用定制的掩模来进行编程，因此也称为Mask ROM，如果要改变ROM中的内容，那就要重新制作掩模板，因此具有生产成本高、生产周期长的缺点，比较适合量大、程序单一不变的存储器。图6-35为一种常见的Mask ROM电路结构图。

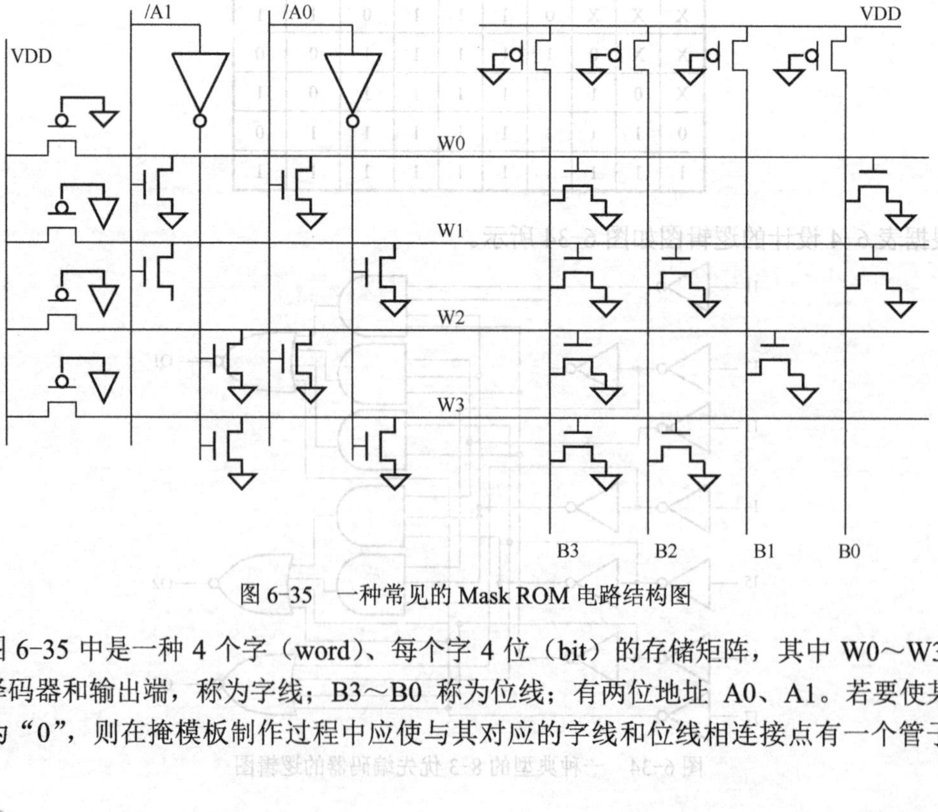

图6-35　一种常见的Mask ROM电路结构图

图6-35中是一种4个字（word）、每个字4位（bit）的存储矩阵，其中W0～W3代表地址译码器和输出端，称为字线；B3～B0称为位线；有两位地址A0、A1。若要使某一位输出为“0”，则在掩模板制作过程中应使与其对应的字线和位线相连接点有一个管子；而

要使某一位输出为“1”，则在掩模板制作过程中应使与其对应的字线和位线相连接点不连接管子。以图 6-35 为例，对于字线 W0，对应位线 B3～B0 分别是有管子、无管子、无管子、有管子，那么 B3～B0 输出就是 0110。由此看出，ROM 译码仅仅是一维译码，当地址输入经译码后选择某一个字，那么该字的所有位数全部同时读出。

通过以上分析可以看出，ROM 逻辑功能是输入一个地址码，输出就得到地址码所在位置的相应逻辑信息，这就实现了从一种码转换成另一种码的逻辑功能，因此 Mask ROM 可以当作一类具有某种特殊逻辑关系的译码器。

图 6-36 显示的只是 Mask ROM 存储阵列的局部，假设有一个 1 KB 的 ROM，那么就必须有 10 位地址输入，这 10 位地址可以分成行译码地址和列译码地址，比如分别为 6 位、4 位。假设 ROM 的字长为 14 位，那么这样的 Mask ROM 就可以分成 14 块存储单元，经行、列译码后可选中每一块存储单元中的具体某一位，并在 ROM 读出周期将 14 位数据输出，这样一个 1 K×14 位的 ROM 结构如图 6-36 所示。

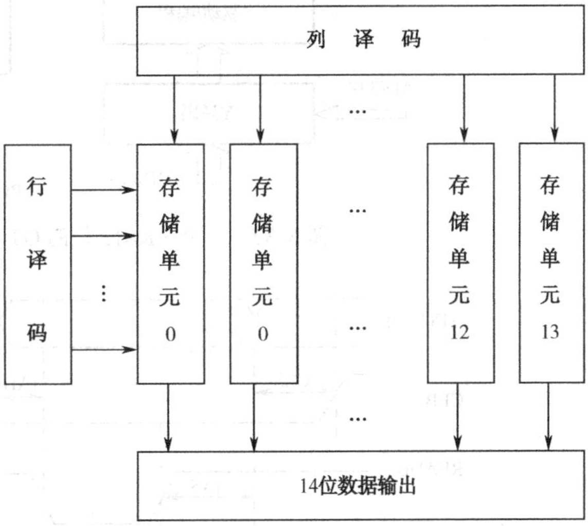

图 6-36 一个 1 K×14 位的 ROM 结构

2. 可编程只读存储器

这种存储器中存储的内容可根据需要由用户进行编程，但只能编写一次，一旦程序编写完成存储起来，则再也无法更改，这种 ROM 也称 OTPROM（One Time Programmable ROM）。

OTPROM 的存储单元结构与如图 6-35 所示的 Mask ROM 类似，不同的是字线、位线交接点所连接的每一个 MOS 管还通过一个熔丝与位线相连。在出厂前，所有的熔丝都是连起来的，因此所有存储单元都保存了“0”这个数据；在用户进行编程时，根据要求利用专门的烧写工具把不需要连接的 MOS 管之前的熔丝烧断，这样该存储单元就可以改写为“1”。

以上烧断熔丝的过程只有一次，因此用户只有一次编程的机会。关于熔丝的结构及熔断方法等将在 10.2.7 节中作详细介绍。

在实际集成电路设计中，嵌入到芯片中的 OTPROM 通常可以采用半导体加工线所提供的 OTPROM IP，下面举一个采用华虹 NECCZ6H OTP 工艺的 2 K×16 位 OTPROM IP 的例子。图 6-37 为这个 IP 的功能框图。

图 6-37 中 DIN（15:0）、DOUT（15:0）为 16 位数据输入、输出端口；10 位地址分成 AD（3:0）和 AD（10:4）两组；VPP 就是烧写熔丝时需要输入的高压端口；CEB 端为该 IP 的使能端；READB 为读使能端；PROGB 为编程（即烧写）使能端；PCADD 为编程时地址加 1 信号。

关于以上 IP 有明确的时序方面的定义，图 6-38 为该 IP 的读时序。

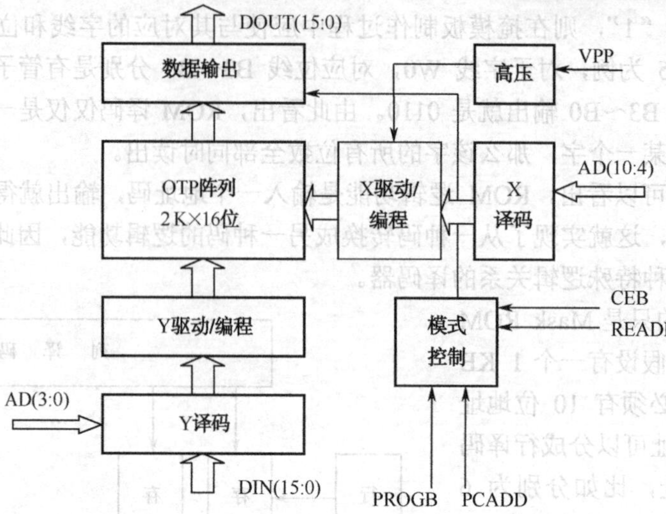

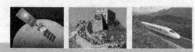

图 6-37　一个 2 K×16 位的 OTPROM 的功能框图

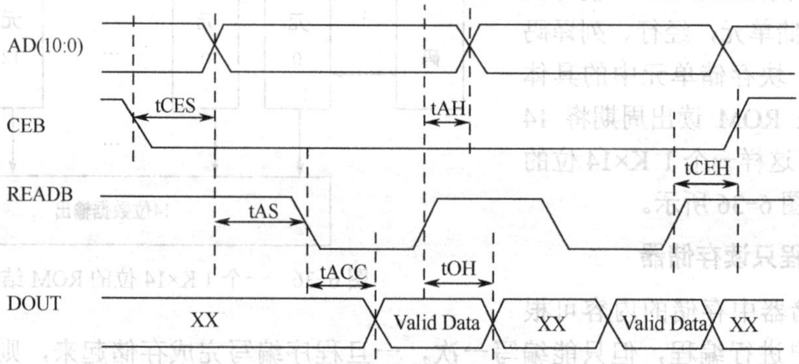

图 6-38　2 K×16 位 OTPROM IP 的读时序

如图 6-38 所示的时序图中各个时间参数都有明确的要求，如表 6-5 所示。

表 6-5　2 K×16 位 OTPROM IP 的各项时序参数

参数名称	符号	条件	最小	典型	最大	单位
CEB 到地址建立时间	tCES	VDD=2.3～5.5 V	0			μs
地址到 READB 建立时间	tAS	VDD=3.6～5.5 V	50			ns
		VDD=2.7～3.6 V	100			ns
		VDD=2.3～2.7 V	100			ns
READB 到输出延时时间	tACC	VDD=3.6～5.5 V			50	ns
		VDD=2.7～3.6 V			100	ns
		VDD=2.3～2.7 V			500	ns
CEB 到 READB 保持时间	tCEH	VDD=2.3～5.5 V	0			ns
地址相对 READB 保持时间	tAH	VDD=2.3～5.5 V	0			ns
输出相对 READB 保持时间	tOH	VDD=2.3～5.5 V			0	ns

这个 IP 的面积为 0.772 mm^2，用户在使用该 IP 时，可以在版图中直接调用，不需要从

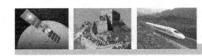

每一个存储单元开始设计，从而提高芯片设计的成功率并节省设计时间。

使用 OTPROM 最重要的是编程也就是烧写动作，烧写动作是由专门的烧写器来完成的，这里举一个采用以上 IP 的 JSXX1358 芯片的例子。表 6-6 为烧写器引脚与使用以上 IP 的 JSXX1358 芯片引脚之间的对应关系。

表 6-6　烧写器引脚与使用以上 IP 的 JSXX1358 芯片引脚之间的对应关系

引 脚 名 称	引脚功能描述	对应 JSXX1358 引脚
VDD	低压电源	VDD
GND	地	GND
VPP	高压电源	RESET
DIO	数据输入输出口	PORTD
CEB	编程时 IP 使能信号，高有效	PORTCE
PROGB	编程时烧写使能信号，高有效	PORTP
READB	编程时读使能信号，高有效	PORTR
PCADD	编程时地址加 1 信号	PORTAD

完成以上连接后，就需要按照如图 6-39 所示的烧写时序对 ROM 中的熔丝阵列进行烧写，从而完成编程过程，图中 T_{osc} 为 JSXX1358 芯片的振荡器周期。

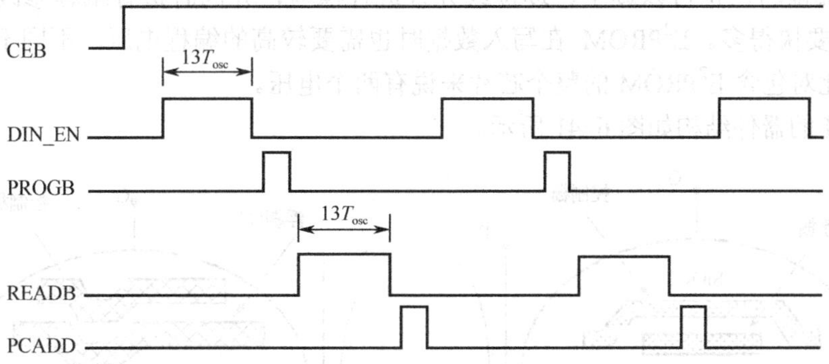

图 6-39　JSXX1358 芯片的烧写时序

3. 可擦除可编程只读存储器

这种存储器中所保存的内容同样可以由用户进行编写，与以上 PROM 不同的是在程序编写完成后还可以用光学或电学的方法将各个单元中的信息全部或部分擦除，重新编入新的程序，这样对编程来说就具有很大的灵活性，因此这种存储器的特性具有了下面将要介绍的 RAM 功能。但由于其改写过程比较麻烦，改写时间也较长，因此其主要工作方式仍然只是读出。

根据对所保存内容擦除方式的不同，可擦除可编程只读存储器可以分为以下三种类型。

1）可擦除可编程只读存储器 EPROM（Erasable Programmable ROM）

这类存储器可以用紫外线或 X 射线将存储内容一次全部擦除，然后再重新写入新的内容，但不能逐字擦除。由于这种存储器所保存的信息是不挥发的，又具有反复擦写的功能，因此应用范围较广。

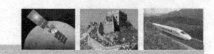

从器件结构进行分析，EPROM 主要分浮栅雪崩注入 MOS 结构 FAMOS（Floating-gate Avalanche MOS）和叠栅注入 MOS 结构 SIMOS（Superposition Injection MOS）等类型，如图 6-40 所示为 FAMOS 类型结构。

图 6-40 中第一层多晶作为浮栅和存储器之外其他电路的栅；第二层多晶作为控制栅，在存储单元区域，两层栅叠加在一起。图 6-40 中还显示了两次源、漏区的扩散，第一次扩散是做浮栅的源、漏区；第二次扩散是做控制栅和外围电路的源、漏区。

在还没有写入动作时，FAMOS 管导通，表示保存了数据“1”；然后通过在控制栅上加写入脉冲，可将保存有注入电子的 FAMOS 管截止，表示写入数据“0”。用紫外线或 X 射线进行擦除时，消除了浮栅中的电荷，使得 FAMOS 管截止，表示擦除数据“1”而保存数据“0”。进行擦除动作时，由于控制栅完全覆盖了浮栅，因此阻挡了紫外线或者 X 射线的直接照射。擦除完成后对芯片进行密封，挡住用于进行照射的玻璃窗口，以免丢失所保存的信息。

2）电可擦除可编程只读存储器 E^2PROM（Electrically Erasable Programmable ROM）

这是另外一种用户可更改编程内容的只读存储器，通过施加较高的电压可擦除和重新编程。跟 EPROM 不同，E^2PROM 不需要专门的擦除设备，在实际使用中（即在线）就可以一次性全部擦写，也可以逐字、逐位或分区进行擦写，并同时进行编程修改，因此速度比 EPROM 要快得多。E^2PROM 在写入数据时也需要较高的编程电压，不同于正常工作下的电压，因此对包含 E^2PROM 的整个芯片来说有两个电压。

E^2PROM 的器件结构如图 6-41 所示。

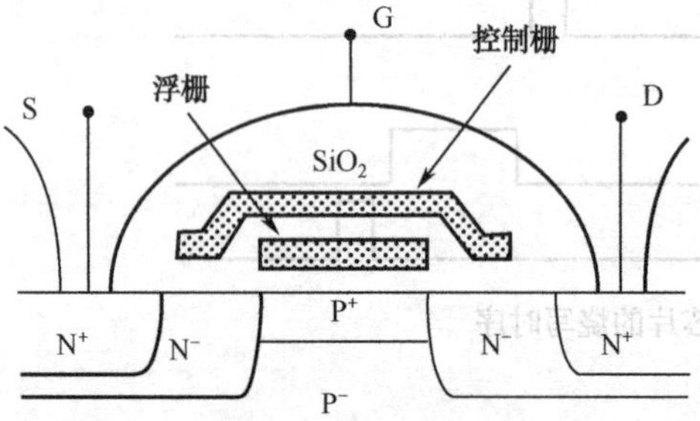

图 6-40　选栅 FAMOS 存储器单元结构

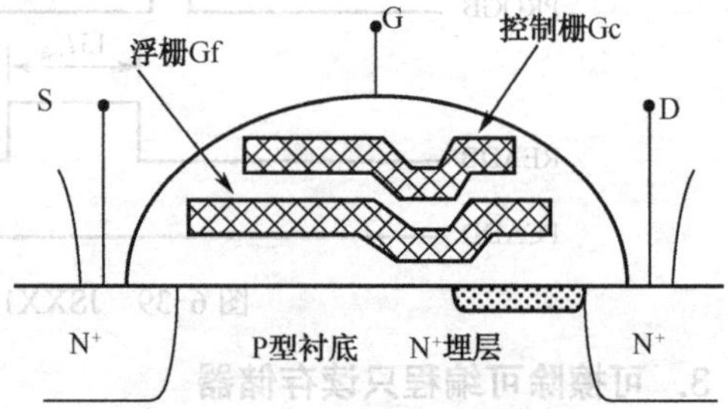

图 6-41　E^2PROM 的器件结构

从图 6-41 可以看出，E^2PROM 结构与 EPROM 有些类似，同样有一个控制栅 Gc 和浮栅 Gf，不同的是浮栅与漏区之间有一个氧化层很薄的隧道区。当隧道区氧化层中电场足够高时，电子可以穿越隧道区氧化层，对浮栅进行充放电，这就是隧道效应。E^2PROM 所采用的这个管子称为浮栅隧道氧化 Flotox（Floating-gate Tunnel oxide）管。

E^2PROM 的读写原理如图 6-42 所示。

图 6-42 中 T_1 就是 Flotox 管，而 T_2 为额外增加的选通管，主要目的是提高擦除和写入的可靠性，并保护隧道区中的超薄氧化层。

图 6-42（a）为写“1”（也即擦除）状态，这时控制栅 Gc 和字线 *W* 都加高压，吸引漏区电子通过隧道区到达浮栅，形成存储电荷，使得 Flotox 管成为高开启管。

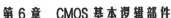

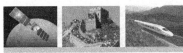

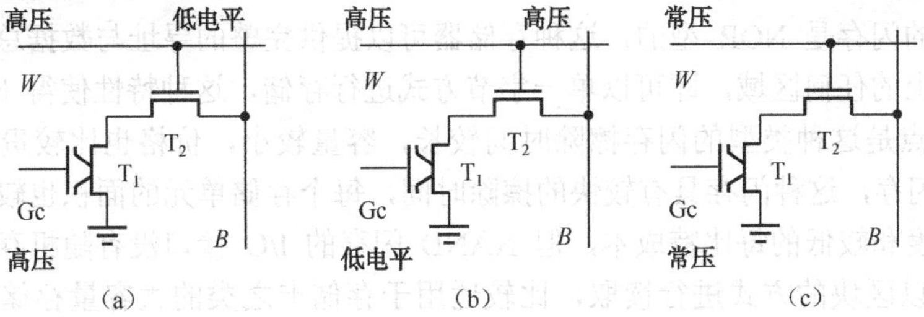

图 6-42　E^2PROM 的读写原理

图 6-42（b）为写“0”（也即写入）状态，控制栅 Gc 接低电平，字线 W 和位线 B 都加高压，浮栅上所存储的电荷通过隧道区放电，使得 Flotox 管成为低开启管。

图 6-42（c）为读状态，这时控制栅 Gc 字线 W 都施加正常电压，选通管导通，如果 Flotox 管浮栅上没有预充电荷，则其导通，位线上读出“0”；如果 Flotox 管浮栅上有预充电荷，则其截止，位线上读出“1”。

图 6-43 为一个 2K 串行 E^2PROM 电路的功能框图。

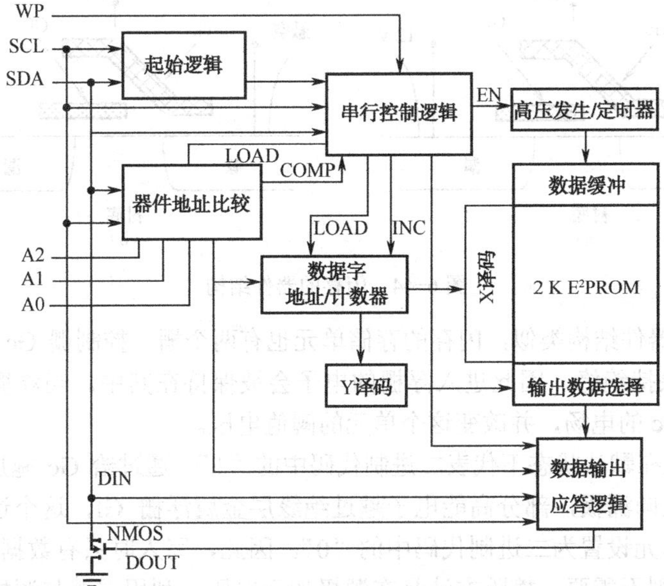

图 6-43　一个 2K 串行 E^2PROM 电路的功能框图

图 6-43 中 A0～A2 为地址输入，SCL 和 SDA 分别为串行时钟输入和串行数据输入/输出；WP 为写保护。该电路由起始逻辑、串行控制逻辑、器件地址比较、数据字地址/计数器、X/Y 译码、数据缓冲和输出数据选择、2 K E^2PROM 阵列、数据输出应答逻辑及高压发生/定制器等模块组成。

3）快闪存储器 Flash Memory

随着半导体加工工艺的快速发展，近年来出现了另外一种新型的存储器——Flash Memory，简称闪存。闪存的存储单元类似于 E^2PROM，但工艺更先进，编程电压和成本更低，读写速度更快（E^2PROM 以字节为单位进行擦除和重写，而闪存进行数据擦除时是以区块为单位的），成为目前发展最快、应用最广泛的存储器类型。

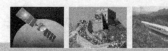

最初出现的闪存是 NOR 型的，这种存储器可以提供完整的寻址与数据总线，并允许随机存取存储器上的任何区域，即可以单一字节方式进行存储，这种特性使得 NOR 型闪存更像内存；但缺点是这种类型的闪存擦除时间较长，容量较小，价格也比较贵。之后又出现了 NAND 型闪存，这种闪存具有较快的擦除时间，每个存储单元的面积也较小，因此具有较高的存储密度和较低的每比特成本，但 NAND 闪存的 I/O 接口没有随机存取外部地址总线，因此必须以区块的方式进行读取，比较适用于存储卡之类的大容量存储设备。以上两种闪存还有一个差异是连接个别记忆单元的方法不同，NAND 闪存分别在字线最低位和字线最高位连接一个地选择管和位线选择管，NOR 闪存则没有。

虽然擦除需要在高电压下进行，但现在的闪存芯片都在芯片内部设计了电荷泵电路，即在芯片内部可以产生擦除所需要的高压，因此整个芯片只需要单一的电压供电即可。

闪存的器件结构如图 6-44 所示。

图 6-44（a）中，通过热电子注入写入一个 NOR Flash 记忆单元，将其逻辑设为“0”；而图 6-44（b）中，通过量子隧道效应擦除一个 NOR Flash 记忆单元，将其逻辑设为“1”。

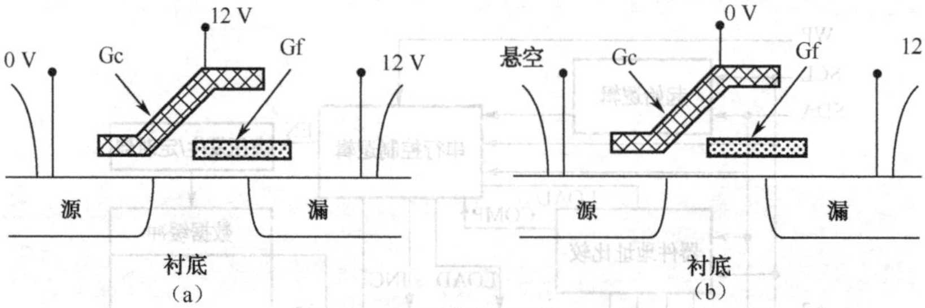

图 6-44　闪存的器件结构

与 E^2PROM 器件结构类似，闪存的存储单元也有两个栅：控制栅 Gc 和浮栅 Gf，浮栅以氧化物与周围保持绝缘，因此进入浮栅的电子会被保持在其中。当浮栅捕获电荷时，会部分屏蔽掉来自 Gc 的电场，并改变这个单元的阈值电压。

以上闪存单元在默认状态下代表二进制代码中的“1”；通过给 Gc 施加高电压，沟道打开，电子从源极流向漏极，部分高能电子越过绝缘层金属浮栅 Gf，这个过程就是热电子注入，从而将闪存单元设置为二进制代码中的“0”。因此，写入时只有数据“0”才进行写入操作，数据“1”则不需要。擦除方法是在源极加正电压，利用浮栅与源极之间的隧道效应（E^2PROM 擦除是利用浮栅与漏极之间的隧道效应，这是两者不同的地方），把注入到浮栅的电荷拉出，从而能够用这个特性擦除单元，即将其重置为“1”状态。

在读出期间，利用施加在 Gc 上的电压，以上存储单元的沟道会导通或保持截止，由该单元的阈值电压决定，而阈值电压受到浮栅 Gf 上的电荷控制，如果浮栅上没有电子，则数据为“1”；如果浮栅上有电子，则数据为“0”。

6.8.2　随机存取存储器（RAM）

随机存取存储器是一种在运行过程中可以随时将外部信息写入存储器，也可以从存储器中读出所存放信息的存储器类型。写入某存储单元或从某存储单元读出都是随机的，并且写入与读出的时间与信息所在的位置无关。

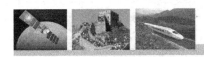

MOS 管 RAM 因其集成度高、功耗小而成为目前主要的 RAM 类型，根据其存储单元结构及工作方式，可分为动态 RAM（Dynamic RAM，DRAM）和静态 RAM（Static RAM，SRAM）两大类。

1. DRAM

这种存储器由门控管和存储电容构成，数据以电荷形式聚集在存储电容上，如果存储电容上有电荷，则表示存储数据“1”，否则表示存储数据“0”。电容总是存在漏电，其上所保存的信息不能长久保持，需要定期进行刷新，因此是一种动态存储。

DRAM 存储单元有很多种，其中在容量较大的 DRAM 中通常都采用单管存储单元，其电路图和器件结构如图 6-45 所示。

在图 6-45 中，数据存储在电容 C_s 上，门控管 T 控制数据进出，其栅极连接字线 *W*，源极、漏极分别接位线 *B* 和存储电容 C_s。当字线施加高电平时，门控管导通，可把数据写入存储在 *A* 点，也可从 *A* 点读出所存数据。数据“1”、“0”是以电容 C_s 上是否有电荷来判断的。

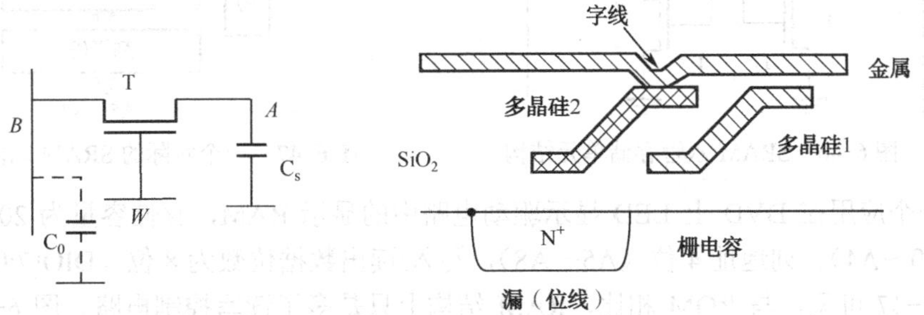

图 6-45　DRAM 电路图和器件结构

从器件结构上进行分析，有两层多晶硅，第一层多晶硅作为单元存储电容及外围其他电路 MOS 管的栅极；第二层多晶作为门控管的栅极。这种结构利用相互覆盖的硅栅下硅表面电荷转移性能，省去了门控管的源扩散区，使得单元面积大为减小，版图面积可以充分利用。第一层多晶硅接固定的正电位，使得多晶硅 1 下面的硅表面反型，当作为字线的第二层多晶硅接电平“1”时，反型层与漏扩散区连通；如果作为位线的漏扩散区接“1”，则反型层电位上升，电容上的存储电荷增加，表示存入数据“1”。同样，如果漏扩散区接“0”，则反型层电位下降，电容上的存储电荷减少，表示存入数据“0”。

由于位线上分布电容 C_0 的存在，使得读出信号很微弱，并且 C_s 上的电荷每读出一次就会有所损失，因此为了使存储器能正常工作，读出后需要将信号再写进去，即再生一次。需要在单管存储单元的 DRAM 中设计一个同时完成读出放大和再生放大的高灵敏放大器，其中需要用到时钟，因此外围电路有些复杂。

2. SRAM

跟 DRAM 相比，SRAM 不需要再生操作，因此也就不需要时钟，外围电路简单，工作状态较稳定，易于测试，使用方便。

目前集成电路中的 SRAM 大部分采用如图 6-46 所示的六管存储单元结构。

图 6-46 中，T_1 和 T_3、T_2 和 T_4 构成两个首尾相接的反相器，即构成一个基本触发器，这个基本触发器的输出 *A*、*B* 分别连接门控管 T_5、T_6 到位线 *D* 和位线的非 *DN*；门控管的栅

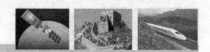

极连接字线 W。这个存储单元有两种存储状态，分别是：T_1 和 T_3 构成的反相器工作，则 A=0，B=1；T_2 和 T_3 构成的反相器工作，则 A=1，B=0。这两种状态可以通过连接在触发器上的两个门控管来改变，当连接门控管栅极的字线 W 为高电平时，T_5、T_6 导通，允许互补的位线信号 D、DN 输入，这时存储单元处于工作状态，可以写入或读出；而当字线 W 为低电平时，T_5、T_6 截止，存储单元处于维持状态。在实际 RAM 设计中，有时还会增加 RAM 的读写使能信号，因此在图 6-46 中 A、B 点分别连接一个到地的管子，这两个管子的栅极接 RAM 读写使能信号。

下面举一个采用以上六管存储单元的实际 SRAM 的例子，如图 6-47 所示。

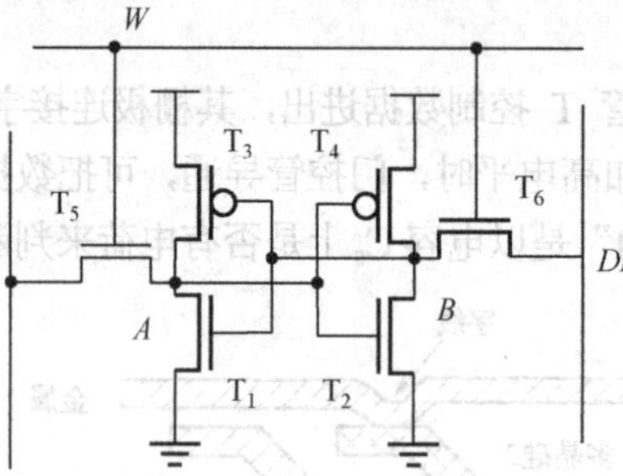

图 6-46　SRAM 六管存储单元结构

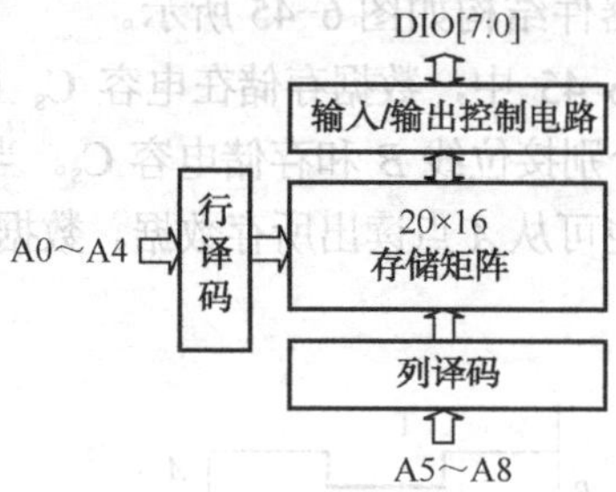

图 6-47　一个实际的 SRAM 功能框图

这是一个应用在 DVD 上 LED 显示驱动电路中的显示 RAM，存储容量为 20×16，行地址 5 位（A0～A4）、列地址 4 位（A5～A8），写入/读出数据位数为 8 位（DIO[7:0]）。

由图 6-47 可见，与 ROM 相比，RAM 结构上只是多了读写控制电路。图 6-47 中用双向表示可以向存储矩阵写入数据，也可以读出数据。

如图 6-46 所示的六管单元的版图如图 6-48 所示。

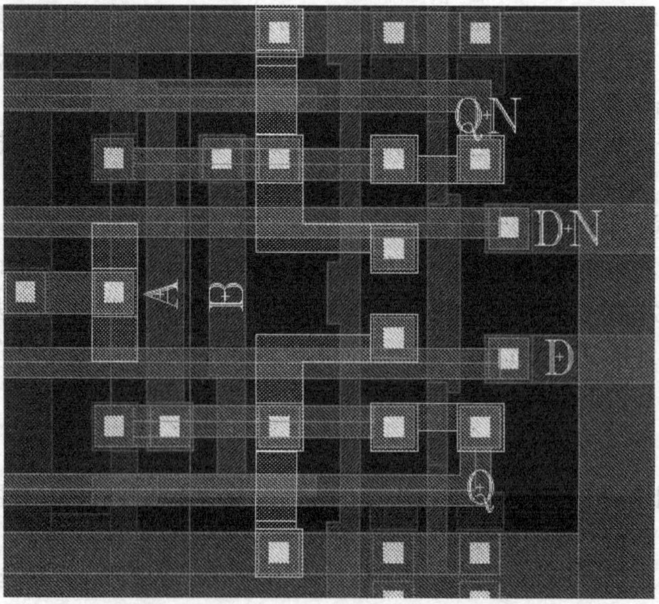

图 6-48　一个实际六管 SRAM 单元的版图

在进行该单元版图设计过程中，必须确保以上两个反相器及两个门控管在版图中完全对称；另外还要注意六个管子的宽长比。图 6-42 中两个反相器的 P 管 W/L=0.8/0.8；N 管 W/L=1.2/0.6；两个门控管的 W/L=0.8/0.6；还有两个 RAM 读写使能管。如果不注意这些版图设计的细节，有可能导致 RAM 功能不正确。

6.9　算术逻辑单元

算术逻辑单元 ALU（Arithmetic Logic Unit）是中央处理器的执行单元，也是其最核心的组成部分，主要完成二进制补码的算术运算（包括加、减、乘、除）和逻辑运算（包括与、或、非、异或等位逻辑运算及移位运算等）。在计算机中绝大部分指令都由 ALU 来执行，即 ALU 从寄存器中取出数据并进行运算，运算结果存入 ALU 输出寄存器中；而计算机中的控制单元则命令 ALU 执行相应的操作；计算机中的其他部件负责在寄存器和内存之间进行数据的传送。除了以上简单的运算，ALU 也能完成很多复杂的运算，只不过随着 ALU 完成运算复杂度的提高，其成本也越来越高，在中央处理器中占用的空间越大，消耗的电能越多。因此，理论上关于 ALU 的功能没有一个明确的定义，取决于实际的需要。

表 6-7 列出了一个 4 位 ALU 的所有功能。

表 6-7　一个 4 位 ALU 的功能表

输入信号				逻辑/逻辑运算
I1	I2	I3	I4	
0	0	0	0	$\overline{A}$
0	0	0	1	$\overline{A+B}$
0	0	1	0	$\overline{A}\cdot B$
0	0	1	1	“0”
0	1	0	0	$\overline{A\cdot B}$
0	1	0	1	$\overline{B}$
0	1	1	0	$A\oplus B$
0	1	1	1	$A\cdot\overline{B}$
1	0	0	0	$\overline{A}+B$
1	0	0	1	$\overline{A\oplus B}$
1	0	1	0	B
1	0	1	1	$A\cdot B$
1	1	0	0	“1”
1	1	0	1	$A+\overline{B}$
1	1	1	0	$A+B$
1	1	1	1	A

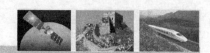

从表 6-7 中可以看出，这个 ALU 能够完成较多的逻辑/算术运算。如果实际应用中的 ALU 不需要这么多的逻辑/算术运算，那么可以进行删减，取决于设计的需要。

通常而言，ALU 具有对中央处理器、内存及其他设备的直接输入/输出（读写）权限，这种输入/输出是通过总线进行的。首先，输入指令包含一个指令字，有时被称为机器指令字，其中包括操作码、单个或多个操作数，有时还会有格式码，其中操作码命令 ALU 执行不同的操作，以及在此操作中要执行多少个操作数等，而格式码可与操作码结合，告知 ALU 这是一个定点还是浮点指令。其次，输出指令包括存放在寄存器中的结果及显示操作是否成功的设置等。通常输入操作数、操作数、累加和及转换结果的存储位置都在 ALU 中。关于这部分内容在下一节介绍中央处理器时会详细介绍。

下面举一个实际 ALU 的例子，其逻辑如图 6-49 所示。

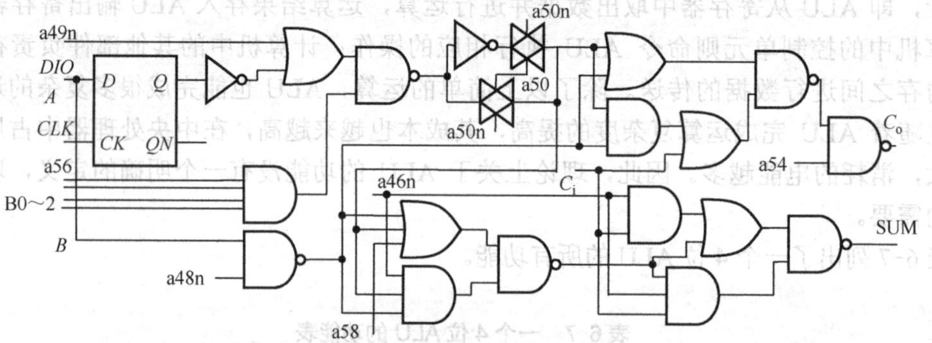

图 6-49　一个实际的 ALU 逻辑图

如图 6-49 所示的 ALU 是一个通用的算术运算单元，它在工作寄存器和其他寄存器的数据间执行算术和布尔函数运算。该 ALU 为 8 位字宽，能够进行加法、减法、移位和逻辑运算。在执行两个操作数指令时，典型的是一个操作数来自工作寄存器，另一个操作数是一个文件寄存器或者是立即数。在执行单个的操作数指令时，操作数可以是工作寄存器，也可以是文件寄存器。

当执行双操作数指令运算时，首先执行取立即数指令或取寄存器指令，从指定寄存器中取其中一个操作数，经数据总线送至工作寄存器暂存，然后执行下一条运算指令，从数据总线得到另一个操作数，然后就开始进行相应的运算。运算后的结果送入移位器，对其进行移位操作或者经其输出给数据总线，这是 ALU 运算的整个流程。对于 ALU 来说，其内部电路根据运算功能的要求不同而产生不同的微操作信号，从而控制 ALU 执行不同运算功能。

图 6-49 中，A 和 B 为算术逻辑单元的两个输入，C_i 为进位输入，当执行不同指令时，ALU 执行不同的操作，从而产生不同的输出结果。

a58、a46n 等为微操作信号，再加上其他一些相匹配的微操作控制信号，如加减控制信号 a50、位操作控制信号 a56、进位控制信号 a54 等，就可以实现不同的算术逻辑运算，如表 6-8 所示。

表 6-8 一个 4 位 ALU 的微操作控制信号与 ALU 功能的对应关系

微操作信号							实现操作	表达式
a46n	a48n	a49n	a50	a54	a56	a58		SUM
1	0	0	0	0	0	0	保持	A
1	1	0	0	1	0	0	加法	$A\oplus B\oplus \overline{C_i}$
1	1	0	1	1	0	0	减法	$\overline{A}\oplus B\oplus \overline{C_i}$
0	1	0	0	0	0	0	与	$A\cdot B$
1	1	0	0	0	0	1	或	$A+B$
1	1	1	1	0	0	0	非	$\overline{B}$
1	1	0	0	0	0	0	异或	$A\oplus B$
1	0	1	0	0	0	0	字清零	0
0	1	1	1	0	1	0	位清零	选中位 0；未选中位 B
1	1	1	0	0	1	1	位置 1	选中位 0；未选中位 B

6.10 中央处理单元

中央处理单元（CPU）是微控制器电路（也称为单片机）的核心单元，包括上节介绍的算术逻辑单元、各种寄存器和实现它们之间联系的数据总线、控制总线等。

CPU 主要有两种构架，一种是程序和数据存储总线相互独立的哈佛体系结构；另外一种是程序和数据总线公用的冯·诺依曼体系结构。

下面以采用哈佛体系结构的 6502 这个结构简单、功能强大的中央处理单元为例，详细介绍 CPU 的工作原理，图 6-50 为该 CPU 的结构图。

如图 6-50 所示的 6502 微处理器有 8 根数据线和 13 根地址线，所以寻址空间是 8K。它大体上可以分为两部分，即寄存器部分和控制部分。寄存器部分包括累加器 A、算术逻辑单元 ALU、变址寄存器 X、状态寄存器 P、堆栈指针 S、程序计数器 PCL 和 PCH，除了程序计数器是十六位以外，其余均为八位。

6502 微处理器寄存器较少，但它寻址方式灵活多样，因而功能一点不比其他微处理器逊色。6502 采用零页寻址方式的指令很多，这些指令占存储空间小，执行速度快，因此零页的 256 个存储单元就好像成了它的内部寄存器一样。由于变址寄存器 X 和堆栈指针 S（指可编程部分）均是八位，所以在执行同它们有关的指令时就有利于加快速度。当然，由于堆栈指针只有八位可以编程，因此使用 6502 构成的单片机的堆栈只能固定放在存储器零页。6502 的控制部分除时钟信号外主要有读/写信号 R/W、准备好信号 RDY、不可屏蔽中断请求 NMI、可屏蔽中断请求 IRQ、复位信号 RES 和同步信号 SYNC，分别都列在图 6-50 中。

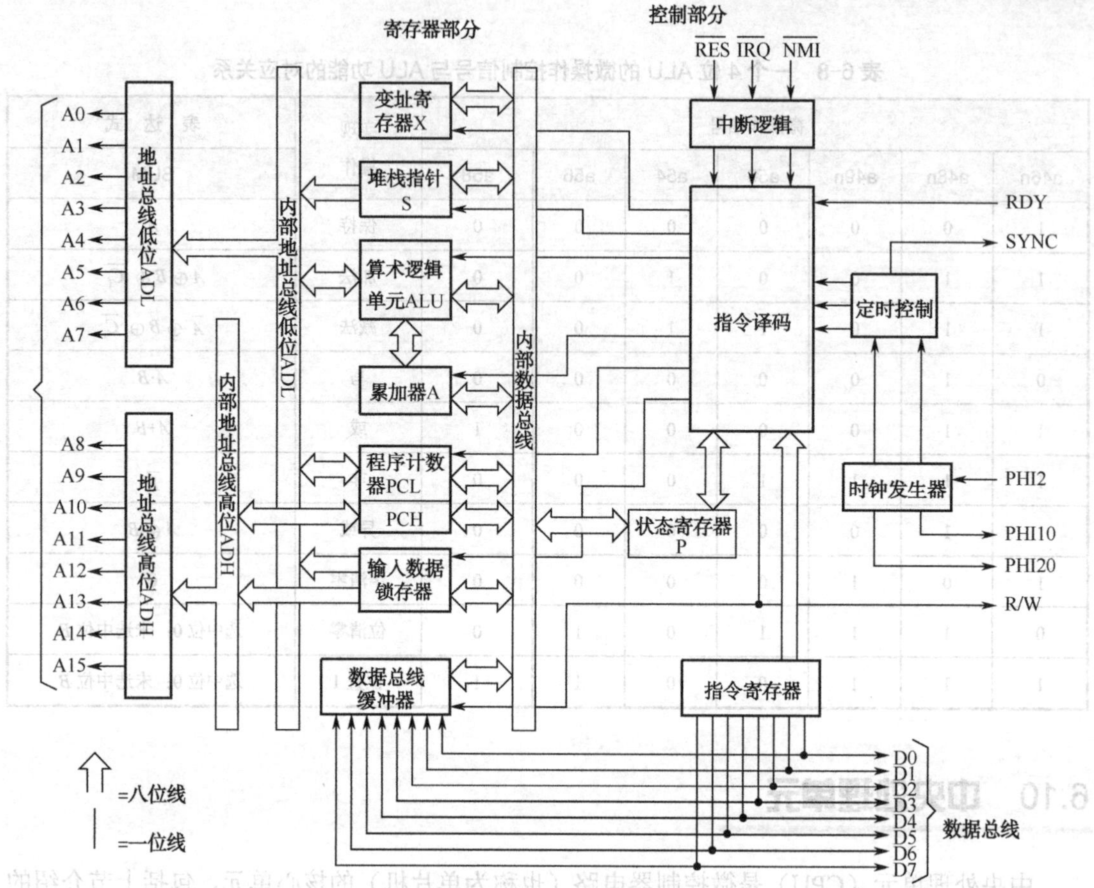

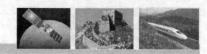

图 6-50　6502 CPU 结构图

6.10.1　控制部分

6502 CPU 时钟由 PHI2 输入，由图 6-50 中的时钟发生器模块产生 PHI10 和 PHI20 两个反相的基本时钟输出信号，以供存储器、CPU 定时控制及外围接口电路使用。6502 每一个时钟周期可同存储器或外设接口交换一次信息，此交换在 PHI20 高电平期间进行，而在 PHI10 高电平期间提供新的地址和控制信号，此时数据线处于高阻状态。在采用 6502 CPU 的 JSXX1301 单片机内，微处理器的最高工作频率是 2 MHz，即时钟周期为 500 ns。

同步信号 SYNC 是输出信号，当处理器工作在取操作码周期，此信号变为高电平，它保持高电平的时间为取操作码的整个时钟周期。SYNC 信号用来识别处理器的工作周期。

读/写信号 R/W 是一个输出信号，它决定了数据总线上信息传送的方向。当它为 1（高电平）时，信息由外部输入 6502，即为读操作；当它为 0（低电平）时，信息由 6502 向外部输出，即为写操作。

准备好信号 RDY 是由外部输入的信号，它的作用是可以延长执行周期。当它变为低电平时，6502 的读操作周期将延续下去，即 R/W 和地址总线上的电平将持续不变，一直到 RDY 信号变高为止。RDY 的这种延续作用仅对读操作有效。

不可屏蔽中断请求 NMI 是外部输入的中断请求信号，当出现由高到低的负跳变时，处理器在完成了正在执行的那一条指令后，即转入响应中断的操作。它不受中断屏蔽标志位的影响。

可屏蔽中断请求 IRQ 也是外部输入的中断请求信号，但它不是对负跳变进行识别和响应，而是对低电平进行识别和响应，因此要求 IRQ 信号的低电平保持足够长的时间，至少要保持到本指令执行完。对 IRQ 的响应受中断屏蔽标志位的影响，只有中断屏蔽标志位为 0 时才对 IRQ 中断请求作出响应。

复位信号 RES 是输入信号，当它为低电平时微处理器进入初始化。在加电时，应使 RES 保持低电平，当电源和晶振稳定后变成高电平。从这时开始处理器经过 6 个时钟周期从复位入口取出数据送程序计数器，之后处理器将从程序计数器新内容所指向的地址开始运行。

以上 3 个信号经过中断逻辑模块后连同 RDY、R/W 等信号一起输入到指令译码模块。

6.10.2　寄存器部分

6502 中可供编程的寄存器共有 5 个：累加器 A、变址寄存器 X、堆栈指针 S、程序计数器 PC（包括 PCL 和 PCH）和状态寄存器 P，如图 6-50 所示。

累加器 A 是个八位寄存器，它和算术逻辑单元 ALU 一起完成各种算术和逻辑运算。运算是 8 个二进制位并行进行的，一个数据来自累加器 A，另一个是从存储器经由数据总线来的 8 位二进制数，送入 ALU 完成算术及逻辑运算，算出的结果又送回到累加器 A 中。累加器 A 还可以通过编程实现循环移位。

变址寄存器 X 用于实现变址寻址方式，同时也可以完成加 1、减 1 及比较等简单的运算，使得程序能够方便灵活地处理数据块、表格等问题。

堆栈指针 S 用来指示堆栈栈顶位置，由于 6502 规定堆栈设置在存储器零页，所以 S 也是八位寄存器，只用来指出堆栈位置的低八位地址。S 具有在数据进栈操作时自动减 1，而在数据出栈操作时自动加 1 的功能。

程序计数器由 PCL 和 PCH 组成，它是可访问寄存器中唯一的 16 位寄存器，用来存放指令地址。6502 在工作过程中，总是先将程序计数器的内容送到地址总线，并从由其决定的存储单元中取出操作码，通过数据总线送到指令寄存器。指令译码器根据操作码的性质发出所需要的各种控制信号，并决定下一步的操作。由于程序的执行一般为顺序执行方式，每取出一个指令字节后 PC 自动加 1，为取下一个指令字节作准备，所以程序计数器中的内容往往是指向下一个指令字节地址的，但在执行转移指令时，PC 中将被放进转移的目标地址。

状态寄存器 P 又称标志寄存器，它也是 8 位寄存器，但只用到其中的 6 位，第 5 位和第 3 位不用。状态寄存器的各个标志位由指令执行的结果所决定，它们是实现条件跳转的依据，在程序设计中占有很重要的地位。有些标志位可以由置标志位指令进行置位和复位，这将在后面指令系统章节中介绍。状态寄存器 P 中设置了以下 6 个标志位。

7	6	5	4	3	2	1	0
N	V	—	B	—	I	Z	C

C：进位标志。指令执行完毕后的最高位进位状态，若最高位有进位则置 1，否则置 0。其反码为借位标志，当最高位有借位时被置 0，否则被置 1。

Z：零标志。指令执行结果为 0，则 Z 被置为 1，否则被置 0。

I：中断禁止（又称中断屏蔽）标志。此位置 0 表示允许中断，置 1 表示禁止中断，NMI 中断不受此约束。

B：软件中断标志。此位被置 1 表示由于执行了 BRK 指令而使程序被中止并进入中断响应。

V：溢出标志。指令执行结果产生溢出则此位被置 1（用于有符号数的操作）。

N：符号标志。指令执行结果为负数（即结果最高位为 1）时置 1，否则置 0。

对于指令执行后如何影响标志位举二个实例加以说明。

实例 6-1 两个十六进制正数 61 及 4A 相加，算式如下：

```
   01100001
+  01001010
-----------
   10101011
```

两个正数相加结果成了负数（符号位为 1），是因为 61+4A=AB 超过了八位寄存器所能表示的最大正数 7F 而产生了溢出，所以标志位 V 被置 1；结果不全为 0，所以标志位 Z 被置 0；结果的最高位为 1，所以标志位 N 被置 1；结果的最高位没有进位，所以标志位 C 被置 0。

实例 6-2 −1 和+1 两个数相加，用补码运算的算式如下：

```
    11111111
+   00000001
------------
   100000000
```

这个运算结果使得 Z=1（结果为全 0），C=1（结果的最高位有进位），N=0（结果的符号位为 0），V=0（结果无溢出）。

6.11 微控制器

微控制器（或者称为单片机）是数字集成电路中最为复杂的电路结构形式，其主要由中央处理单元（CPU）、存储器、各种外围接口和计数器、定时器、寄存器等外围电路组成，以上这些组成微控制器的电路模块在前面章节都已经分别作了介绍，因此作为本章最后一节内容，这里以一个实际的微控制器——JSXX1301 为例，具体介绍微控制器的电路组织构架和工作原理。JSXX1301 微控制器的主要功能和特性如下。

（1）内置 8 位 6502 CPU。

（2）176 Bytes SRAM。

（3）中央处理器频率：2 MHz（RC 振荡器或 4 MHz 石英晶体振荡器）。

（4）内置 RC 振荡器，电阻 R 外接可变。

（5）内置 32.768 kHz 用于时钟功能的石英晶体振荡电路。

（6）内含看门狗电路（1 Hz，或者 0.5 Hz）。

（7）工作电压：2.2～5.5 V。

（8）功耗低：I_{STBY}<3 μA。

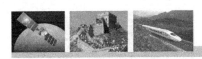

（9）16 个通用的 I/O 端口，另外有 8 个输入端口，可用于键盘输入。

（10）2 个 8 位定时器。

（11）内置 CCP 模块。

（12）6 个中断（定时器 1，定时器 2，T16 Hz，T2 Hz，T128 Hz，外部中断）。

（13）掉电模式（唤醒方式为按键输入，T2 Hz，T16 Hz，定时器 1）。

（14）低电压检测复位功能（当 VCC<1.8 V 时电路复位）。

图 6-51 为 JSXX1301 微控制器的结构框图。

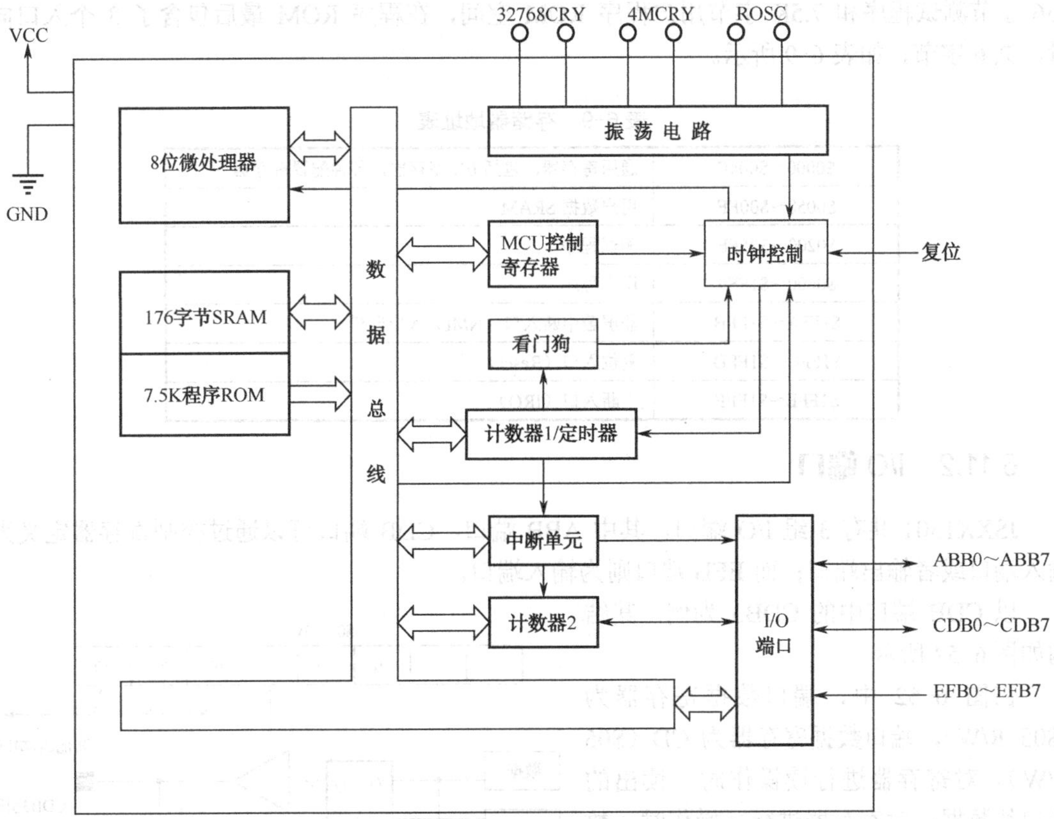

图 6-51　JSXX1301 微控制器的结构框图

JSXX1301 的总体功能描述如下：6502 CPU（图 6-51 中的 8 位微处理器）在加电工作后进行初始化，各个模块的值都为初始值。由于 8 K 的寻址空间需要使用 13 根地址线，JSXX1301 的程序计数器由 PCH 和 PCL 两个 8 位的寄存器组成。上电后的 PC 值为“1FFCH”。CPU 通过 8 位数据总线 D（7:0）读入 ROM 中 1FFCH 及 1FFDH 地址单元中的程序入口地址，程序将从该入口地址开始执行。CPU 通过总线读取该处指令，该指令码进入指令寄存器和指令译码器，在指令译码器中进行译码产生微操作控制信号。微操作信号和时序模块产生的时序信号共同作用，控制 CPU 的其他模块工作并产生所需结果，所得的结果可以由微控制信号存放在数据存储器内，也可以送入累加器中，在指令需要时再进行运算。

在指令的执行过程中程序计数器中的内容在一般情况下自动加“1”，下一条要执行的指令就是程序计数器指定地址的内容。有时指令执行的是跳转指令、子程序调用指令、子程序返回指令，产生了中断或复位，这些指令都会引起 PC 内容的变化，此时所需执行的下一条指令不再是 PC 自动加“1”时的地址内容，而是由控制信号产生的新的 PC 值。PC 中原有的内容将放在堆栈中，在执行返回指令时，堆栈中的数据再进入 PC 中。

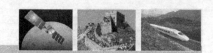

6502 CPU 已在上节作了介绍，下面介绍 JSXX1301 的其他模块。

6.11.1 存储器组织

JSXX1301 微控制器内除 CPU 专用寄存器外，通用寄存器、用户数据 SRAM 和程序存储器是统一编址的，一共包括 8K 空间，其中 80 字节通用寄存器，176 字节数据 SRAM，256 字节测试程序和 7.5K 字节用户程序 ROM 空间，在程序 ROM 最后包含了 3 个入口向量，共 6 字节，如表 6-9 所示。

表 6-9　存储器地址表

\$0000～\$004F	通用寄存器，包括 I/O 寄存器，各种配置寄存器
\$0050～\$00FF	用户数据 SRAM
\$0200～\$05FF	测试程序
\$0600～\$1FF9	用户程序
\$1FFA～\$1FFB	非屏蔽中断入口（NMI）入口向量
\$1FFC～\$1FFD	复位入口（Reset）
\$1FFE～\$1FFF	中断入口（IRQ）

6.11.2 I/O 端口

JSXX1301 共有 3 组 I/O 端口，其中 ABB 端口、CDB 端口可以通过控制寄存器定义为输入端口或者输出端口；而 EFB 端口则为输入端口。

以 CDB 端口中的 CDB3 为例，其结构如图 6-52 所示。

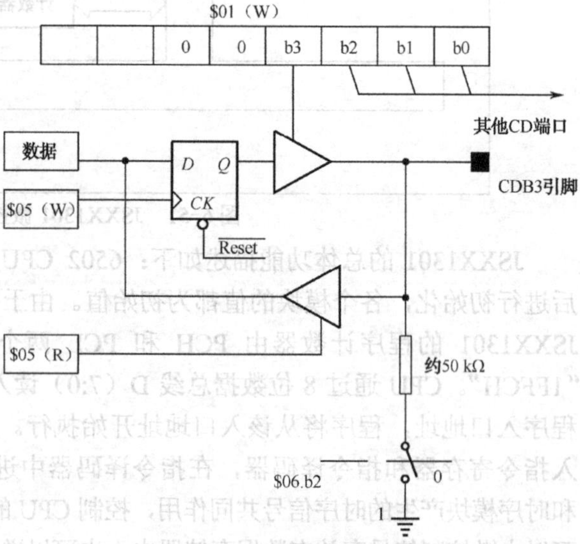

图 6-52　CDB3 端口结构

在图 6-52 中，端口数据寄存器为（\$05 R/W），端口数据寄存器为 CD（\$05 R/W）。对寄存器进行读操作时，读出的是口线数据；对寄存器进行写操作时，数据写入端口锁存器 CD 端口作为输出端口时锁存数据送至口线；CD 端口作为输入端口时可内接下拉电阻。下拉电阻的连接由端口上拉控制寄存器（\$06 W）控制。当\$06.b2=0 时，CDB0～CDB3 下拉电阻断开；当为 1 时，CDB0～CDB3 下拉电阻接通。

从以上分析可以看到，微控制器在进行端口设计和控制时具有非常大的灵活性，都可以通过用户编程，控制各种寄存器来实现不同的逻辑功能。不仅端口设计如此，其他模块如计数器、定时器等都如此，这就是微控制器的优越性。

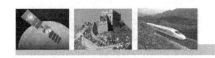

6.11.3　中断系统

JSXX1301 微控制器的中断分两类：可屏蔽中断 IRQ 和不可屏蔽中断 NMI。屏蔽的意思是中断响应受状态寄存器中的中断禁止标志 I 控制，当 I=1 时，中断请求被屏蔽。图 6-53 表示了整个微控制器的中断系统。

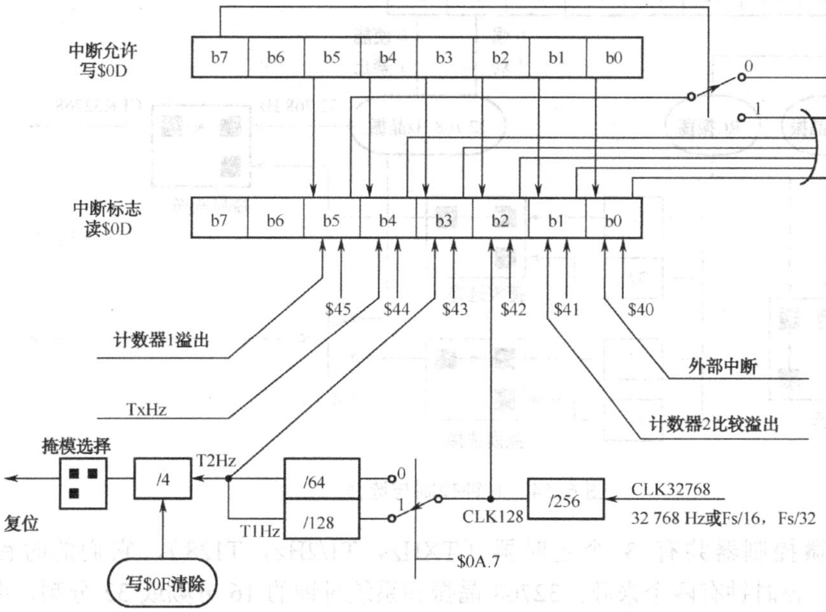

图 6-53　中断系统

6.11.4　时钟控制和定时器

JSXX1301 微控制器有两套时钟：CLK32768 时钟和 CPU 时钟。CLK32768 时钟用于定时器、计数器 1。CPU 时钟用于 CPU 工作，也可用于计数器 1。

CLK32768 时钟来源于 32768 晶振或 CPU 时钟分频。当采用 32768 晶振时，可产生精确的用于钟表计时的时钟。CPU 时钟来源于 4M 晶振或 RC 振荡，也可选择 32768 晶振频率。内置 RC 振荡器的电阻 R 外接可变。中央处理器最高工作频率是 2 MHz，RC 振荡或 4MHz 晶体振荡产生频率 2 分频或 4 分频（掩模选择）。

寄存器 C32K（$0C W）用于控制和选择系统时钟。

b0: 0，RC 或 4 MHz 晶振时钟源使能；

　1，RC 或 4 MHz 晶振时钟源禁止。

b4: 0，CPU 时钟采用 RC 或 4 MHz 晶振时钟源；

　1，CUP 时钟采用 32768 晶振时钟源。

b5: 0，正常模式；

　1，测试模式。

b6: 0，32768 晶振采用强模式；

　1，32768 晶振采用弱模式。

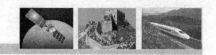

b7: 0，32768 晶振使能；

1，32768 晶振禁止。具体如图 6-54 所示。

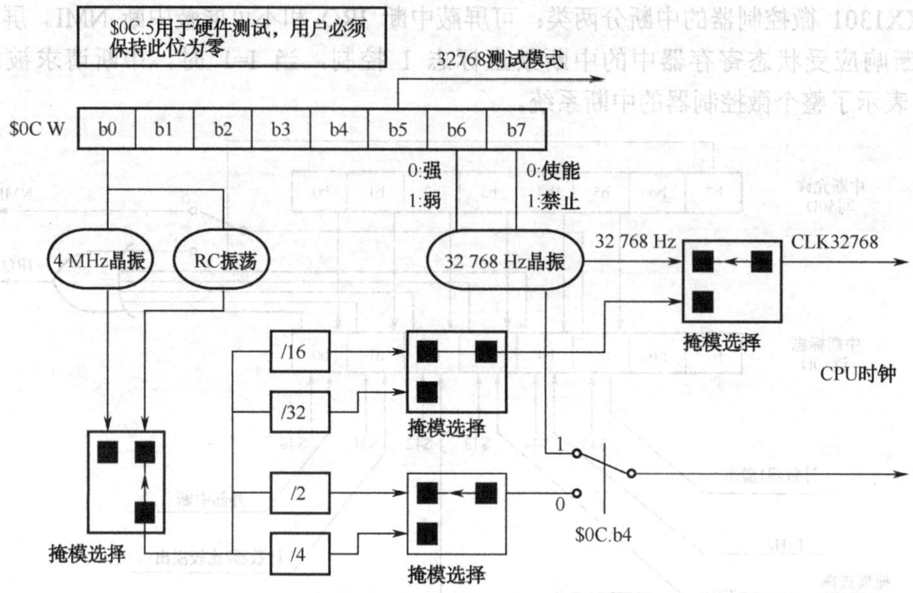

图 6-54　时钟控制与选择

JSXX1301 微控制器共有 3 个定时器（TXHz，T1/2Hz，T128），它们的时钟源是 CLK32768 时钟，该时钟有两个来源：32768 晶振和系统时钟的 16 分频或 32 分频，由掩模选择。当需要精确的钟表时钟时建议选择 32768 晶振有效，使 CLK32768 时钟源为 32768 晶振。

当时钟来源为 32768 晶振时，以上 3 个定时器的溢出频率分别是 128 Hz、1/2 Hz 和 4/8/16/32Hz。

6.11.5　计数器

JSXX1301 有两个 8 位计数器，其中计数器 1 的溢出信号可作为中断源和唤醒睡眠的信号源；而计数器 2 是带有 CCP（Caputure Compare Pulse width modulation）功能的计数器，其溢出信号可作为中断源，同时会有溢出标志位。这里只举计数器 1 的例子，其结构如图 6-55 所示。

寄存器 TimerL（$25 R/W）为计数器 1 预置寄存器，当执行写入操作时，写入预置值；当执行读出操作时，读出计数器当前值。

寄存器 TimerLoad（$27 W）为计数器 1 载入寄存器，当对该地址写入任意数值时，将 TimerL 寄存器中的预置值载入计数器；当计数器 1 发生溢出时，亦会自动加载。

6.11.6　睡眠与唤醒

JSXX1301 微控制器可以通过对寄存器 Sleeps（$09 W）执行写操作，使芯片系统进入睡眠模式（前提是存在唤醒使能，否则无法进入睡眠模式）。这时，如果 CLK32768 时钟源是 32768Hz 晶振，那么 CPU 时钟（4 MHz 晶振或 RC 振荡）会停振。如果唤醒源不是定时器和计数器，建议在进入睡眠前将 CLK32768 时钟关闭（以降低电流消耗），睡眠的设置如图 6-56 所示。

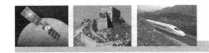

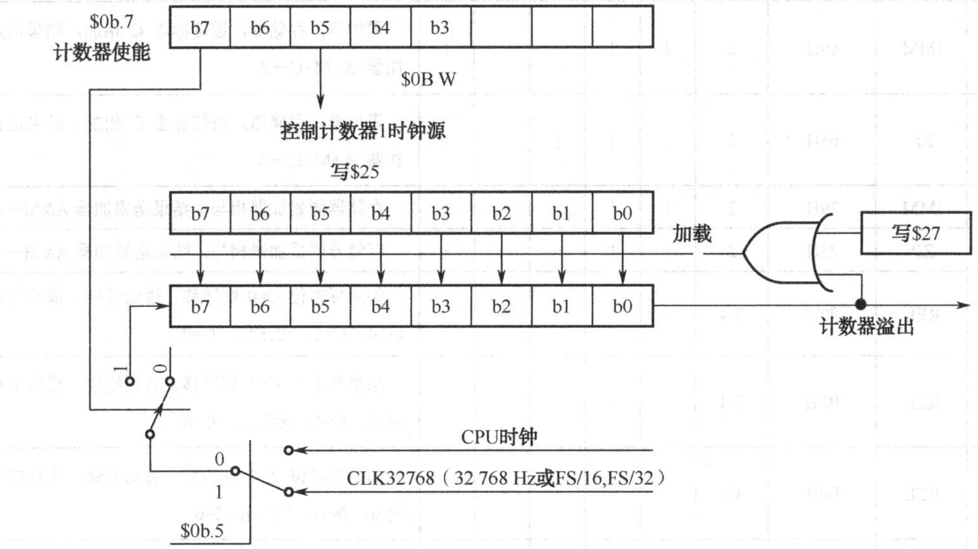

图 6-55　计数器 1

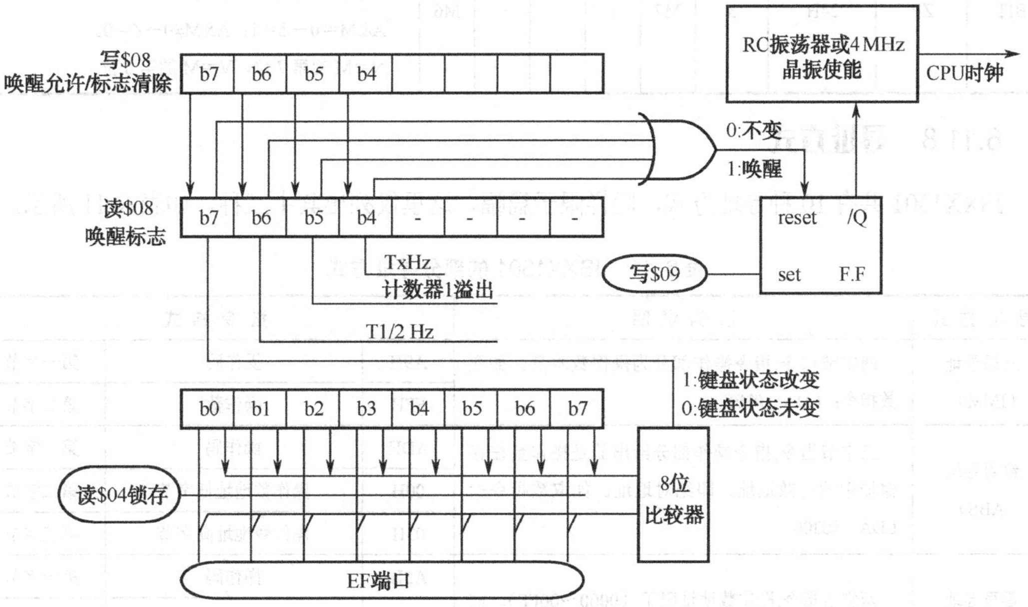

图 6-56　睡眠的设置

6.11.7　指令系统

JSXX1301 有 67 条指令，限于篇幅，这里只列出其中的 8 条指令，如表 6-10 所示。

表 6-10 JSXX1301 部分指令

指令	寻址方式	指令代码	周期	影响标志位					指令功能
				N	Z	C	I	V	
ADC	IMM	69H	2	!	!	!	–	!	累加器，存储器，进位标志 C 相加，结果送累加器 A+M+C→A
ADC	ZP	65H	3	!	!	!	–	!	累加器，存储器，进位标志 C 相加，结果送累加器 A+M+C→A
AND	IMM	29H	2	!	!	–	–	–	存储器同累加器相与，结果送累加器 A&M→A
AND	ZP	25H	2	!	!	–	–	–	存储器同累加器相与，结果送累加器 A&M→A
BCC	REL	90H	3/4	–	–	–	–	–	如果标志位 C=0 则转移，否则继续。最高位有进位，C=1；无进位，C=0
BCS	REL	B0H	3/4	–	–	–	–	–	如果标志位 C=1 则转移，否则继续。最高位有进位，C=1；无进位，C=0
BEQ	REL	F0H	3/4	–	–	–	–	–	如果标志位 Z=1 则转移，否则继续。执行结果为 0，Z=1；不为 0，Z=0
BIT	ZP	24H	3	M7	!	–	–	M6	位测试 A&M(结果不送入 A)。只影响 N、Z、V，不影响 A 和 M 的内容。 A&M=0→Z=1；A&M≠0→Z=0。 N=M 的第 7 位，V=M 的第 6 位

6.11.8 寻址方式

JSXX1301 共有 10 种寻址方式，同样限于篇幅，这里仅列出其中三种，如表 6-11 所示。

表 6-11 JSXX1301 的部分寻址方式

寻址方式	示例说明	指令格式		
立即寻址（IMM）	两字节指令,指令操作部分为操作数本身。如取数指令：LDA #$FF	A9H	操作码	第一字节
		FFH	操作数	第二字节
绝对寻址（ABS）	三字节指令,指令操作部分给出的是操作数在存储器中的有效地址，即绝对地址。如取数指令：LDA $0300	ADH	操作码	第一字节
		00H	操作数地址低字节	第二字节
		03H	操作数地址高字节	第三字节
零页寻址（ZP）	两字节指令,操作数地址限于（0000～00FF）。如取数指令：LDA $05	A5H	操作码	第一字节
		05H	操作数的零页地址	第二字节
		06H	零页基地址	第二字节

以立即数寻址为例，寻址时序可用图 6-57 来表示。

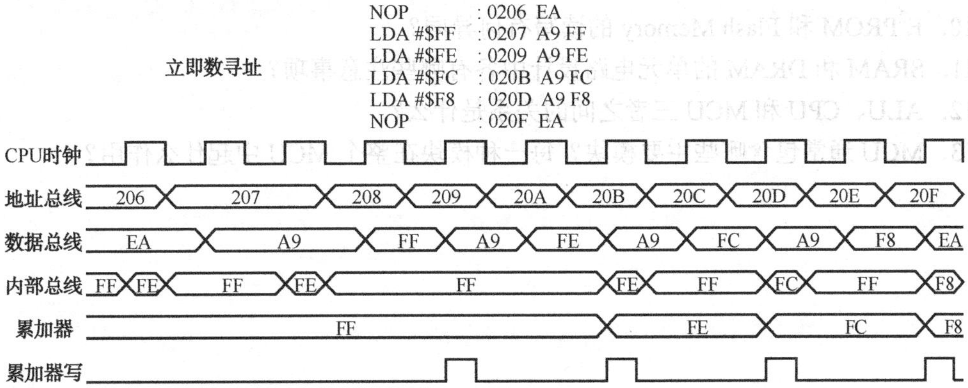

图 6-57　寻址的时序图

知识梳理与总结

本章主要介绍了 CMOS 电路中各种常用逻辑部件的电路结构和工作原理，包括 CMOS 加法器、多路选择器、锁存器、CMOS 触发器、移位寄存器、计数器/定时器、译码器/编码器和存储器。可以看出，同一个逻辑功能可以由多种电路结构来实现。在电路设计中，除了要考虑如何正确实现电路的逻辑功能外，还应该考虑如何用最少数量的晶体管来设计一个逻辑电路，如一位半加器中两个子电路公用一个“与非”逻辑这样的方法经常应用在集成电路设计中。

在介绍以上常用逻辑部件的基础上，本章对算术逻辑单元、中央处理器和微控制器等 CMOS 电路中的综合部件或电路进行了简单的介绍，以便让学生对这些较为复杂的电路有一个初步了解。

思考与练习题 6

1．如何用 1 位 2 选 1 多路选择器构成一个 1 位的 8 选 1 多路选择器？请画出符号电路结构，并说明其工作原理。

2．带直接置位复位功能的 D 触发器中，置位端和复位端的作用是什么？在电路作为边沿触发器正常工作时，置位端和复位端应该施加什么样的信号？

3．请画出传输门构成的 D 触发器电路结构，并说明其工作原理。

4．根据如图 6-26 所示的施密特触发器的电压传输特性，解释为什么该单元对输入波形具有整形的功能。

5．一个 8 位的向上计数器，最大可以达到的计数值为多少？

6．对译码器和编码器进行对照分析，具体列出这两种单元的不同点。

7．固定只读存储器、可编程只读存储器和可擦除可编程只读存储器这三种类型 ROM 分别有什么优缺点？

8．Mask ROM 通常是针对哪一类应用的？

9．OTPROM 内的程序是否能够被读出？

10．E^2PROM 和 Flash Memory 的读写有何异同？

11．SRAM 和 DRAM 的单元电路设计中各有哪些注意事项？

12．ALU、CPU 和 MCU 三者之间的关系是什么？

13．MCU 通常包含哪些主要模块？每一种模块在整个 MCU 中起什么作用？

第7章 双极型和MOS型模拟集成电路

半导体集成电路按其所处理的信号可分为数字集成电路和模拟集成电路。在数字集成电路内部，传输和处理的信号是数字信号或者说是0、1这样的信号。而在模拟集成电路内部，传输和处理的信号则是模拟信号，也就是说它对时间而言，是连续变化的、不间断的。例如，语音信号、模拟制式的视频信号，还有各类传感器所输出的电压与电流信号等都属于模拟信号。

前面几章，在熟悉半导体集成电路中元器件的基础上，重点讨论了数字集成电路及它们的基本特性。从本章开始将介绍模拟集成电路及相关理论，首先介绍各类基本单元电路结构并分析它们的基本功能与特性，然后介绍由这些单元电路所构成的具体功能电路，重点分析集成运算放大器。本章将要讨论的主要内容包括基本放大器单元、恒流源电路、内部稳压源与基准电压电路、有源负载与双转单电路、电平位移电路、输出级及其保护电路等。

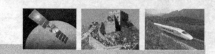

7.1 基本放大器单元

在模拟集成电路中，基本放大器单元从组态来讲，也有共发射极接法、共基极接法和共集电极接法之分。当放大器件采用 MOS 晶体管时，则相应地还有共源接法、共栅接法和共漏接法等。由于集成式基本放大器单元除了采用直接耦合之外，放大器的其他基本性能与分立器件形式的放大器性能基本相同，分析方法也基本相同。因此，这里仅选择了共发射极和共源接法两种单级放大器来讨论，并对它们的基本特性进行分析。

7.1.1 单级放大器

1. 共发射极放大器

在模拟集成电路中，采用双极型晶体管的直接耦合形式的共发射极单级放大器电路如图 7-1（a）所示。图中 v_i 为信号源，作为输入信号。为使分析简单，忽略信号源的内阻。v_o 是输出信号，R_C 是集电极信号耦合电阻。下面重点讨论该放大器的电压增益 A_v。

为了求得该放大器的电压增益，先画出它的 h 参数交流小信号等效电路，如图 7-1（b）所示。图 7-1（a）中的晶体管 T 用简化 h 参数等效电路进行了等效。其中，h_{ie} 是晶体管的输入电阻值，h_{FE} 是电流增益（即交流β），r_o 是晶体管的输出电阻。一般晶体管的输出电阻通常很高，约为几百千欧到几兆欧范围，如果后级负载电阻相对较小，则 r_o 常常可以忽略。

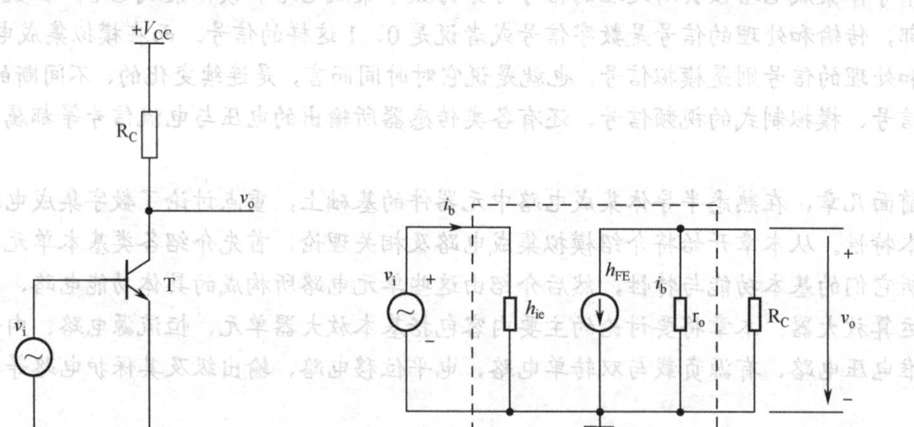

图 7-1 共发射极单级放大器电路及其交流等效电路

由图 7-1（b），可得

$$v_o = -h_{FE} i_b (R_C // r_o) \tag{7-1}$$

式中的负号表示输出电流在负载电阻上产生的信号电压与参考方向相反。

根据图 7-1（b），可得 i_b 为

$$i_b = \frac{v_i}{h_{ie}} \tag{7-2}$$

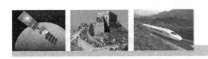

将其代入式（7-1），得

$$v_o = -h_{FE}\frac{v_i}{h_{ie}}(R_C // r_o) = -h_{FE}\frac{(R_C // r_o)}{h_{ie}}v_i$$

因此，该放大器的电压增益 A_v 可表示为

$$A_v = \frac{v_o}{v_i} = -\frac{h_{FE}(R_C // r_o)}{h_{ie}} \tag{7-3}$$

当满足 $R_C << r_o$ 时，上式可简化为

$$A_v = \frac{v_o}{v_i} \approx -\frac{h_{FE}R_C}{h_{ie}} \tag{7-4}$$

根据双极型晶体管 h 参数关系，有 $h_{ie} \approx (1+h_{FE})r_e$，从而上式可进一步写成

$$A_v \approx -\frac{h_{FE}R_C}{(1+h_{FE})r_e} = -\alpha\frac{R_C}{r_e} \approx -\frac{R_C}{r_e} \tag{7-5}$$

上述式（7-5）中的 r_e 满足 $r_e = \frac{kT}{qI_E}$。室温下，$\frac{kT}{q} = 26\,\text{mV}$，$I_E$ 为晶体管 T 的静态发射极工作电流，单位为 mA。

实例 7-1　设有如图 7-1（a）所示的一个共发射极单级放大器电路，已知：$I_E = 2.0\,\text{mA}$，$R_C = 4.7\,\text{k}\Omega$，求该放大器的电压增益 A_v。

解　由题意 $I_E = 2.0\,\text{mA}$，根据

$$r_e = \frac{kT}{qI_E} = \frac{26}{I_E}$$

得

$$r_e = \frac{26}{2.0} = 13\,\Omega$$

代入式（7-5），可得该放大器的电压增益 A_v 为

$$A_v \approx -\frac{R_C}{r_e} = -\frac{4.7\times 10^3}{13} \approx -362$$

即该放大器的电压增益为 362 倍。也就是说，输出电压信号幅值增大到原来的 362 倍。

2. 饱和负载 MOS 共源放大器

采用 MOS 晶体管作为放大元器件的 MOS 共源放大器，根据其漏极负载的不同，可以有几种不同的形式，但它们的工作原理与分析方法基本相似。只是由于其所接负载的不同，放大器的电压增益会存在一定的差异。这里以一种采用 NMOS 管且带饱和负载结构的单级共源放大器为例，来介绍 MOS 共源放大器的工作原理及其电压增益的计算。考虑到放大器的性能，这种结构一般均会选择 NMOS 管来构成电路，其电路结构如图 7-2 所示。

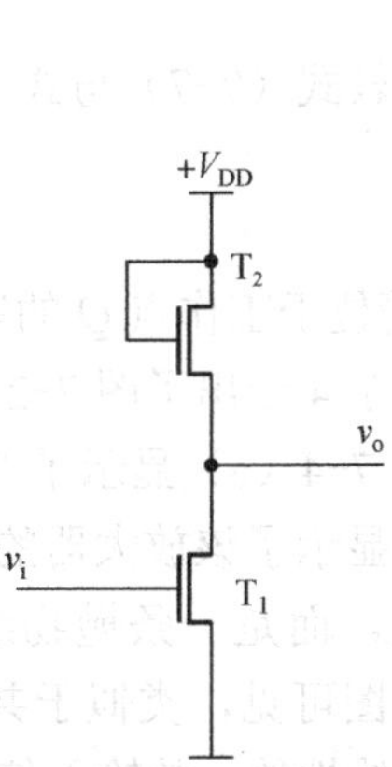

图 7-2　饱和负载 MOS 共源放大器

从图 7-2 的电路结构可以看出，放大器采用了 T_2 管作为漏极负载，用于耦合输出信号。由于 T_2 管的栅漏短接，

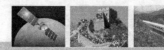

也就是说，它将一直处于饱和态。因此，在分析时可以将其作为一个等效的二端元器件来处理。当输出的交流信号幅度较小时，可以把它当作一个线性交流电阻来看待，如图 7-3 所示。

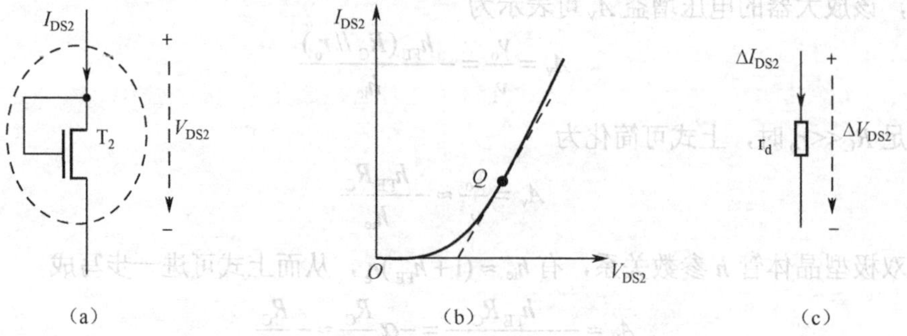

图 7-3　饱和负载 T_2 管工作状态及其等效交流电阻

图 7-3（a）为工作于饱和状态的 T_2 管。其中，V_{DS2} 为其漏源两端工作电压，而 I_{DS2} 则是它的漏极电流。由于 MOS 晶体管栅极输入电阻近似于无穷大，因此，根据图 7-2，有 $I_{DS1}=I_{DS2}$。图 7-3（b）是 T_2 管对应的伏安特性曲线。当电路的工作点位于 Q 点时，过 Q 点切线的斜率的倒数就是 T_2 管等效的交流电阻值 r_d，如图 7-3（c）所示。

根据图 7-3（b），T_2 管的等效交流电阻值 r_d 可表达为

$$r_d=\frac{\Delta V_{DS2}}{\Delta I_{DS2}} \quad 或者 \quad r_d=\frac{dV_{DS2}}{dI_{DS2}} \tag{7-6}$$

因为

$$V_{DS2}=V_{GS2}$$

所以式（7-6）可写成

$$r_d=\frac{dV_{GS2}}{dI_{DS2}}=\frac{1}{(dI_{DS2}/dV_{GS2})} \tag{7-7}$$

由于 T_2 管将始终工作于饱和状态，根据其伏安特性方程（这里先暂不考虑体效应），有

$$I_{DS2}=k_2(V_{GS2}-V_T)^2$$

因此，T_2 管饱和区的跨导 g_{m2} 为

$$g_{m2}=\frac{dI_{DS2}}{dV_{GS2}}=2k_2(V_{GS2}-V_T) \tag{7-8}$$

比较式（7-7）与式（7-8），有

$$r_d=\frac{1}{g_{m2}} \tag{7-9}$$

即 T_2 管位于工作点 Q 的等效交流电阻值 r_d 可以用其对应饱和区的跨导 g_{m2} 的倒数表达。

图 7-4 给出了图 7-2 饱和负载 MOS 共源放大器的小信号交流等效电路及其负载线。

图 7-4（a）显示了 T_2 负载管采用线性交流电阻 r_d 等效以后的交流等效电路，而图 7-4（b）则显示了该放大器的负载线。因为 T_2 管的伏安特性是非线性的，因此该负载线不是一条直线，而是一条抛物线。另外，图中还示意给出了该放大电路输入与输出信号的波形图。由图可见，类似于共发射极放大器，输出信号与输入信号也呈现反相关系。由于负载线是非线性的，故输入信号 v_i 的幅度不能太大，否则很容易引起输出信号的失真。

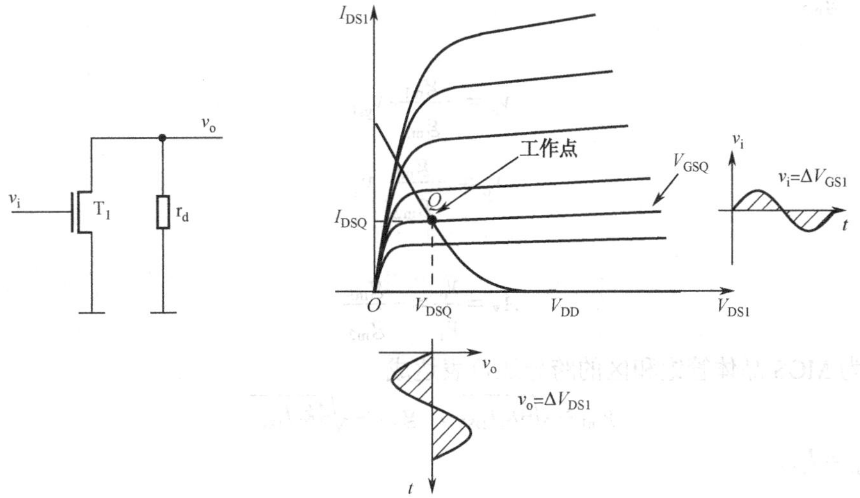

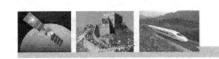

（a）　　　　　　　　　　　　　　　　（b）

图 7-4　饱和负载 MOS 共源放大器小信号交流等效电路及其负载线

下面来计算该 MOS 共源放大器的电压增益 A_v。

根据图 7-4（a）及 MOS 晶体管的交流小信号等效电路，可得如图 7-5（a）所示的该 MOS 共源放大器的交流等效电路。图 7-5（b）同时显示了该放大器的输入 MOS 晶体管与负载 MOS 晶体管沟道的宽长比。在图 7-5（a）中，C_{OX} 是 T_1 管的输入 MOS 电容，r_{ds1} 是 T_1 管的漏极输出电阻，g_{m1} 是输入管的饱和区跨导。

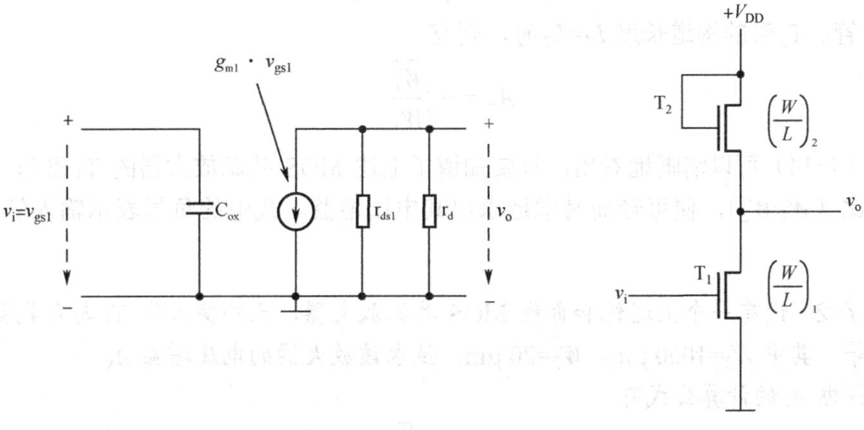

（a）　　　　　　　　　　　　　　　　（b）

图 7-5　MOS 共源放大器的交流等效电路及其 MOS 晶体管沟道的宽长比

根据图 7-5（a），有

$$v_o = -g_{m1} \cdot v_{gs1}(r_{ds1} // r_d) \tag{7-10}$$

一般有 $r_d \ll r_{ds1}$，故上式也可写成

$$v_o \approx -g_{m1} \cdot v_{gs1} \cdot r_d = -g_{m1} \cdot v_{gs1} \cdot \frac{1}{g_{m2}}$$

式中，$r_d = \dfrac{1}{g_{m2}}$。

即有

$$v_o = -\frac{g_{m1}}{g_{m2}} \cdot v_{gs1}$$

$$v_o = -\frac{g_{m1}}{g_{m2}} \cdot v_i \tag{7-11}$$

因此

$$A_v = \frac{v_o}{v_i} = -\frac{g_{m1}}{g_{m2}} \tag{7-12}$$

又因为MOS晶体管饱和区的跨导还可表达成

$$g_{m1} = \sqrt{4k_1 I_{DS1}}，\ g_{m2} = \sqrt{4k_2 I_{DS2}}$$

式中，$I_{DS1} = I_{DS2}$。

从而

$$A_v = -\frac{g_{m1}}{g_{m2}} = -\frac{\sqrt{4k_1 I_{DS1}}}{\sqrt{4k_2 I_{DS2}}} = -\sqrt{\frac{k_1}{k_2}}$$

$$A_v = -\sqrt{\frac{k'(W/L)_1}{k'(W/L)_2}}$$

所以，该放大器的电压增益A_v等于

$$A_v = -\sqrt{\frac{(W/L)_1}{(W/L)_2}} \tag{7-13}$$

当T_1管、T_2管的沟道长度L_1=L_2时，则有

$$A_v = -\sqrt{\frac{W_1}{W_2}} \tag{7-14}$$

由式（7-14）可以清晰地看出，只要知道了上述MOS共源放大器的T_1管与T_2管的沟道宽度之比（W_1/W_2），便可轻而易举地求出其电压增益。式中的负号表示输入信号与输出信号反相。

实例 7-2 设有一个上述饱和负载MOS共源放大器，已知输入管T_1与负载管T_2的沟道长度相等，其中W_1=1000 μm，W_2=20 μm，试求该放大器的电压增益A_v。

解 根据A_v的计算公式有：

$$A_v = -\sqrt{\frac{W_1}{W_2}}$$

代入已知数据，可算得

$$A_v = -\sqrt{\frac{1000}{20}} = -\sqrt{50} \approx -7.1$$

由计算结果可知，这种单沟道MOS共源放大器的电压增益较低。

要想提高这种MOS共源放大器的电压增益，可以将T_2管改成PMOS管，这样就构成

了 CMOS 放大器，CMOS 放大器可以大幅度提高电路的电压增益，相关内容将在后续的 7.4 节进行介绍。

7.1.2 差分放大器

差分放大器是模拟集成电路中使用最为广泛的放大器单元电路形式之一。在一块集成电路芯片中，所有的元器件都是同时制作在同一个衬底上的，即彼此是按照完全相同的工艺要求制作而成的。因此，元器件之间具有良好的对称性与一致性，而这种对称性与一致性的特点能够充分满足差分放大器对元器件特性相同的要求，尤其是晶体管的对称性。通常，集成差分放大器具有比分立器件形式构成的差分放大器更为优异的性能。从电路所使用的器件形式而言，也有双极型差分放大器和 MOS 型差分放大器之分。

本节将重点讨论差分放大器的基本电路结构、工作原理和电压增益的计算，对差分放大器所存在的失调和温度漂移只做定性说明，同时介绍与说明几种改进型差分放大器。

1. 双极型差分放大器

如图 7-6 所示为双极型差分放大器的基本电路结构。

图 7-6 中的放大器电路是由两个特性相同的晶体管 T_1、T_2 组成的，它是一种对称电路。其中 R_{C1}、R_{C2} 分别是晶体管 T_1、T_2 的集电极负载电阻，而 R_E 则是两晶体管发射极的公共电阻，也称为耦合电阻，完成信号的耦合。T_1、T_2 的基极构成差放电路的两个信号输入端，分别连接信号源 v_{i1}、v_{i2}，而它们的集电极则构成两个信号输出端 v_{o1}、v_{o2}。注意，两个输入信号 v_{i1}、v_{i2} 分别作用在各自的输入端与地之间。绝大部分差分放大器采用正负对称电源，这样做可以使输入端在直流状态时处于零电位，正负电源分别用符号$+V_{CC}$ 和$-V_{EE}$ 表示，一般情况下分别选择+15 V 和−15 V。为分析简单起见，以下假设电路结构完全对称，即有 $R_{C1}=R_{C2}=R_C$，T_1 与 T_2 的特性参数也完全一致。

接下来分析差分放大器的放大特性，首先介绍差模输入信号和共模输入信号的概念。

如图 7-6 所示，电路的两个信号输入端分别连接到信号 v_{i1} 和 v_{i2}。定义差模输入信号 v_d 与共模输入信号 v_c 如下：

$$v_d = v_{i1} - v_{i2} \tag{7-15}$$

$$v_c = \frac{v_{i1} + v_{i2}}{2} \tag{7-16}$$

从上述定义式可以看到，所谓差模输入信号是指两输入信号 v_{i1} 和 v_{i2} 之差，而共模输入信号则是指两输入信号 v_{i1} 和 v_{i2} 的算术平均值。

联立式（7-15）与式（7-16），v_{i1} 和 v_{i2} 可表示为

$$v_{i1} = \frac{1}{2}v_d + v_c \tag{7-17}$$

$$v_{i2} = -\frac{1}{2}v_d + v_c \tag{7-18}$$

上述定义与等效变换只是为了使问题的处理变得明晰而有效，同时也更方便。根据式（7-17）、式（7-18），可以得到图 7-6 差分放大器的等效电路，如图 7-7 所示。

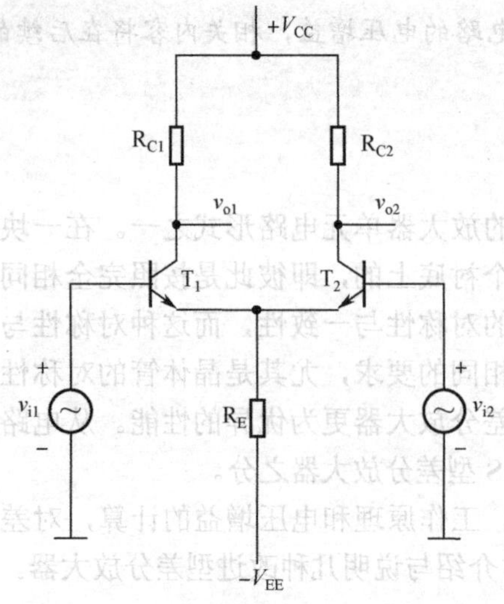

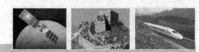

图 7-6　双极型差分放大器的基本电路结构

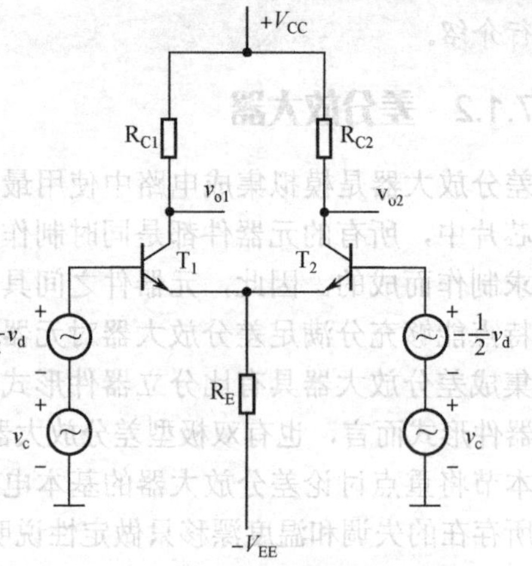

图 7-7　差分放大器等效电路

下面根据等效电路图 7-7，运用叠加原理求解出该差分放大器电路的电压增益。

根据叠加原理，可以进一步将图 7-7 等效成图 7-8（a）与图 7-8（b）两个分电路。在图 7-8（a）电路中，一对输入信号分别为$(1/2)v_d$、$-(1/2)v_d$，即为幅度相等、相位相反的两个信号。在此信号作用下，差分放大器的两个信号输出端的响应分别为v'_{o1}、v'_{o2}。由于电路具有对称性，当 T_1 管的基极信号上升时，T_2 管的基极信号同时下降，上升与下降的信号幅度也相等。也就是说，当 T_1 管的集电极电流上升时，T_2 管的集电极电流同时下降，它们的绝对值相等。这时，流过发射极公共电阻 R_E 的电流 I_o 始终不变，故 T_1 管、T_2 管的发射极 E 的电位始终保持不变，对交流信号而言，E 点是交流接地的。

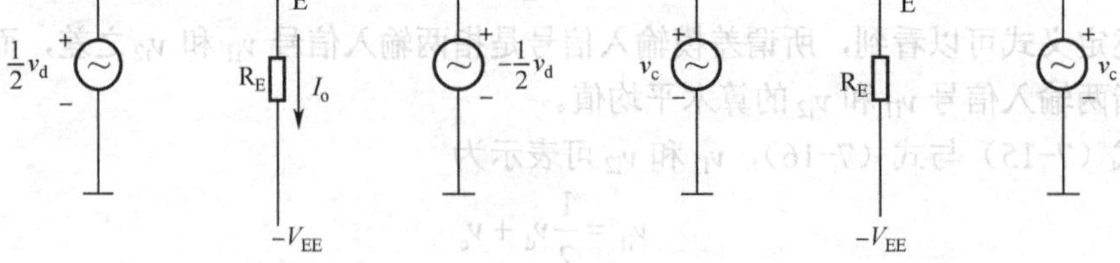

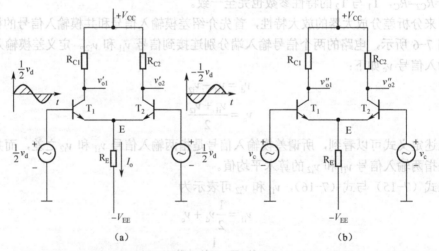

（a）　　　　　　　　（b）

图 7-8　求解差分放大器电压增益电路之一

根据上述分析，可以画出图 7-8（a）的交流等效电路，如图 7-9（a）所示。

根据图 7-9（a），很容易求出电路的输出响应v'_{o1}、v'_{o2}的表达式。具体见式（7-19）、式（7-20），求解方法类似于前述双极型单级放大器，其中假设电路对称，且有

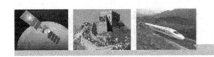

$R_{C1}=R_{C2}=R_C$。

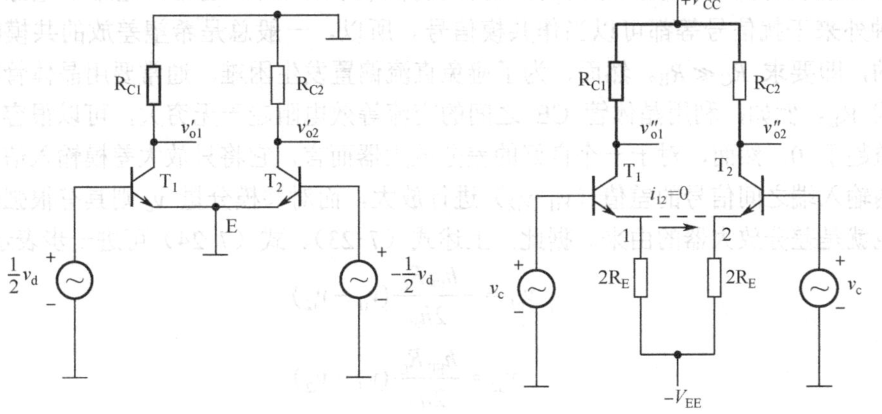

（a）　　　　　　　　　　　　　　　　（b）

图 7-9　求解差分放大器电压增益电路之二

$$v'_{o1}=-\frac{h_{FE}R_{C1}}{2h_{ie}}v_d=-\frac{h_{FE}R_C}{2h_{ie}}(v_{i1}-v_{i2}) \tag{7-19}$$

$$v'_{o2}=\frac{h_{FE}R_{C2}}{2h_{ie}}v_d=\frac{h_{FE}R_C}{2h_{ie}}(v_{i1}-v_{i2}) \tag{7-20}$$

可以看到这时差放电路的两个输出响应是一对互补信号，幅度相等且相位相反，其中每一端输出的增益是单级共射放大电路的一半。

对于图 7-8（b）的分电路，在共模输入信号 v_c 作用下，电路的输出响应分别为 v''_{o1}、v''_{o2}。考虑到问题求解的方便性，将其进一步等效成如图 7-9（b）所示电路。在该电路中，原先的一条发射极支路被拆分成了二条发射极支路，而每条支路的电阻值则增加了一倍，为 $2R_E$。考虑到电路的对称性，电路两侧输入端在相同的共模信号 v_c 的作用下，节点 1 与节点 2 的电位同时上升或下降，故有 $i_{12}=0$。所以，电路可等效成两个完全相等的单级共射放大电路，只是各自的发射极连接了电阻 $2R_E$，如图 7-9（b）所示。很容易求出这时的电路响应分别为

$$v''_{o1}=-\frac{R_{C1}}{2R_E}v_c=-\frac{R_C}{2R_E}v_c \tag{7-21}$$

$$v''_{o2}=-\frac{R_{C2}}{2R_E}v_c=-\frac{R_C}{2R_E}v_c \tag{7-22}$$

通常，电路满足 $R_C \ll R_E$，所以差分放大器的共模增益将远小于 1。

根据上述结果，综合式（7-19）、式（7-21）及式（7-20）、式（7-22），可以分别得到差分放大器每个输出端总的输出响应为

$$v_{o1}=v'_{o1}+v''_{o1}=-\frac{h_{FE}R_C}{2h_{ie}}(v_{i1}-v_{i2})+\left(-\frac{R_C}{2R_E}\right)v_c \tag{7-23}$$

$$v_{o2}=v'_{o2}+v''_{o2}=\frac{h_{FE}R_C}{2h_{ie}}(v_{i1}-v_{i2})+\left(-\frac{R_C}{2R_E}\right)v_c \tag{7-24}$$

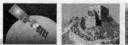

共模信号 v_c 表现为一对作用于 T_1、T_2 两个晶体管基极的相位相同、幅度相等的信号。对于一个性能良好的差分放大器而言，是需要抑制其响应的。通常，电路中电源电压的波动、各种外来干扰信号等都可以当作共模信号。所以，一般总是希望差放的共模响应部分趋于零的，即要求 $R_C \ll R_E$。然而，为了避免直流偏置发生困难，通常要用晶体管所构成的电路替代 R_E。例如，利用晶体管 CE 之间的交流等效电阻趋于无穷大，可以很容易地实现共模增益趋于 0。然而，对于一个良好的差分放大器而言，它将只放大差模输入信号部分，即只对两输入端之间信号的差值（$v_{i1}-v_{i2}$）进行放大，而对共模分量 v_c 则具有很强的抑制能力，这也就是差分放大器的由来。据此，上述式（7-23）、式（7-24）可进一步表示为

$$v_{o1} \approx -\frac{h_{FE}R_C}{2h_{ie}}(v_{i1}-v_{i2}) \tag{7-25}$$

$$v_{o2} \approx \frac{h_{FE}R_C}{2h_{ie}}(v_{i1}-v_{i2}) \tag{7-26}$$

或者写成增益表达式为

$$A_{v1} = \frac{v_{o1}}{(v_{i1}-v_{i2})} \approx -\frac{h_{FE}R_C}{2h_{ie}} \tag{7-27}$$

$$A_{v2} = \frac{v_{o2}}{(v_{i1}-v_{i2})} \approx \frac{h_{FE}R_C}{2h_{ie}} \tag{7-28}$$

在实际应用电路中，差分放大器的两个输入信号 v_{i1}、v_{i2} 往往有所关联，其中之一通常表现为电路的反馈信号。差分放大器的信号波形示意图（图中假设差模输入信号 v_d 为正弦波），如图 7-10 所示。

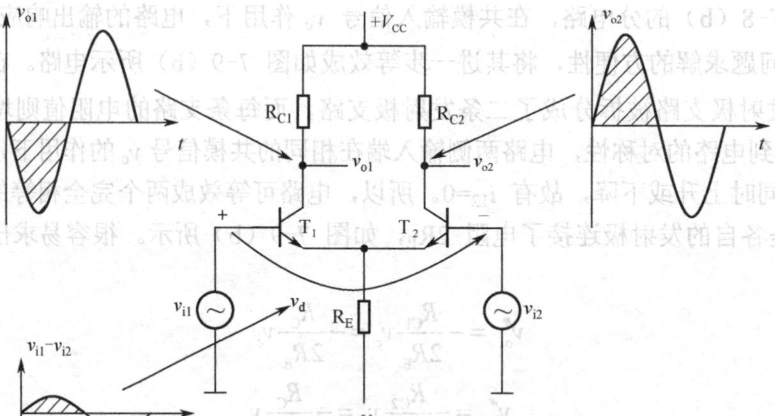

图 7-10　差分放大器的信号波形图

2. MOS 型差分放大器

MOS 晶体管输入阻抗高，功耗低，几何尺寸小，制作工艺简单，性能稳定，因此在大规模集成电路中具有独特的优势。如果将上述双极型差分放大器中的差分对管改为一对 MOS 晶体管，就可轻而易举地实现基本的 MOS 型差分放大器，如图 7-11 所示。

图中差分对管采用了 NMOS 管，其他电路元器件保持对称。完全采用类似于双极型差

分放大器的分析方法，可以求得 MOS 型差分放大器的输出信号响应为

$$v_{o1} \approx -\frac{1}{2} g_m R_{D1}(v_{i1} - v_{i2}) \tag{7-29}$$

$$v_{o2} \approx \frac{1}{2} g_m R_{D2}(v_{i1} - v_{i2}) \tag{7-30}$$

式中，g_m 是 T_1、T_2 两个 MOS 对管的跨导，表达式中假定两对管的跨导相等。如果 $R_{D1}=R_{D2}$，则可以写出两个输出端的差模电压增益 A_{v1}、A_{v2} 分别为

$$A_{v1} = \frac{v_{o1}}{(v_{i1} - v_{i2})} \approx -\frac{1}{2} g_m R_D \tag{7-31}$$

$$A_{v2} = \frac{v_{o2}}{(v_{i1} - v_{i2})} \approx \frac{1}{2} g_m R_D \tag{7-32}$$

同样可以看到，两个输出端对差模输入信号（$v_{i1}-v_{i2}$）的电压增益数值相等，符号相反，即两个 MOS 晶体管的漏极输出了一对幅度相等相位相反的信号。后面通过双转单电路，可以看到，将两个输出端的输出电压归并到一个输出端进行输出，可以使放大器的单端输出的电压增益增加一倍。注意，表达式（7-31）、式（7-32）中同样忽略了共模响应部分。

3. 差分放大器的失调和漂移

上面在讨论差分放大器的工作原理时，曾经假定电路的对称性前提。也就是说，当输入端无信号作用时，差放的两个输出端的输出电位是相等的，但这只是一种理想情况。实际上，电路在制造过程中，由于各种因素的影响，如工艺问题等，元器件的尺寸与参数是不可能做到完全相等或匹配的，要求对称的各种元器件之间总是存在一定的误差。

当差分放大器的输入信号为零时，出现输出端电压并不等于零的情形，这就是所谓的差分放大器的失调现象，把它简称为失调。而漂移则是指失调随外界条件变化而变化的现象。例如，环境温度的变化、电源电压的波动、元器件的逐渐老化等也可以使得失调发生变化。通常，由于半导体集成电路中元器件受温度的影响较大，因此上述漂移主要指的是失调随温度的漂移，工程上也常常简称为温漂。

描述差分放大器的失调通常用两个参数，分别为输入失调电压 V_{OS} 和输入失调电流 I_{OS}。所谓输入失调电压或者输入失调电流是指为使输出端恢复等于零或平衡态，而在输入端之间所需施加的一个补偿电压或一个补偿电流。通常，芯片内部电路中元器件之间的参数失配越严重，相应的输入失调电压 V_{OS} 和输入失调电流 I_{OS} 就越大。为尽量减小这种失调，应努力提高设计及制造工艺的一致性。

4. 差分放大器的几种改进型电路

在集成运算放大器中，通常使用差分放大器作为输入级。前面介绍了基本的差分放大器，尽管它们的电路结构比较简单，但在电路的某些性能如输入阻抗、失调等方面仍然需要改进。以下以双极型差分放大器为例，给出几种改进型电路。对于 MOS 型差分放大器，也有类似情形。

（1）达林顿复合差分放大器

为了提高电路的输入阻抗，减小差分放大器的失调电流及其温漂，要求尽可能地降低差分

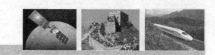

放大器的基极偏置电流。如图 7-12 所示的达林顿复合差分放大器可以较好地满足上述要求。

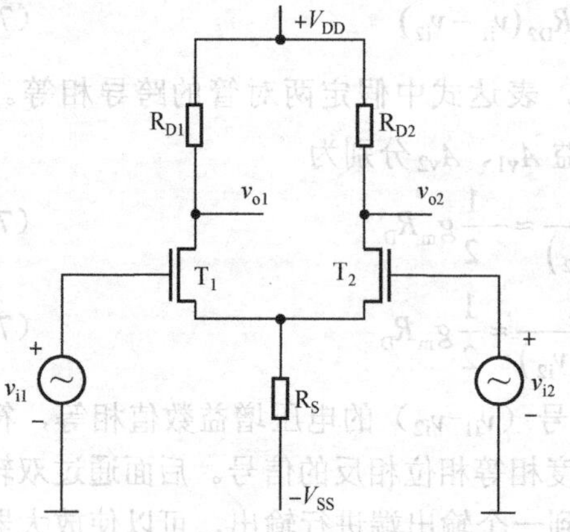

图 7-11　基本的 MOS 型差分放大器

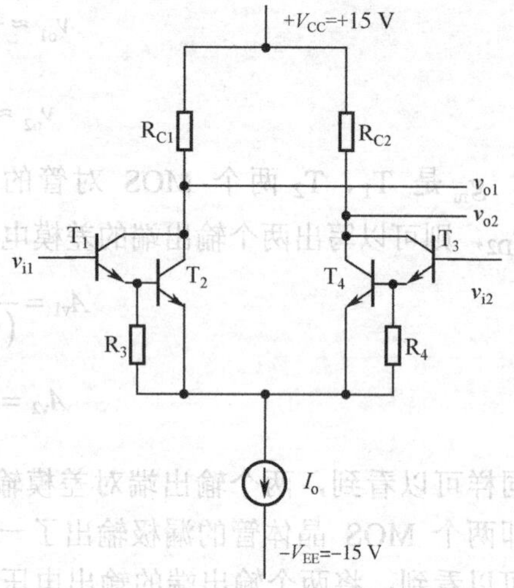

图 7-12　达林顿复合差分放大器

该放大器的差分对管分别由 T_1、T_2 和 T_3、T_4 两个达林顿复合晶体管构成，图 7-12 中 R_3、R_4 两个电阻分别为 T_1、T_3 的穿透电流 I_{CEO} 提供通路，以增强达林顿复合晶体管的温度稳定性。由于达林顿复合晶体管的等效电流放大倍数为两个晶体管电流放大倍数的乘积，因此，其等效基极偏流，即图中 T_1、T_3 的基极偏流很小，极大地提高了整个放大器的输入阻抗，同时也减小了输入失调电流 I_{OS}（图中未标出）。图 7-12 中，为达林顿复合差放电路提供工作电流的 I_o 通常由恒流源构成，这样可更好地抑制共模增益。关于恒流源相关内容在恒流源一节进行具体阐述。

（2）等效 PNP 管差分放大器

这种结构的差分放大器具体电路形式如图 7-13 所示。电路中差分对管采用了 NPN 管和横向 PNP 管所构成的复合结构。一般横向结构的 PNP 管电流放大倍数较低。从图中看到，恒流源电流 I_{o1} 分别通过 T_1、T_2 的集电极和发射极流入 T_3、T_4 的发射极。因此，从等效的角度看，T_1 与 T_3、T_2 与 T_4 分别等效为一个复合 PNP 管，这就是这种电路被称为等效 PNP 管差分放大器的原因。电路中，NPN 管采用射极跟随形式，而 PNP 管则采用共基极形式连接。输入信号首先经过 T_1、T_2 进行电流放大，再经 T_3、T_4 进行电压放大，并从它们的集电极输出。故电路的电压增益与基本的差分放大器的相同，但由于 T_1、T_2 为射极跟随形式，所以输入阻抗较高，但这种放大器的输入失调电压较大。

（3）超 β 晶体管差分放大器

超 β 晶体管差分放大器的一种电路结构形式如图 7-14 所示。下面分析这种电路中超 β 器件的结构特点及电路特点。

如图 7-14 所示的是一种实用的超 β 共射-共基差分放大器电路。图中 T_1、T_2 差分对管采用超 β 晶体管，而 T_3、T_4 则为普通 NPN 管。输入信号经由 T_1、T_2 的基极输入，经过放大后从 T_3、T_4 的集电极输出。电路中 D_1、D_2 的作用是使超 β 晶体管 T_1、T_2 的 CE 之间电压被钳位在一个 PN 结的正向压降，从而使 T_1、T_2 的 BC 结的反向偏压 V_{CB} 近似处于 0 V，从而避免 T_1、T_2 发生“穿通”现象。

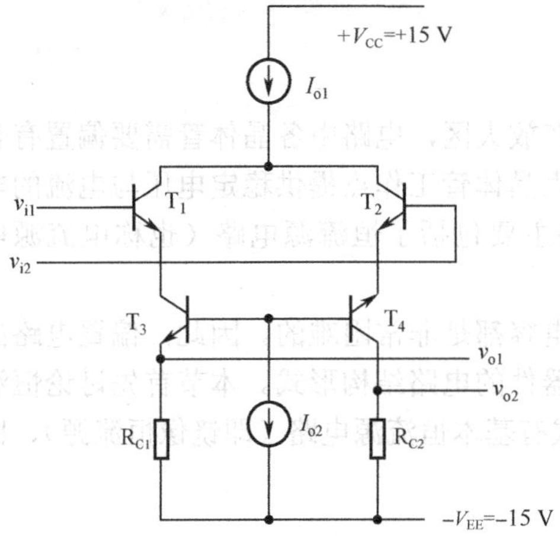

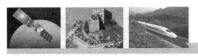

图 7-13　等效 PNP 管差分放大器的电路结构

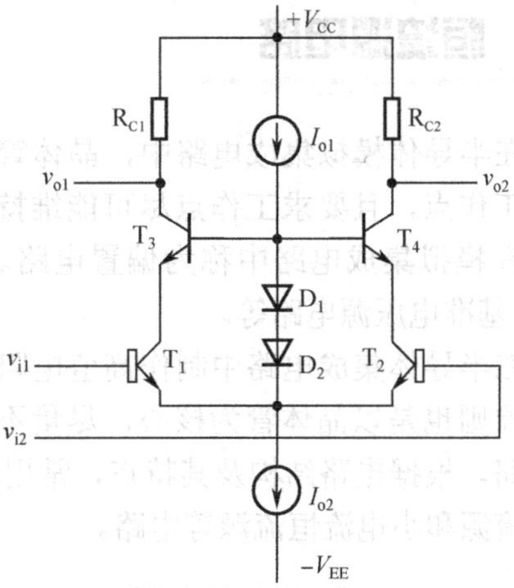

图 7-14　一种超 β 晶体管差分放大器的电路结构

差分放大器中输入管采用超 β 晶体管的主要目的是为了提高差放的输入阻抗。从结构上讲，超 β 晶体管仍然是一种双极型晶体管，它的主要特点是电流放大系数 β 很高，通常为 1000～5000，因而其工作时的集电极电流很小，一般在 μA 量级，而它的基极偏流则可低至 nA 量级。

大家知道，普通 NPN 管的基区宽度 W_b 一般控制在 1～2 μm，而超 β 晶体管的基区宽度仅为 0.2～0.5 μm。两者相比，超 β 晶体管的基区宽度显然是很窄的，如图 7-15 所示。由于其 P 型基区很薄，故这种器件在工作时十分容易发生所谓的基区“穿通”现象。为防止发生基区“穿通”，通常其集电极与发射极之间需要加以钳位，CB 结工作反向偏压一般也控制在 0 V 左右，基本工作在临界饱和态。

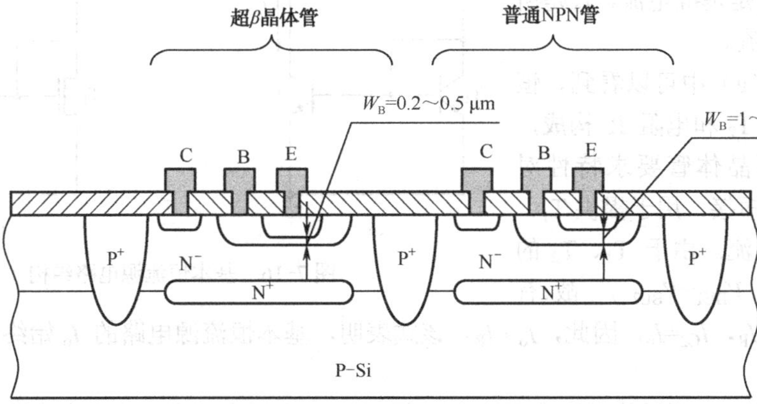

图 7-15　超 β 晶体管剖面结构图

这种由超 β 晶体管所构成的差分放大器，由于输入偏置电流极小，通常比普通的 NPN 管所构成的差分放大器的输入偏置电流低一个数量级，因而使得电路的输入失调电流也具有相同数量级的改善。另外，失调的温漂随之也有显著的改善。这种超 β 差分放大器电路主要应用在高性能的运算放大器中。

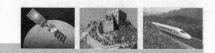

7.2 恒流源电路

在半导体模拟集成电路中，晶体管大多工作在放大区，电路中各晶体管需要偏置有合适的工作点，且要求工作点尽可能维持稳定。而为晶体管工作点提供稳定电压与电流的电路，在模拟集成电路中称为偏置电路。偏置电路主要包括了恒流源电路（也称电流源电路）、基准电压源电路等。

在半导体集成电路中制作高值电阻和大容量电容都是非常困难的。因此，偏置电路的设计原则也是以晶体管为核心，尽量不采用分立器件的电路结构形式。本节首先讨论恒流源电路。根据电路结构及其特点，常用的电路形式有基本恒流源电路（即镜像恒流源）、比例恒流源和小电流恒流源等电路。

7.2.1 基本恒流源电路

模拟集成电路中的恒流源是指一种可以提供恒定电流的电流源。当连接不同的负载时，它的输出电流总是不变的，或者说负载能得到一个稳定的工作电流。一般来讲，恒流源利用双极型晶体管的放大区或者 MOS 晶体管的饱和区的恒流特性而构成。当然，无论是双极型晶体管还是 MOS 晶体管，它们在放大区或者饱和区的输出电阻也不可能无穷大。因此，这种恒流源的输出电阻一般在几百千欧至几兆欧。在模拟电路中，恒流源除了提供工作电流以外，还常常当作放大器的有源负载使用，这样可以大幅度提高放大器的电压增益。

图 7-16 为基本的恒流源电路结构。其中图 7-16（a）是双极型结构，而图 7-16（b）则是 MOS 型结构形式，图中 I_R 是基准电流，I_o 是所需设定的稳定电流。

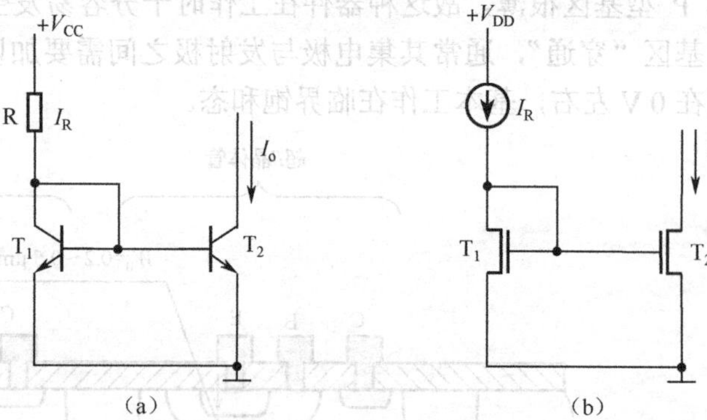

图 7-16　基本恒流源电路结构

从图 7-16（a）中可以看到，恒流源电路由 T_1、T_2 和电阻 R 构成，其中 T_1、T_2 两晶体管要求特性对称，T_1 的 BC 结短接，用于提供 T_1、T_2 所需的基极电流。由于 T_1、T_2 的发射结偏压 $V_{BE1}=V_{BE2}$，故有 $I_{C1}=I_{C2}$，而 $I_{C1}\approx I_R$，$I_{C2}=I_o$，因此，$I_o\approx I_R$。该式表明，基本恒流源电路的 I_o 始终跟随基准电流 I_R。

如果基准电流 I_R 不受外界影响而稳定不变，则 I_o 也恒定不变。由于在电路结构上呈现出“镜像”对称的特征，故这种恒流源又称为镜像恒流源。图 7-16（b）为 MOS 型结构的镜像恒流源。图中因为有 $V_{GS1}=V_{GS2}$，故有 $I_o=I_R$。工作原理与图 7-16（a）相似。

7.2.2 比例恒流源电路

所谓比例恒流源就是指工作电流 I_o 与基准电流 I_R 之间存在一定的比例关系，如图 7-17 所示。

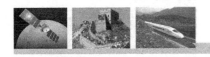

在图 7-17（a）中，T_1、T_2 的发射极分别接入阻值不同的电阻 R_1、R_2。根据电路图，可以得到下列关系式

$$V_{BE1}+I_{E1}R_1=V_{BE2}+I_{E2}R_2 \tag{7-33}$$

由于 $V_{BE1}\approx V_{BE2}$，因此有

$$I_{E1}R_1\approx I_{E2}R_2 \tag{7-34}$$

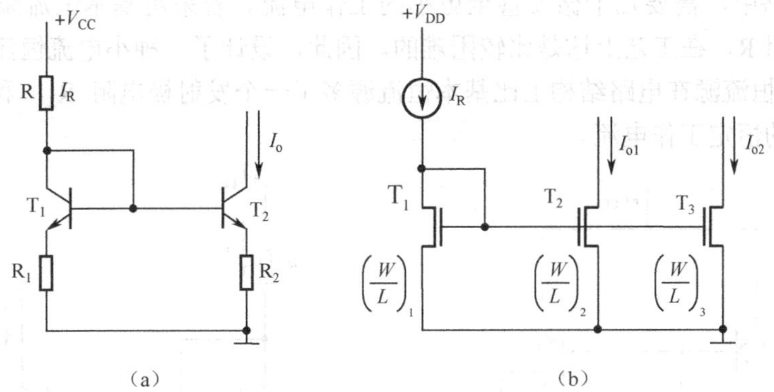

图 7-17　比例恒流源电路

在模拟集成电路中，NPN 管的 β 一般都做得较大，通常有 β>200。因此上述电路中，T_1 与 T_2 的基极电流可以忽略，即有 $I_{E1}\approx I_R$，$I_{E2}\approx I_o$，所以式（7-34）可写成为

$$I_R R_1\approx I_o R_2$$

从而

$$I_o\approx\left(\frac{R_1}{R_2}\right)I_R \tag{7-35}$$

可见，工作电流与参考电流的比例将取决于两晶体管发射极电阻值 R_1 和 R_2 的比值，而与晶体管的结构与特性基本无关。

如图 7-17（b）所示电路是 MOS 型比例恒流源电路。为实现所需的工作电流，只需控制各对应 MOS 晶体管与基准 MOS 晶体管之间的宽长比例即可。MOS 晶体管是电压控制型器件，可以采用图示电路的连接方式。根据电路，可以得到下式

$$I_{o2}:I_{o1}:I_R=\left(\frac{W}{L}\right)_3:\left(\frac{W}{L}\right)_2:\left(\frac{W}{L}\right)_1 \tag{7-36}$$

当各管的沟道长度相等时，式（7-36）可写成为

$$I_{o2}:I_{o1}:I_R=W_3:W_2:W_1 \tag{7-37}$$

也就是说，各管的工作电流分别与它们的沟道宽度成正比。

在模拟集成电路中，除了用 NPN 管来构成恒流源电路之外，有时也用 PNP 管来构成恒流源偏置电路。图 7-18 为由一种横向 PNP 管所组成的恒流源电路。

在通常的横向多集电极 PNP 管结构中，由于各集电极电流的大小与对应集电极的面积成正比，即对于 T_2 的 PNP 管有

$$I_{o1}:I_{o2}=A_{C1}:A_{C2} \tag{7-38}$$

式中，A_{C1} 和 A_{C2} 分别为 T_2 的两个集电极的面积。如果 T_1、T_2 对称，即它们的发射结面

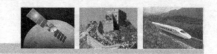

积、集电结总面积相等，则有

$$I_R \approx I_{o1} + I_{o2} \tag{7-39}$$

可见，采用多集电极结构的横向晶体管，可得到多股具有一定比例的恒定电流。

7.2.3 小电流恒流源

在有些电路中，需要几十微安甚至更小的工作电流。若采用基本恒流源结构，则需要很大的限流电阻 R，在工艺上这是比较困难的。因此，设计了一种小电流恒流源，电路结构见图 7-19。该恒流源在电路结构上比基本恒流源多了一个发射极电阻 R_2，利用负反馈原理即实现了较小的恒定工作电流。

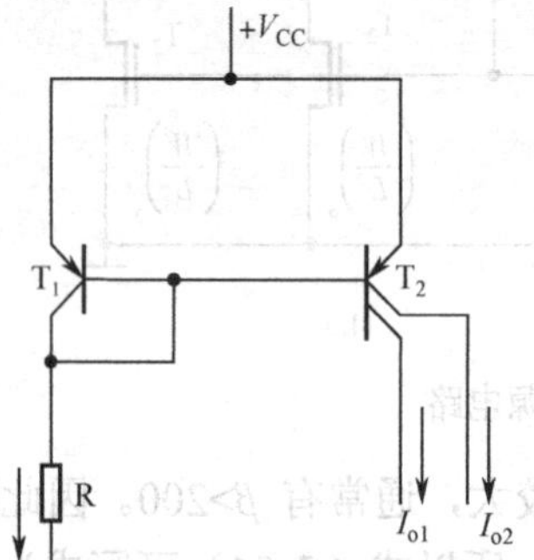

图 7-18　一种横向 PNP 管多集电极恒流源结构

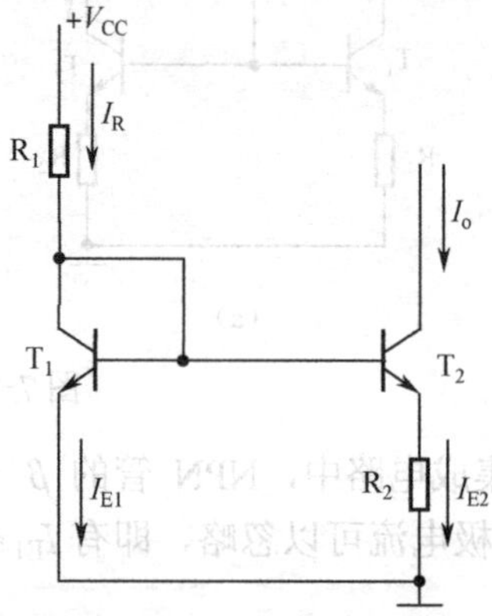

图 7-19　小电流恒流源

由图 7-19，有

$$I_{E2}R_2 = V_{BE1} - V_{BE2} = \frac{kT}{q}\left(\ln\frac{I_{E1}}{I_{ES1}} - \ln\frac{I_{E2}}{I_{ES2}}\right) \tag{7-40}$$

一般 T_1、T_2 对称，整理后得

$$I_{E2}R_2 = \frac{kT}{q}\ln\frac{I_{E1}}{I_{E2}} \tag{7-41}$$

根据电路结构，取 $I_{E2} \approx I_o$，$I_{E1} \approx I_R$，则有

$$I_o = \frac{kT}{qR_2}\ln\frac{I_R}{I_o} \tag{7-42}$$

式（7-42）是一个超越方程，不能直接求解，可以利用计算机进行数值计算。图 7-20 显示了这种小电流恒流源 I_o、I_R、R_2 的关系曲线。对于欲求的 I_o 值，首先确定 I_R 值，再确定电阻值 R_2，并得到相应的 I_o。

7.2.4 改进型恒流源

前面讨论的双极型恒流源电路中，T_1、T_2 的基极电流是由电源通过限流电阻 R 供给的，因此晶体管的 β 的大小对 I_o 有一定的影响，并且当 β 较小时，这种影响较为明显。为了克服这一缺点，人们提出了一些改进型恒流源。如图 7-21 所示电路是在基本恒流源电路基础上，用 T_3 替代短路线，该管专门用来对 T_1、T_2 提供基极电流，从而减小了 I_B 对基准电

流 I_R 的分流作用。

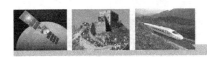

由于 T_1、T_2 对称一致，可以求得输出恒定电流 I_o 满足下式：

$$I_o \approx I_R \frac{1}{1+\dfrac{2}{\beta^2}} \tag{7-43}$$

如图 7-22 所示电路是另一种形式的改进型恒流源，也称威尔逊（Wilson）电流源。当 T_1、T_2、T_3 完全对称时，可以证明输出恒定电流 I_o 满足下式：

$$I_o = I_R \frac{1}{1+\dfrac{2}{\beta(2+\beta)}} \tag{7-44}$$

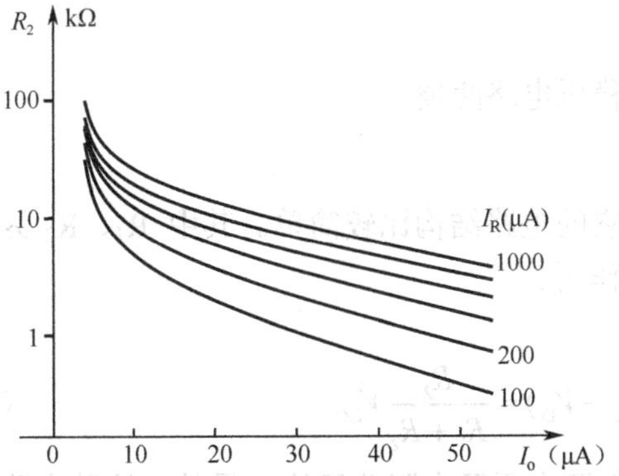

图 7-20　小电流恒流源 I_o、I_R、R_2 的关系曲线

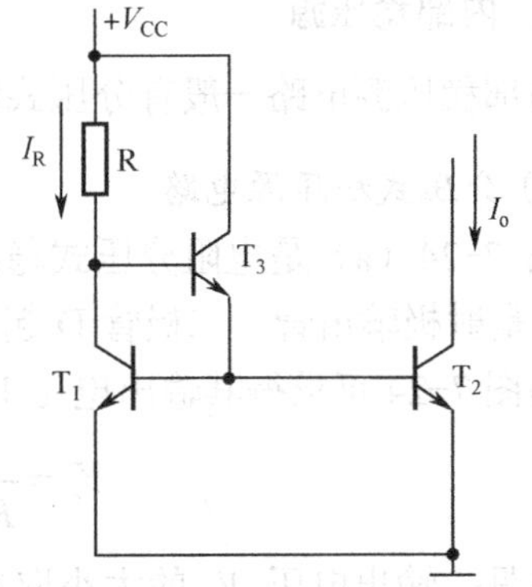

图 7-21　改进型恒流源之一

由式（7-44）可见，该电路中晶体管的 β 对 I_o 的影响非常小。这种电路内部具有一定的直流负反馈作用，其过程可表达如下：

$$I_o\uparrow \rightarrow I_{E3}\uparrow \rightarrow I_{B1}, I_{B2}\uparrow \rightarrow I_{C1}\uparrow \rightarrow I_{B3}\downarrow \rightarrow I_o\downarrow$$

这就使得电路的输出电流 I_o 十分稳定。输出电流的稳定性同时说明了这种电路具有很高的输出电阻。

上述威尔逊（Wilson）电流源除了具有双极型器件的结构以外，也有对应的 MOS 型结构，如图 7-23 所示，其工作原理类似，读者可自行分析。

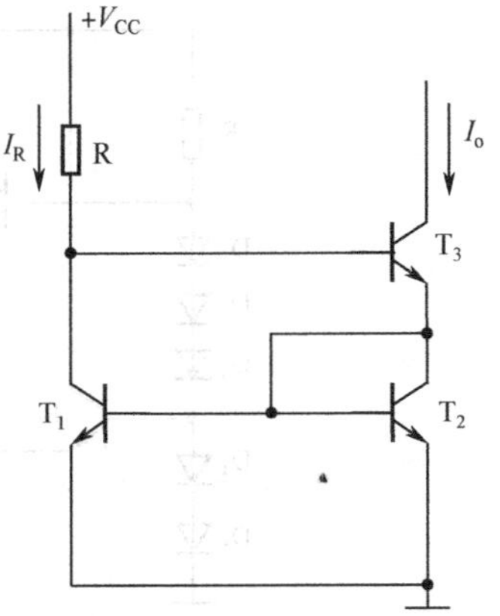

图 7-22　改进型恒流源之二

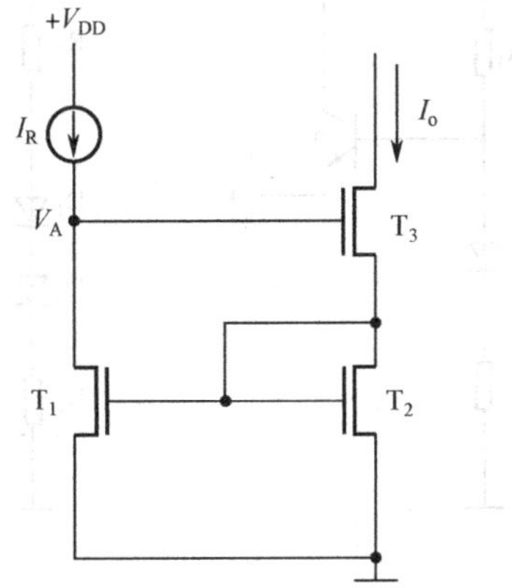

图 7-23　MOS 型威尔逊（Wilson）电流源

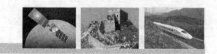

7.3 内部稳压源与基准电压电路

在模拟集成电路内部，通常都需要有一些稳定的直流电压。根据不同的需要，它们可以作为基准电压，也可以作为内部稳压电源使用。一般来说，它们应具有较低的内阻、较高的稳定性和较低的噪声。但由于两者在集成电路内部所起的作用不同，因此对它们的要求也有所侧重。对于基准电压，更注重强调稳定性和低的温度系数；而对于电压源，则更强调应当具有低的内阻。当然，这也是相对的，在实际的设计中，应根据电路的具体要求进行确定。

下面主要介绍这两类内部稳压源电路的结构、形式和它们的特点。

1. 内部稳压源

内部稳压源电路一般有分压式和稳压管稳压电路两类。

1）分压式稳压源电路

图 7-24（a）是电阻分压式稳压电路，它的电路结构比较简单。其中 R_1、R_2 为分压电阻，T 是射极输出管，二极管 D 起温度补偿作用。

由图 7-24 可求得其输出电压 V_o 为

$$V_o = \frac{R_2}{R_1 + R_2}(V_{CC} - V_D) \approx \frac{R_2}{R_1 + R_2}V_{CC} \tag{7-45}$$

可见，输出电压 V_o 的大小取决于外加电源电压及电阻分压比。另外，这种电路也具有良好的去耦作用。若采用如图 7-24（b）所示的复合管射极输出器，电路的去耦作用将会更好。

如果采用串联的二极管来进行分压，将会得到比较稳定的输出电压。因为每个二极管具有稳定的约 0.7 V 的正向压降，这样就可克服电阻分压的缺点。图 7-25 就是二极管串联型稳压电路。由于二极管的正向电阻很小，故具有很低的输出阻抗，电路具有良好的去耦作用。该电路输出的稳定电压为

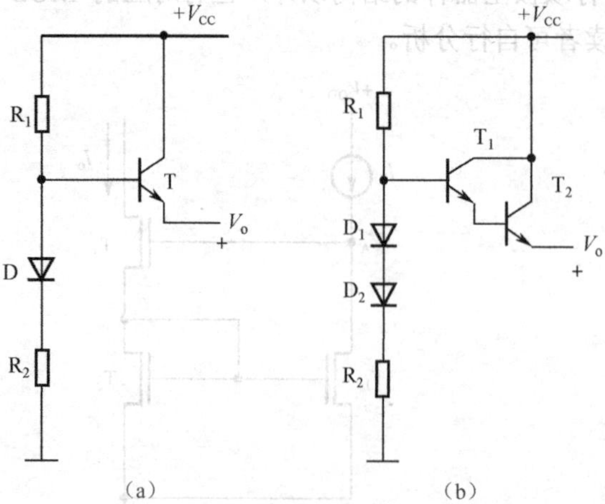

图 7-24 电阻分压式稳压电路

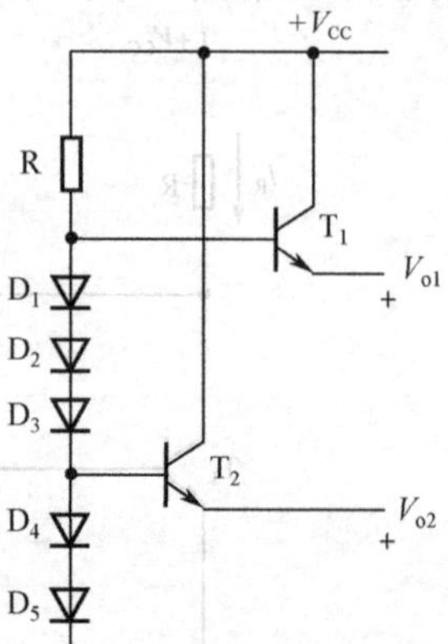

图 7-25 二极管串联型稳压电路

$$V_o=(n-1)V_{BE}=(n-1)\times0.7 \tag{7-46}$$

不过，这种电路的缺点是输出稳定电压值较低，输出电压温度系数较大，且占用较大的芯片面积。解决的办法是改用如图 7-26 所示的 V_{BE} 倍增稳压电源电路，其输出电压为

$$V_o=V_{BE}\left(1+\frac{R_1}{R_2}\right)-V_{BE}=\frac{R_1}{R_2}V_{BE} \tag{7-47}$$

由式（7-47）可见，只要适当选取 R_1 与 R_2 的比值，就可得到所需要的稳压值。由于电路中用恒流源取代了分压电阻，因此输出电压具有更好的稳定性。

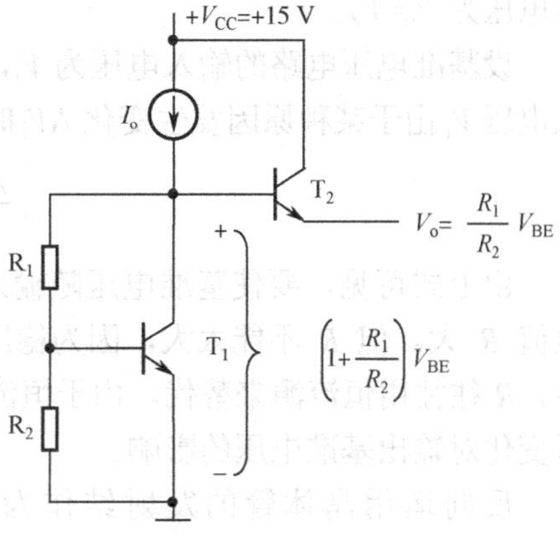

图 7-26　V_{BE} 倍增稳压电源电路

2）稳压管稳压电路

如图 7-27（a）所示为稳压管稳压电路。其中 D_Z 为齐纳二极管，D 为温度补偿二极管。齐纳二极管的击穿电压 V_Z 远大于一般二极管的正向压降 V_{BE}，因此可得到较大的稳压值：

$$V_o=V_Z=6.0\sim9.0\ \text{V} \tag{7-48}$$

采用稳压管的稳压电路的温度系数和占用芯片面积都较小。如果需要提供多路相互独立的稳定电压，可采用多发射极的射极输出器来实现，如图 7-27（b）所示。如果齐纳二极管采用 NPN 管发射结来实现，那么只要采用一个多发射极 NPN 管的结构就可以很容易地得到 D_Z 和 D 串联结构的版图，如图 7-27（c）所示。

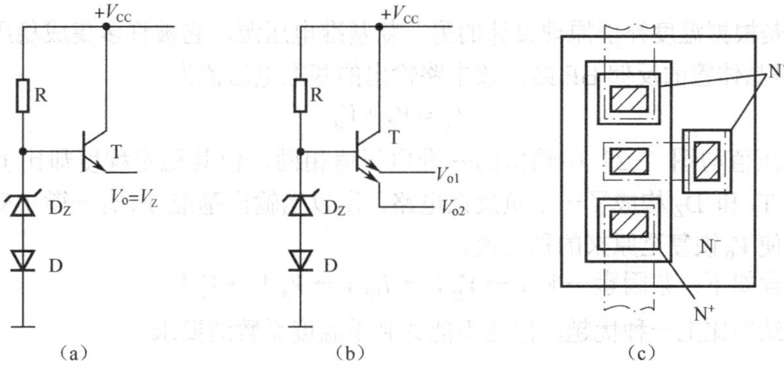

图 7-27　稳压管稳压源电路结构和 D_Z 与 D 的版图

2. 基准电压源电路

所谓基准电压源电路是指在集成电路内部提供基准电压或参考电压的一类电路。这类电路通常不要求大的输出电流，但对输出电压的稳定性要求较高，同时需要小的温度系数。下面介绍几种基准电压源电路。

1）基本的基准电压源电路

图 7-28（a）为一种基本的基准电压源电路。其中 D_Z 为稳压管，实际上它是一个 BC 短接的 NPN 管反向偏置的 EB 结，如图 7-28（b）所示。通常 NPN 管发射结击穿电压为

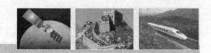

6～9 V，并且具有很小的动态电阻，因此可以用它来获得稳定的输出电压，该电路的输出基准电压为 $V_o=V_Z$。

设基准电压电路的输入电压为 V_i，输出电压为 V_o，稳压管 D_Z 的动态内阻值为 r_o。当输入电压 V_i 由于某种原因发生变化 ΔV_i 时，输出基准电压相应变化为 ΔV_o，则有

$$\Delta V_o = \frac{r_o}{r_o + R}\Delta V_i \tag{7-49}$$

由上式可见，要使基准电压随输入电压的变化较小，必须使动态电阻值 r_o 小、限流电阻值 R 大。但 R 不能太大，因为稳压管 D_Z 必须有一定的偏流才能正常工作。在实际电路中，R 往往用恒流源来替代。由于恒流源的等效交流电阻值很大，因此可以大大减小输入电压变化对输出基准电压的影响。

反向运用晶体管的发射结作为稳压管时，其击穿电压具有正的温度系数，约为 2.5 mV/℃。因此，随着温度升高，稳压管的输出电压也将升高。所以，这种基准电压源只在要求不高的电路中使用。需要指出的是，晶体管 BE 结反向运用时的温度系数还与通过它的工作电流有关，因此采用恒流源供电可获得较好的稳定性。

2）具有温度补偿的基准电压电路

为了减小基准电压的温度系数，在电路结构上可采取一些补偿措施。最简单的办法是用一个工作于正向偏置的二极管和齐纳二极管串联，如图 7-29 所示。通常，二极管正向偏置时具有负的温度系数，其值约为−2.0 mV/℃，这样串联以后，D_Z 的正温度系数和 D 的负温度系数进行补偿，使基准电压总的温度系数得以减小。但这种补偿是不完全的，而且随着温度的变化，补偿的程度也会有所变化。另外，由于二极管 D 的引入，增加了基准电压的动态内阻值。

图 7-30 是根据温度补偿原理设计的另一款基准电压源，它被许多集成稳压器电路所采用。其中 D_Z 是晶体管的反偏 BE 结，该电路输出的基准电压值为

$$V_o = V_Z + V_{BE} \tag{7-50}$$

该基准电压值与图 7-29 中输出的基准电压值相同，但其稳定程度却比上述电路好得多。因为 T_1、T_2 和 D_Z 构成了一个负反馈电路，所以当输出基准 V_o 有一微小变化时，可以通过反馈回路使 V_o 恢复至原来的稳定值。

负反馈过程如下：某因素 → V_o↓ → V_B↓ → I_{B1}↓ → V_A↑ → V_o↑

尽管这种结构比上一种优越，但还不能达到零温度系数的要求。

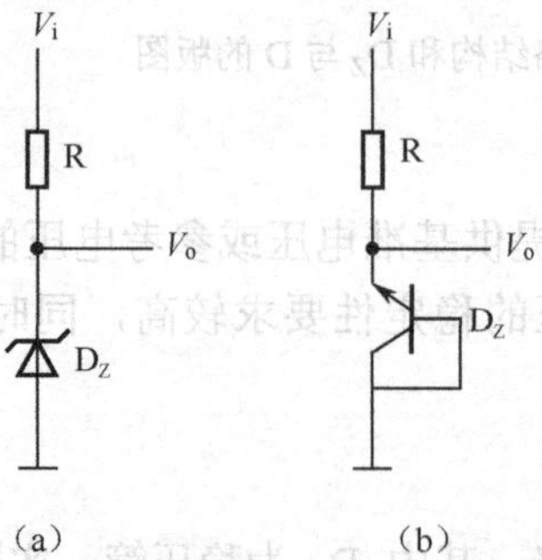

图 7-28　基本型基准电压源电路

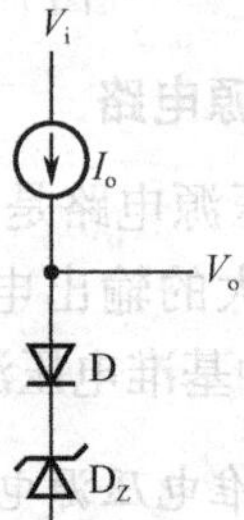

图 7-29　具有温度补偿的基准电压电路

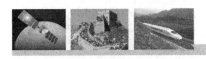

3）零温度系数基准电压源电路

在许多集成稳压器电路中，往往采用一种零温度系数的基准电压源电路。利用集成电路中各个元器件温度能够严格跟踪的特点，通过适当的电路设计，使各元器件间温度系数相互补偿，可以得到在较大的温度范围内不随温度变化的基准电压。图 7-31 是零温度系数基准电压源电路的一个实际例子。图中齐纳二极管 D_Z 具有正温度系数，晶体管的 V_{BE} 和二极管的正偏电压 V_D 具有负温度系数，而电阻 R 通常具有正的温度系数。因此，可以根据所需的基准电压 V_o 的具体数值，适当选择 m、n 和 R_1、R_2 的比例，使得各个元器件的温度影响在 V_o 上互相抵消，从而得到温度系数 $dV_o/dT \approx 0$ 的基准电压，V_o 的值可以通过下式计算

$$V_o = mV_D + IR_2 \tag{7-51}$$

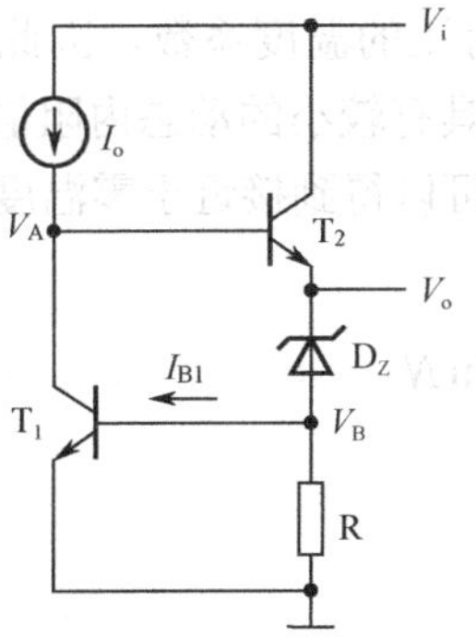

图 7-30　具有温度补偿及负反馈作用的基准电压电路

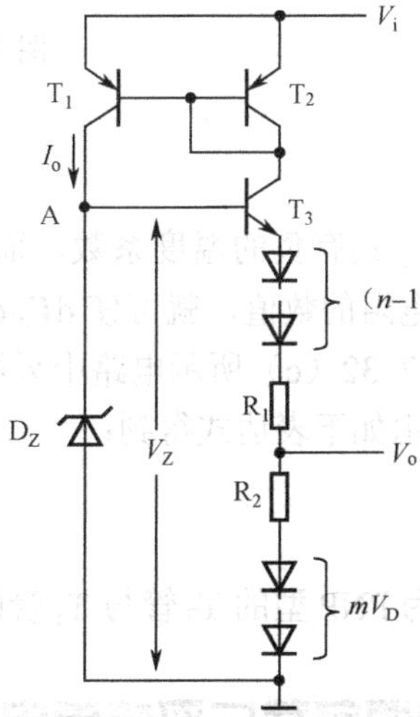

图 7-31　零温度系数基准电压源电路

式中电流 I 满足

$$I = \frac{V_Z - (n+m)V_D}{R_1 + R_2}$$

电路中采用了恒流源供电，以保证 I_o、I 不受输入变化的影响，从而更加保证 V_o 的稳定。

该电路的不足之处是电路中随温度变化的元器件太多。为了达到尽可能趋近于零的温度系数，除了需要精心设计电路结构以外，还需严格控制制造工艺。该电路的等效内阻近似为（$R_1//R_2$），数值较大，因此负载能力不强。

4）低压低噪声基准电压源

由于普通稳压管（齐纳二极管）的击穿电压偏高，而且噪声较大，所以在低噪声电路中需要使用低压低噪声基准电压源。图 7-32 给出了三种这类基准电压源。

如图 7-32（a）所示电路是用 3 个二极管的正向压降作为基准电压源，它具有较低的输出电压和噪声，输出电压约为 2.0V，但温度系数和动态电阻较大。

如图 7-32（b）所示电路可以得到具有温度补偿的基准电压，其中 T_1、T_2、R_3 构成小电流恒流源。该电路的输出基准电压 V_o 为

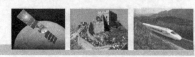

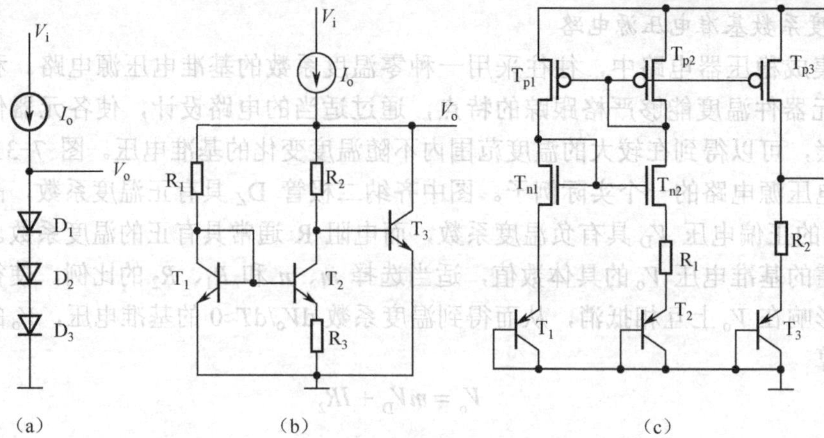

图 7-32 低压低噪声基准电压源

$$V_o = V_{BE3} + \frac{R_2}{R_3}\frac{kT}{q}\ln\frac{R_2}{R_1} \tag{7-52}$$

式中，V_{BE3} 具有负的温度系数，而表达式中第二项具有正的温度系数，因此只要适当选择电路中各电阻的数值，就可使 dV_o/dT 趋于 0。这种电路具有较小的动态内阻值。

如图 7-32（c）所示电路中采用了 MOS 晶体管，可以得到接近于零温度系数的基准电压 V_o，它由如下表达式得到：

$$V_o = V_{BE3} + \frac{R_2}{R_1}\frac{kT}{q}\ln N \tag{7-53}$$

式中，N 为 PNP 型的 T_2 管与 T_1 管的单元数之比。

7.4 有源负载与双转单电路

前面在讨论单级放大器与差分放大器的电压增益时，两种放大器的电压增益 A_v 均与集电极负载电阻或等效的漏极负载电阻成正比，同时与工作点电流也成正比。一般而言，作为集成放大器的静态工作电流，不可能设置得很大。另外，像差分放大器，为了尽可能提高其输入阻抗，还要尽量降低其偏置电流。所以，提高放大器的电压增益只能改变集电极或漏极负载电阻。

然而，在集成电路中要制造高阻值的电阻是比较困难的，但是在电路中增加一些晶体管却是很方便的。因此，可以用晶体管来替代阻值很大的负载电阻，模拟集成电路中的有源负载就是根据这一思想而提出的。另外，作为差分放大器，它有两个输出端，同时输出一对互补信号，而通常放大器最终只需要一个输出端。因此，需要将两个输出端的信号归并到一起，这就是双转单电路的由来。

本节先来讨论有源负载，然后围绕差分放大器分析双转单电路。

7.4.1 有源负载

根据半导体器件物理的相关知识，当一个双极型晶体管的基极电流 I_B 恒定时，其集电

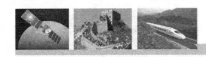

极电流 I_C 几乎不随集电极电压 V_{CE} 而改变，也就是说，集电极电流具有恒流特性。类似地，MOS 晶体管也有相似特性。当一个 MOS 晶体管的栅源电压 V_{GS} 恒定时，其漏极电流 I_{DS} 也几乎不变，即不随漏极电压 V_{DS} 而改变。这样的特性可用图 7-33 表示。

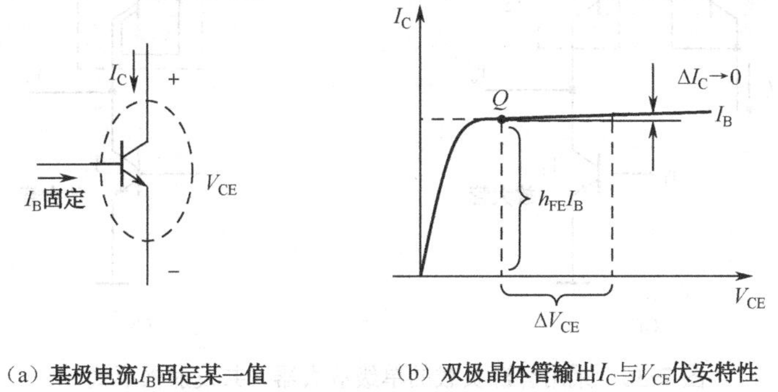

图 7-33　双极型晶体管输出恒流特性示意

如图 7-33（a）所示，若将 I_B 固定在某一值，则这时该晶体管就可以看作一个“二端元件”，流过该“二端元件”的电流就是集电极电流 I_C，其两端电压就是 V_{CE}。图 7-33（b）为这个“二端元件”的伏安特性曲线。从其伏安特性曲线可以看到，假设它的工作点为 Q，即位于特性曲线的平坦区域，若 V_{CE} 有一个增量 ΔV_{CE}，则 I_C 也对应有一个增量 ΔI_C，由于 Q 处于恒流区，I_C 的增量 ΔI_C 很小，或者说有 $\Delta I_C \to 0$，因此有

$$r_o = \frac{\Delta V_{CE}}{\Delta I_C} \to \infty \tag{7-54}$$

式中，r_o 趋向于无穷大，是因为该式的分母趋近于零。实质上，这里所说的 r_o 也就是前面在讨论晶体管的等效电路时所指的晶体管的输出电阻。当然，这里的 r_o 是一个等效的交流电阻。根据实际测量，r_o 的数值范围为几百千欧到几兆欧。

图 7-34 和图 7-35 分别显示了上述“二端元件”Q 点的直流等效电路和交流等效电路。

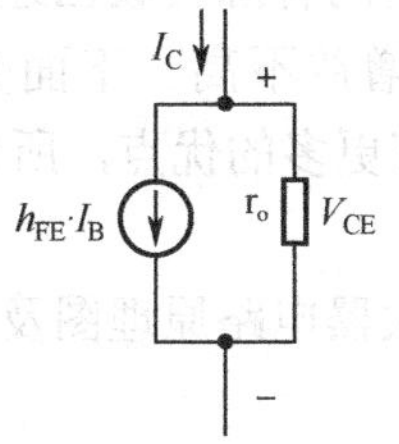

图 7-34　上述“二端元件”Q 点直流等效电路

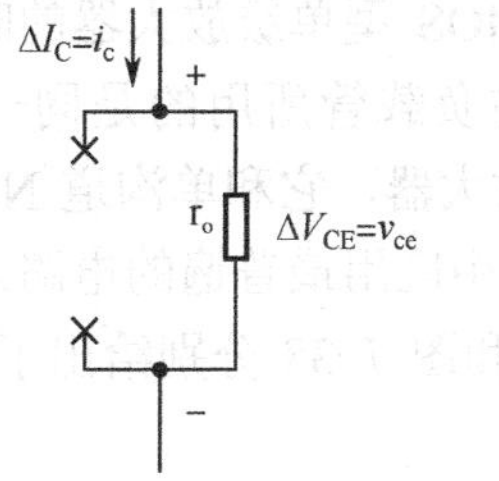

图 7-35　Q 点所对应的交流等效电路

利用这个特性，可将一个晶体管的 CE 两端作为放大管的有源负载，这样就可以用较少的放大级数获得很高的电压放大增益，从而简化电路的设计。

1）双极晶体管有源负载

图 7-36（a）为采用有源负载的共发射极单级放大器，图中 T_1 是 NPN 型放大管，T_2 是 PNP 型负载管，T_2 的偏置由 T_3 提供，T_2 与 T_3 构成 PNP 型的恒流源电路。图 7-36（b）是图 7-36（a）的一种简化画法。

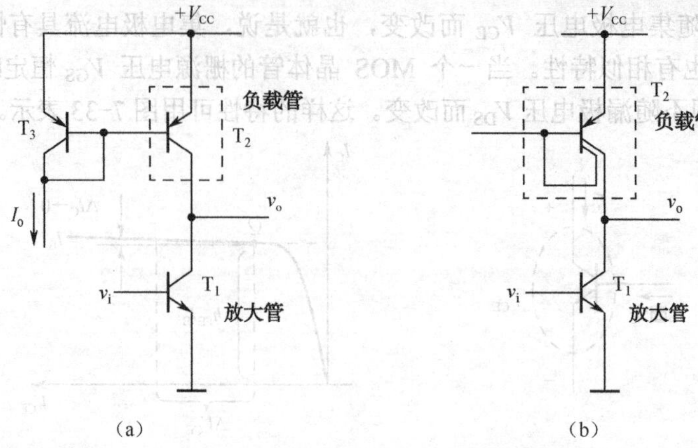

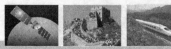

图 7-36 采用有源负载的单级放大器（共发射极形式）

实例 7-3 图 7-36（a）中的有源负载单级放大器，假设 T_1、T_2 的静态工作点电流为 2.0 mA，T_2 的 CE 之间的等效交流电阻 r_o=200 kΩ，试求：该共发射极单级放大器的电压增益 A_v。

解： 由题意，已知 $I_{E1}=2.0\,\text{mA}$

故
$$r_{E1}=\frac{kT}{qI_{E1}}=\frac{26}{I_{E1}}=\frac{26}{2.0}=13\,\Omega$$

根据式（7-5），得
$$A_v\approx-\frac{R_C}{r_E}=-\frac{r_o}{r_{E1}}=-\frac{200\times10^3}{13}\approx-1.54\times10^4$$

比较本章实例 7-1 的单级放大器的电压增益，可以明显看出，采用有源负载能够极大地提高放大器的电压增益。

2）MOS 晶体管有源负载

在讨论 MOS 型单级放大器的时候，实际上对 MOS 型的有源负载已经有所涉及，只是那里放大管与负载管所用的是同一类型的晶体管，因此增益不高。下面介绍有源负载的 CMOS 共源放大器，它和单沟道 NMOS 放大器相比，具有更多的优点，所以它也是 CMOS 模拟集成电路中应用最普遍的电路。

图 7-37 和图 7-38 分别给出了一种基本的 CMOS 放大器电路原理图及其小信号交流等效电路。

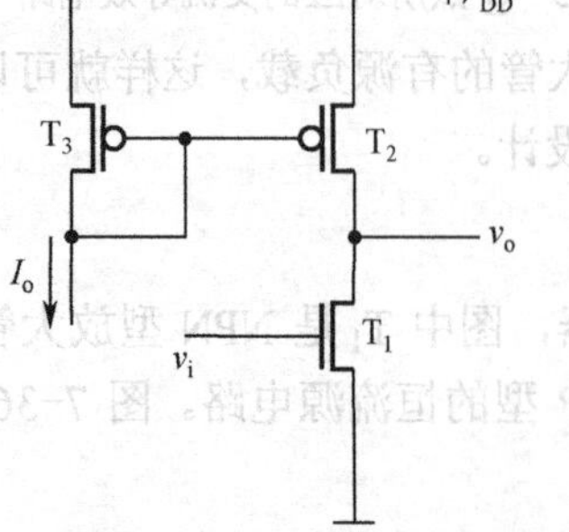

图 7-37 一种基本的 CMOS 放大器电路原理图

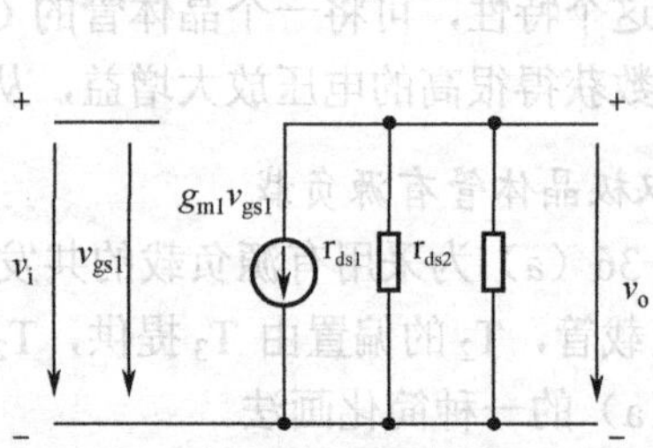

图 7-38 CMOS 放大器小信号交流等效电路

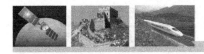

根据如图 7-38 所示的 CMOS 放大器小信号交流等效电路，可得

$$g_{m1}v_{gs1}+\left(\frac{v_o}{r_{ds1}}+\frac{v_o}{r_{ds2}}\right)=0 \tag{7-55}$$

式中，$v_{gs1}=v_i$。

解得

$$A_v=\frac{v_o}{v_i}=-g_{m1}\cdot(r_{ds1}//r_{ds2})=-\frac{g_{m1}}{\dfrac{1}{r_{ds1}}+\dfrac{1}{r_{ds2}}} \tag{7-56}$$

将 $g_{m1}=\sqrt{4kI_{DS1}}$，$r_{ds1}=1/(\lambda_1 I_{DS1})$，$r_{ds2}=1/(\lambda_2|I_{DS2}|)$ 代入式（7-56），其中 $I_{DS1}=|I_{DS2}|=I_o$，有

$$A_v=-\sqrt{4kI_{DS1}}\frac{1}{I_{DS1}(\lambda_1+\lambda_2)}$$

即

$$A_v=-\sqrt{\frac{4k}{I_o}}\left(\frac{1}{\lambda_1+\lambda_2}\right) \tag{7-57}$$

从上式可以看出，有源负载 CMOS 放大器的电压增益 A_v 与其静态工作电流的平方根成反比。I_o 越小，电压增益越高。此外，电压增益还与 MOS 晶体管的沟道长度调制效应有关，当调制效应较弱时，即 λ 值越小时，放大器的电压增益就越高。也就是说，MOS 管的沟道越长，晶体管的输出电阻越高，放大器的电压增益也越高。通常，CMOS 放大器的电压增益 A_v 在 500～2000 倍之间。

7.4.2　双转单电路

集成运算放大器的输入级几乎都采用差分放大器，差分放大器具有两个输入端，而通常的运放输出级都是单端输出的。那么是否可用差放的两个输出端中的一个和后级连接呢？回答是可以的。但差分放大器在单端输出时，电压增益只有双端输出的一半，而且更重要的是丧失了作为差分放大器特长的共模抑制、抗失调和温度漂移能力。因此，必须设计一种既不降低差放级的增益，又要将双端输出转化为单端输出的电路，以便与下级耦合。下面介绍几种集成运放中常用的双端输出转换成单端输出的电路，简称双转单电路。

1. 并联电压负反馈双转单电路

如图 7-39 所示电路为第一代双极型集成运放产品中采用的一种双转单电路。其中 T_1、T_2、R_1、R_2 组成基本的差分放大器，T_3、T_4、R_3、R_4 组成双转单电路，T_3、R_3、R_1 构成并联电压负反馈电路，R_1 为反馈电阻。

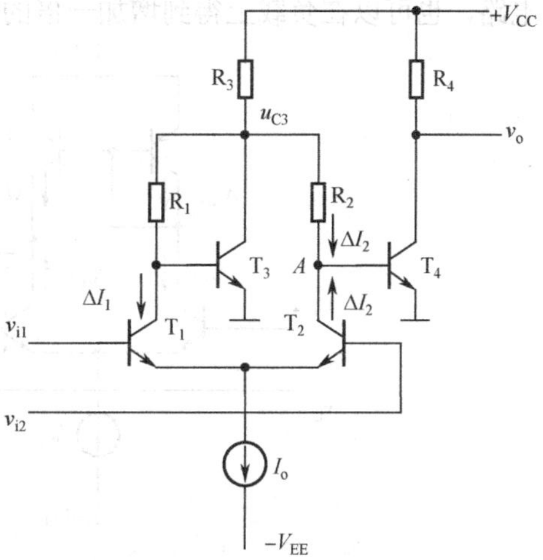

图 7-39　并联电压负反馈双转单电路

当输入差模信号时，T_1、T_2 差分对管的输出信

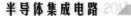

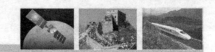

号电流 ΔI_1、ΔI_2 大小相等，方向相反，即有 $\Delta I_1=-\Delta I_2$，这时差放输出信号分别从 T_1、T_2 的集电极加到 T_3、T_4 的基极。T_3 和 R_3 组成一个共射极的反相器，如果该反相器在无反馈时的电压增益足够大，则当加了负反馈电阻 R_1 以后，可近似认为 ΔI_1 全部流过 R_1，而流入 T_3 基极的信号电流 $\Delta I_{B3}\approx 0$。这时 T_3 集电极的信号电压 u_{C3} 为

$$u_{C3}=u_{R1}+u_{B3}\approx u_{R1}=\Delta I_1 R_1 \tag{7-58}$$

而 ΔI_2 在电阻 R_2 上引起的电压变化为

$$u_{R2}=\Delta I_2 R_2 \tag{7-59}$$

因此 T_4 的基极 A 点所得到的信号电压为

$$u_A=u_{C3}-u_{R2}=\Delta I_1 R_1-\Delta I_2 R_2 \tag{7-60}$$

由于 $R_1=R_2=R$，$\Delta I_1=-\Delta I_2$，因此式（7-60）成为

$$u_A=\Delta I_1 R_1+\Delta I_1 R_1=2\Delta I_1 R_1 \tag{7-61}$$

这样由 T_1、T_2 双端输出的信号电压在 A 点叠加后再通过 T_4 单端输出，电压增益增加一倍。

当输入共模信号时，由于 ΔI_1 与 ΔI_2 大小相等、方向相同，即 $\Delta I_1=\Delta I_2$，故有

$$u_A=\Delta I_1 R_1-\Delta I_2 R_2=0 \tag{7-62}$$

两管的共模输出电压在 A 点相抵消，起到了抑制共模信号的作用。

2. 有源负载双转单电路

差分放大器采用有源负载，不仅能提高其电压增益，而且同时具有双转单输出的功能。如图 7-40（a）电路所示，图中 T_1、T_2 为 NPN 型差分对管，T_3、T_4 分别构成其有源负载。

当输入差模信号时，T_1、T_2 的集电极电流变化量分别为 ΔI_{C1}、ΔI_{C2}，它们大小相等，方向相反。因为 T_3、T_4 组成恒流源式有源负载，假如忽略它们的基极电流，则有 $\Delta I_{C1}=\Delta I_{C3}$，然而 T_1 集电极电流增加引起 T_3 集电极电流增加，由于 T_3、T_4 的 V_{BE} 相等，即 $V_{BE3}=V_{BE4}$，因此 $\Delta I_{C3}=\Delta I_{C4}$，方向如图 7-40 所示。可以看到，两股信号电流在输出端叠加，同时因为 $\Delta I_{C2}=\Delta I_{C4}$，即有 $2\Delta I_{C2}$ 流入负载 R_L，使得输出电压 v_o 的幅度增加一倍，完成了信号的双转单功能。

如图 7-40（b）所示电路是另一种有源负载双转单电路。其中，差分对管由 PNP 晶体管构成，恒流源形式的有源负载由 NPN 晶体管充当，它的工作原理完全类似于上述双转单电路，也可以在负载上得到增加一倍的信号电压。

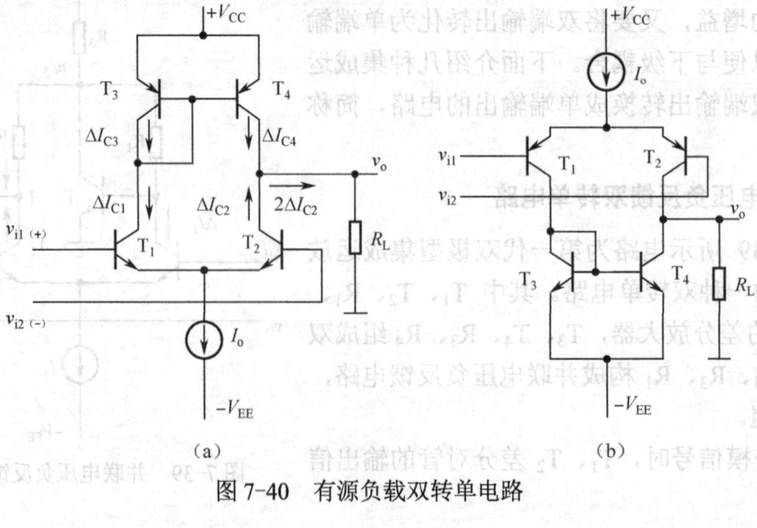

图 7-40　有源负载双转单电路

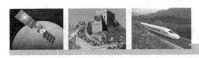

3. 基极-发射极同时施加信号的双转单电路

如图 7-41 所示为基极-发射极同时施加信号的双转单电路。

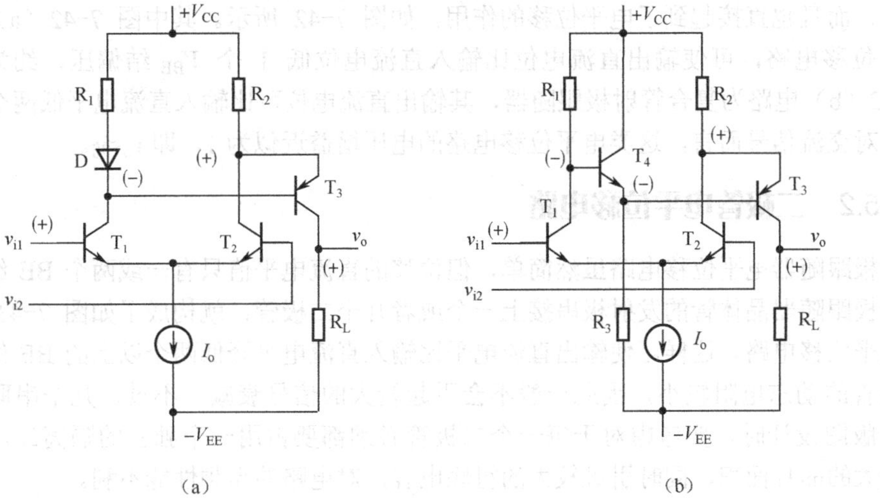

图 7-41　基极-发射极同时施加信号的双转单电路

在图 7-41（a）中，T_1、T_2 为差分对，T_3 及 R_L 组成放大级兼有双转单功能。二极管 D 为 T_3 提供固定偏置，且有温度补偿作用，以减小电路的温漂。通常，T_3 是一个横向 PNP 管。

当电路的输入端加上差模信号时，T_1、T_2 的输出信号 v_{o1}、v_{o2} 分别加到 T_3 的基极和发射极，即

$$v_{i3} = v_{o1} - v_{o2} = 2v_{o1} \tag{7-63}$$

实现了输入信号的增强，T_3 输出单端信号。图 7-41（a）中同时标注了信号极性。

当输入信号为共模信号时，有

$$v_{i3} = v_{o1} - v_{o2} = 0 \tag{7-64}$$

图 7-41（b）双转单电路与图 7-41（a）类似，所不同的是 T_1 的集电极输出经 T_4 的射极跟随后送到 T_3 的基极，T_4 的发射极 V_{BE} 代替了图 7-41（a）中的二极管 D。

7.5 电平位移电路

在集成电路工艺中，由于制造容量较大的电容和电感比较困难，因此模拟集成电路的各级放大器都采用直接耦合的形式。在共发射极放大器中，信号从集电极输出到下一级的基极，但放大用晶体管一般都采用 NPN 型晶体管，其集电极电位总比基极电位高。因此，信号经过几级放大之后，后面几级的直流静态工作电位将越来越高，甚至高到无法再与下级耦合的程度。故必须设法把静态直流电位降下来，使之能与后面各级进行耦合，这就是模拟集成电路中必须引进电平位移电路的原因。

当然，在位移直流电平的同时，有用的交流信号则不应过多的衰减。本节就来介绍一些常用的电平位移电路。

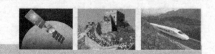

7.5.1 射极跟随器电平位移电路

射极跟随器具有输入阻抗高、输出阻抗低的特点，它在模拟集成电路中常作为级间耦合使用，而且也直接起到了电平位移的作用，如图 7-42 所示。其中图 7-42（a）电路为单管电平位移电路，可使输出直流电位比输入直流电位低 1 个 V_{BE} 结偏压，约为 0.7 V。图 7-42（b）电路为复合管射极跟随器，其输出直流电位可比输入直流电平低两个 V_{BE} 结偏压，但对交流信号而言，这类电平位移电路的电压增益近似为 1，即 $v_o \approx v_i$。

7.5.2 二极管电平位移电路

射极跟随器电平位移电路虽然简单，但位移的直流电平值只有一或两个 BE 结电压。如果在射极跟随器晶体管的发射极串接上一个或者几个二极管，就构成了如图 7-43 所示的二极管电平位移电路。这样可使输出直流电平比输入直流电平降低两个以上的 BE 结偏压。由于二极管的动态电阻较小，因此一般不会引起较大的信号衰减。不过，几个串联形式的二极管在版图设计时，要考虑对于每一个二极管必须都要占用一个独立的隔离岛。因此，会占用较大的晶片面积，同时引进较大的衬底电容，对电路的高频性能不利。

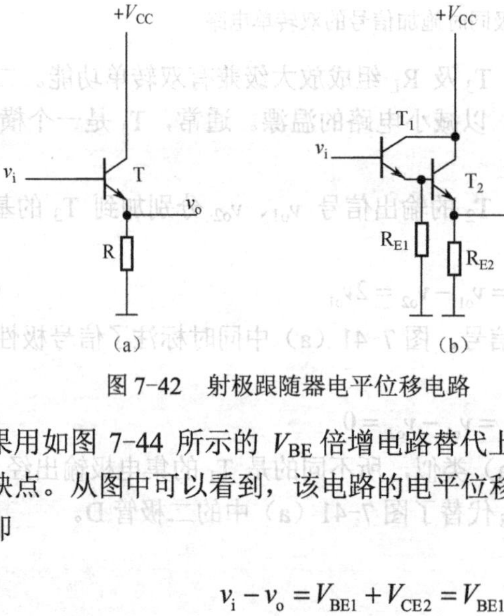

图 7-42 射极跟随器电平位移电路

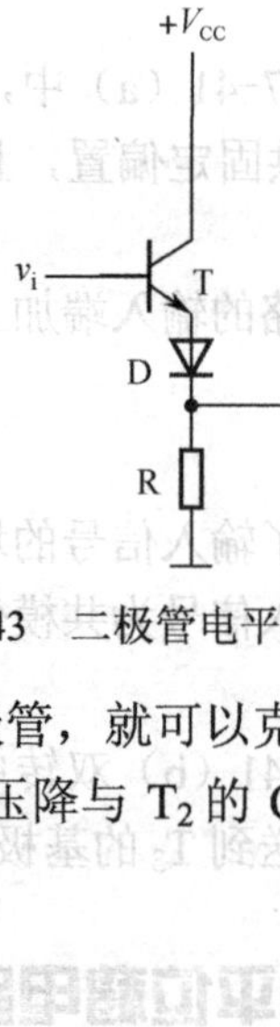

图 7-43 二极管电平位移电路

如果用如图 7-44 所示的 V_{BE} 倍增电路替代上述几个串联的二极管，就可以克服使用二极管的缺点。从图中可以看到，该电路的电平位移值是 T_1 的 BE 结压降与 T_2 的 CE 结压降之和，即

$$v_i - v_o = V_{BE1} + V_{CE2} = V_{BE1} + V_{BE2}\left(1 + \frac{R_1}{R_2}\right) \tag{7-65}$$

一般近似取 $V_{BE1} = V_{BE2}$，则有

$$v_i - v_o \approx V_{BE}\left(2 + \frac{R_1}{R_2}\right) \tag{7-66}$$

从式（7-66）得知，只要适当选取 R_1/R_2 的值，就可满足需要位移的电平数值。这种 V_{BE} 倍增电路的动态电阻较小，对交流信号衰减的影响不大。在这种 V_{BE} 倍增电路的版图设计时，电阻 R_1、R_2 可考虑采用晶体管 T_2 的延伸基区，并通过扩散 N^+形成沟道电阻，以节省晶片面积，版图如图 7-44（b）所示。一般 V_{BE} 倍增电路对 R_1、R_2 的精度要求不高，工作电压也不高，因此 R_1、R_2、T_2 可置于同一隔离岛。

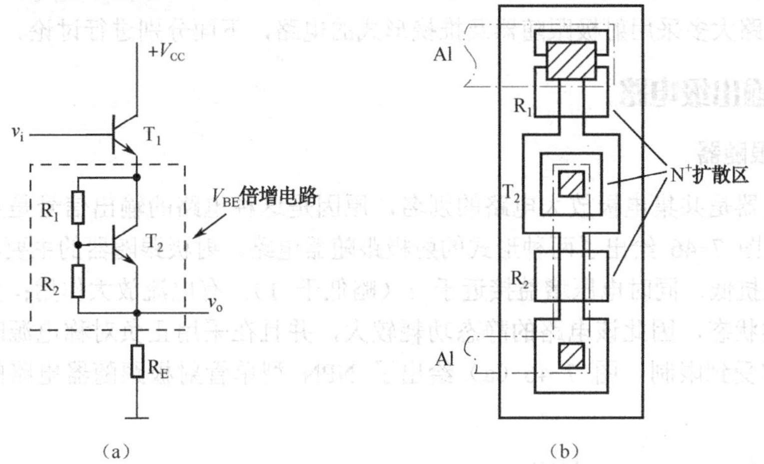

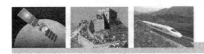

图 7-44　V_{BE} 倍增电平位移电路

7.5.3　PNP 管电平位移电路

在模拟集成电路中，当 PNP 管用作放大管时，其发射极静态直流电位高于基极电位，同时基极电位高于集电极电位。因此，可以利用 PNP 管的这个特性来构成电平位移电路，如图 7-45 所示。

图 7-45（a）是一个由 PNP 晶体管构成的共发射极放大器，信号从基极输入，从集电极输出。因为 BC 结此时反偏，所以输出相对输入的直流电平位移值为

$$v_i - v_o = V_{BC} \tag{7-67}$$

根据需要位移的电压数值，可以选择合适的偏置。在双极型电路中，一般的 PNP 晶体管结构属于横向结构，电流增益 β 值较低，因此可以考虑与 NPN 晶体管配合使用。图 7-45（b）给出了一个由 NPN 管、PNP 管共同构成的复合电平位移电路。其中 T_1 构成射极跟随器，直流电平位移值为 V_{BE}；而 T_2 则构成一个共基极放大电路，直流电平位移值为 V_{BC}，因此总的电平位移值为 $V_{BE}+V_{BC}$。在这个电路中，T_1 射极跟随器完成电流放大，而 T_2 则完成电压放大，所以该电路在完成直流电平位移的同时，还能够放大交流信号。

7.6　输出级及其保护电路

在模拟集成电路中，作为一个放大器的输出级，对它的基本要求有：

（1）输出级要具有较高的输入阻抗，同时具有较低的输出阻抗。这一要求是为了尽可能避免对前级电压放大器的增益产生影响，同时为了适应不同的负载条件。

（2）输出的电压幅度要尽量大。

（3）具有一定的输出功率，即输出的电流驱动能力要强。

（4）自身静态功耗要低，最好同时具有过流保护功能。作为输出级晶体管一般尺寸较大，功耗相对也较高。整个输出级电路空载功耗低，可以最大限度地提高输出级电路的效率，降低发热量，同时输出晶体管过流保护功能可以预防电路过载，防止输出管烧毁，提高电路的可靠性。

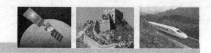

输出级电路大多采用射极跟随器及推挽形式的电路，下面分别进行讨论。

7.6.1 输出级电路

1. 射极跟随器

射极跟随器是共集电极放大电路的别名，原因是这种电路的输出信号是从晶体管的发射极输出的，图 7-46 给出了两种形式的射极跟随器电路。射极跟随器的主要特点是输入阻抗高、输出阻抗低，同时电压增益接近于 1（略低于 1），有电流放大作用；主要缺点是电路工作在甲类状态，因此该电路的静态功耗较大，并且在采用正负对称电源时，负向信号输出幅度常常受到限制。图 7-46（a）给出了 NPN 型单管射极跟随器电路的一种基本形式。

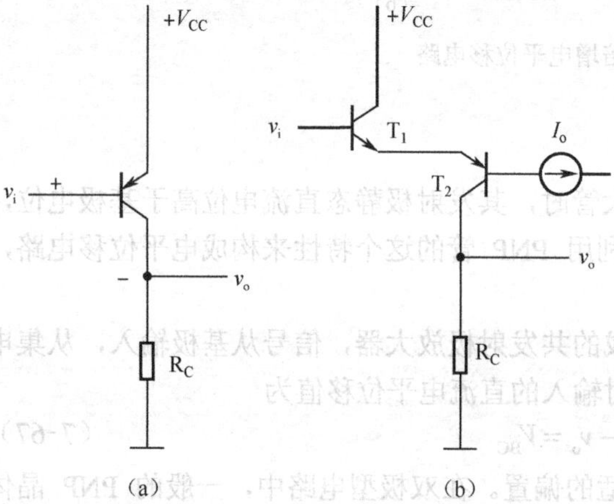

图 7-45　PNP 管构成的电平位移电路

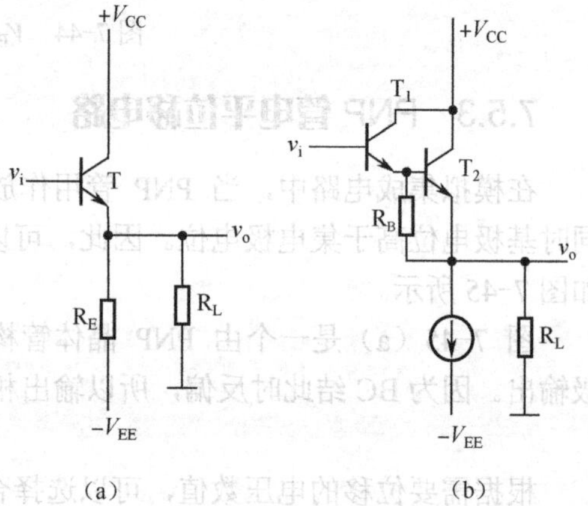

图 7-46　射极跟随器

下面分析一下该电路的工作原理。

（1）当射极跟随器输出正向信号时，晶体管 T 导通，这时输出的最大正向电压幅值可表示为

$$u_{op+}=V_{CC}-V_{CES}\approx +V_{CC} \tag{7-68}$$

可以看出，它是正电源电压$+V_{CC}$与晶体管 T 的饱和压降 V_{CES}之差，近似为$+V_{CC}$。

（2）当电路输出负向信号时，晶体管 T 的工作电流逐渐减小，直至截止。而负载电流由地流经 R_L、R_E 入负电源$-V_{EE}$。由于在 R_E 上会产生一定的信号压降，使得负向输出的幅度受到一定限制，因此负向输出的最大幅度为

$$u_{op-}=-\frac{R_L}{R_E+R_L}V_{EE} \tag{7-69}$$

如果电路有$|+V_{CC}|=|-V_{EE}|$，那么就有$|u_{op+}|>|u_{op-}|$，即正向输出幅度大于负向输出幅度。

从式（7-69），可以看到，为了增大信号的负向输出幅度，需要增大 V_{EE}或减小 R_E。但这样做也会导致射极跟随器静态功耗的增加，而且减小 R_E 将会使电路在正向信号输出时在 R_E上流过较大的无用电流，从而降低电路的效率。

另一方面，如果增大 R_E，可以减小正向输出时对信号的分流。但在负向信号输出时，

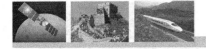

又会使输出电压幅度减小。为了解决这一矛盾，通常可将射极电阻 R_E 用恒流源代替，如图 7-46（b）电路所示。这样，在负载 R_L 不太小的情况下，输出电压的正负幅度基本一致。

2. 推挽输出级电路

采用推挽电路结构的输出形式，一方面可以增大输出功率，另一方面在一定程度上也能弥补单管射极跟随器电路的不足。图 7-47 给出了一种形式的推挽输出级电路，它由 4 个 NPN 型晶体管构成。其中 T_1 为前置倒相管，T_2、T_4 为推挽输出管，T_3 管的 BC 短接，给 T_4 提供一定的偏置。

电路的工作原理如下。

当输入信号 v_i 处于正半周时，T_1 信号电流增加，这时在其集电极、发射极分别输出一对互补信号，集电极为负向信号，而发射极为正向信号，见图 7-47 标记。这时，T_4 基极信号为正，因此工作电流增加；与此同时，T_2 基极信号为负，故工作电流下降。这时 T_2、T_4 的信号电流流向如图 7-47 所示。这两股输出信号电流叠加，由地经负载 R_L 流向 T_2 和 T_4，因此，这时负载上所得到的信号为负半周信号，如图 7-47 中波形所示。当输入信号为负半周时，可以做相似分析。

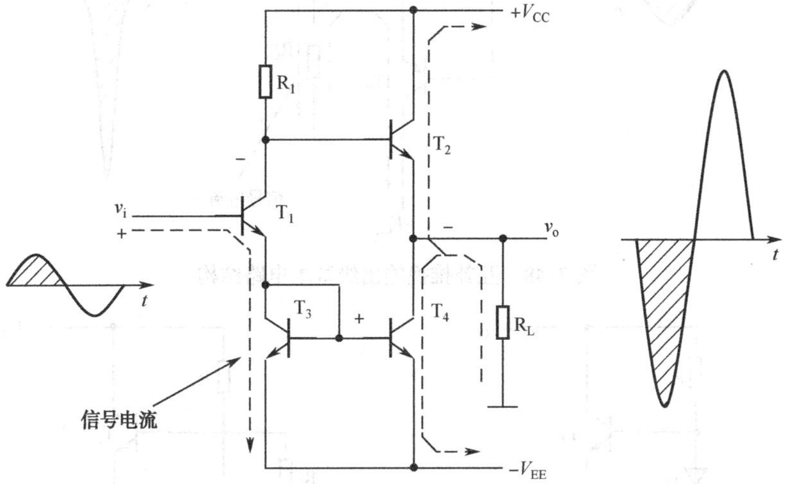

图 7-47　推挽输出级电路

这种电路也存在着输出电阻变化较大的缺点。因为 T_2 为射极跟随输出，而 T_4 则为集电极输出，它们的输出电阻不同，从而导致输出信号的正负半周的增益存在差异。要解决这个问题，可以采用下面要介绍的互补推挽输出级电路。

3. 互补推挽输出级电路

所谓互补推挽输出级电路由 1 个 NPN 型晶体管和 1 个 PNP 型晶体管串接构成，图 7-48 给出了这种电路的基本结构形式。下面先简要分析一下该电路的工作原理。

（1）当 v_i=0 时，T_N、T_P 均截止，两管没有电流通过，故静态功耗等于零。

（2）当 v_i 处于正半周时，此时 T_N 导通，而 T_P 截止，输出与输入同相，信号电流如图 7-48 所示。输出信号电压幅度为 $u_{op+}=V_{CC}-V_{CESN}$。

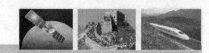

（3）当 v_i 处于负半周时，此时 T_N 截止，而 T_P 导通，输出信号电流由地经 R_L、T_P 流至负电源 $-V_{EE}$。输出负半周信号幅度为 $u_{op}=V_{EE}-V_{CESP}$。如果电路完全对称，则输出信号的正负幅度应完全对称。

根据以上分析，互补推挽输出级电路具有功耗低、效率高及输出信号幅度大等优点。但上述这种电路也存在一定的缺点，就是所谓的交越失真，输出波形如图 7-48 所示。

为了克服上述缺点，需要对原电路进行改进。图 7-49 给出了两种能克服交越失真的互补推挽输出级电路。如图 7-49（a）所示电路是在 T_2、T_3 的基极之间接入两个串联二极管 D_1、D_2，作为 T_2、T_3 的固定直流偏置，使 T_2、T_3 在静态时通过一个小电流，从而处于甲乙类工作状态。如图 7-49（b）所示的偏置电路用了 V_{BE} 倍增电路，适当选取倍增电路的 R_1 与 R_2 比值，可得到适当的偏置电压，以满足电路工作于甲乙类状态的要求，图中 T_1 是前置推动管。

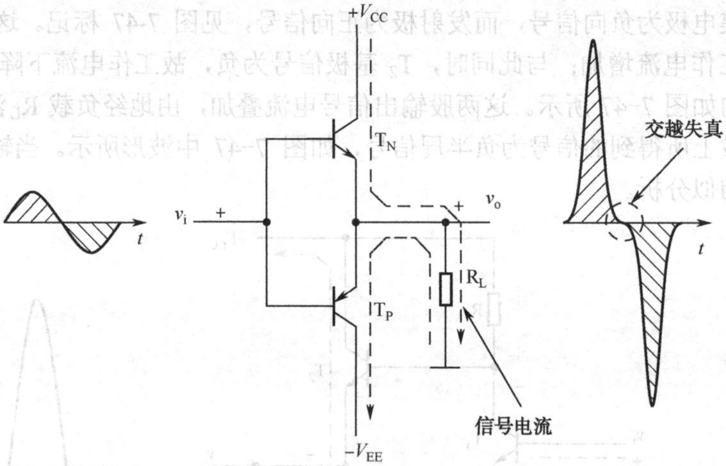

图 7-48　互补推挽输出级基本电路结构

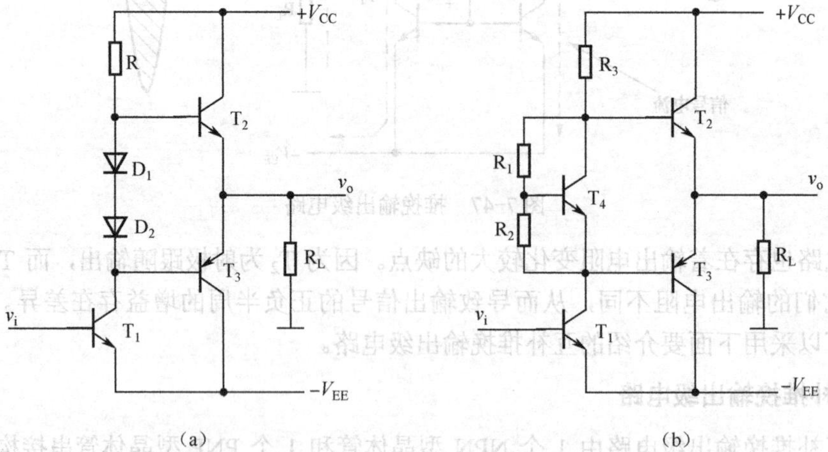

图 7-49　防止交越失真的互补推挽输出级电路

4. 复合准互补输出级电路

在模拟集成电路中，由于受到制造工艺的限制，作为推挽输出晶体管之一的 PNP 型晶体管的电流输出能力较弱。为了提高其电流输出能力，常采用如图 7-50 所示的复合准互补输出级电路。

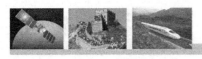

图 7-50 中 T_1、T_2、R_1 构成等效的 NPN 型晶体管；T_3、T_4、R_2 构成等效的 PNP 型晶体管，其中 R_1、R_2 用于增强输出管的温度稳定性。T_5、T_6、T_7 这 3 个晶体管用于提供等效输出管的基极偏置，防止产生交越失真，提高了输出波形的纯净性，避免了过多的谐波干扰。

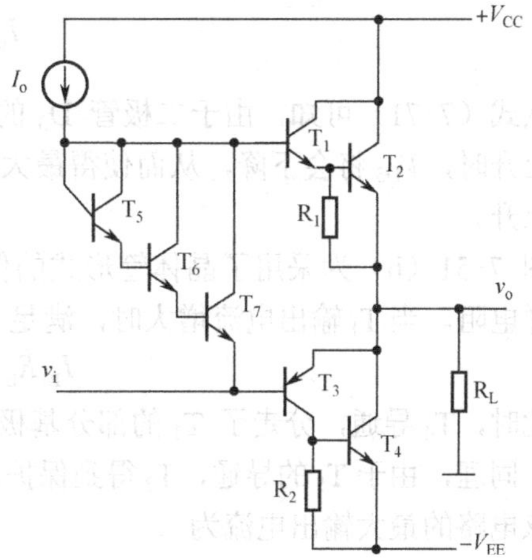

图 7-50　复合准互补输出级电路

7.6.2 输出级保护电路

一块集成电路在实际使用过程中，其输出常常可能发生过载现象甚至短路，从而直接导致输出晶体管承受过大的负载电流而损坏。为了避免上述现象的发生，通常在电路的输出级设置保护电路。图 7-51 给出了两种类型的输出级限流保护电路，其中图 7-51（a）采用了二极管保护形式，而图 7-51（b）则采用了晶体管来进行保护。

在图 7-51（a）电路中，D_3、D_4 为限流二极管，R_{E1}、R_{E2} 为取样电阻。当电路正常工作时，D_3 与 D_4 是截止的。如果 T_1 的发射极电流 I_{E1} 增大，则导致在 R_{E1} 上的电压降也增大，使得 D_3 正偏导通，其导通条件为

$$V_{D3} = V_{BE1} + I_{E1}R_{E1} - V_{D1} \approx I_{E1}R_{E1} \geqslant 0.6\ \text{V} \tag{7-70}$$

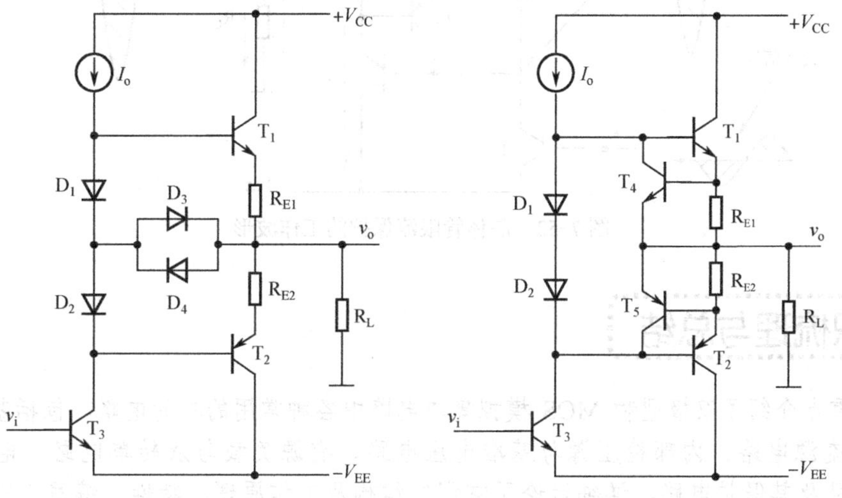

（a）　　（b）

图 7-51　输出级保护电路

由于 D_3 的导通，分去了 T_1 的部分基极电流，限制了 I_{E1} 输出电流的增加，从而使得输出管得到了保护。同理，由于 D_4 的作用，使 T_2 得到保护。

该电路的最大输出电流被限制在：

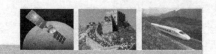

$$I_{omax} \approx \frac{V_{D3}}{R_{E1}} \tag{7-71}$$

从式（7-71）可知，由于二极管 D_3 的正向压降 V_{D3} 具有负的温度系数，因此，当环境温度上升时，V_{D3} 将会下降，从而使得最大输出电流 I_{omax} 也跟着减小，避免了输出管的结温过分上升。

图 7-51（b）为采用了晶体管形式的保护电路。其中 T_4、T_5 为保护晶体管，R_{E1}、R_{E2} 为取样电阻。当 T_1 输出电流增大时，满足下面的条件：

$$I_{E1}R_{E1} = V_{BE4} \geqslant 0.6\ \text{V} \tag{7-72}$$

此时，T_4 导通，分走了 T_1 的部分基极驱动电流，限制了 I_{E1} 的增加，从而使得 T_1 得到保护。同理，由于 T_5 的导通，T_2 得到保护。该电路的工作波形如图 7-52 所示。

该电路的最大输出电流为

$$I_{omax} \approx \frac{V_{BE4}}{R_{E1}} = \frac{0.6}{R_{E1}} \tag{7-73}$$

V_{BE4} 为保护管开始导通时的开启电压，约 0.6 V。

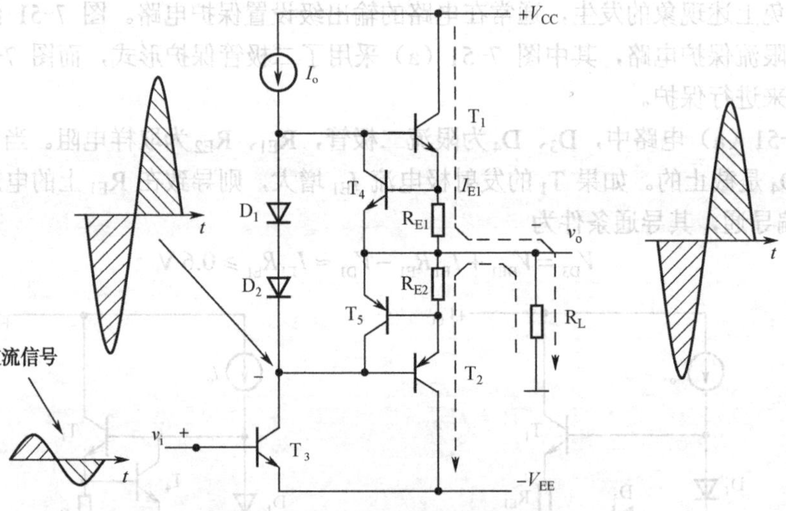

图 7-52　晶体管限流保护的工作波形

知识梳理与总结

本章重点介绍了双极型和 MOS 模拟集成电路中各种常用的单元电路，包括基本放大器单元、恒流源电路、内部稳压源与基准电压电路、有源负载与双转单电路、电平位移电路、输出级及其保护电路，详细讨论了它们的结构及工作原理、特性。编写上采用并列介绍的方式，即对于同一种单元电路，同时并列介绍双极型电路的形式与 MOS 电路的形式，这样便于学生比较两种同样功能电路的不同实现结构形式，以利于深入理解它们的特性并合理选用。

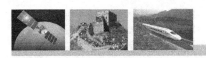

思考与练习题 7

1．设有一共发射极单级放大器电路，已知 I_E=3.0 mA，R_C=5.0 kΩ，试求该放大器的电压增益 A_v（要求画出电路图及小信号交流等效电路）。

2．有一饱和负载共源放大器（N 沟道 MOS 管），已知输入管与负载管的沟道长度 L 相等，其中输入管的沟道宽度 W_1=1 000 μm，负载管的沟道宽度 W_2=10 μm。试求该 MOS 放大器的电压增益 A_v。（忽略负载管的衬底偏置效应）

3．已知某双极型差分放大器的静态工作电流 I_0=3 mA，如图 7-53 所示，其中 $R_{C1}=R_{C2}$=3 kΩ，T_1、T_2 的小信号电流放大系数 h_{FE} 均为 200，试求该放大器的单端输出电压增益 A_{v1} 和 A_{v2}。

4．为进一步降低差分放大器的共模电压增益，实际电路设计中常常将差分对管的发射极公共电阻 R_E 用一晶体管来代替，试定性分析这样做的原因。

5．比例恒流源如图 7-54 所示，试证明：

$$I_0 \approx (R_1/R_2)I_R$$

6．电路如图 7-55 所示，有一个 CMOS 放大器，已知 T_1 的导电因子 k=2.0 mA/V^2，I_0=3 mA，其中 T_1、T_2 的沟道调制因子 λ_1、λ_2 均为 0.005 V^{-1}，试求该放大电路的电压增益 A_v。

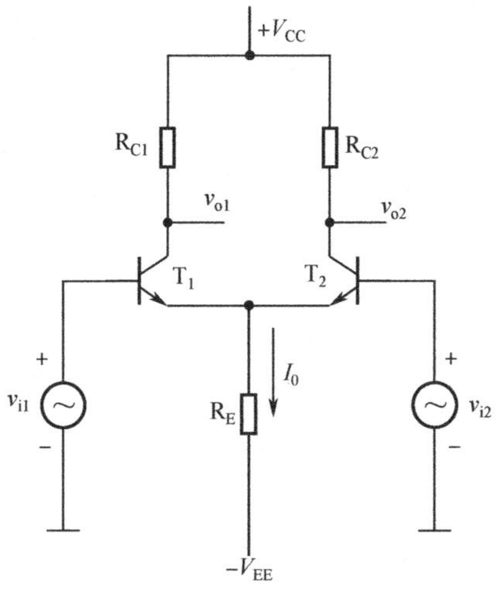

图 7-53　某双极型差分放大器电路图

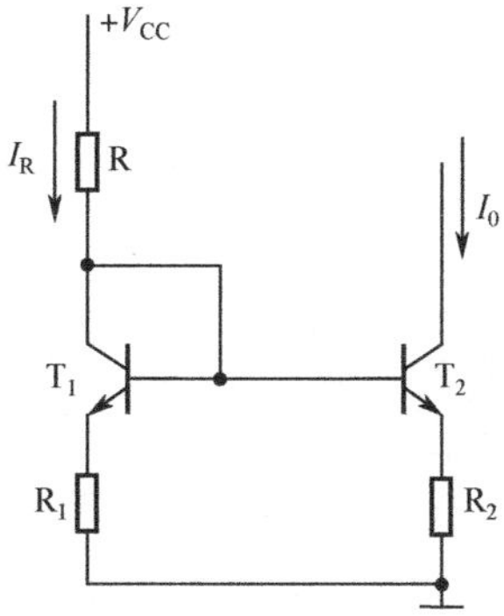

图 7-54　比例恒流源电路图

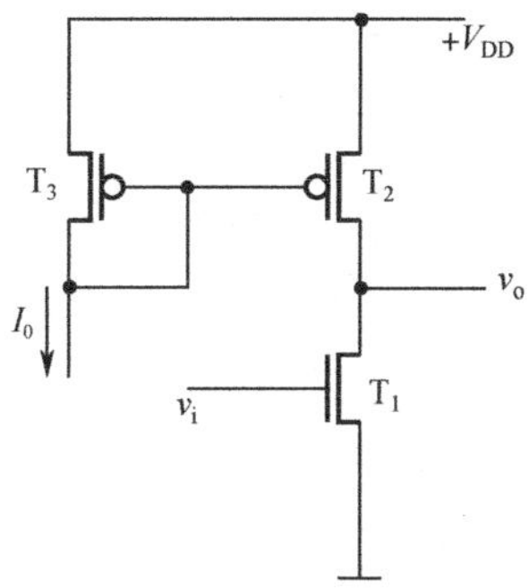

图 7-55　电路图

7．有一差分放大器电路结构如图 7-56 所示，电路采用了有源负载 T_3 与 T_4。试定性分析该电路的输出双转单工作过程。

8．如图 7-57 所示某稳压源电路，试求电路中 B 点的直流电位 V_B，电路的输出稳压值 V_o（设晶体管的 V_{BE}=0.75 V）。

9．输出级电路中如何避免交越失真？分析互补推挽输出级电路中常用的限流型保护电路的工作原理。

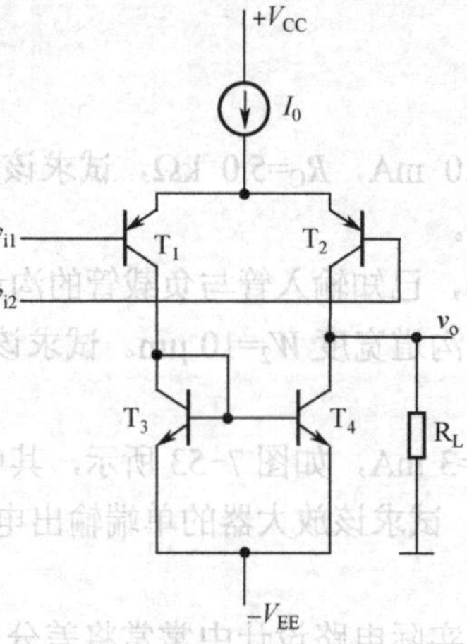

图 7-56　差分放大器电路图

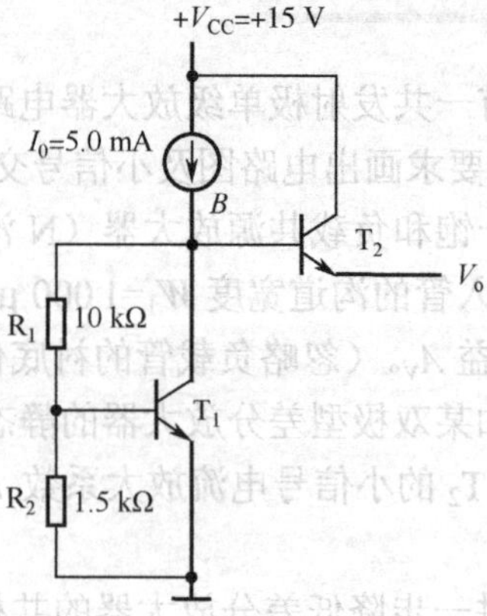

图 7-57　某稳压源电路图

第8章 集成运算放大器

运算放大器是一种能够对模拟电信号实现数学运算的直接耦合式放大器。早期研发运算放大器的主要目的是把它当作模拟计算机的运算单元，来完成诸如微分、积分、对数及算术运算等。但随着模拟计算机逐步被数字计算机所取代，现在运算放大器的主要功能已经不是早期的那些预想功能，而是作为现代模拟集成电路和混合信号电路中的一个电路模块或单元，配以其他各种辅助电路，来完成对信号的放大、变换、振荡、采样等任务。在各类传感器处理电路、模数与数模转换及信号处理电路中，运算放大器担负着十分重要的角色。本章将主要介绍集成运算放大器（简称集成运放）的基本概念，集成运放的指标参数，基本电路构成，并有重点地对双极型运放和CMOS运放进行电路分析，并对运算放大器的设计做简要的说明。

从运算放大器（简称运放）的发展历史来看，它经历了电子管形式、分立器件形式，再到现在的集成化的形式，而集成化的运算放大器也经历了好几代的发展，在整个模拟集成电路家族里，它是一种比较成熟并且通用的中小规模集成电路产品。从运放使用的器件角度，运放有双极型运算放大器和MOS型运算放大器之分。由于集成运算放大器具有体积小、质量轻、功耗低、增益高、失调和温漂小等一系列优异的性能，自从它诞生以来，已经成为一种通用并且标准化的电子器件而且形成了系列化的产品。

作为一种直接耦合式集成运算放大器，从结构上讲，运放有着鲜明的特点。首先，运放通常都具有两个信号输入端，一个信号输出端；其次，它的开环电压增益很高，一般都可以达到 10^6 倍以上；再次，它的输入阻抗一般也很高，一个普通型运放即可达到 1 MΩ 以上。作为一种放大器，运放都具备一定的驱动能力，可以直接驱动一般类型的负载；最后，集成运放具有很强的共模抑制能力，抗干扰能力很强。运放的输入级通常直接由差分放大器构成，两个信号输入端，常常通过一端引入深度负反馈，大大拓展运放的带宽，并使噪声和温漂降到最低限度，这就使得放大器的整体性能不过多地依赖于运放本身的参数，以此确保放大器性能的稳定和可靠。

8.1 集成运算放大器的参数与电路构成

集成运算放大器是一种高增益的放大器，它有两个信号输入端（一个称为同相输入端，另一个称为反相输入端）和一个信号输出端。图 8-1 给出了一种典型集成运放电路的实物照片及两种常用的电路符号。

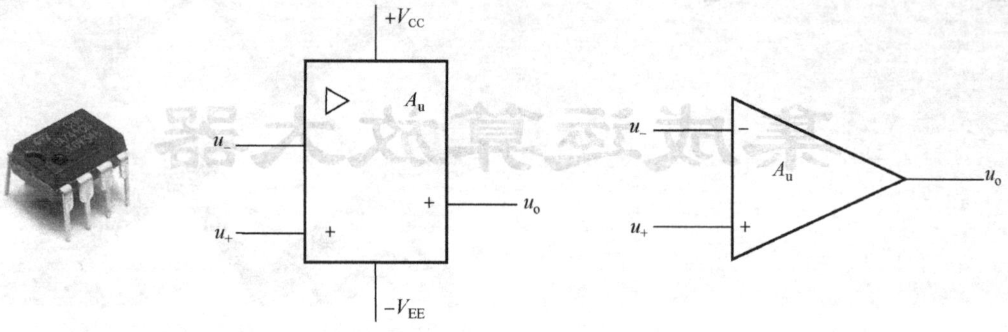

（a）　　（b）　　（c）

图 8-1　集成运放电路的实物照片及两种常用的电路符号

在运放的电路符号中，u_+ 表示同相输入端，u_- 表示反相输入端，u_o 表示信号输出端，而 A_u 则表示开环电压增益。

8.1.1 集成运算放大器的理想参数

所谓运算放大器的理想参数是指它的各项参数值均达到理想的最佳值，可以表征如下：

（1）开环增益 $A_u \to \infty$；

（2）输入电阻 $R_{in} \to \infty$；

（3）输出电阻 $R_{out} \to \infty$；

（4）输入失调电压 V_{OS} 和输入失调电流 I_{OS} 为 0；

（5）开环频带宽度 $\Delta f \to \infty$；

（6）电路的噪声→0。

当然，限于器件本身和电路设计及制造工艺等多种因素，实际上不可能存在这样的理想运放。但在具体应用的情况下，通常把一个实际运放看作理想运放，对于所构成的具体电路及其精度范围，这种人为的相对理想化是可行的，这样做能够简化问题的分析，带来很大的方便。当然，在设计与制造一个运放的时候，它要达到理想的指标。表 8-1 给出了三种典型的双极型集成运算放大器的性能参数比较。

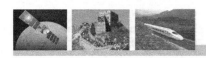

表 8-1 三种典型的双极型集成运算放大器的性能参数比较

产品型号				μA709	μA741	MC1556
序号	参数名称	符号	单位			
1	输入失调电压	V_{OS}	mV	2	1	2
2	输入失调电流	I_{OS}	nA	100	20	1
3	输入偏置电流	I_{ib}	nA	300	80	8
4	输入电阻（差模）	R_{in}	MΩ	0.25	2	5
5	开环电压增益	A_u	dB	93	106	100
6	最大输出电压	V_{opp}	V	±14	±14	±14
7	总静态电流	I_{CC}	mA	2.7	1.7	1.5
8	静态功耗	P_{CC}	mW	80	50	40
9	共模输入电压范围	V_C	V	±10	±13	±13
10	差模输入电压范围	V_I	V	±5	±30	±30
11	共模抑制比	CMMR	dB	80	90	100

8.1.2 集成运算放大器的电路构成

从电路构成的角度来看，集成运算放大器主要由四部分构成，即差分输入级、中间电压增益级、输出级和偏置电路等，如图 8-2 所示。

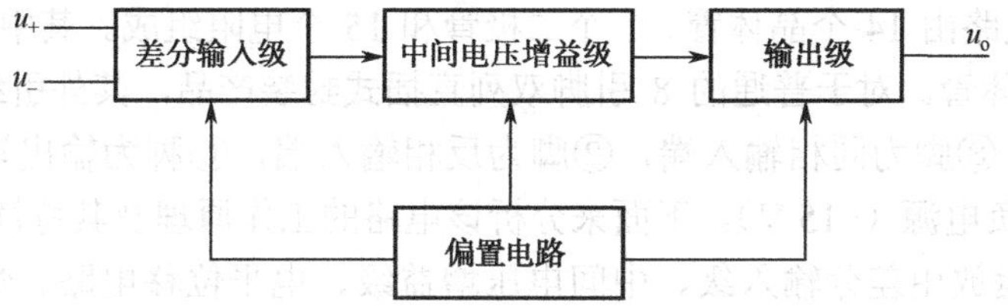

图 8-2 集成运算放大器的电路构成框图

考虑到电路要引入负反馈，运放输入级通常都由差分输入级构成，同时完成双端输入到单端输出的转换；中间级一般都是电压增益级，其主要要求就是要有尽可能高的电压增益，因此通常都采用有源负载，以尽可能减少所用放大器的级数；输出级一般都采用互补推挽输出的电路形式，其主要任务是向负载提供足够的输出功率，同时静态工作时它自身所消耗的功率要低，即具备足够的能量转换效率。为避免输出级超负载及输出端短路的发生，绝大部分输出级都设置有过载保护电路；运放中偏置电路的主要功能是为电路的其他部分提供适当的工作电流或工作电压，以确保它们均能正常工作。

8.2 μA709 双极型集成运算放大器电路分析

μA709 双极型集成运算放大器最早由美国 Fairchild（仙童）公司研发成功，属于第一代集成运算放大器产品，也是一款很有代表性的运放产品。它是一种中增益的双极型集成运算放大器，其主要性能参数列于表 8-1 中，电路原理图如图 8-3 所示。

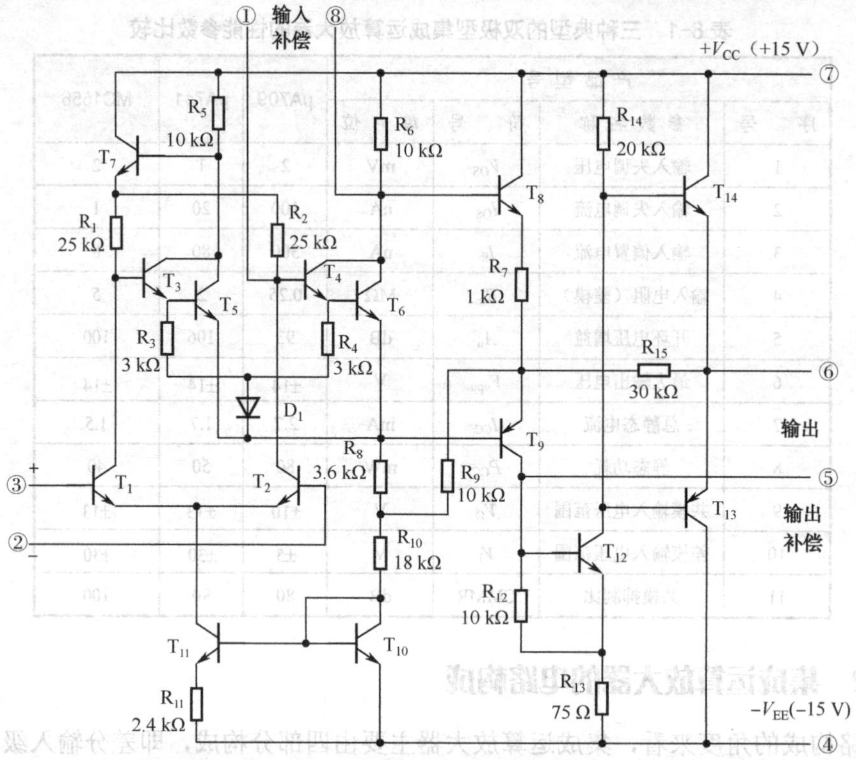

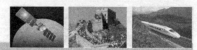

图 8-3　μA709 双极型集成运算放大器电路原理图

μA709 整个电路由 14 个晶体管、1 个二极管和 15 个电阻组成。其中 T_9、T_{13} 采用横向结构的 PNP 型晶体管。对于普通的 8 引脚双列直插式封装产品，其外引线①、⑤和⑧脚用于外接补偿电容；③脚为同相输入端，②脚为反相输入端，⑥脚为输出端，⑦脚接正电源（+15 V），④脚接负电源（−15 V）。下面来分析该电路的工作原理及其特性。

μA709 集成运放由差分输入级、中间电压增益级、电平位移电路、恒流源偏置电路及互补推挽输出级等部分构成。

1）差分输入级

T_1、T_2 构成差分输入对管，T_{10}、T_{11} 和 R_{11} 是它的恒流源偏置电路，T_1、T_2 的集电极双端输出到中间放大级。由于 T_1、T_2 的工作电流很小，仅为 20μA 左右，这就保证了放大器具有较高的输入阻抗，但在工艺上要确保较小的工作电流下差分对管仍然具有较高的 β 值。R_1、R_2 分别为 T_1、T_2 集电极负载电阻。为获得一定的增益，R_1 与 R_2 的取值较大（25 kΩ），同时也要求下一级输入阻抗较大。

2）中间电压增益级

中间电压增益级是由 T_3、T_4、T_5 与 T_6 构成的，再加上 R_3、R_4 和 D_1（BC 短接形式二极管）称为改进型复合差分级，如图 8-4 所示。

图 8-4 中 T_3、T_4、T_5、T_6 构成达林顿复合形式，使本级有较高的输入阻抗，它降低了对前级的负载效应，保证了 T_1、T_2 差分输入级的电压增益。电路中加入 R_3、R_4 和 D_1，重点为 T_3、T_4 提供其漏电流 I_{CEO3}、I_{CEO4} 的通路，防止该漏电流注入 T_5、T_6，以此提高达林顿复

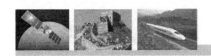

合管的温度稳定性，同时也提高了 T_5、T_6 的击穿电压。事实上，电路中 D_1 的作用是使 R_3、R_4 的阻值不至于太大，以节省其所占的晶片面积，降低扩散电阻本身的漏电流。

在 μA709 的中间电压增益级，T_3、T_5 通过 T_7、R_2 到 T_4、T_6 的基极实现了双端变单端输出，如图 8-5 所示。它类似于如图 7-39 所示的并联电压负反馈双转单电路，不同的只是这里的 T_5、T_6 发射极没有接地，由此带来的优点是提高了 T_3、T_4 基极电位，从而扩大了输入电压范围和正向共模电压范围。但是，这也产生了一个不良的影响，当 T_1、T_2 的输入差模信号电压为 v_i 时，由于 T_5、T_6 的发射极没有接地，中间电压增益级未能彻底完成双转单，如图 8-5 所示。

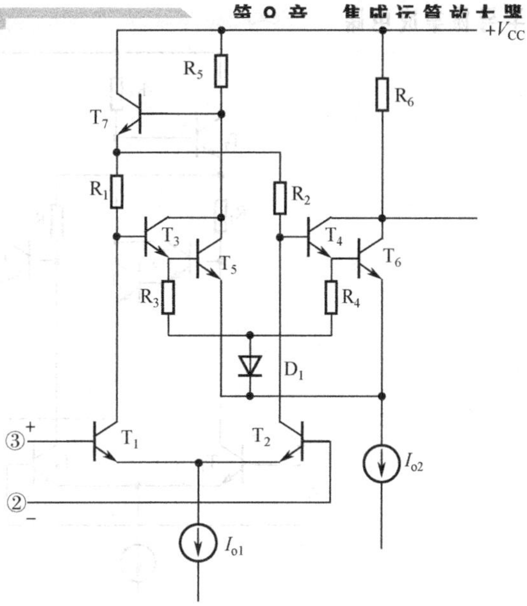

图 8-4　μA709 的中间电压增益级

设运放差分输入级的电压增益为 A_{v1}，中间电压增益级的增益为 A_{v2}，T_5、T_6 的发射极信号电压为 v_{e6}，则 T_4、T_6 集电极输出信号电压 v_{c6} 为

$$v_{c6} = A_{v1}A_{v2}v_i + v_{e6} \tag{8-1}$$

由式（8-1）可以看到，中间电压增益级未能彻底完成双转单的任务，而这个任务最终将由稍后提到的 T_9 管来完成。

3）电平位移电路

μA709 的电平位移电路由 T_8、T_9 和 R_7 构成，T_8 是射极跟随器，电平位移主要由 T_9 完成，它是一个横向 PNP 型晶体管，接成共基极放大结构。根据计算，T_8 基极电位约为 11.0 V，而 T_9 集电极电位约为−14.2 V，电平位移幅度较大，达到了电平位移目的。

现在来分析 T_9 是如何完成单端化任务的。如图 8-5 所示，T_6 集电极输出的交流信号为 v_{c6}，T_8 是跟随器，故 T_9 发射极的交流信号 v_{e9} 约为

$$v_{e9} \approx A_{v1}A_{v2}v_i + v_{e6} \tag{8-2}$$

因此，T_9 发射结上的实际信号电压为

$$v_{e9} - v_{b9} = (A_{v1}A_{v2}v_i + v_{e6}) - v_{e6} = A_{v1}A_{v2}v_i \tag{8-3}$$

即在 T_9 的发射结上获得了完全的双转单信号。

4）恒流源偏置电路

μA709 的偏置电路由 T_{10}、T_{11} 和 R_{11} 小电流恒流源组成，其中 T_{10} 的集电极电流 I_{C10} 即为参考电流。另外，在这个电路中，通过 T_{10} 还能提高电路抑制共模信号的能力。

如图 8-3 所示，设差分输入级两输入端输入正向共模信号，这将引起 T_1、T_2 的电流增加，因而使得 T_1、T_2 的集电极电位下降，而这又引起 T_5、T_6 的发射极电位下降，从而使得 T_{10} 的集电极电流 I_{C10} 下降，导致 T_{11} 的集电极电流 I_{C11} 下降，进而促使 T_1、T_2 的集电极电

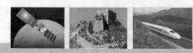

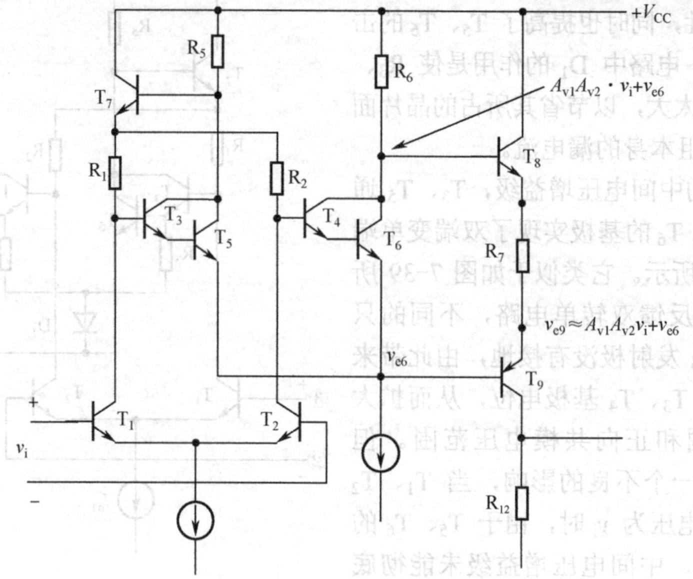

图 8-5　μA709 的双转单电路

流减小，抵消了部分由于共模信号作用而引起的 T_1、T_2 的电流增加。另一方面，T_9 的基极连接到 T_5、T_6 的发射极，而 T_5、T_6 的发射极电位下降，使得 T_9 射极电位也必然跟着下降，这导致 I_{R9} 减小，在一定程度上也减小了 I_{C10}，同样起到抑制共模信号的作用。

5）互补推挽输出级

来自 T_9 集电极的输出信号，经由 T_{12}、R_{14} 所组成的共发射极放大器进一步放大，推动 T_{13}、T_{14} 构成的互补输出级。可以看到，T_{13}、T_{14} 互补输出级完全工作于乙类状态，它们的基极没有提供一定的偏置电流，因而会出现较严重的交越失真。电路中 R_{15} 的作用就是引入适当的负反馈尽量减弱交越失真，当然这也稳定了 T_{12} 的电压增益。T_{13} 的集电极接电路最低电位 $-V_{EE}$，因而可考虑采用纵向 PNP 型结构。

8.3　μA741 双极型集成运算放大器电路分析

μA741 是一款极为典型的双极型集成运算放大器，属于第二代运放产品，它最早由美国德州仪器（TI）公司推出。这款电路在设计上广泛采用了有源负载，因而开环电压增益有了明显的提高。另外，输入差分对采用 NPN、PNP 复合差分输入级，有效提高了共模与差模电压输入范围，同时也提高了输入阻抗，输出级采用了过载保护。频率补偿采用芯片内置电容方式，有效简化了应用设计。同时，该电路失调和温漂均较小，功耗较低，输出级互补推挽电路工作于甲乙类状态，明显改善了输出波形的交越失真，自推出以来，很快成为一个标准化的产品，至今仍被广泛应用。该电路的主要性能指标参数如表 8-1 所示，电路原理图如图 8-6 所示。下面来分析该电路的工作原理与特性。

8.3.1　μA741 电路构成及工作原理

该电路总共用了 24 个晶体管（其中 15 个 NPN 型晶体管、9 个 PNP 型晶体管）、11 个电阻、1 个 MOS 电容。整个电路同样可划分为四个部分，即差分输入级、中间电压增益级、输出级和恒流源偏置电路。

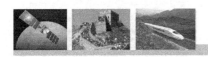

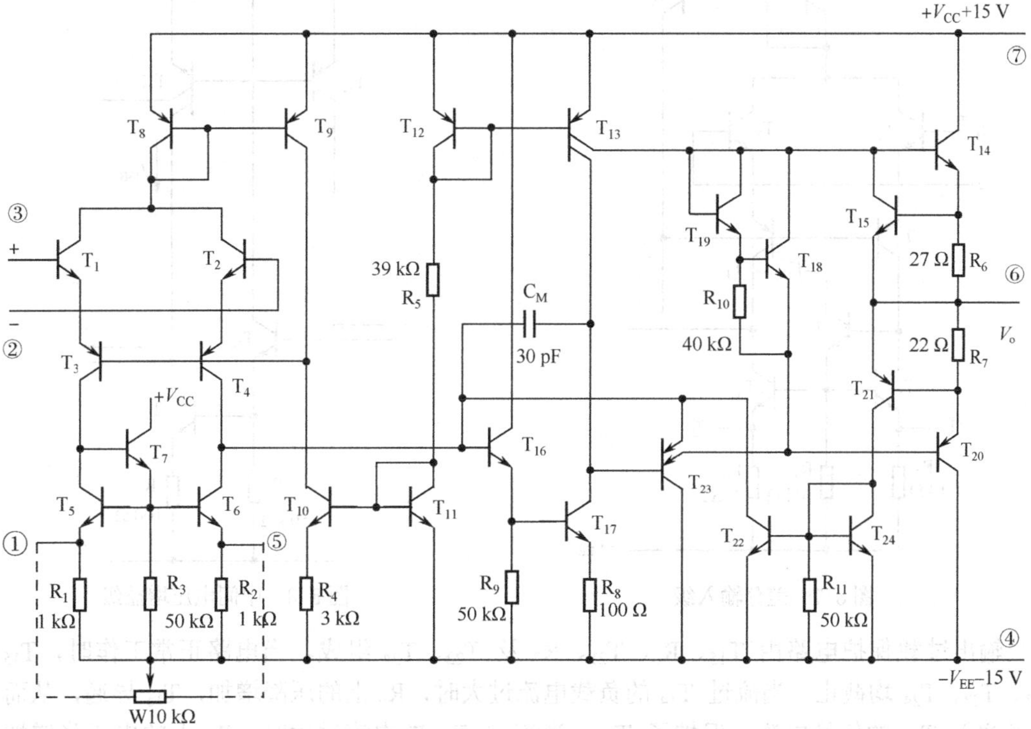

图 8-6　μA741 集成运算放大器电路原理图

1. 差分输入级

差分输入级由 T_1、T_2、T_3、T_4（NPN 与 PNP 复合差分输入级）构成，如图 8-7 所示。T_8 为其提供恒流供电，T_5、T_6、T_7 组成了具有缓冲作用的恒流源，使 I_{C5} 和 I_{C6} 接近相等。T_5、T_6 同时又分别作为 T_3、T_4 的集电极有源负载，完成双转单功能。信号由 T_4 的集电极输出。由于 T_3、T_4 为 PNP 型晶体管，因此输入级也完成了电平位移功能。

2. 中间电压增益级

中间电压增益级如图 8-8 所示，T_{16}、T_{17} 组成共集-共射放大器，因此本级有较高的输入阻抗，能够尽量减少对输入级增益的影响。双集电极 T_{13} 提供了恒流 I_{13B}，且作为 T_{17} 的集电极有源负载，使得本级获得较高的电压增益。电阻 R_9 提供 T_{16} 的 I_{CEO} 的漏电流通道，用于提高 T_{17} 的温度稳定性。

3. 输出级

μA741 的输出级如图 8-9 所示。图中 T_{14}、T_{20} 组成了互补推挽输出级。为避免输出信号发生交越失真，在输出晶体管 T_{14} 与 T_{20} 的基极之间加了一个偏置，该偏置由 T_{18}、T_{19}、R_{10} 提供。T_{23} 为 T_{17} 的射极跟随器，用于隔离输出级与中间增益级，避免输出级对中间增益级产生影响。

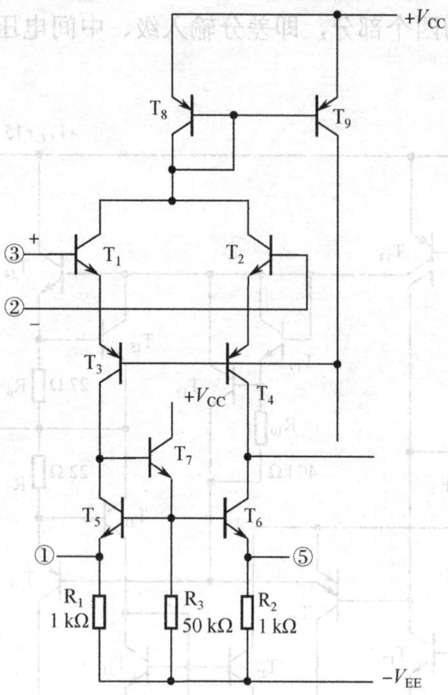

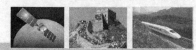

图 8-7　差分输入级

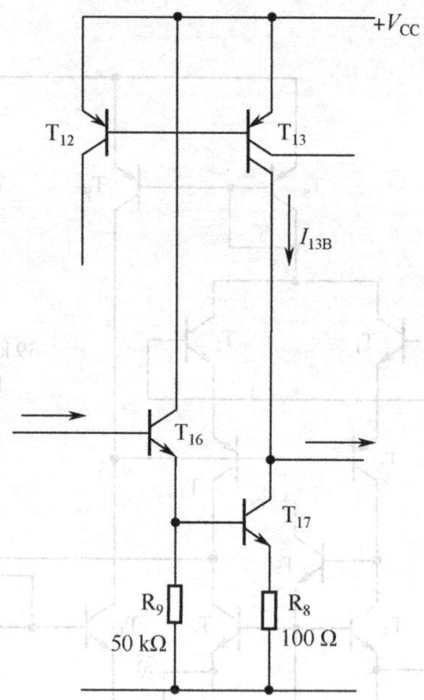

图 8-8　中间电压增益级

输出过载保护电路由 T_{15}、R_6、T_{21}、R_7 及 T_{22}、T_{24} 组成。当电路正常工作时，T_{15}、T_{21}、T_{22}、T_{24} 均截止。当流过 T_{14} 的负载电流过大时，R_6 上的压降增加，T_{15} 导通，从而分流了注入 T_{14} 的信号电流，保护了 T_{14}；当流过 T_{20} 的电流过大时，R_7 上的电压降增加，T_{21}、T_{24} 导通，进而使得 T_{22} 导通，T_{22} 的集电极连接到 T_{16} 的基极，从而分流了 T_{16} 的基极电流，这样就限制了 T_{20} 电流的增加，保护了 T_{20}。图 8-9 中 T_{23} 的另一个发射极 E_1 也连接到 T_{16} 的基极，其作用是保护 T_{16}。当信号电压过大时，T_{17} 的集电极电位降低，导致 E_1 所在的发射结导通，从而防止了 T_{16} 由于注入过大的电流而损坏。

4．恒流源偏置电路

μA741 的恒流源偏置电路如图 8-10 所示。其核心是 T_{11}、T_{12} 与 R_5 构成的基准电路，该基准电流为 I_R，它与 I_{C11}、I_{C12} 相等。T_{10}、T_{11}、R_4 构成小电流恒流源；T_8、T_9 构成镜像恒流源；T_{12}、T_{13} 双集电极 PNP 型晶体管也构成镜像恒流源。另外，运放的输入级偏置 T_8、T_9 和 T_{10} 还具有稳定工作点的能力。根据图 8-10，如果由于某种原因导致 T_1、T_2 的电流 I_{C1}、I_{C2} 增加，则 I_{C8} 也相应增加，I_{C9} 跟着增加。I_{C10} 是恒定的，同时 I_{C10} 又满足下式：

$$I_{C10} = I_{C9} + (I_{B3} + I_{B4}) \tag{8-4}$$

由式（8-4）可知，当 I_{C9} 增加时，必使（$I_{B3}+I_{B4}$）减小，这又导致 I_{C1}、I_{C2} 减小，这种负反馈使得输入级工作电流能够稳定。实际上，可以认为这就是一种共模负反馈，因此 μA741 能够具有较强的共模抑制比。

8.3.2　μA741 直流工作点计算

μA741 的各部分直流工作通路如图 8-11 所示，下面计算各级静态工作电流。

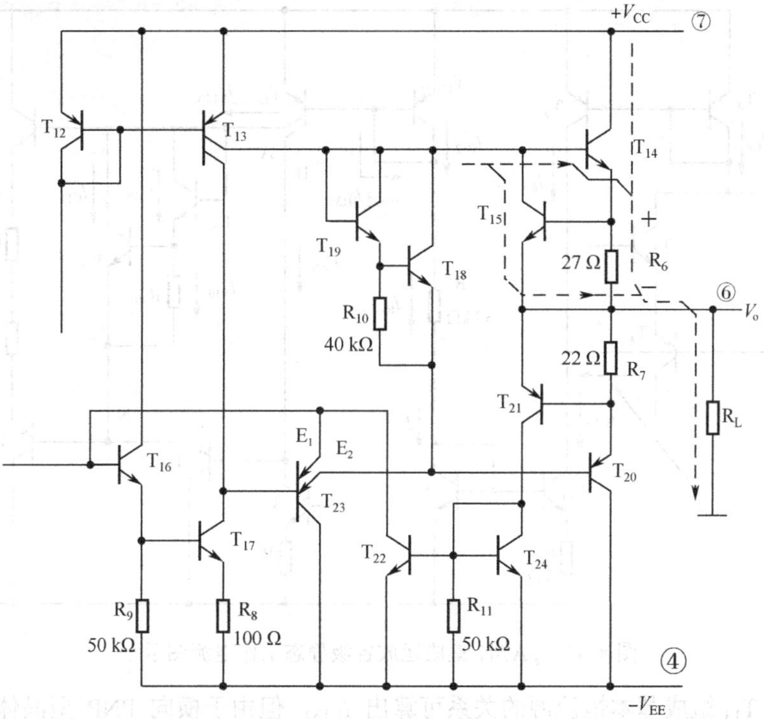

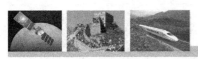

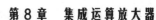

图 8-9　μA741 的输出级

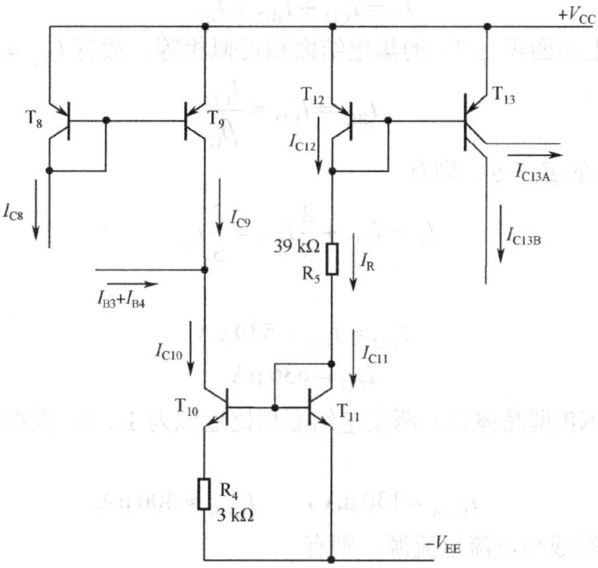

图 8-10　μA741 的恒流源偏置电路

已知 $+V_{CC}=+15\text{ V}$，$-V_{EE}=-15\text{ V}$，$V_{BE11}=V_{BE12}\approx 0.6\text{ V}$，由图 8-11 可得

$$I_R=\frac{V_{CC}+V_{EE}-V_{BE12}-V_{BE11}}{R_5} \tag{8-5}$$

所以可求得

$$I_R\approx 740\ \mu\text{A}$$

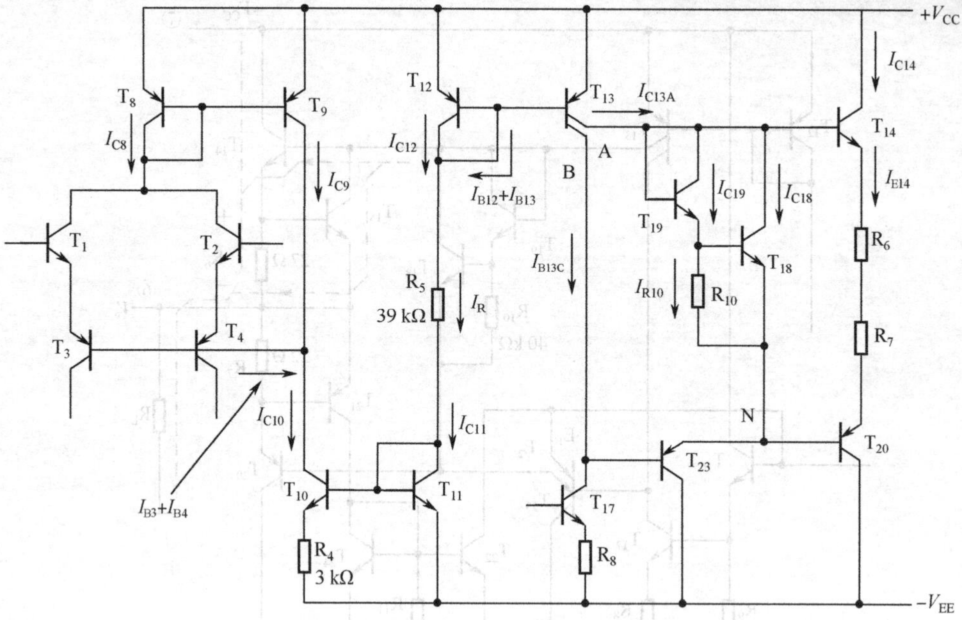

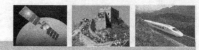

图 8-11 μA741 集成运放各级静态工作电流图示

由 T_{12} 和 T_{13} 组成基本恒流源的关系可算出 I_{C13}，但由于横向 PNP 型晶体管的 β 比较小，其基极电流不能忽略，故有

$$I_R = I_{C12} + I_{B12} + I_{B13}$$

考虑到 T_{12} 的集电结面积与 T_{13} 的集电结面积近似相等，故有 $I_{C12} \approx I_{C13}$，并且

$$I_{B12} = I_{B13} \approx \frac{I_{C12}}{\beta_{12}}$$

设 PNP 型晶体管的 $\beta_P = 5$，则有

$$I_R = I_{C12} + \frac{2}{5} I_{C12} = \frac{7}{5} I_{C12}$$

由此，得

$$I_{C13} \approx I_{C12} \approx 530\ \mu A$$

$$I_{E13} \approx 636\ \mu A$$

又考虑到 T_{13}（PNP 型晶体管）两集电结面积比近似为 1∶3，根据比例恒流源关系，可算得

$$I_{C13A} \approx 130\ \mu A\ , \qquad I_{C13B} \approx 400\ \mu A$$

由 T_{10}、T_{11}、R_4 组成小电流恒流源，则有

$$I_{C10} = \frac{kT}{qR_4} \ln \frac{I_R}{I_{C10}} \tag{8-6}$$

查图 7-20，可得

$$I_{C10} \approx 28\ \mu A$$

若假设 T_8、T_9、T_3、T_4 四个 PNP 型晶体管的 $\beta_P = 5$，而 NPN 型晶体管的 $\beta \gg 1$，则根据图 8-11 容易解得

$$I_{C3}=I_{C4}\approx 14\ \mu A$$
$$I_{B3}=I_{B4}\approx 2.8\ \mu A$$
$$I_{C1}=I_{C2}\approx 14\ \mu A$$
$$I_{C9}=I_{C8}\approx 22\ \mu A$$

对于偏置管 T_{19}、T_{18} 的工作电流，有

$$I_{E19}\approx I_{R10}=\frac{V_{BE18}}{R_{10}}=\frac{0.6}{40\times 10^{3}}\approx 15\ \mu A$$
$$I_{C18}\approx I_{C13A}-I_{R10}=130-15=115\ \mu A$$

输出保护管 T_{15}、T_{21} 在正常工作时是不导通的，故有 $I_{C15}=I_{C21}=0$，而互补推挽输出管 T_{14}、T_{20} 工作于甲乙类状态，有一定的静态电流通过，可以根据它们的伏安特性关系求得，即

$$I_{E14}=I_{ES14}\exp\left(\frac{V_{BE14}}{V_T}\right)\tag{8-7}$$

若取 $V_{CE18}=1.12\ V$，并忽略 R_6、R_7 上的压降，则有 $V_{BE14}\approx 0.56\ V$，如果 $I_{ES14}=5\times 10^{-11}\ mA$，则可以算出

$$I_{E14}\approx 113\ \mu A$$

T_{14}、T_{20} 电流应相等，故 $I_{E20}\approx 113\ \mu A$。

8.3.3　μA741 集成运算放大器电路的特点

与 μA709 集成运放相比，μA741 集成运放电路具有以下特点：

（1）电压增益高。由于电路设计上采用了有源负载，因此电路仅用了两级放大，便获得了 20 万倍的增益。

（2）输入阻抗高，输出阻抗低。该运放实际输入阻抗可达 1 MΩ以上，输出阻抗仅有几十欧姆。

（3）共模输入及差模输入的范围较宽，其共模输入电压可达-12～+12 V，差模输入电压接近电源电压。

（4）输出电压幅度大。电路最大输出电压幅度可达±13 V，接近电源电压，使得正负电源得到充分利用。

当然，μA741 的工艺要求也相对较高，若工艺水平达不到要求，电路的技术指标也不可能达到。

8.4　ICL7614 CMOS 集成运算放大器电路分析

与双极型集成运算放大器相比，CMOS 运算放大器在一些方面具有独到的优势，主要表现在输入阻抗、功耗和芯片集成度等方面。下面介绍一款低功耗 CMOS 运算放大器——ICL7614。该产品是美国 Intersil 公司低功耗 CMOS 运算放大器 ICL76××系列产品中的一款，其主要应用于测量放大器、电话传声器、助听放大器及要求高输入阻抗的缓冲器电路中。其主要特点是工作电源电压范围宽，能在±0.5～± 8.0 V 范围内正常工作，最低功耗仅

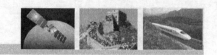

为 10 μW，使用钮扣电池供电就能正常工作。

以下着重从该运放的电路结构出发，分析该 CMOS 运放的电路特点及工作原理。

8.4.1 ICL7614 CMOS 集成运算放大器的电路结构

图 8-12 为 ICL7614 CMOS 集成运放电路原理图。

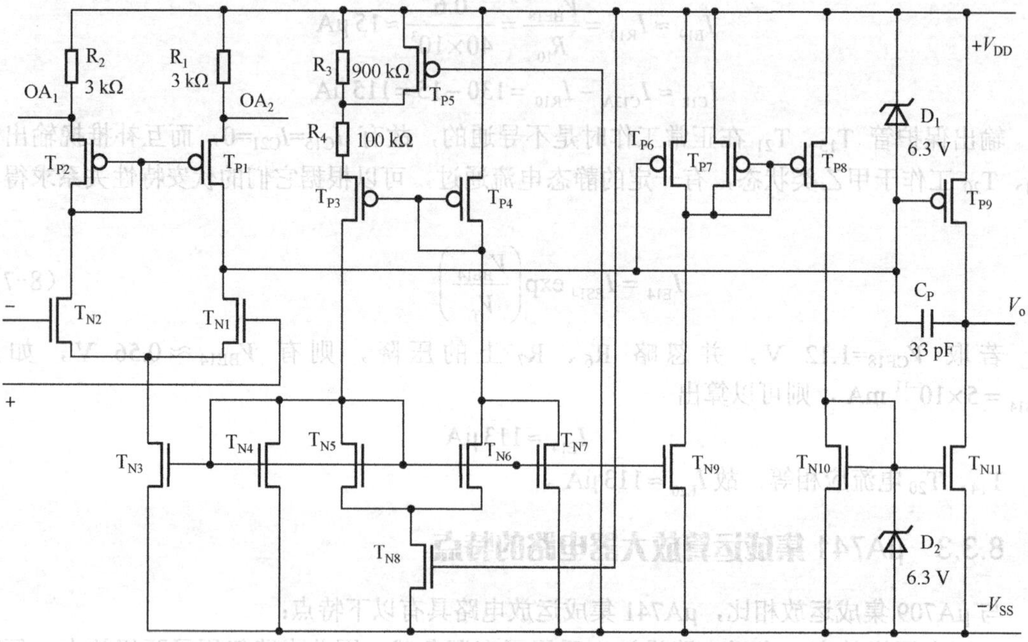

图 8-12　ICL7614　CMOS 集成运放电路原理图

由电路图可知，T_{N1}、T_{N2} 构成差分输入级，T_{N3} 作为恒流源为其提供适当的工作电流，而 T_{P1}、T_{P2} 则作为差分输入级的有源负载，且具有双转单功能。电阻 R_1、R_2 与 OA_1、OA_2 两端一起，通过外接电位器对失调进行调节。T_{N9}～T_{N11} 和 T_{P6}～T_{P9} 组成第二增益及输出级。C_P 为内部频率补偿电容，用于对运放进行频率补偿，防止自激振荡。T_{N4}～T_{N8} 和 T_{P3}～T_{P5} 构成偏置电路，用于为电路各级提供偏置。

8.4.2 工作原理

1. 偏置电路

如图 8-13 所示为 ICL7614 CMOS 集成运放的偏置电路。从图中可见，T_{P5} 的栅极接$-V_{SS}$，T_{N8} 的栅极接$+V_{DD}$，故 T_{P5}、T_{N8} 均处于非饱和状态。当 V_{DD} 与 V_{SS} 较高时，可以认为 T_{P5}、T_{P8} 漏源近似短路。

电路中，T_{N3}、T_{N4}、T_{N5}、T_{N6}、T_{N7}、T_{N9} 组成两组恒流源，分别给输入级和中间增益级提供工作电流 I_{o1}、I_{o2}。如果确定了 I_{o1}、I_{o2}，可根据上述电路求得各管的宽长比。

2. 输入级

这里使用了 NMOS 晶体管构成差分对，T_{P1}、T_{P2} 作为有源负载，同时完成双转单输出。当偏置电流 I_{o1} 确定后，T_{N1}、T_{N2} 的工作跨导便确定了。

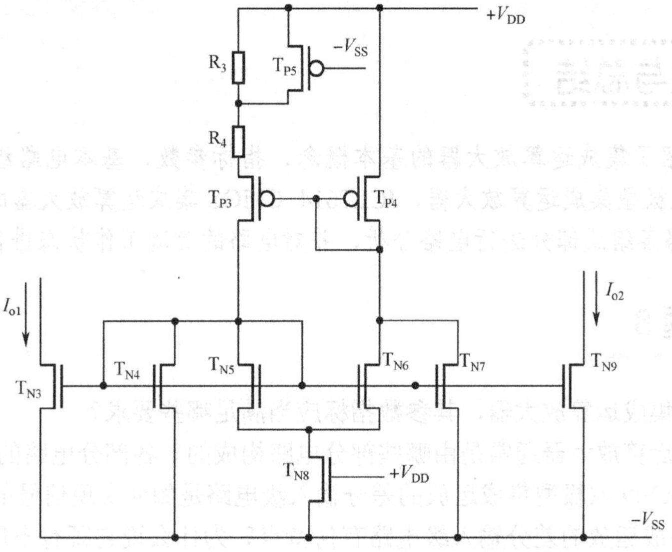

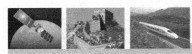

图 8-13　ICL7614 CMOS 集成运放的偏置电路

3. 输出级

如图 8-14 所示为 ICL7614 CMOS 集成运放的输出级电路，该电路属互补推挽形式，工作于甲乙类状态。下面说明其工作原理。

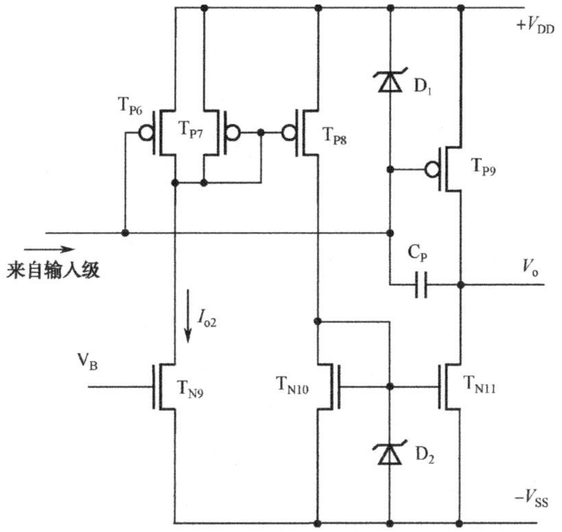

图 8-14　ICL7614 CMOS 集成运放的输出级电路

当来自输入级的单端输出信号 V_{o1} 的正半周加到 T_{P6}、T_{P9} 的栅极时，导致 T_{P6}、T_{P9} 的电流减小；由于 $I_{N9}=I_{P6}+I_{P7}$，故 T_{P6} 电流减小，这将导致 T_{P7} 的电流等量增加。又因为 T_{P7} 和 T_{P8} 构成电流镜，因此 T_{P7} 的电流增大，T_{P8} 也将增大，T_{P8} 增大导致 T_{N10} 电流增大，而 T_{N10} 与 T_{N11} 同样构成电流镜，所以 T_{N11} 电流增大，这样就起到了推挽作用。输出 MOS 管 T_{P9}、T_{N11} 要考虑负载能力，因此它们的宽长比应比其他 MOS 管的大，并根据性能指标确定。

知识梳理与总结

本章主要介绍了集成运算放大器的基本概念、指标参数、基本电路组成，重点分析了μA709、μA741 双极型集成运算放大器、ICL7614 CMOS 集成运算放大器的内部电路及其工作原理。结合电路各组成部分进行电路分析，并对电路的直流工作状态进行了定量计算。

思考与练习题 8

1. 一个理想集成运算放大器，其参数指标应当满足哪些要求？
2. 一个集成运算放大器通常是由哪些部分电路构成的？各部分电路的功能是什么？
3. 试分析 μA709 双极型集成运放的差分输入级电路是如何实现信号的双转单功能的。
4. μA741 集成运放的差分输入级电路有何特点？为什么说它既有电压增益，又有电流增益？
5. μA741 集成运放电路原理图如图 8-6 所示，试计算流过电阻 R_5 的基准电流 I_{R5}。
6. CMOS 集成运放有何优点？主要应用于哪些场合？

第9章 集成电路设计基础

集成电路版图设计是整个集成电路设计流程中十分重要的一部分。目前，集成电路版图设计与电路设计一样，通常都需要借助相关的EDA（电子设计自动化）工具才能有效地实现。本章介绍集成电路的基本设计方法，并通过实例介绍集成电路版图设计过程。

集成电路版图设计是指根据电路的功能、电路组成及相关的制造工艺流程，设计一套完整的供制作掩模用的复合版图的工程设计过程。集成电路制造厂借助所制作的掩模板，利用光刻技术就能实现电路制造的图形转移与复印，并最终得到具备预期功能且参数指标符合要求的集成电路芯片。

根据电路处理信号的不同，集成电路通常可分为数字集成电路、模拟集成电路和混合信号集成电路三类。对于不同类型的集成电路，它们的设计流程与模式存在一定的差异。就数字集成电路而言，其设计流程最为程式化也最为标准化，对应的可供利用的各种 EDA 开发工具也最齐全与成熟。

典型的数字集成电路设计过程重点包括如下三个主要的设计阶段：

（1）功能定义；（2）逻辑设计与电路设计；（3）版图设计。

从上述设计过程可以清楚地看出，集成电路版图设计位于集成电路设计的后端，它与后续的掩模制作直接接口。

对于模拟集成电路版图设计，常常需要从晶体管级开始，采用所谓的全定制设计模式。即在电路模拟通过以后，进行人工交互方式的版图设计，通过排版与布线，最终完成整个电路版图的设计。混合信号集成电路版图设计的模式兼有上述两种版图设计的特点，要根据具体的电路组成情况而定。

完成一个集成电路项目（或者子项目）的版图设计任务，需要进行如下工作，包括了解相关类型集成电路的制造工艺流程、选择适当的 EDA 平台及相应的软件设计工具（如 Cadence 软件工具）、制定版图设计规则、元器件几何尺寸的设计计算与选取、元器件图形结构的选取、版图布局布线、总图绘制与版图验证等。

9.1 集成电路设计软件与设计流程

9.1.1 主流设计软件的特色

在集成电路开发领域，目前设计软件的主要提供商包括国外的 Cadence、Synopsys、Mentor 与 Tanner 等，国内的芯愿景和华大九天等。国外前三家供应商重点提供 UNIX、Linux 环境下工作站平台的开发工具软件，是目前 IC 设计软件的主流。

Mentor 公司成立于 1981 年，其业务范围涵盖整个 EDA 领域，开发工具软件种类齐全，在业界有较高的著名度。目前在自动测试软件的开发方面具有较强的优势。

Cadence 公司成立于 1988 年，提供 EDA 整个设计流程。它在前端仿真（Verilog HDL）及后端版图布图布线方面具有很强的优势。在其发展历程中，兼并了业界许多优秀的中小型公司，使其业务范围得到迅速有效的拓展。近十多年来，该公司的销售业绩一直占据 EDA 行业首位。

Synopsys 公司成立于 1987 年，在 VHDL 逻辑仿真、逻辑综合及 IP 宏单元开发方面占有优势，其电路设计的逻辑综合工具占据了 80%以上的市场份额。

9.1.2 Cadence 软件

Cadence 软件是美国 Cadence 公司开发的集成电路设计软件的简称，它是一套大型的 EDA 综合开发工具软件，也是具有强大功能的大规模与超大规模集成电路计算机辅助设计系统软件。作为业界非常流行的 EDA 设计工具，Cadence 软件可以借助于它的各相关模块完成多种电子设计，包括 ASIC 设计、FPGA 设计和 PCB 设计等。

与其他著名的 EDA 软件相比，虽然 Cadence 的综合工具性能略为逊色，但在电路仿真、原理图设计、自动布局布线、版图设计及验证等方面都占有绝对的优势。Cadence 软件在 IC 设计方面常用的功能模块有：

（1）Verilog HDL 仿真模块——Verilog-XL；

（2）电路原理图绘制模块——Composer；

（3）模拟电路仿真模块——Analog Aritist；

（4）版图设计模块——Virtuoso；

（5）版图验证模块——Dracula 和 Diva；

（6）版图自动布局布线模块——Preview 和 Silicon Ensemble。

9.1.3 芯愿景软件

目前集成电路的设计方法分为两大类：一类是基于已有的设计知识产权（IP），采用自顶向下（TOP-DOWN）的设计流程，称为正向设计；另外一类是基于芯片背景图像，采用自底向上（BOTTOM-UP）的设计流程，称为逆向设计。

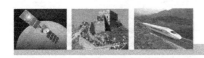

不同的设计方法所采用的设计工具也不同。目前集成电路设计行业内逆向设计的主流工具是北京芯愿景软件技术有限公司提供的 ChipLogic 系列软件。该系列软件跟上面所介绍的 Cadence 公司的全定制设计软件之间有很好的接口，因此以上两种软件的结合已经成为目前集成电路设计行业中普遍采用的设计流程，尤其是模拟电路和数模混合电路的设计。如图 9-1 所示就是基于 ChipLogic 系列软件和 Cadence 工具的版图设计流程。

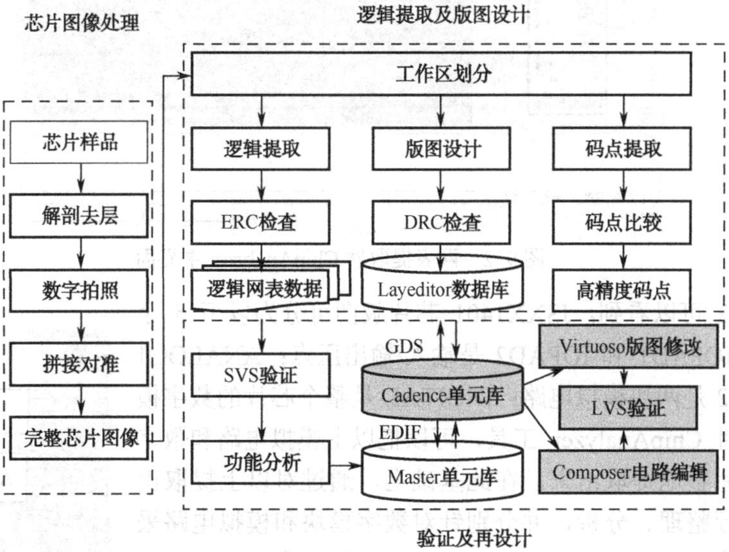

图 9-1　基于 ChipLogic 系列软件和 Cadence 工具的版图设计流程

如图 9-1 所示的流程大致包含以下三个方面的工作内容。

（1）芯片图像处理部分，通过对芯片样品进行化学处理，然后采用数码照相方式拼接形成一整套完整的以芯片为背景的图像数据。

（2）逻辑提取和版图设计部分，采用 ChipLogic 系列软件，提取逻辑网表并进行版图设计。

（3）验证和再设计部分，通过对以上提取出来的两个逻辑网表进行 SVS（Schematic vs Schematic）验证，以确认其正确性；然后采用逻辑分析工具进行功能分析、修改，同时进行版图的修改，最后完成 LVS（Layout vs Schematic）验证。

以上提到的 ChipLogic 系列软件中最重要的是管理芯片图像数据和各种分析数据的数据服务器 ChipDatacenter，以及参照芯片图像数据进行逻辑提取的网表提取器 ChipAnalyzer。

ChipDatacenter 和 ChipAnalyzer 这两个工具的简单使用方法如下。

首先启动数据服务器，执行软件中的 ChipDatacenter.exe 可执行文件；然后运行网表提取器 ChipAnalyzer，在弹出的界面中单击“连接”按钮，然后打开一个预先建立好的芯片分析工程，就能得到如图 9-2 所示界面。

图 9-2 中左下角就是一个名为 JSXX1401 的芯片版图概貌图，放大后如图 9-3 所示。

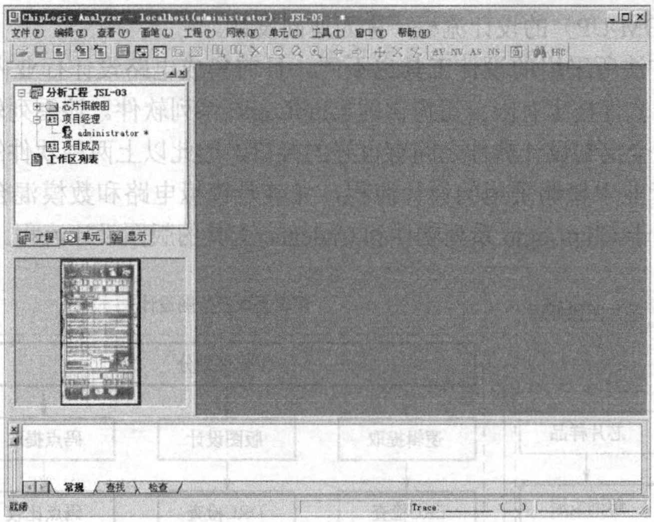

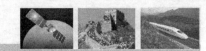

图 9-2　网表提取器 ChipAnalyzer 主界面

从图 9-3 可以看到，JSXX1401 芯片版图可分为以下 5 个模块：其中 IOPAD1 和 IOPAD2 是输入/输出压点；ANALOG1 和 ANALOG2 是两块模拟电路；DIGITAL 是整个芯片的数字模块。通过采用 ChipAnalyzer 工具，可以把以上模拟电路和数字模块的逻辑完整地提取出来。在此基础上，通过对以上提取出来的逻辑进行整理、分析，并分别针对数字模块和模拟电路采用逻辑功能仿真工具（如 Verilog-XL）与电路模拟工具（如 HSPICE 或 SPECTRE）进行逻辑设计和验证。假设将要设计的芯片与 JSXX1401 的功能类似，那么就可以参照以上提取出来的逻辑，在此基础上进行修改，即重新设计，最终形成满足芯片要求的逻辑。

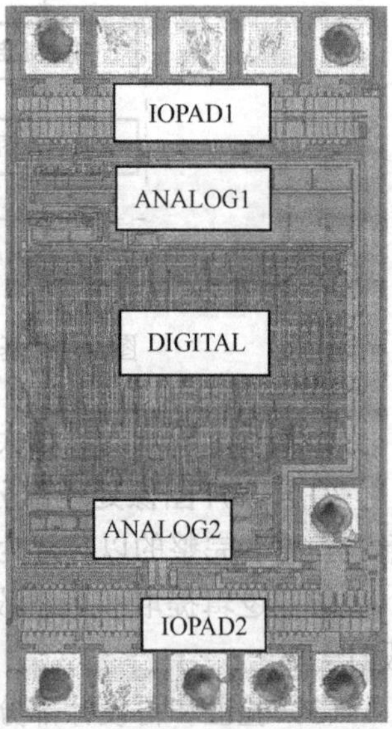

图 9-3　JSXX1401 的芯片版图概貌

将图 9-3 中的数字部分继续放大，就可以看到更详细的数字单元的版图。图 9-4 就是一个反相器的版图，包括了染色层、有源区层、一铝层和二铝层 4 层版图照片，通过这 4 层照片，可以清楚了解组成反相器的各个版图元素及它们的连接关系等，并且可以把版图中的这些元素跟图 9-4 右边的逻辑对应起来。

同样，将图 9-3 中的模拟器件进一步放大，也可以清楚地看到它们的版图结构。

关于 JSXX1401 项目将在第 10 章进行详细介绍。

通过以上简单介绍可以看出，采用 ChipLogic 系列工具，在数字电路和模拟电路设计方面可以参照已有的设计，以降低设计风险，减少设计工作量。

9.2　集成电路的设计

集成电路有数字和模拟之分，这两种类型电路的设计方法不同。

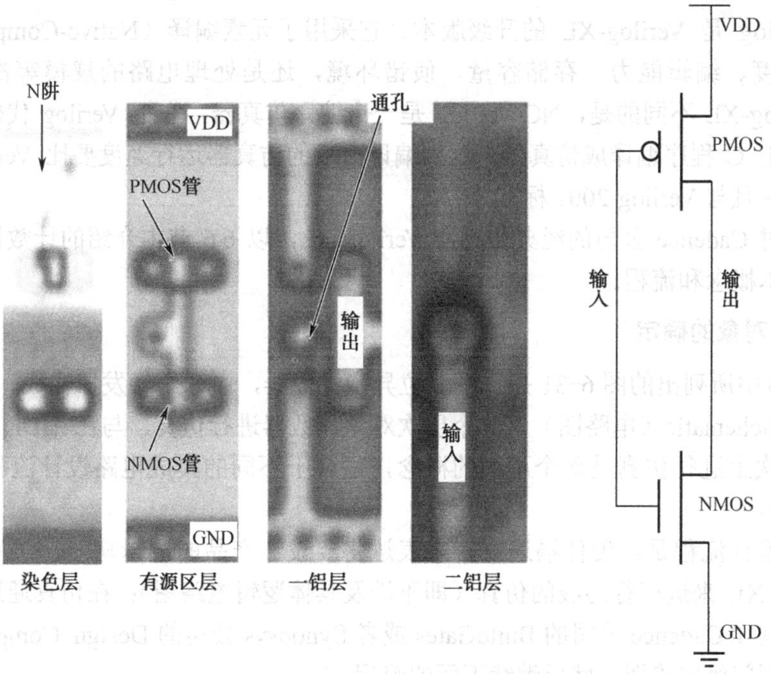

图 9-4　一个反相器的几个版图层次和逻辑对应关系

通过以上介绍可以了解到，在数字集成电路的设计中，借助工具的逻辑仿真非常重要，它可以验证所设计逻辑的正确性。

模拟集成电路的设计从流程上来说跟数字电路的设计类似，最重要的步骤也是采用合适的工具针对所设计的电路结构进行仿真。但与数字电路仿真不同的是，模拟电路的仿真除了功能确定外，性能指标的确定也是其中一个重要的方面。以一个典型的模拟电路——运算放大器为例，所谓对运算放大器进行仿真，一方面是通过进行瞬态仿真，查看输出波形是否正确，另一个方面就是要对放大器的摆率、增益和增益带宽积、相位裕度等性能指标进行仿真，检验是否符合设计要求，因此总体来说模拟电路的仿真要复杂得多。模拟电路的仿真对象通常都是管子级的电路，而电路图的获得同样可以采用上面介绍的 ChipAnalyzer 软件针对现有模拟芯片图像提取出来，也可以是模拟电路设计者根据其自身技术积累，从基本模拟单元开始，正向设计的一个复杂的模拟电路。目前行业内模拟电路的仿真工具主要有 HSPICE 和 SPECTRE 两种，下面将分别介绍。

9.2.1　数字集成电路的设计

目前集成电路设计中最常用的逻辑仿真工具是 Cadence 公司的 Verilog 系列仿真器，包括 20 世纪 80 年代末由 Cadence 公司创始人 Phil Moorby 设计的 Verilog-XL 及基于 Verilog-XL 的升级版本 NC-Verilog。

Verilog-XL 是伴随 Verilog HDL（Hardware Description Language）硬件描述语言而建立起来的解释型仿真器，它由一个运行时间解释工具执行每一条 Verilog 指令，并且与事件队列进行交流，是基于 XL 算法的快速门级仿真。Verilog HDL 是目前行业内公认的标准行为级硬件设计语言，Verilog-XL 也是 Verilog-1995 标准的参考仿真器。

NC-Verilog 是 Verilog-XL 的升级版本，它采用了元素编译（Native-Compiled）技术，无论仿真速度、编辑能力、存储容量、侦错环境，还是处理电路的规模等都有很大的提高。与 Verilog-XL 不同的是，NC-Verilog 是一个编译仿真器，它把 Verilog 代码转换成一个 C 程序，再把 C 程序编译成仿真器，这种编译而成的仿真器运行速度要比 Verilog-XL 解释仿真器快，并且与 Verilog-2001 标准兼容。

这里针对 Cadence 公司的经典仿真器 Verilog-XL，以 6.6 节中介绍的计数器为例介绍逻辑仿真的基本概念和流程。

1. 仿真对象的确定

在 6.6 节中所列出的图 6-31 是一个 8 位异步计数器，由 8 个触发器构成，采用 Verilog-XL 可以在 Schematic（电路图）这一个层次对该计数器进行仿真，与在 HDL（硬件描述语言）这个层次上进行仿真是两个不同的概念，适合于不同的集成电路设计流程和方法，这里简单解释如下。

第一种设计流程是用硬件描述语言来表达将要设计产品的逻辑功能，然后采用仿真工具如 Verilog-XL 来进行行为级的仿真（即不涉及具体逻辑电路图）；在仿真通过后可以采用逻辑综合工具如 Cadence 公司的 BuildGates 或者 Synopsys 公司的 Design Compiler 等进行逻辑综合，得到门级电路图，然后继续下面的流程。

第二种设计流程是在门级电路图上开始，如采用 9.1.3 节中介绍的 ChipAnalyzer 软件，基于一个现有芯片的背景图像提取其逻辑电路图，也可以是集成电路设计者利用其自身知识正向搭建的电路图，然后采用 Verilog-XL 在电路图这个层面上进行功能验证。在 6.6 节中如图 6-31 所示的计数器的设计就是采用这个流程。

当然有的时候这两种流程也可以混合在一起使用，以计数器为例，在整个计数器这个层面是采用的逻辑图的仿真；而对于构成计数器的每一个触发器，则是通过 Verilog HDL 语言描述触发器的功能，然后参与计数器的仿真，而不是采用管子级电路图参与仿真。原因是有些时候管子级电路图仿真会由于模型和工具原因造成无法收敛，用语言描述功能则可以避免这个问题。图 9-5 为构成计数器的基本单元——触发器的 Verilog 功能描述。

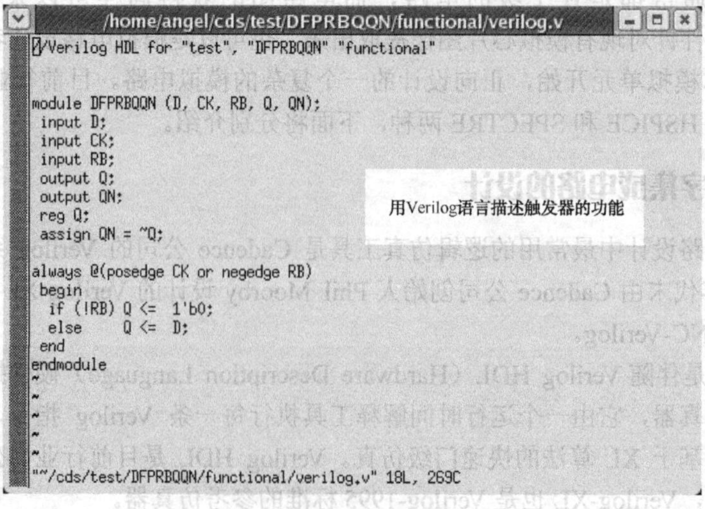
/home/angel/cds/test/DFPRBQQN/functional/verilog.v

```
//Verilog HDL for "test", "DFPRBQQN" "functional"

module DFPRBQQN (D, CK, RB, Q, QN);
 input D;
 input CK;
 input RB;
 output Q;
 output QN;
 reg Q;
 assign QN = ~Q;
always @(posedge CK or negedge RB)
 begin
  if (!RB) Q <= 1'b0;
  else     Q <= D;
 end
endmodule
~
~
~
~
~
""/cds/test/DFPRBQQN/functional/verilog.v" 18L, 269C
```


图 9-5 一个触发器的 Verilog 功能描述

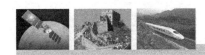

在这种 functional（功能性）描述、Schematic（逻辑图）描述等都存在情况下的仿真，Verilog-XL 工具可以设置仿真优先级，即以哪种形式的描述作为工具首选的仿真对象。

2. 仿真激励的生成

仿真验证需要两个要素，一个就是以上所准备好的仿真对象，另外一个就是仿真激励。Verilog-XL 提供了仿真激励编辑界面，设计者可以在此界面中进行仿真激励的编写。

如针对以上 8 位异步计数器，可以编写如图 9-6 所示的名为 testfixture.new 的仿真激励。

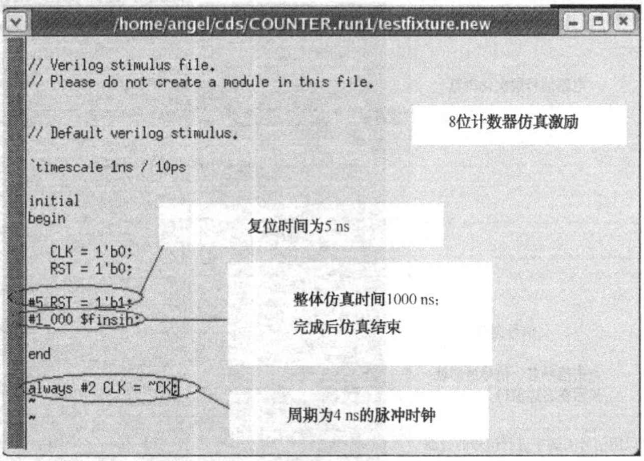

图 9-6 8 位异步计数器的仿真激励

3. 编译、仿真和结果查看

在以上仿真对象和仿真激励准备好之后就开始进行编译。编译是仿真器对于设计所准备的两个要素进行错误检查，并转换成 Verilog-XL 仿真器所能够识别的数据格式。

在以上编译过程没有错误的前提下可以进行逻辑仿真。仿真过程中可以随时暂停、中止或进行 Debug（可以强制设定电路寄存器的值，设定停止时间和停止条件等）。

最后打开仿真波形查看工具 SimVision，检查仿真结果，如图 9-7 所示。

9.2.2 HSPICE 仿真

1972 年美国加利福尼亚大学伯克利分校电机工程和计算机科学系开发了用于集成电路性能分析的电路模拟程序 SPICE（Simulation Program with IC Emphasis）。在此基础上，Meta-Software 公司增加了一些新的功能，使其发展成为一个商业化的通用电路模拟软件 HSPICE，主要针对集成电路设计中的稳态分析、瞬态分析和频域分析等电路性能的模拟分析。HSPICE 与 Cadence 等主要 EDA 设计工具兼容，能提供关键性的电路模拟和设计方案。

采用 HSPICE 工具进行模拟电路仿真的大致流程如图 9-8 所示。

首先制定将要设计的模拟电路的各项规格，包括功能、性能指标等；然后通过参照已有的设计或者设计者自己定义该电路的初始结构，确定电路中各个元器件的参数，通常除了管子外，还应该有电阻、电容等模拟器件；然后把由以上管子、电阻、电容等器件组成的电路结构采用逻辑输入工具进行输入，如 Cadence 公司的 Composer 等，并导出 HSPICE 能够识别的网表文件，通常这个文件是 CDL（Circuit Description Language）格式的，导出的网表需要根据 HSPICE 的格式要求做微小的修改。以上步骤相当于数字电路逻辑仿真中的仿真对象的准备。

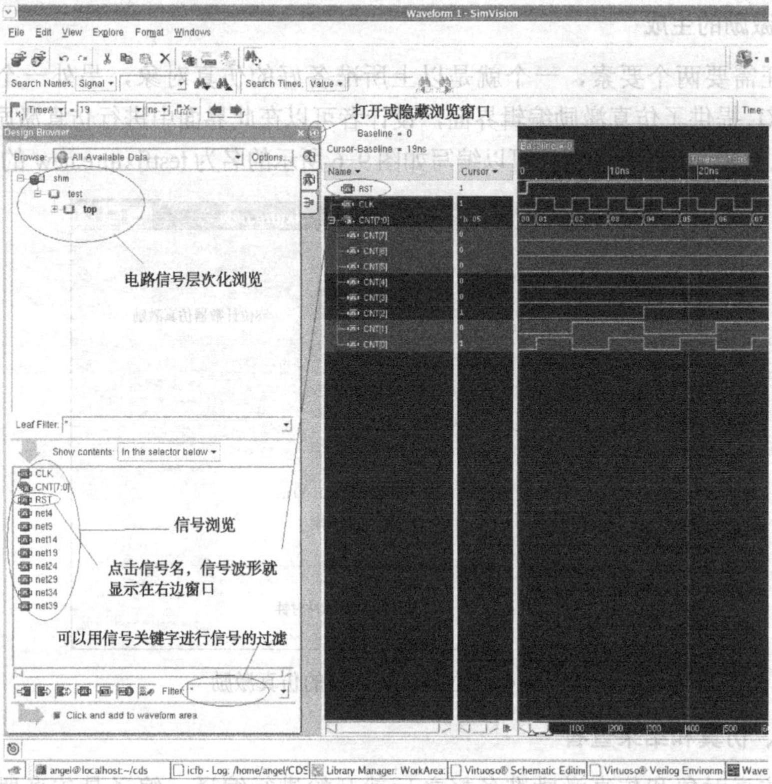

图 9-7　计数器仿真波形的浏览

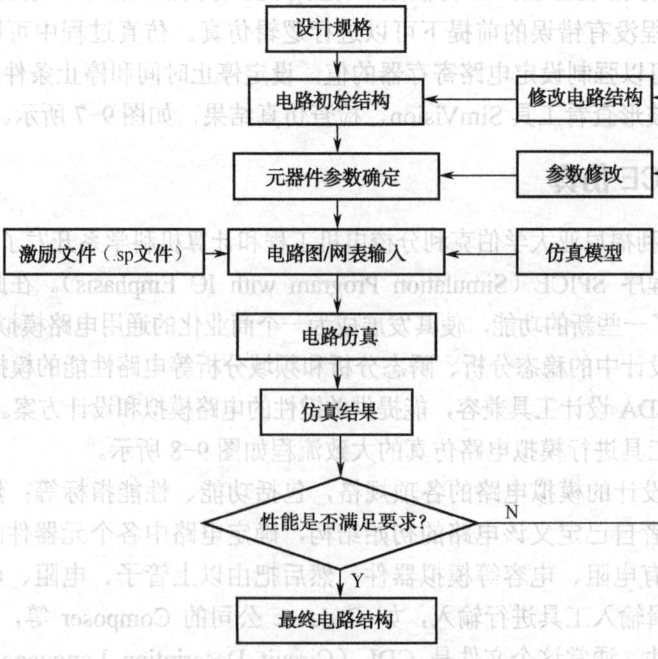

图 9-8　HSPICE 仿真的流程图

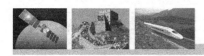

同数字电路的逻辑功能仿真一样，下一步就是准备仿真激励，HSPICE 的仿真激励通常以.sp 为文件后缀；与此同时准备好 HSPICE 仿真的模型，这个模型通常是由半导体圆片加工厂提供的。

以上工作准备好之后就可以开始进行电路仿真了，同时可以查看仿真波形是否正确，也可以从波形中判断该模拟电路的性能指标是否达到预先的设计要求。

下面以 6.11 节介绍的微控制器 JSXX1301 中的复位模块电路——RST 为例，简单介绍一下 HSPICE 的使用。图 9-9 为 JSXX1301 电路中的复位模块电路结构。

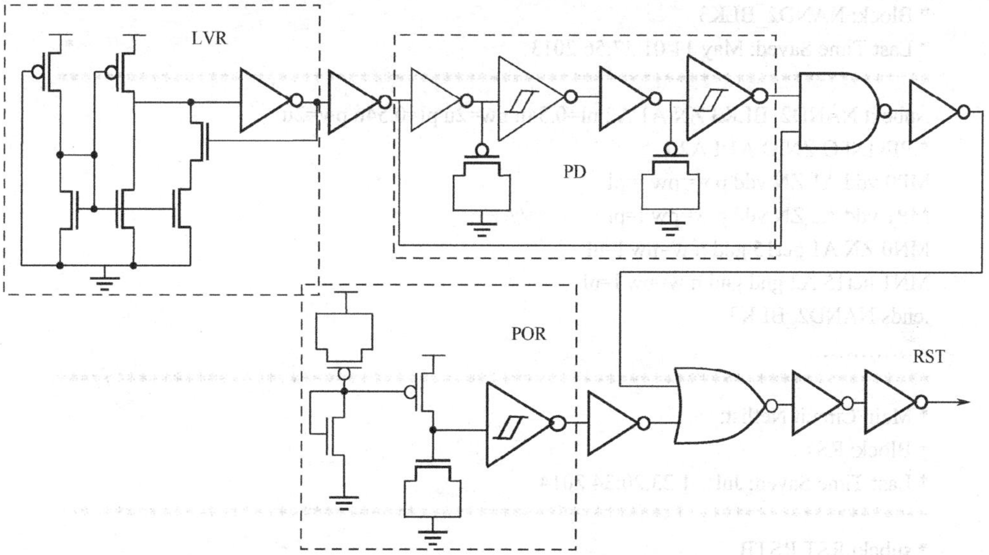

图 9-9 JSXX1301 电路中的复位模块电路结构

RST 复位模块由上电路复位模块 POR（Power On Reset）、低电压复位模块 LVR（Low Voltage Reset）和上升沿延时模块 PD（Posedge Delay）三部分组成，其中 PD 模块是用来滤除电源上的干扰信号的，以防止微控制器频繁复位。

将以上电路图转化为 HSPICE 可以识别的网表，以下为该网表文件 RST.cdl 中的一部分。

```
************************************************************************
* CDL Netlist:
* Cell Name: RST
* Netlisted on: Jul    1 23:24:24 2014
************************************************************************
* Global Net Declarations
************************************************************************
*.GLOBAL gnd vdd
************************************************************************
* PIN Control Statement
************************************************************************
*.PIN gnd vdd
************************************************************************
* BIPOLAR Declarations
************************************************************************
```

```
*.BIPOLAR
*.RESI = 2000.000000
*.RESVAL
*.CAPVAL
*.DIOPERI
*.DIOAREA
*.SCALE METER
*************************************************************************
* Sub-Circuit Netlist:
* Block: NAND2_BLK3
* Last Time Saved: May 11 01:27:56 2013                                  *
*************************************************************************
.subckt NAND2_BLK3 ZN A1 A2 nl=0.54u nw=2u pl=0.54u pw=2u
*.PININFO ZN:O A1:I A2:I
MP0 vdd A1 ZN vdd p w=pw l=pl
MP1 vdd A2 ZN vdd p w=pw l=pl
MN0 ZN A1 net15 gnd n w=nw l=nl
MN1 net15 A2 gnd gnd n w=nw l=nl
.ends NAND2_BLK3
……………
*************************************************************************
* Main Circuit Netlist:
* Block: RST
* Last Time Saved: Jul   1 23:20:34 2014
*************************************************************************
*.subckt RST RSTB
*.PININFO RSTB:O
MN8 W3 W2 gnd gnd n w=1u l=0.54u
MN4 W5 W5 gnd gnd n w=1u l=19.6u
MN3 LVR net0166 gnd gnd n w=1u l=0.54u
MN2 net077 W4 gnd gnd n w=1u l=15u
MN1 net080 net0151 gnd gnd n w=1u l=15u
MN7 gnd W1 net0218 gnd n w=1u l=4u m=2
MN6 gnd W1 W2 gnd n w=1u l=4u
……………
XI3 net0252 W6 SHMIT_BLK3
XI4 net0151 net077 SHMIT_BLK3
XP40 POR net0252 BUF_BLK3
XI2 W4 W3 BUF_BLK3
XP31 RSTB net0264 INV5_BLK3
XI7 net0166 net0153 W4 NAND2_BLK3
*.ends RST
```

然后编写整个模块的仿真激励文件，通常激励文件中包含仿真的选项语句（.option）、仿真类型语句（.tran、.dc、.ac 等）、参数（parameter）语句、电压源（Vxx）、电流源（Ixx）、网表引用语句（.inc）、模型应用语句（.lib）、输出设置语句（.probe、.print 等）、结束语句（.end）。图 9-10 为 RST 模块的仿真激励文件 RST.sp。

如图 9-10 所示的激励文件中最重要的一句话是电压源描述语句，该语句中第一个

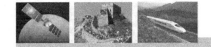

"VDD"表明这是一个电压源，"VDD 0"则表示该电压源加到 VDD 和 0 之间，"0"在 HSPICE 中表示接"地"，"0"、"gnd"在 HSPICE 中都表示地，电压是 0V。"pwl"表示电压源的类型，这是一个分段线性源，"pwl"后面的第一个数字表示时间，第二个数字表示电压，第三个数字表示时间，第四个数字表示电压，以此类推。本例中 0 时刻电压为 0 V，50 ms 时电压线性变化到 3 V，100 ms 时电压是 3 V，150 ms 时电压线性变化到 0 V，具体的 VDD 电压参考如图 9-11 所示的仿真波形图。

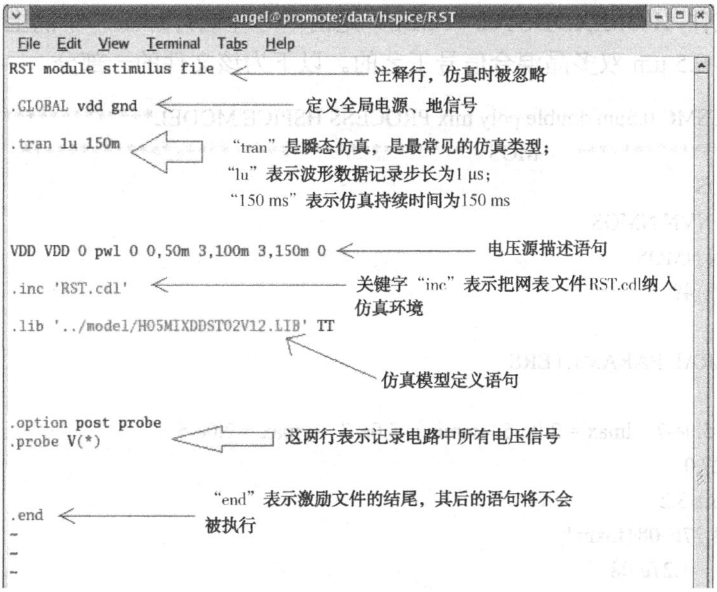

图 9-10　复位模块的 HSPICE 仿真激励

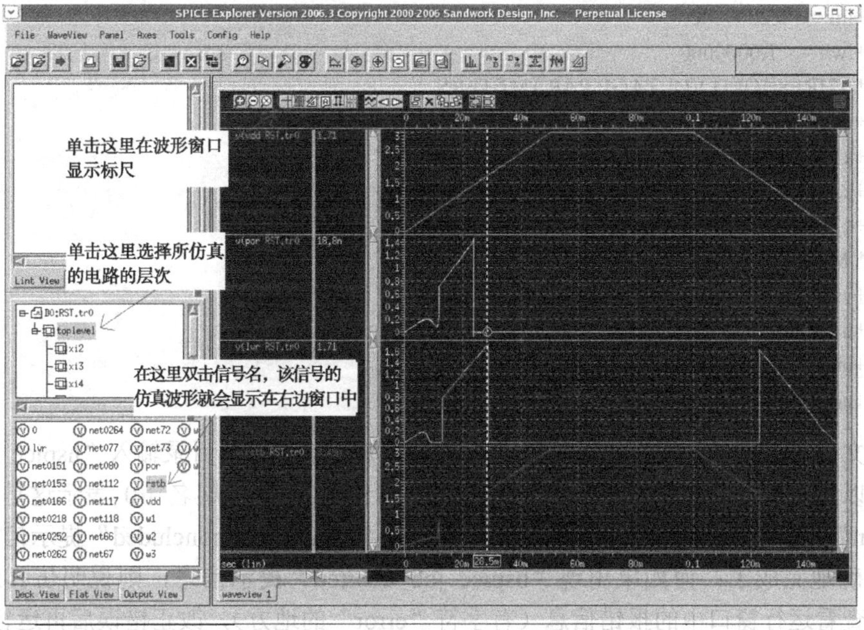

图 9-11　复位模块的仿真波形

如图 9-10 所示的激励文件中还有一个模型定义语句，其中“lib”为关键字，模型文件名是“H05MIXDDST02V12.LIB”，该文件位于目录“../model”中，最后的“TT”表示本次仿真 PMOS 管和 NMOS 管都采用了模型中的典型（Typical）工艺条件，此外还有 FS、SF、FF、SS 总共 5 个工艺角。其中 FS 表示“Fast NMOS Slow PMOS”，以此类推。Fast 器件阈值电压低、工作速度快，Slow 器件阈值电压高、工作速度慢。对这 5 个工艺角进行仿真可确认电路对工艺波动的适应性。

仿真模型文件 H05MIXDDST02V12.LIB 是由半导体圆片加工厂华润上华（CSMC）提供的，是针对其 0.5 μm 双多晶混合信号工艺的。以下为该文件的一部分。

```
******CSMC 0.5um double poly mix PROCESS HSPICE MODEL********************
********************     MOS     ****************************************
.LIB MOS
*.model NVN NMOS
.model N NMOS
+level =   49
*
* GENERAL PARAMETERS
*
+lmin = 5.0e-7   lmax = 2.0e-5   wmin = 5.0e-7   wmax = 2.0e-5
+tref = 27.0
+version = 3.2
+tox = '1.27E-08+toxnn'
+toxm =    1.27e-08
+xj =    2.0000000e-07
+nch =    1.5216001e+17
+lln =    0.2000000
+lwn =    1.0000000
* THRESHOLD VOLTAGE PARAMETERS
+vth0 = '7.45E-01+vthnn'
+k1 =    0.8158910
+k2 =    2.5926311e-02
+k3 =    -6.5757990
* MOBILITY PARAMETERS
+vsat = 8.9783460e+04   pvsat =    5.4599990e-10
+ua =    -3.6957750e-10
+ub =    2.1337709e-18
+uc =    4.6531370e-11
```

以上文件全部准备好之后，就可以运行 HSPICE 了。在当前目录输入“hspice RST.sp”命令就可以运行仿真，仿真结束后产生波形文件 RST.tr0，其扩展名 tr0 表示这是运行瞬态仿真“tran”产生的波形文件。仿真结束后如出现“hspice job concluded”提示信息，则说明仿真正确地完成了；而如果出现“hspice job aborted”提示信息，则说明仿真还没有完成，需要查看运行窗口中的报错信息（有字符“error”的地方），改正错误后再运行仿真。

仿真正确结束后在 linux 命令行中输入“sx &”命令调用波形查看软件“SPICE

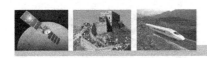

Explorer”来查看波形，软件打开后打开仿真输出的波形文件“RST.tr0”，然后把需要观察的信号添加到波形显示窗口中，如图 9-11 所示。

从图 9-11 可以看出，当电源电压上升到 1.7 V 时，低压复位信号“LVR”从高电平变为低电平，表示低压复位结束，电路开始工作；而当电源电压由于干扰等原因下降到 1.6 V 时，低压复位信号“LVR”从低电平变为高电平，使电路复位，避免电路进入错误状态。上电复位信号“POR”则在 VDD 上升的过程中从高电平变为低电平，表示上电复位结束。在电路实际工作时，VDD 的上升速度是不确定的，当上升速度较快时，“POR”信号使电路从复位状态开始工作；而当 VDD 上升速度较慢时，“POR”信号往往很早就从高电平变为低电平，此时就需要“LVR”信号来使电路可靠地从复位状态开始工作。如上所述，上电复位信号“POR”和低压复位信号“LVR”配合工作，可使电路可靠地工作。

9.2.3　SPECTRE 仿真

SPECTRE 是 Cadence 公司的电路仿真工具，其基本功能与 HSPICE 相同，两者采用了类似的算法，但 SPECTRE 仿真速度更快，收敛性更好，仿真结果更加精确和可靠，仿真方法也更加灵活。

下面以一个采用华润上华 0.18 μm 工艺的运算放大器——opa 为例，简单介绍 SPECTRE 的使用。图 9-12 为该运放的电路图。

首先建立仿真的环境，如图 9-13 所示。该图中添加了激励电压源 V_0，提供电源电压 1.8 V；另外还添加了激励电流源 I_1 提供放大器偏置电流 5 μA；输入信号源 V_1 直流共模电平为 900 mV，用于直流 DC 静态工作点；而且还带有 1 V 的小信号用于交流仿真，测量差分放大器小信号增益、相位裕度等参数；C_1 为负载电容，值为 3 pF，C_0 为 1 000 μF 的电容，L_0 为 1 GH 的电感，C_0 及 L_0 构成一个直流短路、交流通路的电路，保证直流静态工作点的同时可以测得交流开环增益。

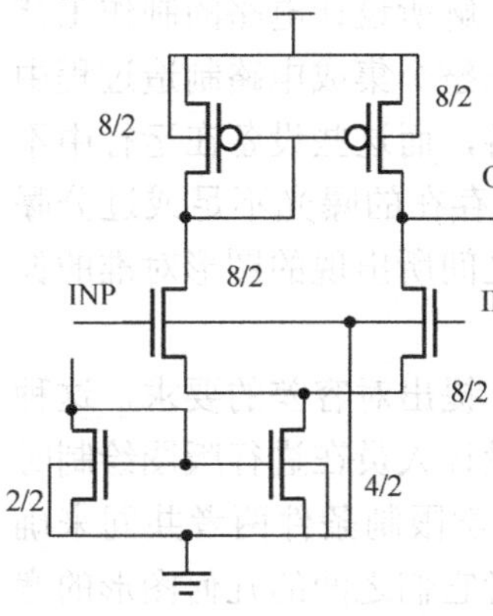

图 9-12　运放的电路图

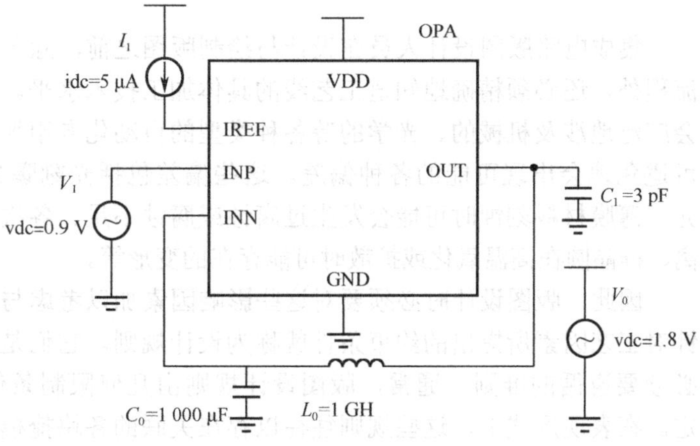

图 9-13　运放的仿真环境

然后启动仿真工具——SPECTRE，并设置仿真模型，同 HSPICE 一样，选择 TT 工艺条件。

接下来首先进行直流仿真，并保存静态工作点；之后进行交流仿真，图 9-14 为其中的交流仿真结果——相频特性曲线。

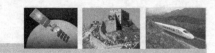

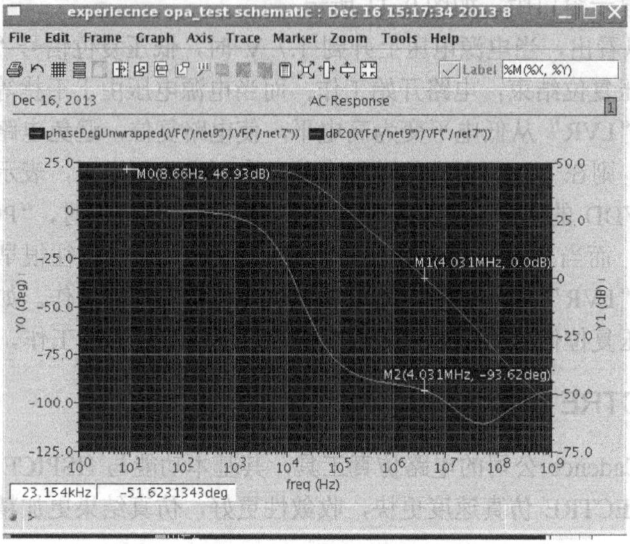

图 9-14 运放的交流仿真结果

图 9-14 中 *Y* 轴左边为相位，右边为增益，而 *X* 轴为频率，鼠标在曲线上移动并选取点记录数值，按下 M 键，即可生成一个标记。

由 M0 可知，低频增益为 46.93 dB；由 M1 可知增益降低为 0 dB 时的频率为 4.031 MHz，因而单位增益带宽为 4.031 MHz；由 M2 可知相位曲线下降为 0 dB 时的相位为-93.62 deg，因而相位裕度为 180-93.62=86.38 deg。

9.3 版图设计规则

集成电路版图设计人员在设计与绘制版图之前，除了需要了解所设计电路的制作工艺流程外，还必须精确地知道工艺线的具体加工技术水平。因为在整个集成电路制造过程中会广泛地涉及机械的、光学的等各种类型的自动化专用加工设备，而这些设备在运行中不可避免地会出现可能的各种偏差。这些偏差包括光刻曝光时所存在的曝光不足或过分曝光、薄膜材料刻蚀时可能会发生过腐蚀或腐蚀不足、各次光刻之间所出现的图形对准的偏离、硅晶圆在高温氧化或扩散时可能存在的变形等。

因此，版图设计时必须要对这些影响因素加以考虑与规定，提出对容差的要求，这种针对工艺因素所提出的约束条件就称为设计规则。它们是版图设计人员在进行版图绘制时必须要遵循的准则。通常，版图设计规则由几何限制条件与电学限制条件两者共同来确定。在表现形式上，这些规则往往以存在关联的各块掩模板或者它们之间的几何图形的宽度、间距及重叠量等的最小容许值的形式出现。在版图绘制过程中或者版图整体绘制结束以后，可以根据事先确定的设计规则用对应命令做设计规则检查（DRC）。设计人员根据检查结果做出判断，版图是否需要修改或者调整，直到满足事先所确定的设计规则为止。

版图设计规则实际上是 IC 设计公司与晶圆代工企业之间达成的一种接口规范或协议，双方都应严格遵循这个规范或协议行事。一方面，有了版图设计规则，设计人员可以在不了解工艺细节的情况下，按照设计规则的要求成功地设计出集成电路产品；另一方面，产品工艺线上的工艺工程师也无须深入了解版图设计的内容，只需按照设计规则严格要求控制加工精度，就能够制造出合格的电路芯片。因此，这种模式对于整个集成电路技术的发展是十分有利的，它可以使集成电路的设计与制造以相对独立的方式来进行，从而使得各自领域的工程师们可以集中精力解决他们各自所遇到的问题。

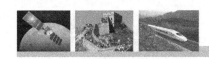

以 CMOS 数字集成电路为例，版图设计规则一般是以 MOS 晶体管的沟道长度或光刻的特征尺寸来标志的。例如，沟道长度为1.5 μm 或 0.6 μm 的设计规则，分别简称为1.5 μm 或 0.6 μm 的设计规则。IC 设计公司在与晶圆代工企业签订芯片代工合同后，晶圆代工企业将向设计公司提供相关工艺的版图设计规则及其他技术文档。

从设计规则的内容来看，集成电路的版图设计规则主要包含下面将要介绍的四种规则。

9.3.1　最小宽度规则

如图 9-15 所示，版图设计时，不同图层上的各种对象如多晶硅栅电极及其连线、金属布线等，它们的宽度都必须大于或等于设计规则中规定的最小数值。否则如果金属连线宽度太窄，往往由于工艺偏差的影响而导致局部金属条断线并且形成过大的串联电阻，从而影响电路性能。

9.3.2　最小间距规则

如图 9-16 所示，在同一图层上各几何图形对象之间的间隔必须大于或等于最小间距。例如，如果两条多晶硅连线间的间隔太近，可能会造成短路；在另外一些情况下，不同图层的图形间隔也不能小于最小间距，如多晶硅与有源区之间要保持最小间距，以避免发生重叠。

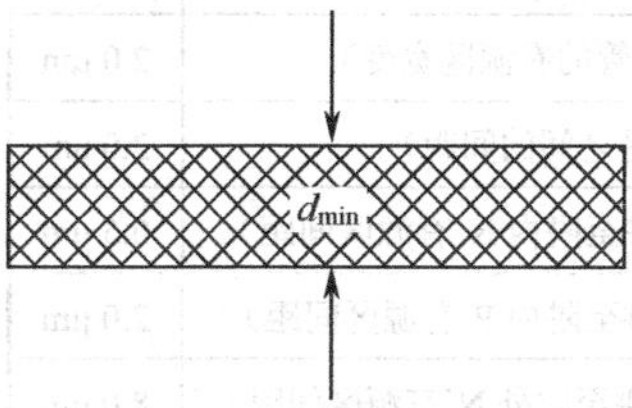

图 9-15　最小宽度规则

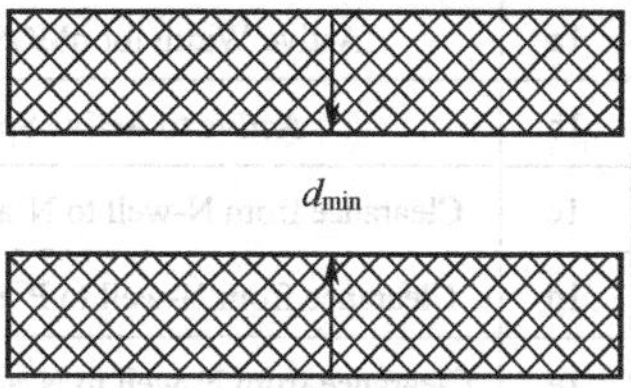

图 9-16　最小间距规则

9.3.3　最小包围规则

如图 9-17 所示，N 阱、N^+和 P^+离子注入区在包围有源区时，都应该有足够的余量，以确保当出现光刻套准偏差时，器件的有源区始终在 N 阱、N^+和 P^+离子注入区内。另外，为了保证接触孔位于多晶硅（或有源区）内，应使多晶硅、有源区和金属对接触孔四周都要保持一定的覆盖。

9.3.4　最小延伸规则

如图 9-18 所示，当某些图层上的对象与其他图层上的对象重叠时，不能仅仅到达边缘为止，还要延伸到边缘之外一个最小长度。例如，多晶硅栅极必须延伸到有源区之外一定长度，以确保 MOS 晶体管有源区边缘能够正常工作，避免源极和漏极在边缘短路。

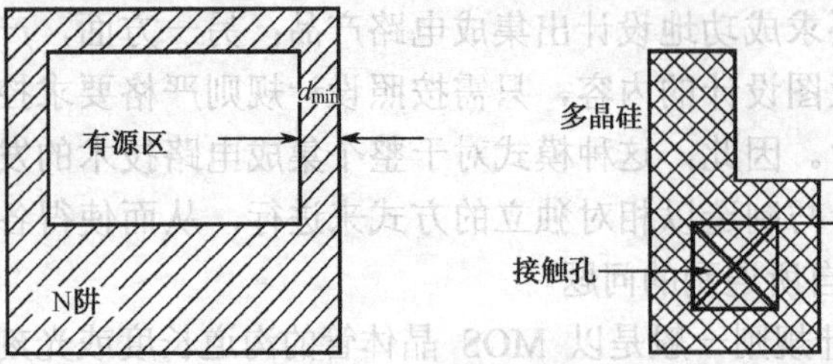

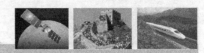

图 9-17　最小包围规则

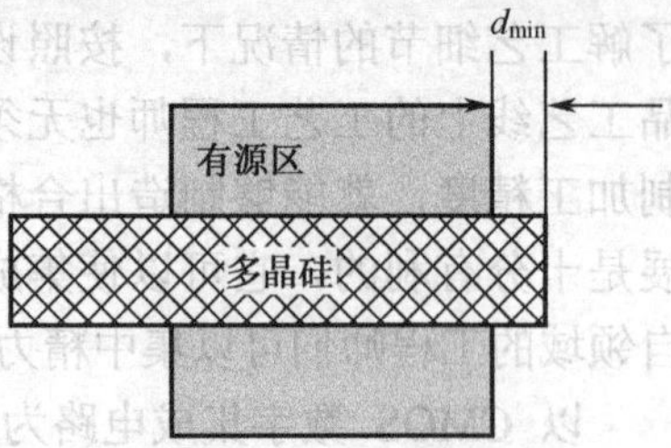

图 9-18　最小延伸规则

图 9-19～图 9-22 显示了 1.5 μm 硅栅 CMOS 集成电路版图设计的主要设计规则，同时表 9-1～表 9-4 给出了相应的规则参数取值。

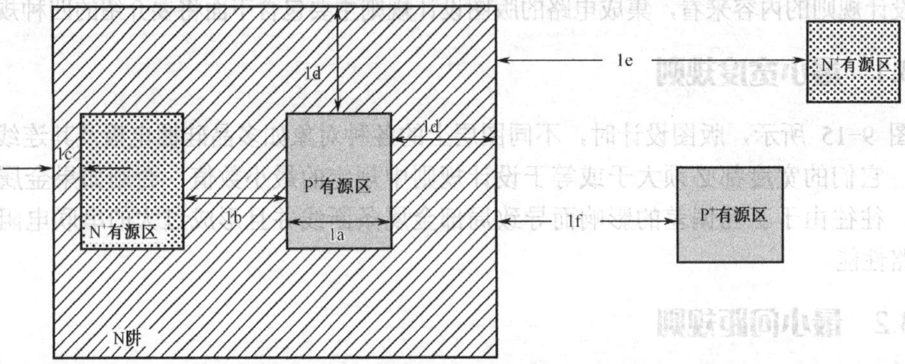

图 9-19　有源区

表 9-1　1.5 μm 硅栅 CMOS 有源区[图 9-19（a）]设计规则参数

序号	规 则 名 称	参数值
1a	Active Width for nMOS/pMOS（制作 MOS 管的有源区宽度）	2.0 μm
1b	Active to Active Space（有源区与有源区之间的间距）	2.0 μm
1c	Clearance from N-well to N^+act inside n-well（N 阱至阱内 N^+有源区间距）	0.5 μm
1d	Clearance from N-well to P^+act inside n-well（N 阱至阱内 P^+有源区间距）	2.0 μm
1e	Clearance from N-well to N^+act outside n-well（N 阱至阱外 N^+有源区间距）	8.0 μm
1f	Clearance from N-well to P^+act outside n-well（N 阱至阱外 P^+有源区间距）	4.0 μm

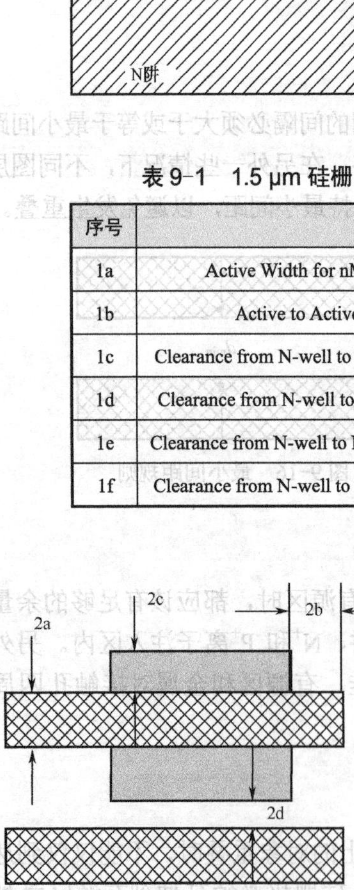

图 9-20　多晶硅

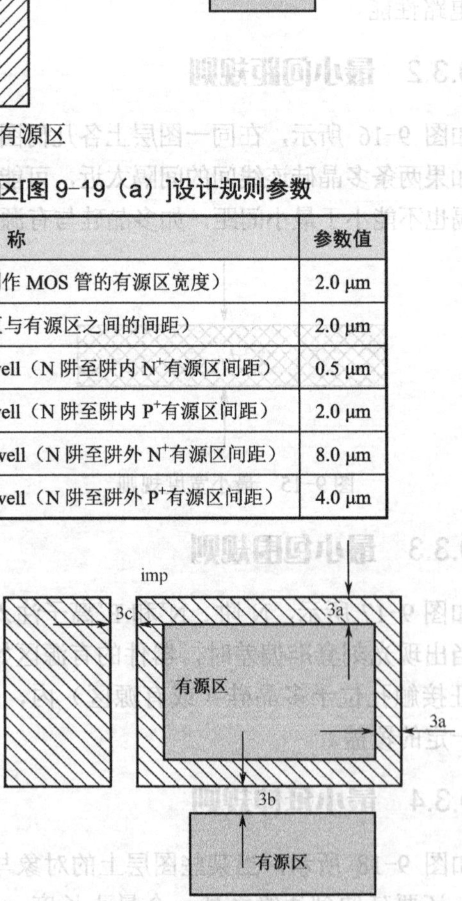

图 9-21　源漏注入区

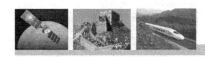

表 9-2　1.5 μm 硅栅 CMOS 多晶硅[图 9-20]设计规则参数

序号	规 则 名 称	参数值
2a	Poly Width（多晶硅宽度）	1.5 μm
2b	Poly Overhang out of Active into Field（多晶硅从有源区至场区的延伸）	0.8 μm
2c	Poly on Active to Active Space（多晶硅至有源区的内间距）	0.8 μm
2d	Poly on Field to Active edge（场区的多晶硅与有源区的间距）	0.8 μm

表 9-3　1.5 μm 硅栅 CMOS 源漏注入区[图 9-21]设计规则参数

序号	规 则 名 称	参数值
3a	Implant Enclose Active（注入包围有源区）	1.0 μm
3b	Implant to Active Space（注入至有源区的间距）	0.8 μm
3c	Implant to Implant Space（注入至注入的间距）	0.8 μm

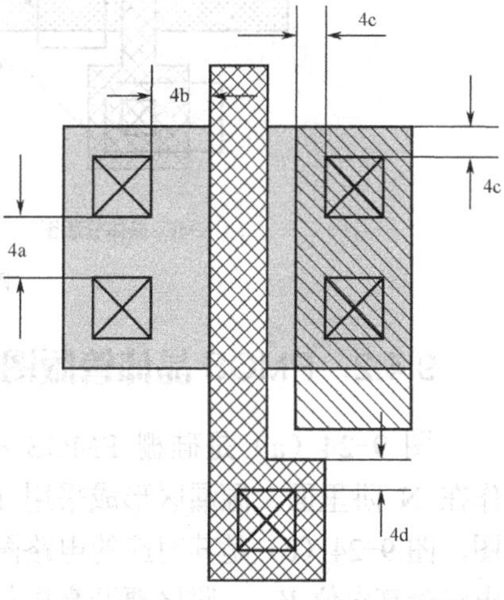

图 9-22　接触孔

表 9-4　1.5 μm 硅栅 CMOS 接触孔[图 9-22]设计规则参数

序号	规 则 名 称	参数值
4a	Contact to Contact Space（接触孔的间距）	1.5 μm
4b	Contact on Active to Poly gate Space（有源区的接触孔至多晶硅栅的间距）	1.5 μm
4c	Metal Overlap Over Contact（金属覆盖接触孔）	0.8 μm
4d	Poly Overlap Over Contact（多晶硅覆盖接触孔）	0.8 μm

9.4　元器件图形结构

元器件图形结构的选取是版图设计中十分重要的一环，图形结构是否合理将直接影响电路性能，下面重点给出并说明 MOS 晶体管、双极型晶体管等器件的版图图形结构，供设计时参考。

9.4.1　NMOS 晶体管版图

图 9-23（a）是硅栅 NMOS 晶体管版图，图中采用 P-Si 衬底，其中 L 为沟道长度、W 为沟道宽度。各图层标志依次为：act 为有源区、N^+imp 为 N^+离子注入、Poly 为多晶硅栅极、Contact 为接触孔、Metal 为金属电极。一般集成电路中的 MOS 晶体管的源极、漏极可以互换使用，主要根据电流方向而定。图 9-23（b）是 3 个 NMOS 晶体管串联的版图，V_{SS}

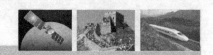

为地线或负电源。为形成良好欧姆接触，图示位置需注入 N^+imp。

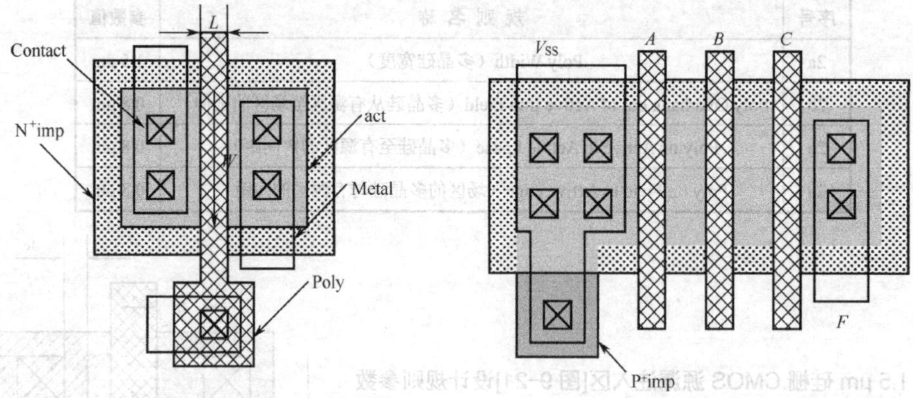

（a）NMOS晶体管版图　　（b）3个NMOS晶体管串联的版图

图 9-23　NMOS 晶体管版图

9.4.2　PMOS 晶体管版图

图 9-24（a）是硅栅 PMOS 晶体管版图，若衬底采用 P-Si，则 PMOS 晶体管需要制作在 N 阱里面，源漏区形成采用 P^+离子注入。图 9-24（b）是两个 PMOS 晶体管并联的版图，图 9-24（c）是其对应的电路图，其中并联晶体管的源极一端接正电源 V_{DD}。为使 N 阱接电路最高电位 V_{DD}，阱区要开高电位孔，并在 N^+注入时一同注入，以形成良好的欧姆接触。

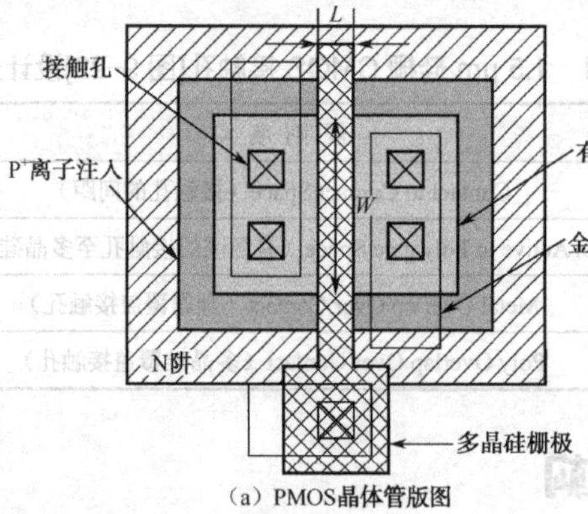

（a）PMOS晶体管版图

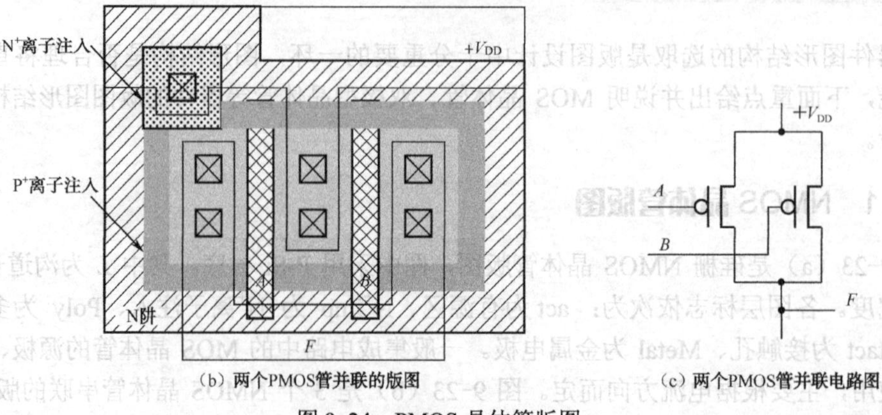

（b）两个PMOS管并联的版图　　（c）两个PMOS管并联电路图

图 9-24　PMOS 晶体管版图

9.4.3 NPN 型晶体管

由于 Si 材料中电子迁移率 μ_n 大于空穴迁移率 μ_p，因而在双极型集成电路中作为主信号放大，开关应用的晶体管主要使用 NPN 型晶体管。它在集成电路中最常用的图形结构有 4 种。下面分别讨论它们的特点。

1. 单基极条形结构

如图 9-25 所示的单基极条形结构是双极型集成电路中 NPN 型晶体管最常用的一种图形结构。由于它的发射区有效周长 l_{eff} 较短，因此允许通过的最大集电极电流较小。但由于其面积可以做得较小，故具有较高的特征频率 f_T。但同样由于只有一条基极电极条，必然使基极扩展电阻 r'_{bb} 增大，这对提高晶体管的最高振荡频率及减小晶体管的噪声都是不利的。因此，这种图形适用于要求通过电流较小而特征频率较高的电路。

2. 双基极条形结构

如图 9-26 所示的双基极条形结构也是双极型集成电路中最常用的一种图形结构。与单基极条形相比，若两者发射区的图形一样，则双基极条形的发射区有效周长 l_{eff} 大一倍，允许通过的最大电流也大一倍。双基极条形结构的面积略大于单基极条形结构，其特征频率 f_T 稍有降低，但由于基区扩展电阻 r'_{bb} 是单基极条形结构的一半，因此最高振荡频率比单基极形结构的晶体管要高。

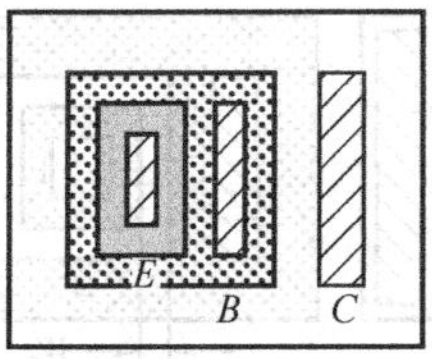

图 9-25　单基极条形结构

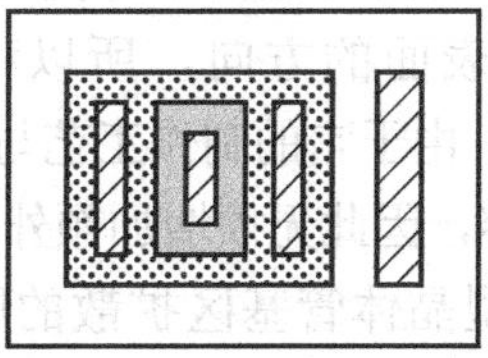
图 9-26　双基极条形结构

3. 马蹄形结构

图 9-27 马蹄形结构也是双极型集成电路中常用的图形结构之一。与双基极条形相比，在发射区长和宽相同的情况下，允许通过的最大电流 I_{CM} 大致相同，基区扩展电阻 r'_{bb} 也基本相同。这种马蹄形结构的主要特点是集电极串联电阻 r_{CS} 较小，因此在双极型数字集成电路中输出管的图形结构常采用这种形式。

4. 梳状结构

图 9-28 梳形结构的最大特点是允许通过的最大集电极电流较大，而且又能保持良好的频率特性，这是由于它虽然增加了发射极的周长，但基区扩展电阻较小，从而使得最高振荡频率仍然可以做得很高。然而这种结构的图形发射区通常设计得较窄，且发射区与基区之间的间距较小，所以在工艺上对制版及光刻的要求很高，不仅要求能制作出细线条的掩模板，而且要求各块掩模板相互套准也很好。

由于晶体管在电路中所起的作用不同，它们在版图中的图形结构也不同，有时可以看到在同一块版图中就有几种晶体管图形。因此，在设计版图之前，应该明确各个晶体管在电路中的作用，以便决定采用的图形结构。

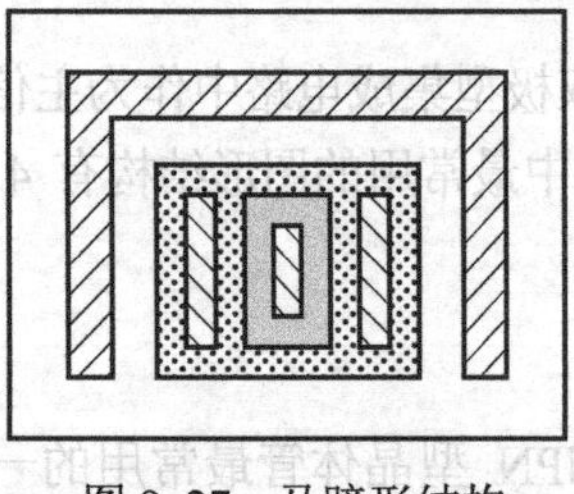

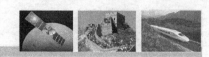

图 9-27　马蹄形结构

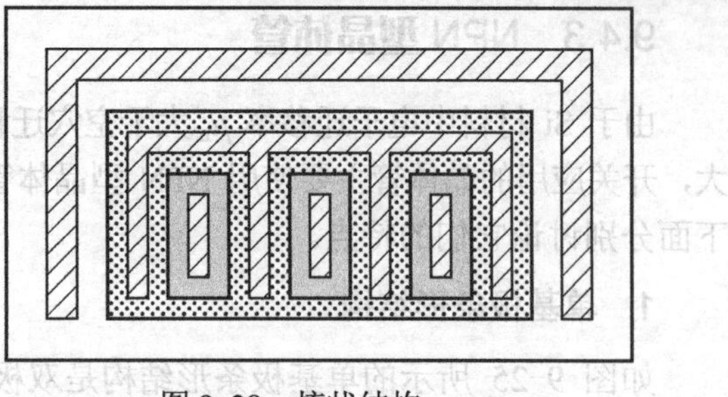

图 9-28　梳状结构

9.4.4 PNP 型晶体管

在主要以制造 NPN 型晶体管为核心的双极型集成电路中，PNP 型晶体管的种类很多，其中使用较多的为横向 PNP 结构和纵向 PNP 结构，这两种结构所获得的 PNP 型晶体管的性能均不是十分理想。在双极型模拟集成电路中，PNP 型晶体管使用较多，一般不将其作为主信号放大，而是用来构成偏置电路、有源负载、电平移位，以及与 NPN 型晶体管一起构成输出级。下面主要介绍双极型模拟集成电路中使用较多的横向 PNP 型晶体管与衬底 PNP 型晶体管。

1. 横向 PNP 型晶体管

典型的横向 PNP 型晶体管的版图结构如图 9-29 所示。由于载流子的传输主要发生在平行于器件表面的方向，所以称为横向 PNP 型晶体管。由于它的制作工艺与 NPN 型晶体管完全兼容，因此无须增加额外的工序。在进行 NPN 型晶体管基区扩散的同时形成 PNP 型晶体管的发射区和集电区，PNP 型晶体管的基区就是 N 型外延层，基极电极形成良好欧姆接触所需的 N^+区，在进行 NPN 型晶体管发射区磷掺杂的同时完成。为了削弱纵向寄生 PNP 型晶体管，必须加埋层 N^+。

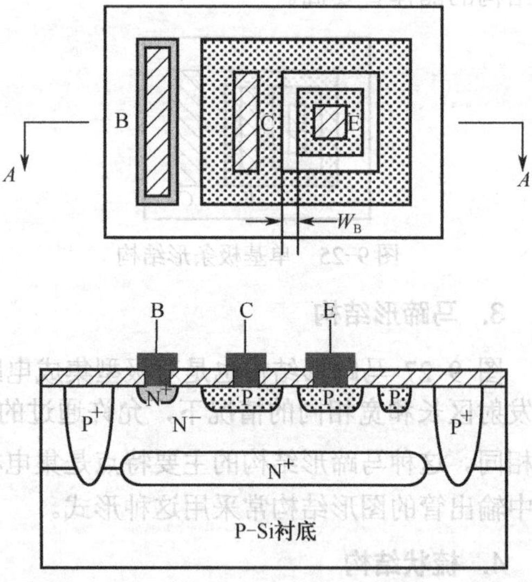

图 9-29　横向 PNP 型晶体管版图与对应的剖面图

由于结构与工艺上的限制，横向 PNP 型晶体管的基区不可能做得很薄，同时由于 P 型发射区从纵向注入 N^-基区的空穴不易被集电极收集，收集效率不高，因此电流放大系数 β 做不高。横向 PNP 型晶体管的电流放大系数还与基区（即外延层 N^-）的电阻率有关，电阻率越高，则由于增加了注入比，电流放大系数也可以做得较高。但是如果电阻率过高，对降低 NPN 型晶体管的集电极串联电阻 r_{CS} 不利，同时也容易引起 PNP 型晶体管 EC 间穿通，所以电流放大系数主要还是通过减小 W_B 来实现。横向 PNP 型晶体管的基区宽度 W_b 比较大，它的特征频率不容易做高。

同时，从横向 PNP 型晶体管的剖面图也可以看出，横向 PNP 型晶体管的发射区、N 型外延层和 P 型衬底共同形成一个纵向的寄生 PNP 型晶体管。该寄生晶体管始终处于正向工作状态，即发射结正偏，集电结反偏，这也将降低横向管的电流增益。因为只有从发射区侧面注入的空穴才对横向 PNP 型晶体管的电流增益有贡献，而从发射区底部注入的空穴只对纵向寄生 PNP 型晶体管的电流增益有贡献，所以在设计横向 PNP 型晶体管时，应该考虑将整个集电区包围发射区，使集电极尽可能多地收集到从发射区侧向注入的空穴。而为了提高发射区横向注入的比例，要求增加其侧面积，减小底面积，从而使有效增益增加。

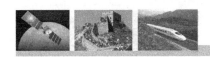

当集电极工作电流较小时，一般设计 PNP 型晶体管的发射区为最小的几何尺寸。考虑到设计接触孔，发射区图形通常选择正方形；工作电流较大时则选择长方形。为了减弱基区表面复合对 β 的影响，使 W_B 较均匀，可将图形的 4 个角改为圆角或将发射区改为圆形的结构。

如图 9-30 所示，由于横向 PNP 型晶体管结构的特殊性，它提供了一种按对应于发射区侧面的有效集电区面积来决定集电极电流分配比例的方法。只需在版图设计时，将集电区分成几部分，而且这些集电区和发射区的间距和结上的反向偏置都相同，则每一部分的集电极电流就正比于所对应的有效集电区面积。这种结构的多集电极横向 PNP 型晶体管在双极型模拟集成电路中应用较多。

2. 纵向 PNP 型晶体管

纵向 PNP 型晶体管的制作工艺与 NPN 型晶体管完全兼容。在结构上，它利用 P 型硅衬底作为其集电区，集电极从隔离槽上引出，N 型外延层作为基区，其版图结构与剖面图如图 9-31 所示。

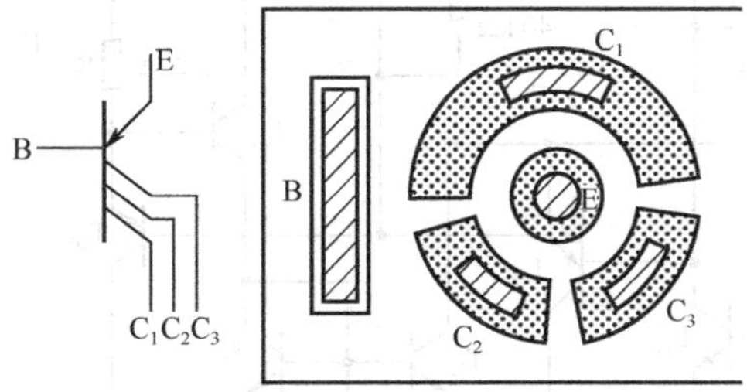

图 9-30 多集电极横向 PNP 型晶体管电路符号与版图

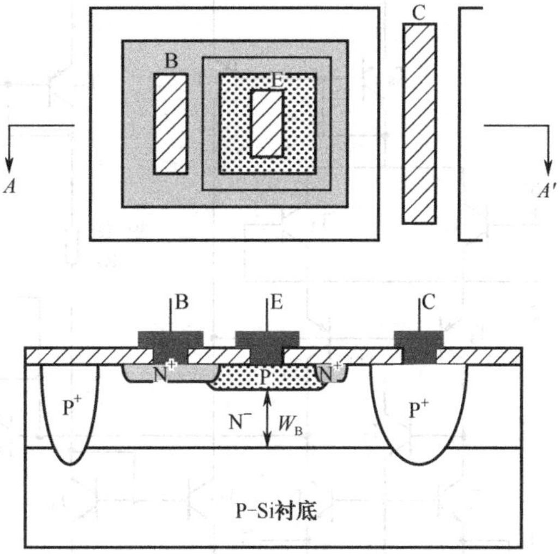

图 9-31 纵向 PNP 型晶体管版图与对应的剖面图

纵向 PNP 型晶体管的三个区做纵向排列，集电极 C 是衬底，因此又称为衬底晶体管。其发射区面积可以做得较大，且结面比较平坦，因此其工作电流比横向 PNP 型晶体管大。当需要较大的集电极工作电流 I_C 时，可以设计几个发射极条并联使用。由于衬底作为集电区使用，因此不存在寄生晶体管效应，也无须加设埋层。

纵向 PNP 型晶体管的 P 型衬底的电阻率比外延层高，所以集电结在反向偏置时势垒区主要向集电区（即衬底）方向扩展，不易产生穿通，因此耐压比较高，可用于输出级。由于没有寄生晶体管效应，衬底 PNP 型晶体管的 β 值与特征频率 f_T 都较横向 PNP 型晶体管高，但比普通 NPN 型晶体管仍然小很多。另外，衬底 PNP 型晶体管的 P 型区作为集电区使用，而 P 型衬底在电路工作中总是接电路的最低电位，所以这种晶体管只能用于集电极接电路最低电位的电路中。

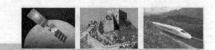

9.5 版图设计实例——μA741 集成运算放大器版图设计

双极型模拟集成电路是半导体集成电路产品中的一个重要分支，其产品种类繁多，功能各异，广泛应用于各类民用产品及工业控制设备。与各类数字集成电路相比，双极型模拟集成电路的集成度较低，制造工艺成熟，成本低，双极型晶体管输出驱动能力强，放大区线性好，适合设计各类放大器及采用全定制方法设计的各类专用集成电路产品。

下面以 μA741 集成运算放大器为例，具体介绍集成运算放大器的版图设计。

9.5.1 μA741 集成运算放大器电路的组成

μA741 集成运算放大器电路图如图 9-32 所示。它由 24 个晶体管（其中 9 个 PNP 型晶体管）、10 个电阻和 1 个 MOS 电容组成。整个电路分为四个部分，即输入级、中间放大级、输出级和偏置电路。

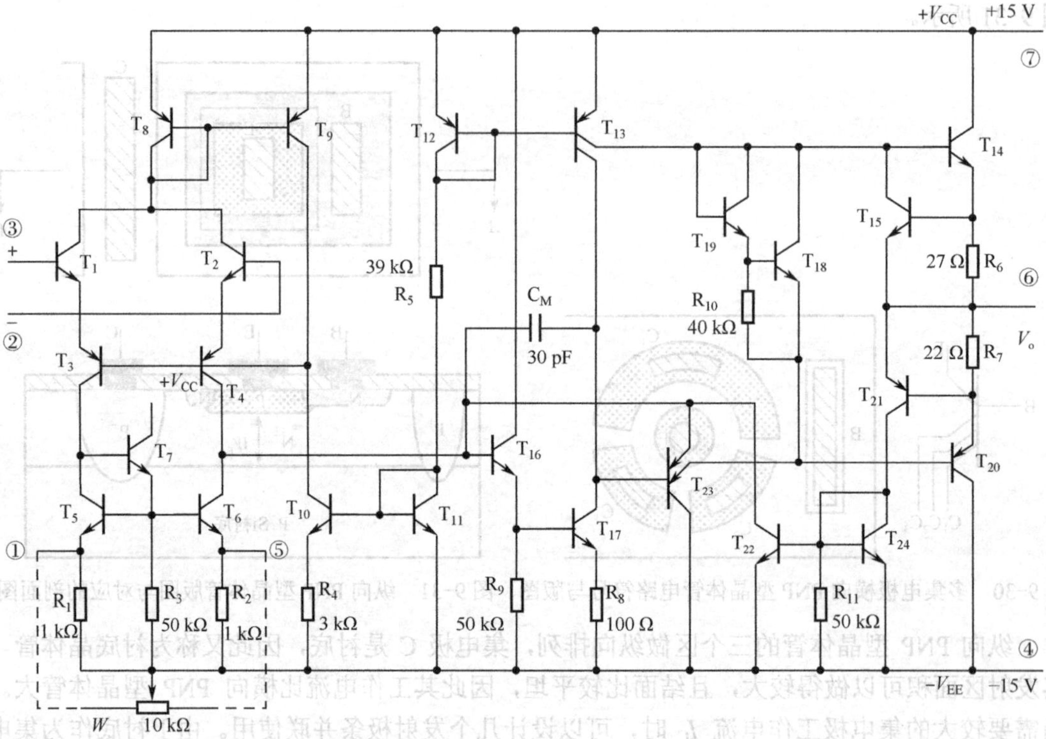

图 9-32 μA741 集成运算放大器电路图

1. 输入级

T_1、T_2、T_3、T_4 组成等效复合 PNP 差分输入级。T_8 恒流源为其提供工作电流。T_5、T_6 作为差分输入级的有源负载，同时完成双转单功能，差分输入级信号由 T_4 集电极输出。电

阻 R_1、R_2 配合外接调零电位器（接于①、⑤、④端）用于调整差分输入级的失调。由于 T_3、T_4 为 PNP 型晶体管，因此本级也完成了电平位移功能。

2. 中间放大级

T_{16}、T_{17} 组成共集-共射放大器，因此本级有较高的输入阻抗，减小了其对输入级的负载效应。T_{17} 的有源负载由 T_{13} 的一个集电极构成的恒流源充当，使本级能获得较高的电压增益。电阻 R_9 用于提供 T_{16} 的 I_{CEO} 通路，以提高 T_{17} 的温度稳定性。

3. 输出级

T_{14}、T_{20} 构成了互补推挽输出级，为克服交越失真，由 R_{10}、T_{18}、T_{19} 构成 $2V_{BE}$ 的偏置，使输出管 T_{14}、T_{20} 基极之间形成一个 1.2～1.3 V 的初始偏置。射极跟随器 T_{23} 为中间放大级提供一高阻负载，将中间放大级与输出级加以隔离，以提高负载能力。

输出过流保护电路由 T_{15}、R_6、T_{21}、R_7 及 T_{22}、T_{24} 等组成。正常时 T_{15}、T_{21}、T_{22}、T_{24} 等均截止。当流过 T_{14} 的输出电流过大时，R_6 上压降增加，使 T_{15} 导通，从而分流了注入 T_{14} 的电流，保护了 T_{14}；当流过 T_{20} 的电流过大时，R_7 上压降增加，使 T_{21}、T_{24} 导通，同时 T_{22} 也导通，分流了注入 T_{16} 的基极电流，从而减小了 T_{20} 的基极信号驱动电流，保护了 T_{20}。

T_{23} 的另一个发射极 E_{23b} 的作用是保护 T_{16}，在信号电压过大时，防止 T_{16} 由于注入电流过大而损坏。

4. 偏置电路

偏置电路的核心由 T_{11}、T_{12}、R_5 组成，该支路提供一个基准电流 I_{R5}，其中 T_{10}、T_{11}、R_4 组成小电流恒流源，T_8、T_9 及 T_{12}、T_{13} 分别组成镜像恒流源。输入级偏置电路（T_8、T_9、T_{10}）还具有稳定工作点的能力。

9.5.2 μA741 直流工作电流

根据项目组前端进行的电路设计计算及仿真结果，各级晶体管静态工作电流如表 9-5 所示。

表 9-5　μA741 运放各级晶体管静态工作电流

名　称	I_{R5}	I_{C17}	I_{C10}	I_{C1}	I_{C2}	I_{C8}	I_{C9}	I_{C18}	I_{C14}	I_{C20}
数值（μA）	740	400	28	14	14	22	22	130	100	100

9.5.3 集成运算放大器版图设计的特点

集成运算放大器一般要求输入失调小，温度漂移小，共模抑制能力强，而这些参数的优劣直接取决于运算放大器输入级有关元器件对称性的好坏，因而版图设计时要特别重视对称元器件的设计。在版图设计时，通常把要求对称的元器件设计得完全一样，并排在临近的位置上。对于输出级功耗较大的元器件，如输出推挽对管，通常放置在芯片一端中心线两侧，以利于整个芯片的热平衡，如图 9-33 所示。

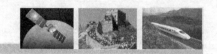

9.5.4 隔离区划分

对于双极型集成电路版图设计来说，为确保电路性能，电路隔离区划分十分重要，一般需要遵循以下原则。

（1）对于 NPN 型晶体管，集电极相连在一起的可以公用一个隔离岛。

（2）对于横向 PNP 型晶体管，基极电极相连在一起的可以放在一个隔离区内，否则，应各自独占一个隔离岛。如果 PNP 型晶体管的基极和 NPN 型晶体管的集电极连接在一起，则它们可以共岛。

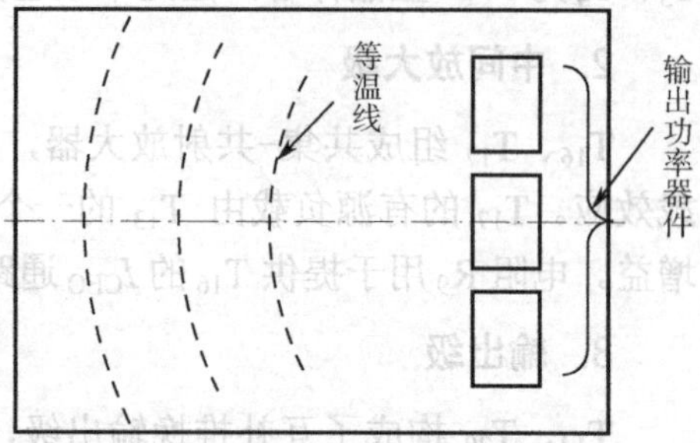

图 9-33 芯片上功率器件的排列位置

（3）对于一个电路中的所有硼扩散电阻，原则上可以做在同一个隔离区内，只要电阻岛设置一高电位孔即可，该高电位孔接电路中的最高电位；但如果连线困难，则可以按照连线的方便性来划分隔离区。

（4）集成电容器多数采用 MOS 电容，MOS 电容占用芯片面积较大，一般单独设置一个隔离岛。

（5）隔离槽 P^+应接电路最低电位，使其与隔离岛处于反偏状态。

μA741 共有 24 个晶体管、10 个电阻和 1 个电容，分别放置在 19 个隔离区内，具体划分情况如表 9-6 所示。

表 9-6 μA741 集成运放元器件隔离区划分一览表

序号	元器件名称	说 明
1	T_1、T_2、T_8、T_9	T_8、T_9横向 PNP 型晶体管共基极且与 T_8 集电极相连
2	T_3、T_4	横向 PNP 型晶体管共基极
3	T_7、R_5	T_7小尺寸 NPN 型晶体管，工作电流很小且集电极接$+V_{CC}$
4	T_5	单独占一岛
5	T_6	单独占一岛
6	T_{10}	单独占一岛
7	T_{11}、R_1～R_4、R_8、R_9	T_{11}集电极电位 V_{C11} 均高于 R_1～R_4、R_8、R_9 电阻体电位
8	C_M	单独占一岛
9	T_{20}	单独占一岛
10	T_{24}	单独占一岛
11	T_{18}、T_{19}、R_{10}	T_{18}、T_{19}共集电极且集电极电位高于 R_{10} 电阻体电位
12	T_{12}、T_{13}	横向 PNP 型晶体管共基极
13	T_{14}、R_6、R_7	T_{14}集电极接$+V_{CC}$，R_6 与 R_7 电阻体电位均低于$+V_{CC}$
14	T_{15}	单独占一岛
15	T_{16}	单独占一岛
16	T_{17}	单独占一岛
17	T_{21}	单独占一岛
18	T_{22}	单独占一岛
19	T_{23}	单独占一岛

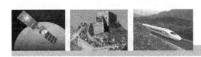

9.5.5 设计规则

单层布线（铝）PN 结隔离双极工艺设计规则参数如表 9-7 所示。

表 9-7　单层布线（铝）PN 结隔离双极工艺设计规则参数

序　号	规 则 名 称	参 数 值
1	最小接触孔尺寸	8 μm×8 μm
2	硼扩散电阻条最小条宽与间距	12 μm
3	磷扩最小条宽与间距	12 μm
4	铝条最小条宽与间距	12 μm
5	P^+隔离槽最小宽度	12 μm
6	基区至隔离槽间距	24 μm
7	基区包围发射区最小间距	12 μm
8	基区至集电极欧姆接触 N^+间距	16 μm

9.5.6 元器件图形选择

该电路中共使用了 24 个晶体管，其中 15 个 NPN 型晶体管，7 个横向 PNP 型晶体管，2 个纵向 PNP 型晶体管。表 9-8 给出了 μA741 集成运算放大器电路中晶体管版图的结构示意图，图形选择有如下 5 种。

表 9-8　μA741 集成运算放大器主要晶体管版图结构一览表

序　号	晶体管类型、名称	版　图
1	小尺寸 NPN 型晶体管 T_1、T_2、T_5、T_6、T_7、T_{10}、T_{11}、T_{15}、T_{16}、T_{17}、T_{18}、T_{19}、T_{22}、T_{24}	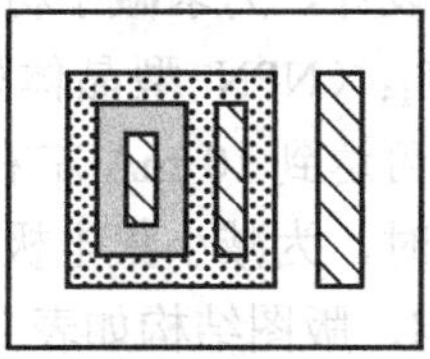 (a)
2	输出管 NPN 型晶体管 T_{14}	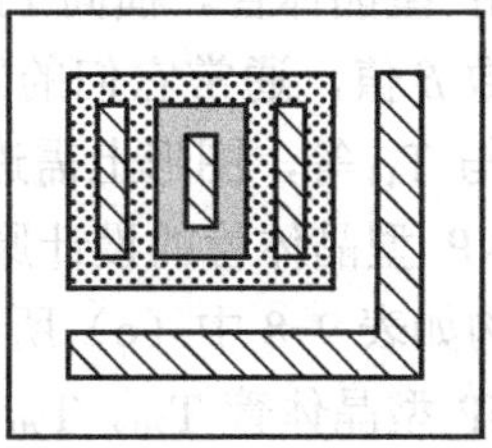 (b)
3	横向 PNP 型晶体管 T_3、T_4、T_8、T_9、T_{12}、T_{13}、T_{21}	 (c)

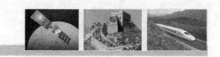

续表

序　号	晶体管类型、名称	版　图
4	纵向 PNP 型晶体管 T_{20}	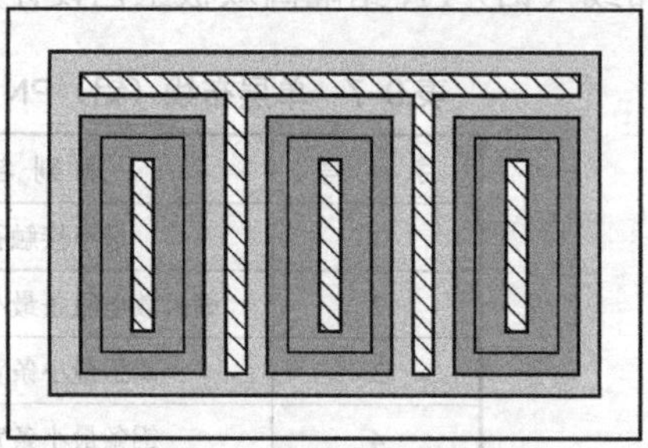 (d)
5	纵向 PNP 型晶体管 T_{23}	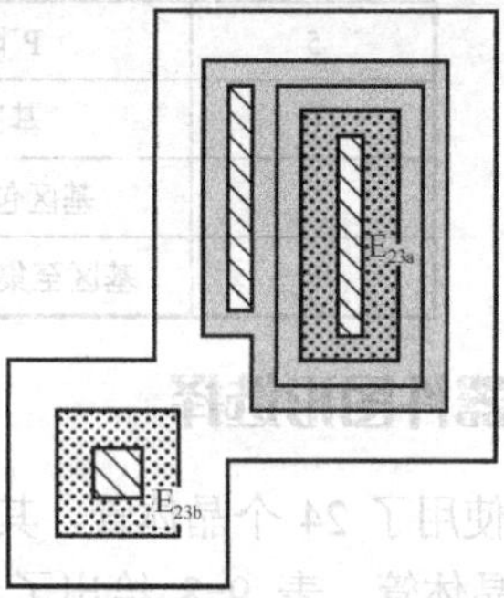 (e)

（1）小尺寸 NPN 型晶体管。除了 T_{14} 以外，其余 14 个 NPN 型晶体管的工作电流均在 1 mA 以下，对发射区有效周长 l_{eff} 没有特殊要求，因此采用单基极条形结构的最小尺寸晶体管就可以了，如表 9-8 中（a）所示。对于有匹配要求的晶体管，如 T_1 与 T_2、T_5 与 T_6 等，均采取了对称设计，力求减小材料及工艺因素等引入的误差。

（2）输出管 T_{14}（NPN 型晶体型）。该管位于输出级，工作于推挽状态，工作电流较大，最大峰值电流可达到 10 mA 左右，它的尺寸设计重点是考虑电流容量 I_{CM}。版图设计采用双基极条形。同时，为减小集电极串联电阻 r_{CS}，降低饱和压降 V_{CES}，集电极欧姆接触磷扩 N^+ 采用 L 形结构，版图结构如表 9-8 中（b）所示。

（3）横向 PNP 型晶体管。横向 PNP 型晶体管的设计重点是考虑 CE 穿通电压要求与晶体管电流放大系数 β 值，通常它们的发射区面积都设计得较小。对于电路中的镜像恒流源如 T_8 与 T_9、T_{12} 与 T_{13} 等，图形上需进行对称设计。其中，T_{13} 是双集电极横向 PNP 型晶体管。根据横向 PNP 型晶体管的设计原理，两集电极对应侧面积的大小应根据其电流大小进行选择，版图结构如表 9-8 中（c）所示。

（4）纵向 PNP 型晶体管 T_{20}。T_{20} 与 NPN 型晶体管 T_{14} 构成互补推挽输出级，为保证具备较强的电流驱动能力，考虑到纵向 PNP 型晶体管的电流放大系数 β 较小，在设计时其发射区条长应为 T_{14} 发射区条长的 3～4 倍。T_{20} 的版图结构如表 9-8 中（d）所示，发射区设计为 3 条，在 P 型发射区周围有 N^+ 磷扩环包围，以减小基区扩展电阻 r'_{bb}，还可以改善电流特性，同时也抑制了横向的空穴发射，降低了表面复合，有利于提高 β。

（5）纵向 PNP 型晶体管 T_{23}。T_{23} 是双发射极晶体管，工作电流约为 130 μA。但因纵向 PNP 型晶体管单位发射区有效周长的电流容量较小，一般仅为 10 μA/μm，设计时要考虑电流容量。其版图结构示意图如表 9-8 中（e）所示。同样 P 型发射区周围有 N^+ 磷扩包围。版图中 E_{23b} 发射结正常时不工作。当 T_{17} 进入饱和态时，该管启动可以分流 T_{16} 的基极电流，防止电流过载。

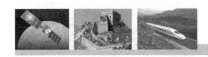

（6）电阻的设计。μA741 集成运算放大器内共有 10 个电阻，其中 R_2、R_9、R_{10} 三个电阻的阻值较大，但对于它们的精度要求较低，而且工作电流很小，可采用基区沟道电阻，确保占用较小的芯片面积；R_1、R_3、R_4、R_5、R_6、R_7 等电阻均采用硼扩散电阻。电阻条宽 W 的选择是在确保阻值精度和功耗要求的前提下，尽量缩小占用面积。R_6、R_7 和 R_8 这三个电阻的阻值较小，为保证精度，条宽应宽一些。

（7）电容 C_M 的设计。μA741 集成运算放大器内有一个 MOS 电容 C_M，该电容接于 T_{16} 基极与 T_{17} 集电极之间，起频率补偿作用，容量较小，仅为 30 pF。形成 MOS 电容的 SiO_2 介质层，应尽量降低针孔密度，确保介质层完好。

9.5.7 芯片布局与布线

电路芯片元器件的布局及元器件间的布线对整个电路的性能与稳定性影响很大，同时也会影响工艺成品率。对于模拟电路的布局、布线应当遵循以下原则。

（1）元器件排列应当紧凑，一是可以减小芯片面积，从而降低成本；二是尽可能减小寄生效应，如连线的分布电容等。

（2）对于有对称性要求的晶体管及电阻等，如差分对管 T_1、T_2 与 R_1、R_3，除了确保版图图形与尺寸一致外，还应当紧靠在一起，且尽量放置在等温线附近，以减小因材料、工艺及芯片工作时温度不均匀造成的不利影响。

（3）对于输出管 T_{14}（NPN 型）、T_{20}（PNP 型），按如图 9-16 所示的原则进行布局。

（4）压焊块（Pad）的布局应符合封装的技术要求，使外引线排列能与集成运算放大器的标准一致。

设计完成的 μA741 集成运算放大器的芯片版图如图 9-34 所示。

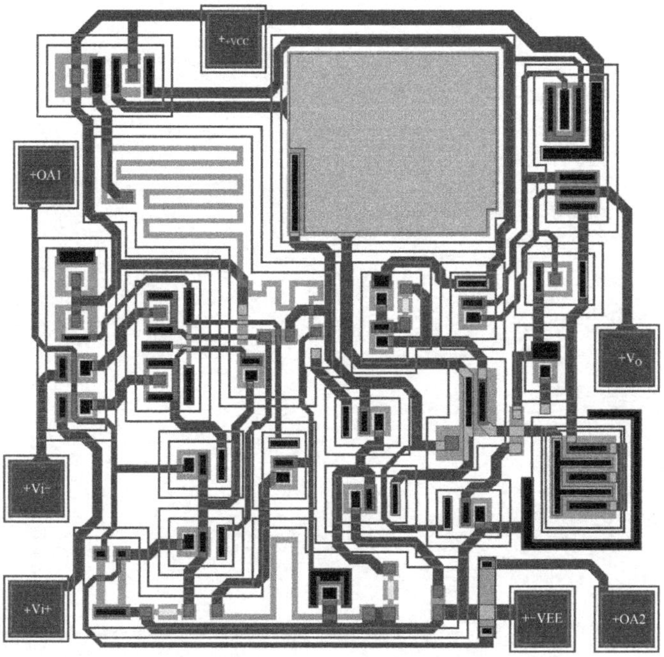

图 9-34 μA741 集成运算放大器的芯片版图

知识梳理与总结

本章简要介绍了集成电路版图设计流程及目前市场上主要的设计软件工具提供厂商，详细分析了版图设计规则，给出了版图设计中常用的 NMOS 晶体管、PMOS 晶体管、NPN 型晶体管与 PNP 型晶体管的图形结构。最后以一个集成运算放大器产品 μA741 为例，详细介绍了版图设计过程。

思考与练习题 9

1．集成电路版图设计的目的是什么？它需要完成哪些主要任务？集成电路设计总体来说分为哪两大类？

2．什么是 EDA 工具？它有哪些重要作用？

3．在集成电路设计这个领域，目前有哪几家比较主要的设计软件提供厂商？

4．Linux 是一款什么样的系统软件？它的主要功能是什么？

5．数字集成电路的逻辑仿真主要由哪些步骤组成？每一步要实现什么样的功能？

6．模拟电路的性能仿真主要由哪些步骤组成？每一步要实现什么样的功能？

7．最基本的版图设计规则种类有哪些？请用示意图表达。

8．试示意画出 NMOS 晶体管、PMOS 晶体管的版图。

9．画出横向 PNP 型晶体管的版图示意图（P-Si 衬底，N 外延）。

10．简述半导体双极型集成电路隔离区划分的原则。

第10章 触摸感应按键集成电路设计

前面章节介绍了常用集成电路的结构、工作原理及设计方法等内容，本章通过典型实例——触摸感应按键集成电路的设计，来训练和强化集成电路相关的知识和技能，以及集成电路设计方法和技巧。

10.1 JSXX1401 总体介绍

JSXX1401 是一种电容式感应触摸按键检测电路，采用了目前集成电路行业内最新的触摸控制技术，该电路内置了一个高灵敏度的输入端，可以通过感应外部电容的改变来调整内部检测振荡器的频率，从而实现感应触发。该电路采用了华润上华（CSMC）0.5 μm 双多晶双铝工艺，工作电压范围为 2.2～5.5 V，工作频率只有几百千赫兹，图 10-1 为该电路的功能框图。

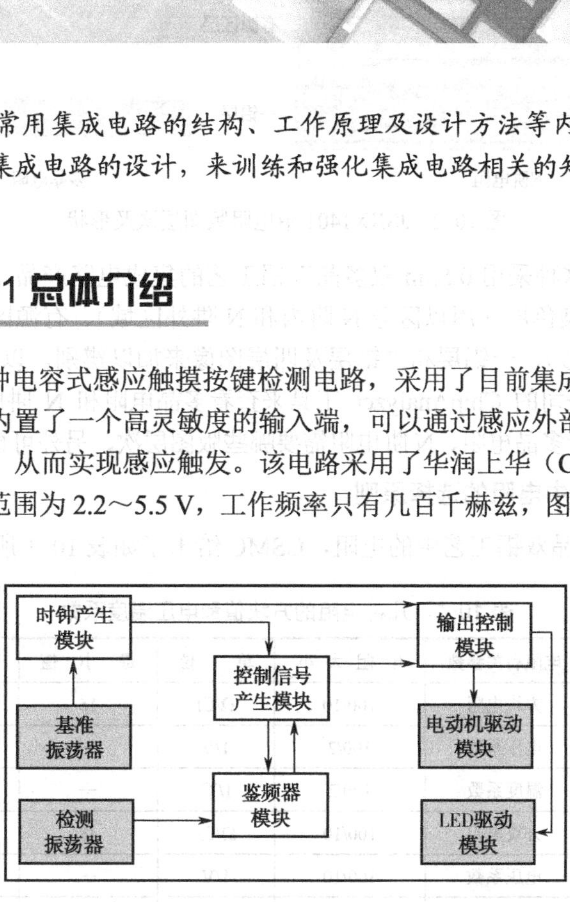

图 10-1 JSXX1401 的功能框图

从图 10-1 可以看出，JSXX1401 是一个很典型的数模混合电路，图中有深色阴影部分的模块为模拟模块，其他为数字模块。

尽管 JSXX1401 电路规模不大，但包含了较多的模拟器件类型和数字单元。下面对该电路中的模拟器件和相应版图结构、数字单元和模块、模拟模块等具体内容做详细介绍。

10.2 JSXX1401 中的器件

JSXX1401 中包含了电阻、电容、二极管、三极管、各种类型 MOS 晶体管、输入/输出结构和 ESD 保护结构及熔丝等器件。

10.2.1 电阻

1. JSXX1401 中使用的电阻类型

JSXX1401 中使用了多晶电阻和 N 阱电阻两种电阻类型，其版图层次及形状如图 10-2 所示。

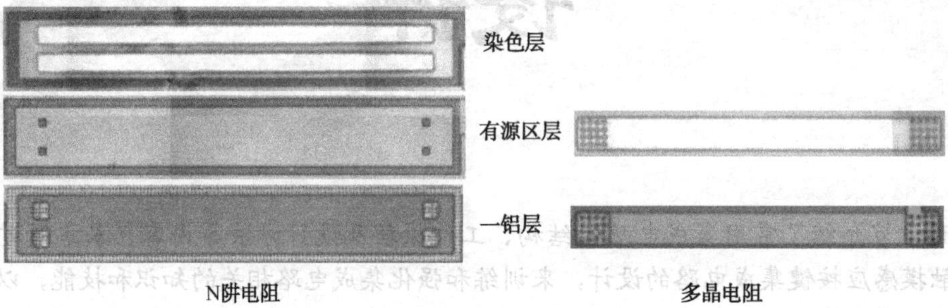

图 10-2 JSXX1401 中电阻版图层次及形状

对于 JSXX1401 这种采用 0.5μm 双多晶双铝工艺的集成电路产品，为了了解其平面结构和尺寸，通常可以用染色层（用以区分 N 阱内和 N 阱外区域）、有源区层（可以清楚看到有源区、多晶及孔等图形）、一铝层和二铝层及四层图像来加以辨别。以上图形就是采用 9.1.3 节中所介绍的芯愿景公司的 ChipAnalyzer 工具来查看多晶电阻和 N 阱电阻的相应版图层次，从照片中可以看到设计多晶电阻、N 阱电阻需要哪些版图层次，另外可直接测量电阻尺寸。

2. 集成电路设计中电阻的选择原则

关于 0.5 μm 双多晶双铝工艺中的电阻，CSMC 给出了如表 10-1 所示的电阻的参数。

表 10-1 几种电阻的方块值和电压温度系数

电阻类型	电阻有关参数	电阻大小	单位	最小值	典型值	最大值
多晶 1（Poly1）电阻	方块电阻	100/10	Ω/□	15	19	23
	电压系数	100/2	1/V	—	4.1×10^{-6}	2×10^{-3}
	温度系数	100/2	1/℃	—	5×10^{-4}	2×10^{-3}
多晶 2（Poly2）低阻电阻	方块电阻	100/10	Ω/□	48	55	62
	电压系数	100/10	1/V	—	1.66×10^{-4}	6.5×10^{-4}
	温度系数	100/10	1/℃	—	1.42×10^{-4}	5×10^{-4}

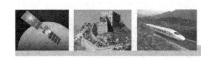

续表

电阻类型	电阻有关参数	电阻大小	单　位	最小值	典型值	最大值
多晶 2（Poly2）高阻电阻	方块电阻	80/10	Ω/□	1500	1900	2300
	电压系数	80/2	1/V	—	$-2E\times10^{-4}$	-1.05×10^{-5}
	温度系数	80/2	1/℃	—	-3.32×10^{-3}	-1.37×10^{-2}
N 阱（N-well）电阻	方块电阻	100/10	Ω/□	900	1 000	1 100
	电压系数	100/8	1/V	—	8.24×10^{-3}	6×10^{-2}
	温度系数	100/8	1/℃	—	5.74×10^{-3}	2×10^{-2}
N^+有源区电阻	方块电阻	100/10	Ω/□	60	65	70
	电压系数	50/2	1/V	—	3.76×10^{-4}	4×10^{-3}
	温度系数	50/2	1/℃	—	1.32×10^{-3}	5×10^{-3}

以上表格除了列出多晶电阻、N 阱电阻外，还列出了另外一种 N^+有源区电阻。因为 JSXX1401 采用了两层多晶的工艺，因此表中列出了两种多晶电阻，其中多晶 2 电阻有高阻、低阻两种，设计者可以根据电路的具体要求从以上各种电阻中选择。

当电路中需要的电阻阻值较小时，可以选择多晶 1、多晶 2 低阻和有源区电阻；如果阻值很大，那么最好选择多晶 2 高阻电阻或者 N 阱电阻，因为这两种电阻的方块电阻阻值比前几种电阻要大很多，这样可以减小版图上这些电阻的尺寸。当然，如果要选择多晶 2 高阻电阻，则需要增加一块额外的光刻版——高阻多晶注入版，这样会增加芯片的制造成本。

除了根据方块电阻的阻值来选择电阻类型外，还需要考虑各种电阻的电压系数和温度系数，如图 10-3 所示。

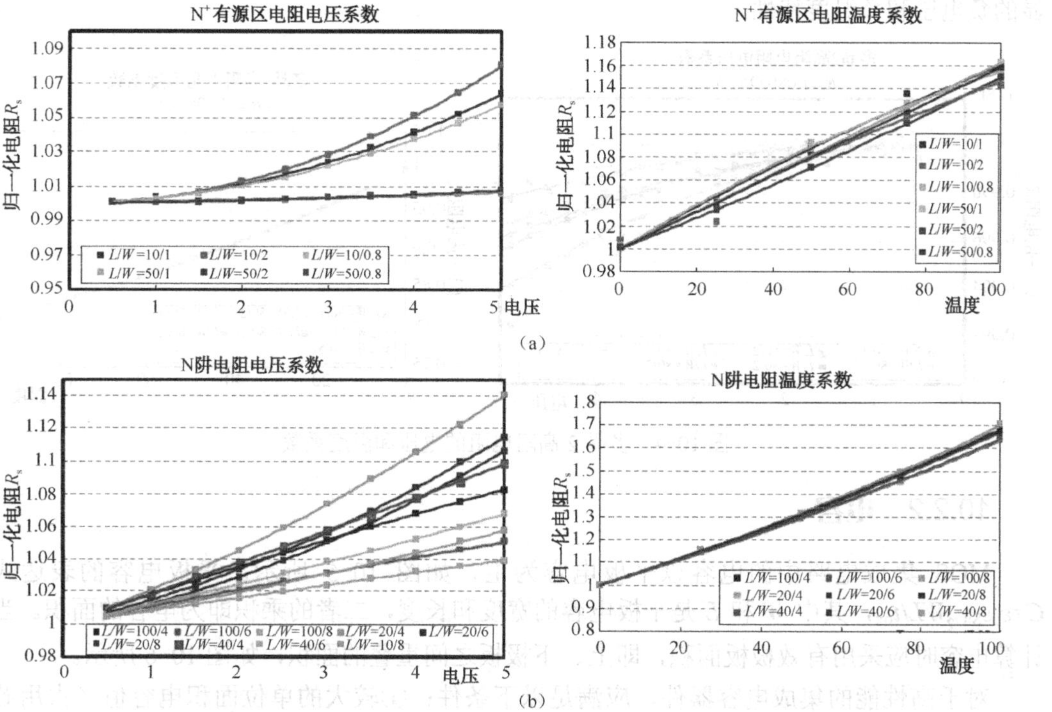

图 10-3　三种电阻的电压和温度系数

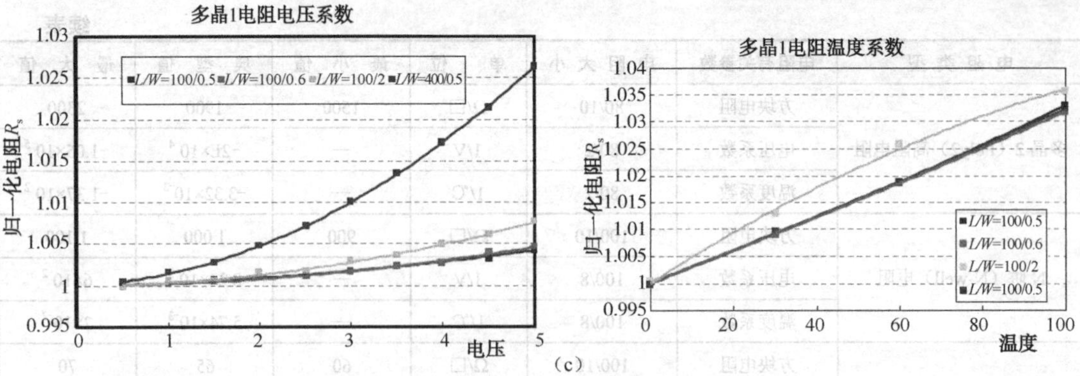

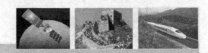

（c）

图 10-3　三种电阻的电压和温度系数（续）

图 10-3 中（a）、（b）、（c）分别示意了 N^+有源区电阻、N 阱电阻和多晶电阻的电压系数和温度系数。在集成电路设计中通常要求电阻的电压系数和温度系数尽量小，这样阻值随电压和温度的改变而变化较小，因此应该选择多晶电阻，其次是 N^+有源区电阻，最后才会选择 N 阱电阻。对于同一种电阻，如果其尺寸（即 W/L）取值大一点，那么电压和温度系数就会小一点，但这样会造成版图上面积的增加，因此需要折中考虑。

在某种情况下，需要用到负电压系数和负温度系数的电阻，比如设计一个高精度的 RC 振荡器，要求该振荡器的频率随电压和温度的变化尽量小，除了以上提到的几种电阻外，还可以考虑另外一种负电压和温度系数的电阻，如多晶 2 高阻电阻，这两种电阻的配合使用就可以抵消电压和温度变化对该 RC 振荡器频率的影响。

图 10-4 显示了多晶 2 高阻电阻的电压和温度系数曲线，从中可以看出这种电阻具有明显的负电压和负温度特性。

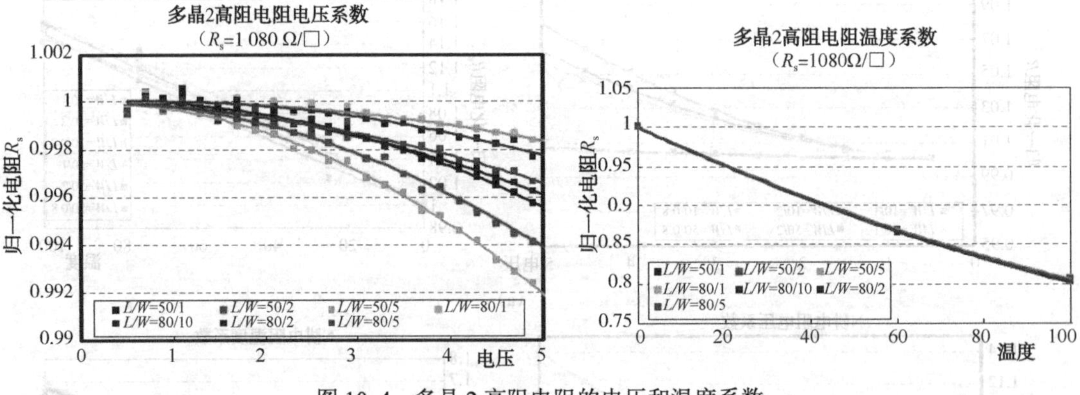

图 10-4　多晶 2 高阻电阻的电压和温度系数

10.2.2　电容

MOS 集成电路中的电容以平板电容为主，如图 10-5 所示。平板电容的表达式为 $C=\varepsilon_0\varepsilon_{SiO_2}WL/t_{ox}$，其中 W 和 L 是平板电容的宽度和长度，二者的乘积即为电容的面积。当然计算电容时应采用有效极板面积，即上、下极板之间重叠的面积，如图 10-6 所示。

对于高性能的集成电容器件，应满足以下条件：①较大的单位面积电容值（占用芯片面积小）；②好的匹配精度；③较小的寄生电容；④较小的电压和温度系数。下面介绍

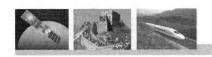

JSXX1401 使用的两种电容。

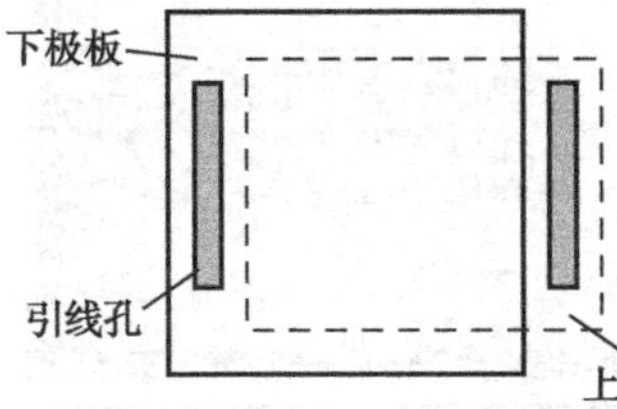

图 10-5　基本电容版图

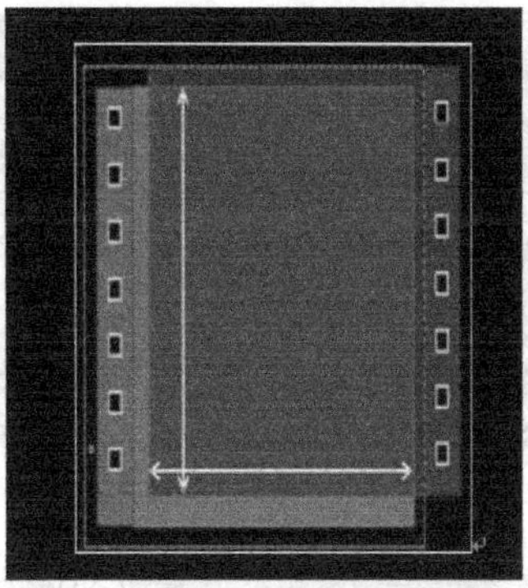

图 10-6　电容的有效面积

1. MOS 电容

由于 MOS 晶体管中存在明显的电容结构，因此可以用 MOS 晶体管作为电容使用。MOS 电容的连接方式如图 10-7 所示，即将 MOS 晶体管的漏极和源极甚至衬底连接在一起形成电容的一端，而电容的另一端则是 MOS 晶体管的栅极，其中图 10-7（a）是 NMOS 电容，该电容的一端接地；图 10-7（b）为 PMOS 电容，该电容的一端接电源 VDD；图 10-7（c）是衬底接 GND 的 NMOS 电容；图 10-7（d）是衬底接 VDD 的 PMOS 电容，其中图 10-7（c）和图 10-7（d）可以实现两端悬浮的 NMOS 电容和 PMOS 电容（即电容的两端可以接 0～VDD 之间的任意电位）。

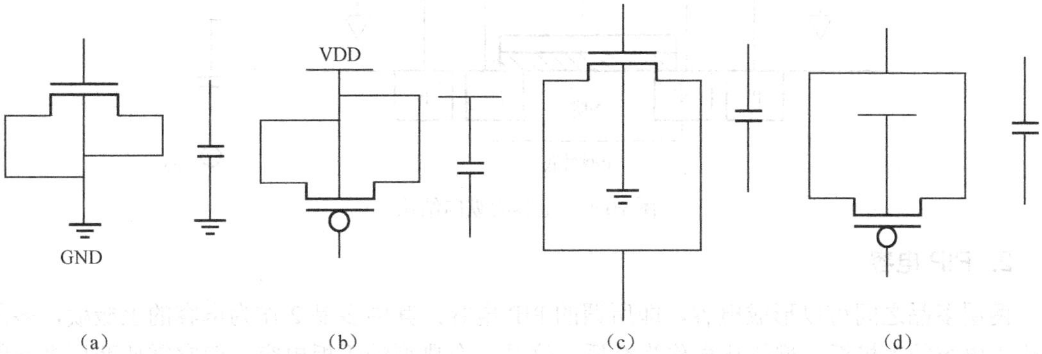

图 10-7　MOS 电容

图 10-8 为 JSXX1401 中的一个电容，该电容的四层照片如下，由此可以分析得到如图 10-9 所示的该电容的纵向结构。

MOS 电容的等效电容值与两端所加偏置电压有关，这是 MOS 电容的缺点，但由于 MOS 晶体管的栅氧化层较薄，因此 MOS 电容的单位面积电容值较大。如果电路中需要大的电容值（如稳压电容），使用 MOS 电容可有效节约芯片面积。

在 10.4.1 节中介绍的上电复位模块中有一个 8.3 pF 的电容，就采用了单位面积电容值较大的 MOS 电容。MOS 电容的单位面积电容值可以采用平行板电容的计算公式即第 2 章的公式（2-10）来计算，其中 ε_0 为真空介电常数，其值为 8.854×10^{-12} F/m；二氧化硅的相对介电常数 ε_{SiO_2} 为 3.9；CSMC 0.5 μm 工艺的氧化层厚度 t_{ox} 为 125 Å。可以得到这种电容的单位面积电容值约为 2.76 fF/μm^2。

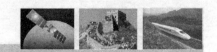

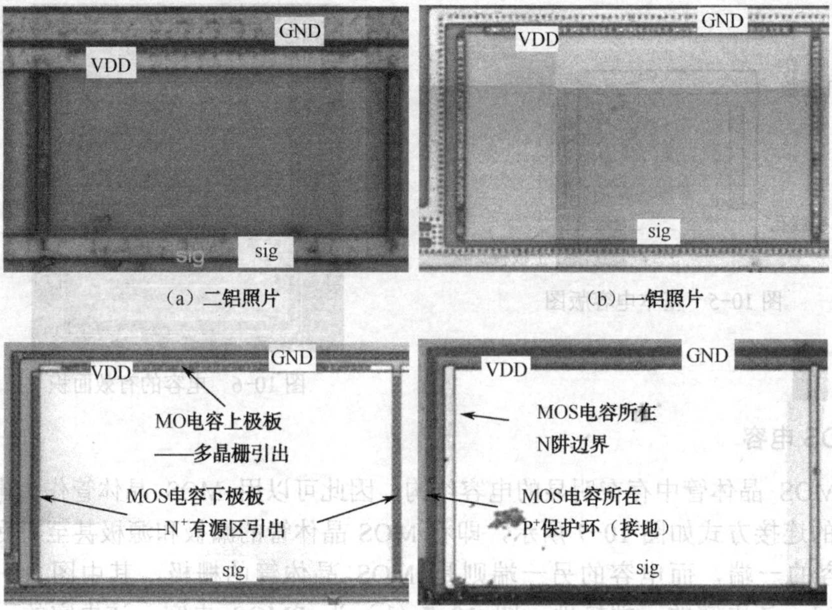

（a）二铝照片　（b）一铝照片

（c）有源区照片　（d）染色层照片

图 10-8　电容的四层照片

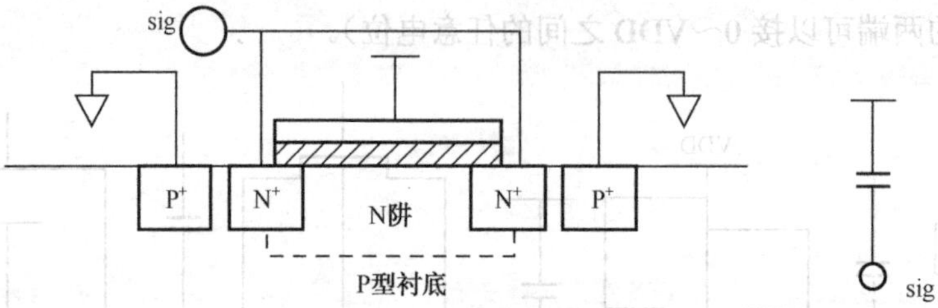

图 10-9　电容的纵向结构

2. PIP 电容

两层多晶之间可以形成电容，即所谓的 PIP 电容，其中多晶 2 作为电容的上极板，多晶 1 作为电容的下极板，栅氧化层作为介质，这是一个典型的平板电容，但它需要两层多晶的工艺才能实现。

由于双多晶电容具有性能稳定、寄生电容小等优点，因此在 MOS 集成电路中有广泛应用。在 JSXX1401 电路的振荡器的设计中，为了提高电路的可靠性和稳定性，采用了双多晶电容。

双多晶电容的一个明显缺点是单位面积电容值较小，如 JSXX1401 电路所采用的 CSMC 0.5 μm 工艺，单位面积电容值只有 0.72 fF/μm^2，因此跟 MOS 电容相比，设计同样大小的电容，采用双多晶电容的话需要增加约 3 倍的面积。

上面提到 PIP 电容性能稳定，但实际上它还是有电压系数和温度系数的，当然也存在泄漏电流。表 10-2 为 CSMC 提供的 0.5 μm 工艺中的 PIP 电容的特性。

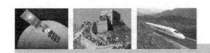

表 10-2　CSMC 提供的 0.5 μm 工艺中的 PIP 电容的特性

参　数	单　位	最 小 值	典 型 值	最 大 值
PIP 电容值	fF/μm^2	0.55	0.72	0.85
电压系数	1/V	—	1.65×10^{-4}	6.26×10^{-4}
温度系数	1/°C	—	3.98×10^{-5}	1.52×10^{-4}
泄漏电流	pA/pF	—	0.13	0.3

表 10-2 列出的 PIP 电容的电压系数和温度系数比 MOS 电容小很多，如果在设计过程中需要了解其具体数值，可以参照如图 10-10 所示的数据。

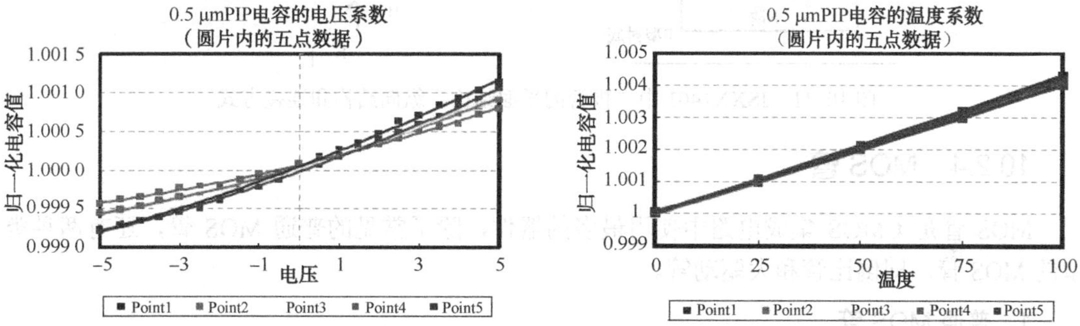

图 10-10　PIP 电容的五点数据

3. 关于电容版图设计的注意事项

集成电路版图除了要体现电路的逻辑功能并确保 LVS（Layout vs Schematic，即版图与电路的对比）验证正确外，还要增加一些与 LVS 无关的图形，以减小工艺过程中的偏差造成的影响，通常称这些为冗余设计。这些冗余设计是为了防止刻蚀时出现刻蚀不足或刻蚀过度而增加的，比如金属密度或多晶硅密度不足，就需要增加一些相应的冗余设计，以增加它们的密度。另外一些则是考虑到光的反射与衍射，关键图形四周情况不一致，会因曝光因素而影响对称尺寸的精确性。

冗余设计包括了冗余晶体管设计、冗余电阻设计、冗余电容设计等。JSXX1401 电路的设计中采用了冗余电容设计，以保证电容的稳定性和可靠性。该项目采用冗余电容的另外一个目的是为了今后方便进行修改和调节，因此在设计振荡电容时考虑了保留 30%的冗余电容，在需要的时候通过改版来释放使用。

另外如果电路中需要的电容值较大，那么就需要很大的电容面积。在这种情况下，若用一整块电容来完成的话，电容均匀性不好，原因是电容在工艺制作过程中会造成一定的误差，因此分成了若干小块的电容，并将多个小电容通过并联的方式来组成一整块电容，在 10.4.4 节中介绍的振荡器版图中的电容都是分成若干小块的。

10.2.3　二极管

JSXX1401 电路中采用 B、C 极短接的 PNP 型晶体管来形成一个二极管，其横向平面结构、纵向结构及连接方式如图 10-11 所示，这些二极管常用于 7.3.2 节中介绍的基准电压源电路中。

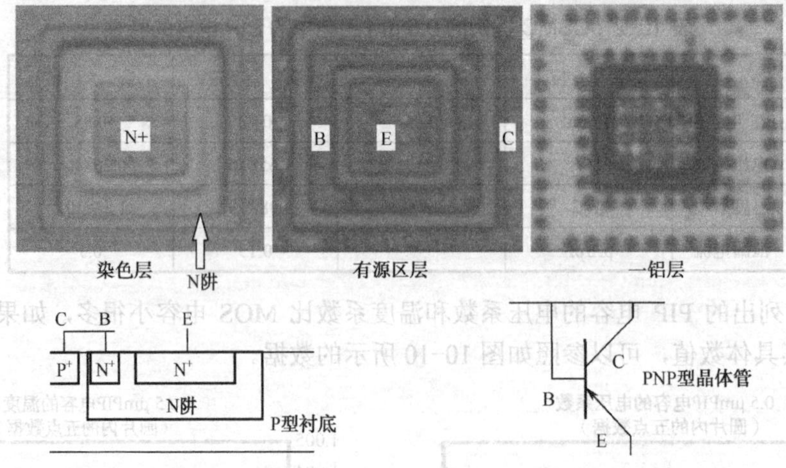

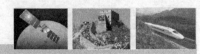

图 10-11　JSXX1401 中二极管的平面结构、纵向结构和连接方式

10.2.4　MOS 管

MOS 管是 CMOS 集成电路中使用最多的器件，除了常见的普通 MOS 管，还有两种类型的 MOS 管，即倒比管和大驱动管。

1. 普通 MOS 管

图 10-12 为 JSXX1401 电路中的一个普通 NMOS 管的三层版图照片。

从图 10-12 可看到形成一个 MOS 管需要的版图层次、版图元素及它们之间的连接关系。一个电路内部普通 MOS 管的宽长比选择的依据主要是该电路的工作频率和该管所带的负载，而输出部分的 MOS 管需要考虑其驱动能力，具体在后面有详细介绍。对于 JSXX1401 这样最高工作频率只有几百千赫兹的电路来说，其内部电路中最基本的晶体管的宽长比可以选择为 1/0.5，其他管的宽长比依据其所带的负载来定，比如某一晶体管要带 4 个 1/0.5 的晶体管，那么该晶体管的宽长比需要翻倍，即 2/0.5。

对于 MOS 管，半导体圆片加工厂都会给出一组典型参数值，表 10-3 为 JSXX1401 电路所采用的华润上华 0.5 μm 工艺中的 NMOS 管、PMOS 管的 V_{th}、I_{on} 和 I_{off} 等几个参数的值。

表 10-3　0.5 μm 工艺中的 NMOS 管、PMOS 管的几个参数的值

参　数		NMOS 管		PMOS 管	
		W/L=20/20	W/L=20/0.5	W/L=20/20	W/L=20/0.55
V_{th}（V）	平均值	0.733	0.879	−0.996	−0.985
	标准偏差	0.015	0.022	0.017	0.017
	标准偏差/平均值	1.994%	2.478%	−1.66%	−1.687%
I_{on}（mA）	平均值	0.638	10.045	−0.183	−5.594
	标准偏差	0.016	0.283	0.004	0.202
	标准偏差/平均值	2.46%	2.821%	−1.931%	−3.603%
I_{off}（pA/μm）	平均值	0.611	0.62	0.59	0.743
	标准偏差	0.417	0.449	0.56	0.516
	标准偏差/平均值	68.221%	72.447%	94.965%	69.356%

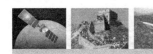

对于 MOS 管最重要的参数——开启电压 V_{th}，还会给出其温度系数变化趋势，图 10-13 是一个宽长比为 20/0.5 的 NMOS 管的开启电压的温度系数。

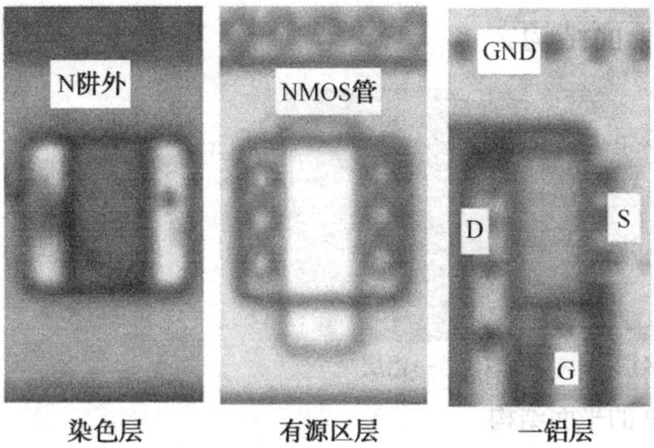

图 10-12　普通 MOS 管的版图层次

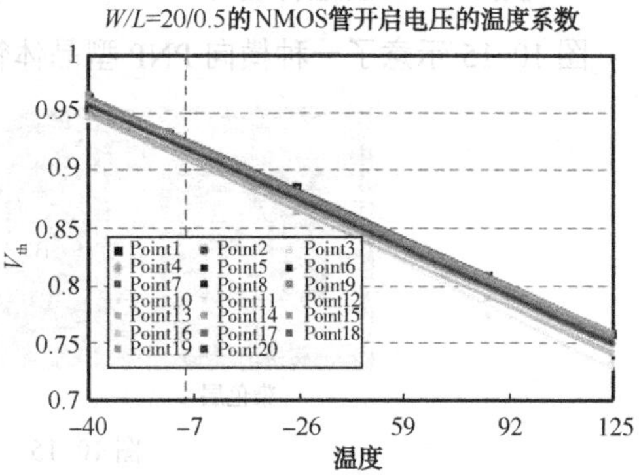

图 10-13　开启电压的温度系数

2. 倒比管

正常的管子沟宽总是比沟长大，如 W/L=1/0.5 的管子表示该管子的沟宽为 1 μm，沟长为 0.5 μm；而倒比管则是反过来的，管子沟宽比沟长小。如 10.4.1 节中介绍的上电复位电路中用到了一个宽长比为 1.2/40 的 P 管，表示该管子的沟宽为 1.2 μm，沟长为 40 μm。

图 10-14 为 JSXX1401 电路中的一种倒比管的版图层次。

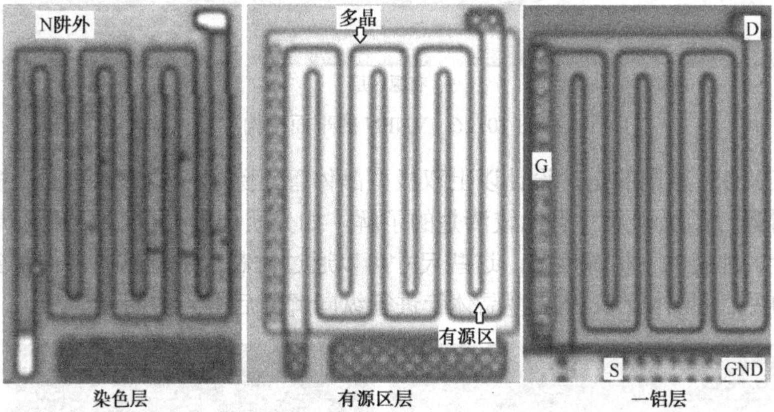

图 10-14　JSXX1401 中的一种倒比管

倒比管的导通电阻通常比较大，因此其作用相当于一个上拉电阻。另外在 10.4.4 节中介绍上下拉结构时也将提到倒比管，其作用类似。

3. 大驱动管

以上提到正常管子的宽长比都较小，如 W/L=1/0.5 这个例子，这种管子的驱动能力是很小的；但当需要很大驱动能力时，就要设计一种大驱动管。这部分内容将在 10.4.3 节进行详细介绍。

10.2.5　三极管

在以 CMOS 为主的工艺中，有时还会出现双极型晶体管（即三极管），下面简单介绍两种不同三极管的结构。

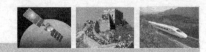

1. 横向 PNP 型晶体管（Lateral PNP，LPNP）

图 10-15 示意了一种横向 PNP 型晶体管的平面结构。

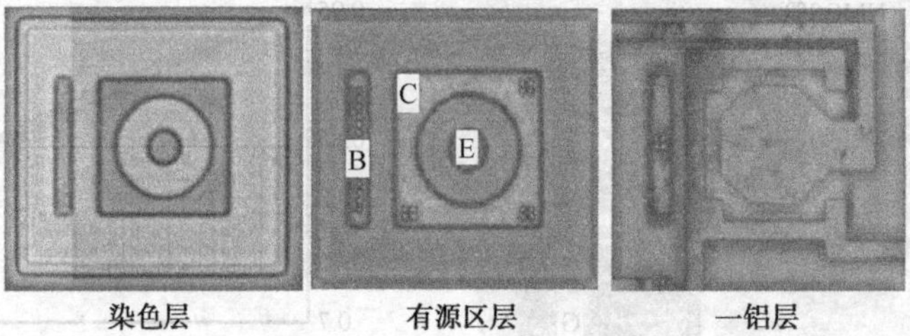

图 10-15　LPNP 的平面结构

2. 纵向 NPN 型晶体管（Vertical NPN，VNPN）

图 10-16 示意了一种横向 PNP 型晶体管的平面结构。

图 10-16　VNPN 的平面结构

与设计 CMOS 不同的是，设计以上双极型晶体管，除了需要考虑平面（横向）的尺寸外，还需要对器件的纵向尺寸有比较清楚的了解，如介质层的厚度、发射区/基区的结深、外延层的厚度、埋层的下扩深度等。这些尺寸可以通过对芯片进行纵向解剖得到。图 10-17 就是分别对 NPN 型晶体管和 PNP 型晶体管进行纵向解剖后得到的图片。

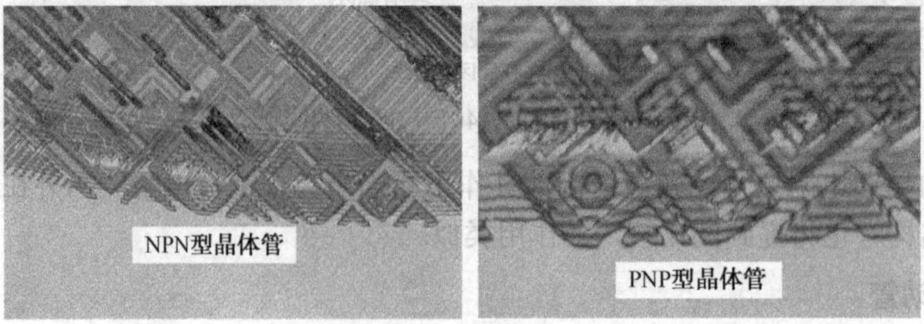

图 10-17　NPN 型晶体管和 PNP 型晶体管的纵向解剖图片

10.2.6　输入/输出单元和压焊点

任何一种集成电路的版图结构都需要压焊点（PAD）与芯片外部进行连接。当然承担输入/输出信号接口的 I/O 单元不再仅仅是焊盘，而是具有一定功能的模块，其中包括 ESD 保护功能。依据功能划分，通常分为输入单元和输出单元。输入单元主要承担对内部电路的保护，一般认为外部信号的驱动能力足够大，输入单元不必再具备驱动功能，因此输入单元的功能主要是输入保护（主要是指 ESD 保护）。而输出单元担负着对外的驱动，因此需要提供一定的驱动能力，防止内部逻辑过负荷而损坏。另一方面，输出单元还承担着内外的隔离并且需要具备一定的逻辑功能，单元具有一定的可操作性。与输入电路相比，输出单元的电路形式比较多，如倒相输出、同相输出，还包括三态输出和开漏输出等。I/O 单元与其他版图单元类似，通常也具有等高不等宽的外部形式，各模块的电源、底线的宽度和相对位置仍是统一的，以便连接。所不同的是，I/O 单元的引线端位于单元的一边（位于靠近内部阵列的一边）。

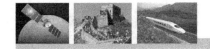

图 10-18 为 JSXX1401 电路的输入/输出结构。图中的输入/输出结构包含了压焊点、ESD 保护结构等部分。

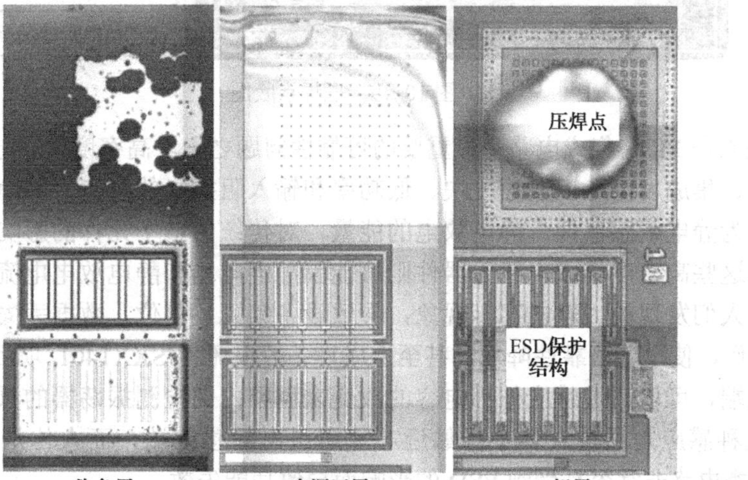

图 10-18　JSXX1401 中的输入/输出结构

1. 压焊点

每一个 I/O 单元都有一个用于连接芯片与封装管座的焊盘，这些焊盘通常是边长几十到一百微米的矩形。为防止在后道划片工艺中损伤芯片，通常要求 I/O 压焊点的外边界距划片位置 100 μm 左右。在整个芯片的版图设计中，压焊点的设计直接影响整个芯片的设计。

JSXX1401 中压焊点包含的层次包括以下几种：多晶层、接触孔层、一铝层、通孔层、二铝层、压焊点层、压焊点标识层，版图如图 10-19 所示。

2. 静电与 ESD 保护

1）静电现象

静电是一种电能，它存在于物体表面，是正负电荷在局部失衡时产生的一种现象。当带了静电的物体跟其他物体接触时，这两个具有不同静电电位的物体依据电荷中和的原则存在电荷流动，传送足够的电量以抵消电压差。在这种高速电量的传送过程中将破坏电压、电流及电磁场，严重时会将物体击毁，这就是静电放电，也称 ESD（ElectroStatic Discharge）。

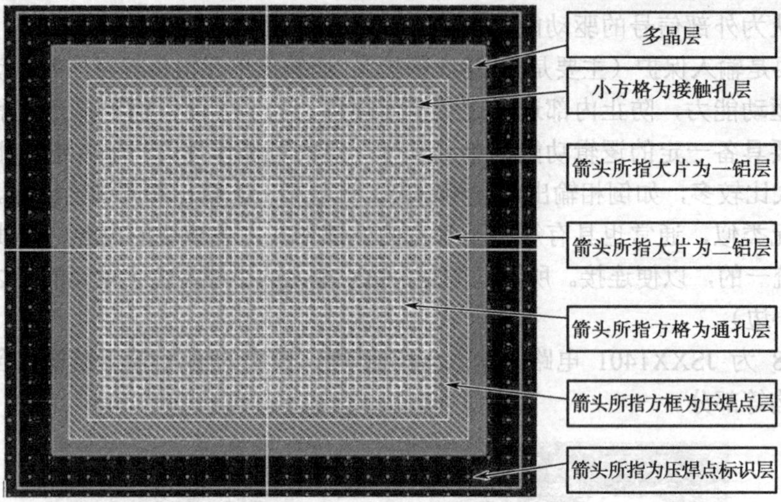

图 10-19　压焊点版图

ESD 是当今 MOS 集成电路中最重要的可靠性问题之一。高密度集成电路器件具有线间距短、线细、集成度高、运输速度快、低功率和输入阻抗高的特点，因而这类器件对静电较敏感，称为静电敏感器件。静电放电的能量，对传统的电子元件的影响甚微，人们不易觉察，但是这些高密度集成电路元器件则可能因静电电场和静电放电电流引起失效，或者造成难以被人们发现的“软击穿”现象，导致设备锁死、复位、数据丢失和不可靠，影响设备正常工作，使设备可靠性降低，甚至造成设备的损坏。JSXX1401 项目内置了一个高灵敏度的输入端，可以通过感应外部电容的改变来调整内部检测振荡器的频率，从而实现感应触发。这种感应是通过人体手指靠近芯片所引出的感应端，而人体是最大的静电携带者，因此这类电路非常容易受到 ESD 的影响而导致功能失效。

2）ESD 的保护原理

为了避免集成电路被静电破坏，在电路中必须设计 ESD 保护结构的相关电路模块，这种保护结构有别于电路中产生正常功能的工作电路模块。因为从该集成电路的功能方面考虑是不需要这部分 ESD 保护结构的，只是为了避免集成电路中的工作电路模块成为 ESD 的放电通路而遭到损毁，确保在任意两芯片引脚之间发生的 ESD 都有适合的低阻旁路将 ESD 电流引入电源线。这个低阻旁路不但要能吸收 ESD 电流还要能钳位工作电路的电压，防止工作电路由于电压过载而受损，而当电路正常工作时，ESD 保护结构是不工作的，因此 ESD 保护电路还需要有很好的工作稳定性，能在 ESD 发生时快速响应。

3）ESD 保护电路设计

随着超大规模集成电路工艺的发展，ESD 保护能力反而下降，就算把器件的尺寸加大，其 ESD 耐压值也不会升高，同时由于器件尺寸增大导致芯片面积也增大，因此采用适当的 ESD 保护结构显得非常重要。不同的 ESD 保护结构所能承受的抗 ESD 能力各不相同。

ESD 保护电路的设计应同时遵循以下三条基本原则：

（1）ESD 发生时，该保护电路要提供从压焊点到地的低阻抗通路，以释放压焊点上积累的静电。

（2）ESD 发生时，该保护电路要把压焊点的电压钳位在低于被保护电路的击穿电压。

（3）在电路正常工作时，该电路具有大的阻抗和很小的电容，保证增加了 ESD 保护电路而带来的 I/O 信号延时尽可能小（或者在设计 I/O 电路时就把 ESD 保护电路所带来的延时考虑在内），以至于对电路的正常工作不产生明显的影响。

除此之外，ESD 保护电路的设计中还应注意以下问题：

（1）ESD 保护电路自身对 ESD 有足够高的抵抗能力。

（2）在芯片正常工作时，能传输 I/O 信号，本身处于不被激活的状态。

（3）在尽可能小的版图面积中提供尽可能高的 ESD 保护能力，尽可能利用芯片空余面积，从而不至于使芯片成本上升太多。

（4）ESD 保护电路设计中要防止 2.2.5 节中提到的“闩锁效应”。例如，把输出级的 P 管和 N 管隔开一定的距离，并加上“保护环”。

（5）版图布线的时候，应在 ESD 通路中注意走线的宽度，并尽量多打通孔。

（6）版图布线的时候，应该避免芯片工作电路的走线与 ESD 保护结构的走线“共线”（即使两者是同一根信号线，最好也分别走线），否则 ESD 大电流所引起的金属线过热断路会导致工作电路本身发生故障。

（7）在 CMOS 工艺中 ESD 保护电路的制造应该不增加额外的工艺步骤或者掩模版数量。

（8）ESD 保护电路的设计，要能够提升芯片所有引脚的 ESD 故障临界电压，而不只是提升某几个引脚的 ESD 防护能力。

通常半导体圆片加工线都会给出关于 ESD 保护设计的一些建议，版图设计者可以根据这些建议来规划和设计电路的 ESD 保护结构及其版图。下面介绍 JSXX1401 电路中采用的两种 ESD 保护结构。

3. JSXX1401 中的薄栅管 ESD 保护

图 10-20 是 MOS 集成电路中最常见的一种 ESD 保护结构，需要在电路的每一个压焊点（PAD）都插入该结构。这种结构包括栅极和源极短接的薄栅管 MP、栅极和源极短接的薄栅管 MN，这两个管子可以等效成两个二极管 VD_1、VD_2，另外还有一个电阻 R。保护原理是：实际应用时在压焊点上会引入较大的静电，根据晶体管原理，这个较大的静电会导致 MP、MN 两个管子被雪崩击穿。通过插入如图 10-20 所示的 ESD 保护结构，在这个大的静电还没有到达 MP、MN 之前首先引起两个二极管 VD_1、VD_2 反向击穿，形成到电源、地的电流通路，把大电流释放掉；另外，电阻 R 起限流作用。这两个措施就起到了保护 MP、MN 的作用，这种 ESD 保护结构的 ESD 保护能力通常在 2000～3000 V。

如图 10-18 所示的 JSXX1401 输入/输出结构中的 ESD 保护结构采用的就是 N 薄栅管，该图中下半部分一排指状（finger）NMOS 就是薄栅管。

PMOS 上拉器件比 NMOS 下拉器件具有较强的抗 ESD 性，PMOS 上拉器件可以减轻 NMOS 器件耗散能量的压力。对于多指型晶体管，不同指状的开启电压不同。指状越长，导通电压越低。具有低导通电压的指状在其他指状开启并产生热区域前就导通，所以，对于具有同样沟道宽度的输出管，采用较长的指状比采用较多的指状更好。

4. JSXX1401 中的场管 ESD 保护

厚场晶体管（场管）作为压焊点端口的 ESD 保护结构的原理是：当压焊点对 VDD 放

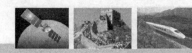

电时，ESD 电压上升，当电压上升到十几伏时，场管会开启（类似于 NMOS 管开启）；放电路径为压焊点通过场管开启释放能量，然后 GND 与 VDD 之间的正向 PN 二极管放电；压焊点对 GND 放电时，也就是场管开启，通过压焊点直接对 GND 放电。

对于场管，不存在栅氧的击穿，所以比薄栅管更坚固。用于 ESD 泄漏的场管的宽度小于栅晶体管的宽度，具有较小的电流分流能力。与场管相比，薄栅管的（反折 snap back）电压较低，即如果场管和表面晶体管并联在一起，表面晶体管将首先开启，吸收多数能量。

场管的 ESD 能力跟其漏端面积有主要的关系，漏端面积越大其 ESD 能力越高，当然所占的芯片面积也大，芯片的成本也就高了。一般这两者之间会兼顾考虑，但总体来说场管做 ESD 保护的最大优点是可以节省芯片面积。

在 JSXX1401 电路中，VDD 和 GND 就采用了场管做的 ESD 保护结构，其三层版图照片如图 10-21 所示。

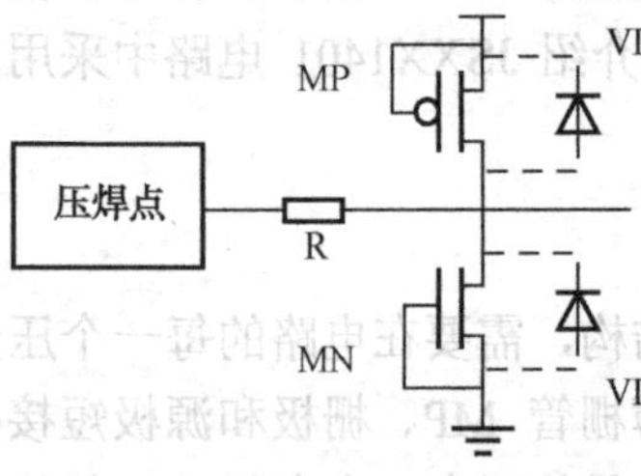

图 10-20　二极管加电阻 ESD 保护结构

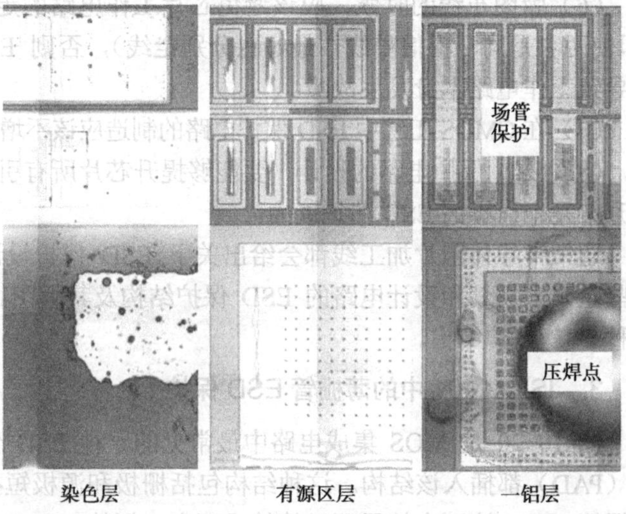

图 10-21　JSXX1401 中的场管 ESD 保护结构三层版图照片

10.2.7　其他版图结构

1. 保护环

MOS 集成电路工艺中，当金属线从氧化层上通过时，金属线和场氧化层及下面的硅衬底之间会形成一个 MOS 晶体管。当金属线上的电压足够高时，会使场区的硅表面反型，在场区形成导电沟道，这称为场反型或场开启。如果金属线跨过两个扩散区，在场反型时就形成一个场区寄生 MOS 晶体管，这种寄生 MOS 晶体管把不该连通的两个区域接通，破坏了电路的正常工作。为了使集成电路中每个 MOS 晶体管之间具有良好的隔离特性，在版图设计中采用增加沟道隔离环的方法提高开启电压，实现 MOS 晶体管之间的隔离。在 CMOS 集成电路中，PMOS 管的隔离环是制作在 N 型衬底上的 N^+环，NMOS 管的隔离环是制作在 P^-型衬底上的 P^+环，因此保护环在版图设计中是非常重要的。在设计振荡器版图时，P、N 管单独用环保护起来，如图 10-22 所示。

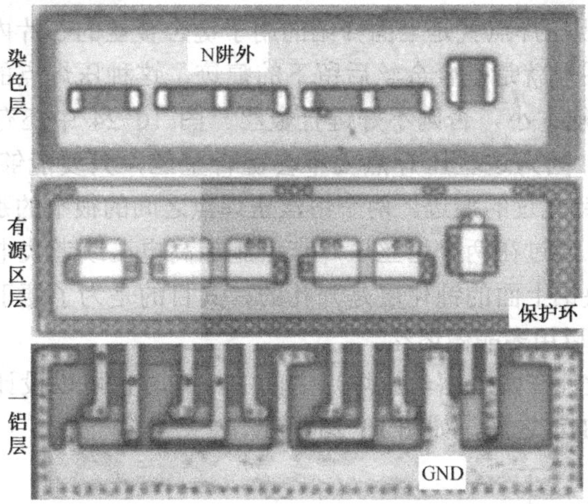

图 10-22　JSXX1401 中的保护环结构

2. 衬底接触孔

如图 10-23 所示的这部分衬底接触孔的主要作用是降低衬底噪声对电路性能的影响，保证衬底电位均匀及衬底与电源之间的电阻尽可能小。

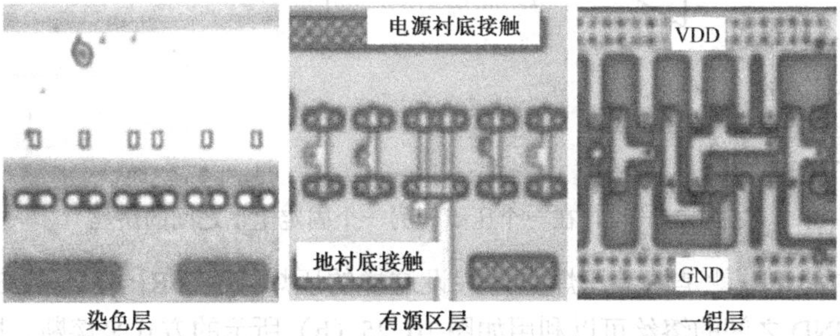

图 10-23　JSXX1401 中的衬底接触孔结构

3. 熔丝

图 10-24 是一种常见的熔丝结构。

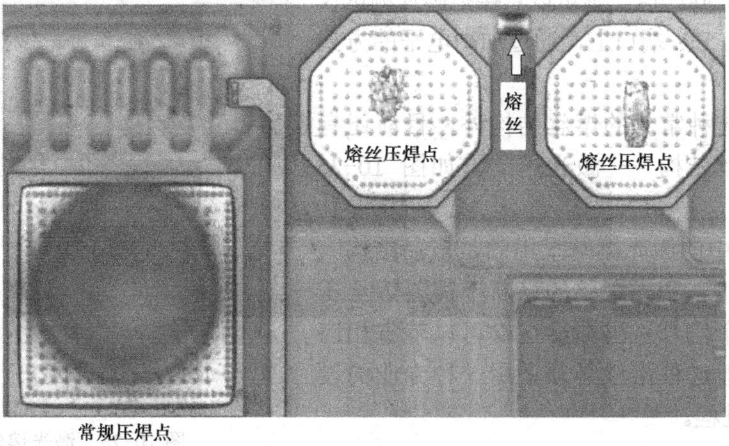

图 10-24　一种常见的熔丝结构

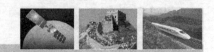

图 10-24 中的常规压焊点就是上面介绍的用于键合金丝的芯片内部具有一定功能的端口引出端，图中圆形图形就是键合金丝后留下的痕迹，这种压焊点的钝化孔通常要求设计为 90 μm×90 μm，不能太小，否则不好键合金丝。图 10-24 中还有一种熔丝压焊点，这种压焊点不需要太大，因为这些压焊点上不会键合金丝，只要能够在测试时扎上探针即可，图 10-24 中有探针扎过的痕迹。两个熔丝压焊点之间的很窄的那一块铝就是熔丝。在圆片测试的时候，可以通过在两个熔丝压焊点上施加高电压或者大电流，熔断这块铝。有一个明显的标记是这块铝上面的钝化层是开孔的，其目的是为了便于熔断熔丝。除了可以用铝来做熔丝外，还可以用多晶做熔丝。

以上熔丝结构是设计在两个熔丝压焊点之间的，有时也可以设计在一个熔丝压焊点和另一个固定电位点如 GND 之间，如图 10-25 所示。

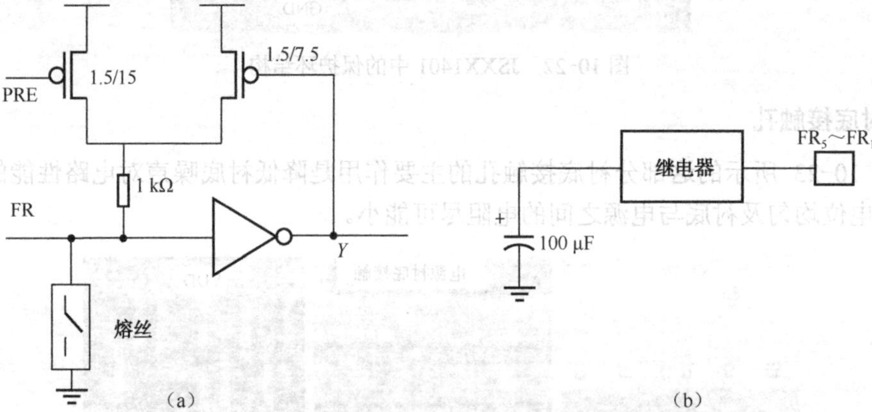

图 10-25　设计在一个压点和另一个固定电平之间的熔丝

图 10-25 中的 FR 就是熔丝压焊点，假设这样的压焊点有 FR_1～FR_5 共 5 个，那么这些熔丝压焊点与 GND 之间的熔丝可以利用如图 10-25（b）所示的方式来熔断。即在熔丝压焊点上接一个继电器和一个 100 μF 的电容。预先给电容充满电，然后闭合继电器，电容放电就可以将熔丝烧断。还有一种方式是利用 10.5.3 节中介绍的圆片测试仪来进行，如果圆片测试仪的通道输出电流能力达到 500 mA，则可以直接把圆片测试仪的通道接到以上 FR 端口上，通过加高电平的方式把熔丝烧断。

除了上述这种常见的熔丝结构外，目前还有一种新型的熔丝结构——激光熔丝，如图 10-26 所示。

图 10-26 中的激光熔丝采用的是多晶结构。跟普通熔丝相比，激光熔丝的熔断不需要熔丝压焊点，只需要两个信号引出端，这样可以节省相应的芯片面积，但这种熔丝必须采用一种专业的设备来完成熔断过程。

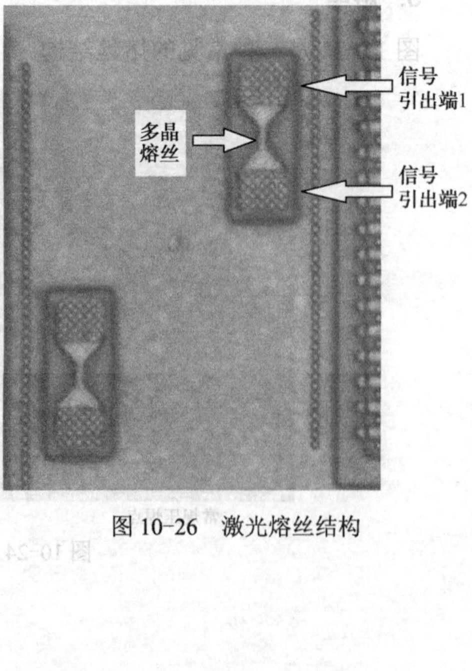

图 10-26　激光熔丝结构

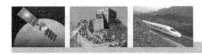

10.3 JSXX1401 电路中的数字单元和模块

JSXX1401 电路中的数字单元包括常见的逻辑门、锁存器、触发器等，该电路还包括了分频器等功能模块。

10.3.1 MOS 逻辑门

以 5.3.1 节中介绍过的 AOI22 为例，图 10-27 为该逻辑门的三层版图照片。

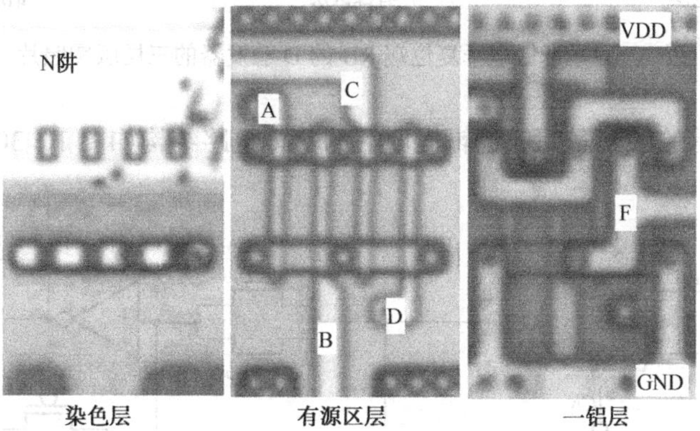

图 10-27　AOI22 逻辑门的三层版图照片

其他基本逻辑门和组合逻辑门的版图形式都可以参照图 10-27。

10.3.2 锁存器

以一个 RS 锁存器为例，该单元由两个与非门组成反馈回路，其三层版图照片和相应的逻辑图分别如图 10-28 所示。

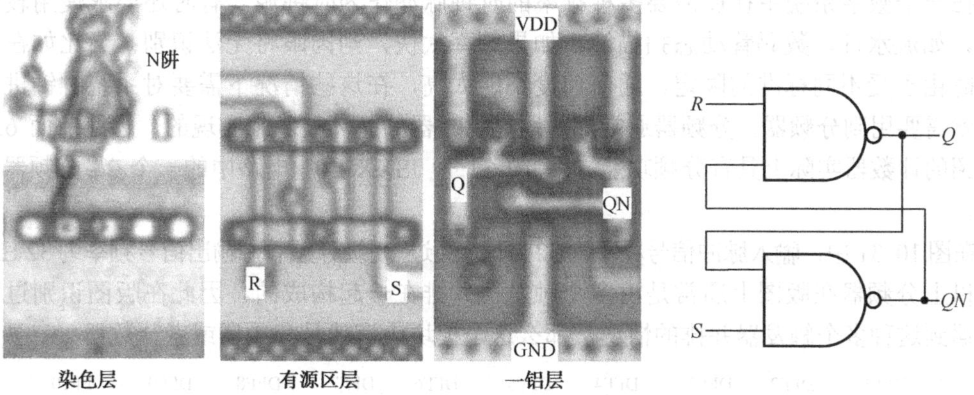

图 10-28　RS 锁存器的三层版图照片和相应的逻辑图

10.3.3 触发器

图 10-29 为 JSXX1401 电路中带低电平复位端 RB 的 D 触发器的三层版图照片。

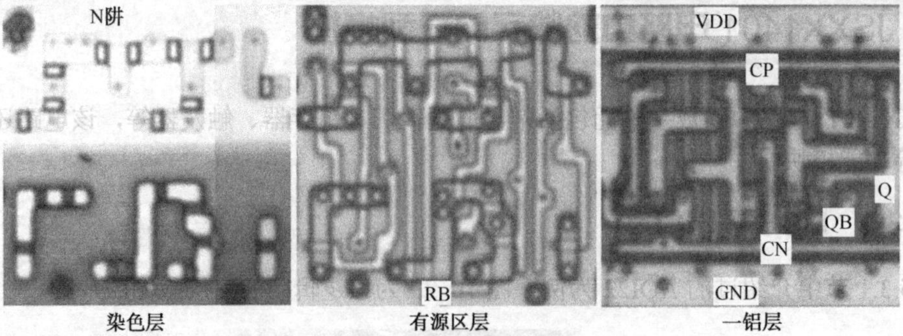

图 10-29 带低电平复位端 RB 的 D 触发器的三层版图照片

如图 10-29 所示的触发器完成逻辑提取后的具体电路结构如图 10-30 所示。

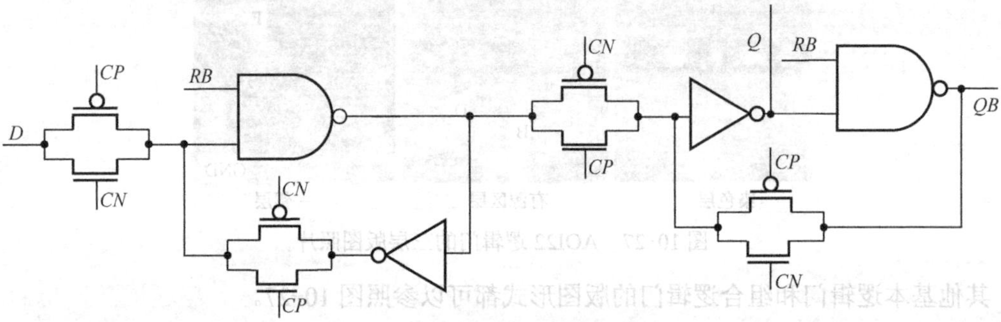

图 10-30 触发器的电路结构

10.3.4 分频器

在一个数字系统中往往需要多种频率的时钟脉冲作为时钟源，有时还要求使用较低的频率，如流水灯、数码管动态扫描等，如果频率太快，则肉眼将无法识别；又比如在进行通信时由于受不同标准的限定，通信速度不能太高，在这些情况下需要对系统时钟进行分频，就需要用到分频器。分频器通常都是通过计数器的循环技术来实现的，因此前面 6.6 节中介绍的计数器实际上具有分频功能。图 10-31 为 JSXX1401 电路中的一个 2^{10} 分频器的逻辑图。

在图 10-31 中，输入脉冲信号频率为 32 kHz，经过 10 级分频后，输出信号频率为 32 Hz。

以上分频器在版图上通常是由多个触发器并排在一起构成的，因此在版图识别过程中如果遇到这种多个触发器并排的情形，那么这个模块应该就是分频器或者计数器。

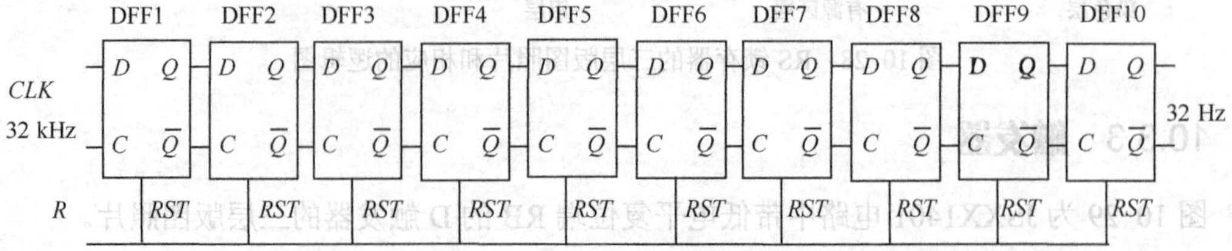

图 10-31 2^{10} 分频器逻辑图

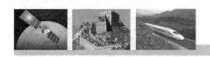

10.4 JSXX1401 电路中的模拟模块

JSXX 1401 电路中包含了上电复位、输入上下拉、大驱动和 RC 振荡器等模拟模块。

10.4.1 上电复位电路

电路中之所以用到上电复位电路是因为电路在上电前有很多不确定状态。为了将上电时电路内部所有状态确定下来就必须用到上电复位电路，否则无法保证电路功能的准确性和稳定性。图 10-32 是 JSXX1401 电路中的上电复位电路结构。

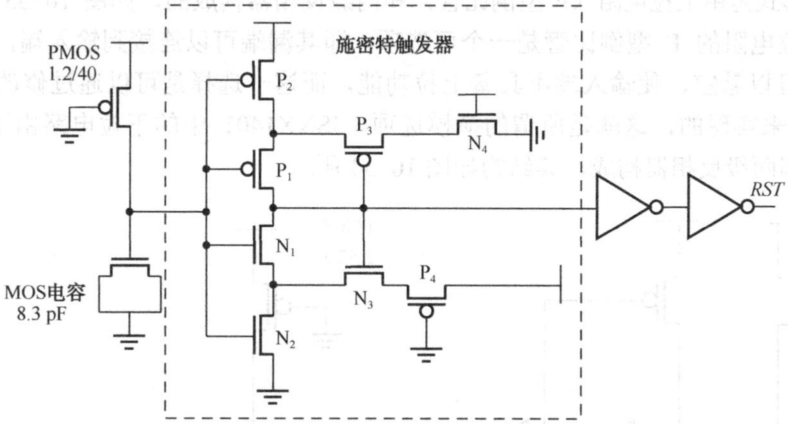

图 10-32　JSXX1401 电路中的上电复位电路结构

该电路是由一个 PMOS 管、一个 MOS 电容、一个施密特触发器及两个反相器构成的。图 10-32 中 PMOS 管是个倒比管，其宽长比为 1.2/40，因此其作用相当于一个上拉电阻。MOS 电容在此处起到充放电的作用。施密特触发器是一个带迟滞窗口的反相器。最后两级反相器的作用是加大 *RST* 信号的驱动能力。

下面给出图 10-32 中 PMOS 管的导通电阻计算公式。

图 10-32 中的倒比管的导通电阻是一个变化值，因为在上电时图中的 MOS 电容充电，V_{DS} 是不断变化的，因此等效的沟道电阻也是持续变化的。这里要计算的倒比管的导通电阻应该是一个平均值。由于该管大部分时间工作在线性区，因此根据线性区的电流-电压方程，可以得到导通电阻为

$$R_{on}=\frac{1}{\mu_p C_{ox}\dfrac{W}{L}\left[\left(V_{GS}-V_{TP}\right)-\dfrac{V_{DS}}{2}\right]} \quad (10\text{-}1)$$

当该倒比管工作在深线性区时，即满足 $V_{DS}\ll 2(V_{GS}-V_{TP})$ 这个条件时，导通电阻最小，式（10-1）可以简化为

$$R_{on}=\frac{1}{\mu_p C_{ox}\dfrac{W}{L}\left(V_{GS}-V_{TP}\right)} \quad (10\text{-}2)$$

式中，空穴迁移率 μ_p=160 $cm^2/(V\cdot S)$；单位面积氧化层电容 $C_{ox}=\varepsilon_0\varepsilon_{SiO_2}/t_{ox}$；真空介电常数 $\varepsilon_0=8.854\times10^{-12}$ F/m；二氧化硅相对介电常数 $\varepsilon_{SiO_2}=3.9$；氧化层厚度 $t_{ox}=1.25\times10^{-8}$ m；华润上

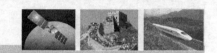

华0.5 μm工艺的 V_{TP}=0.97 V，定义 V_{DD}=5 V。将有关数据代入式（10-2），得到 R_{on}=21 kΩ，而正常情况下倒比管的导通电阻将比该值大。

10.4.2　输入上下拉结构

上下拉电路主要是针对电路中当输入信号悬空时，为使电路有一个稳定的输出而在电路中增加的一种结构，其中上拉电路的输出恒为 1，下拉电路的输出恒为 0。JSXX1401 电路中的上拉电路有两种形式，一种是一个上拉的 PMOS 管作为上拉电阻，然后另外一个 PMOS 管和一个反相器作为输入锁存，再另外加一个反相器，其结构如图 10-33（a）所示。上拉电路的另一种形式是由上拉电阻（P 型倒比管）和两级反相器构成的，如图 10-33（b）所示，其中作为上拉电阻的 P 型倒比管是一个可选项，即其漏端可以连接到输入端，从而具有上拉功能；也可以悬空，使输入端不具备上拉功能，而这一选择是可以通过修改一块掩模版（如二铝层）来实现的，这就是所谓的掩模选项。JSXX1401 中的下拉电路由下拉电阻（N 型倒比管）和两级反相器构成，其结构如图 10-34 所示。

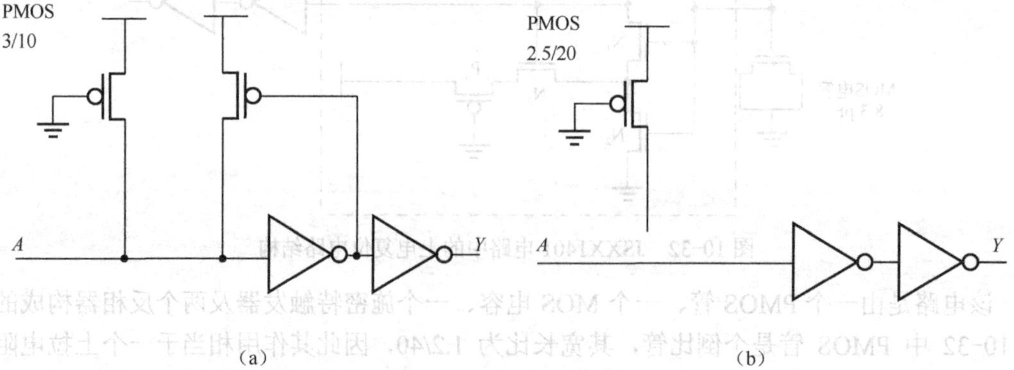

图 10-33　两种上拉电路结构

下面给出图 10-33（a）中倒比管 PMOS 的电阻计算公式。

图 10-33（a）中倒比管 PMOS 起到上拉作用，即将输入电平上拉到 V_{DD}，其导通电阻与 V_{DS} 有关，由于 V_{DS} 是变化的，因此导通电阻也是持续变化的。通常计算的上拉电阻是指 V_{DS}=V_{DD} 时的等效电阻值。这是由于 $V_{DS}>V_{GS}-V_{TP}$，因此管子工作在饱和区，应该采用以下电流-电压方程：

$$I_{DS}=\mu_p C_{ox}\frac{W}{L}\frac{(V_{GS}-V_{TP})^2}{2} \tag{10-3}$$

因此导通电阻计算公式为

$$R_{on}=\frac{V_{GS}}{\mu_p C_{ox}\dfrac{W}{L}\dfrac{(V_{GS}-V_{TP})^2}{2}} \tag{10-4}$$

同样将有关数据代入式（10-4），可以得到导通电阻 R_{on}=5.2 kΩ。

上下拉电路的版图设计中要考虑衬底噪声的影响。所谓衬底噪声是指源、漏与衬底 PN 结正偏导通，使得衬底电位产生抖动偏差。解决方法是尽量把衬底与地的接触孔位置和该位置管子的衬底注入极的距离减小，因为这种距离对衬底电位偏差影响非常大，同时还要求衬底接触孔的数量要足够多，保证衬底与电源的接触电阻较小。

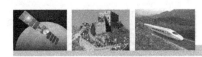

10.4.3　大驱动结构

在保证性能前提下为了使其所占用的面积尽可能小，芯片内部电路的尺寸通常都设计得比较小，其宽长比（W/L）通常只比 1 稍大一些。这种小管子本身的输入电容很小，管子间的连线也很短，因此分布电容小，工作速度可以做得比较高。这种小管子对负载的驱动能力较差，也就是说不能驱动大的电容负载，也不能提供大电流驱动外部的电流负载，因此芯片内部电路的输出端不可直接连接到压焊点上进行输出。

为了在不增加内部电路负载的条件下获得大的输出驱动，在 CMOS 电路设计中广泛采用缓冲输出的办法，即在内部电路的输出端串联两级反相器，这两级反相器的器件尺寸是逐级增大的，由小尺寸驱动中尺寸，中尺寸驱动大尺寸，驱动能力逐级增大。最后一级反相器直接连接到压焊点上（即 CMOS 驱动）或者驱动一个 NMOS 管，而 NMOS 管连接到压焊点上（即开漏输出），这个反相器或者 NMOS 管通常称为大驱动器，其尺寸可以根据输出电流的大小和输出波形参数的要求进行设计。如果两级反相器的缓冲输出达不到输出驱动的要求，还可以再增加两级反相器。图 10-35 显示的是 JSXX1401 电路中的两个大驱动器的逻辑图。

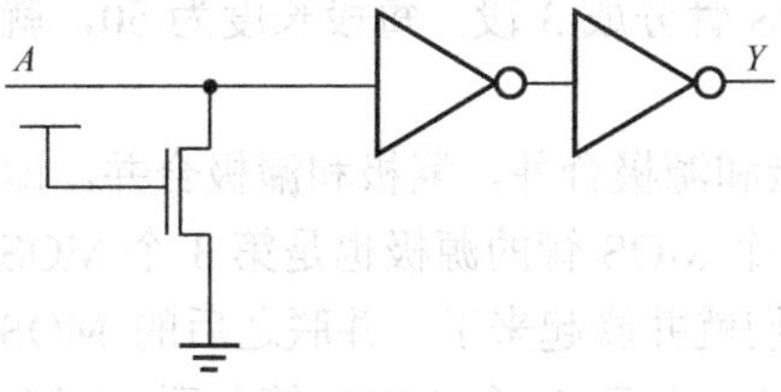

图 10-34　下拉电路结构

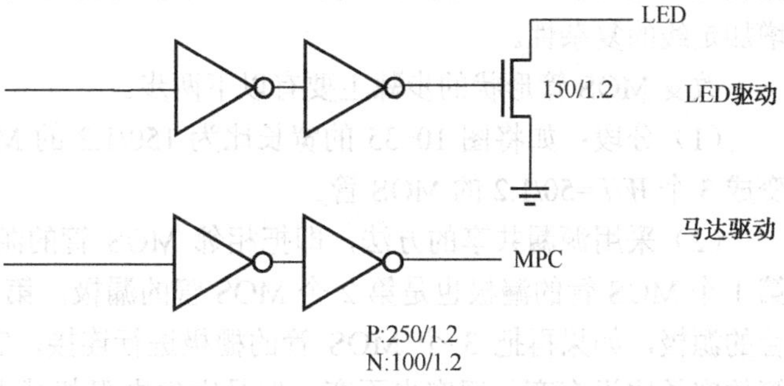

图 10-35　JSXX1401 电路中的两个大驱动器的逻辑图

图 10-35 中 LED 驱动管（开漏输出）的宽长比为 150/1.2，电动机驱动反相器（CMOS 驱动）的宽长比为：P 管 250/1.2，N 管 100/1.2。

首先来计算一下以上宽长比的大驱动管子能够提供的最小驱动电流（最低电源电压情况下）。

1. LED 驱动

LED 驱动是开漏输出，在输出为低电平时，漏电流 I_L 越大，则输出电压 V_O 越大，现在要计算的驱动电流 I_{Lmin} 为 $V_O=V_{OL}$ 时的输出电流，在这里定义工作电压 V_{DD}=4.5 V，V_{OL}=0.5 V。

采用华润上华 0.5 μm 工艺，V_{TN}=0.72 V，由于 $V_{DS}=V_{OL}<(V_{GS}-V_{TN})$=4.5−0.72=3.78 V，因此大驱动管工作在非饱和区（线性区）时，其驱动电流计算公式为

$$I_{\mathrm{Lmin}} = \mu_{\mathrm{n}} C_{\mathrm{ox}} \frac{W}{L}\left[\left(V_{\mathrm{GS}}-V_{\mathrm{TN}}\right)V_{\mathrm{OL}} - \frac{V_{\mathrm{OL}}^{\ 2}}{2}\right] \tag{10-5}$$

式中，电子迁移率 μ_n=450 $cm^2/(V\cdot S)$；单位面积氧化层电容 $C_{ox}=\varepsilon_0\varepsilon_{SiO_2}/t_{ox}$；真空介电常数

ε_0=8.854×10^{-12} F/m；二氧化硅相对介电常数 ε_{SiO_2}=3.9；氧化层厚度 t_{ox}=1.25×10^{-8} m。将这些数据代入式（10-5），计算得到 I_{Lmin}=27.4 mA。

2. 电动机驱动

电动机驱动为 CMOS 输出，当输出高电平时，电流 I_H 越大，则输出电压 V_O 越大，现在要计算的驱动电流 I_{Hmin} 为 $V_O=V_{OH}$ 时的输出电流，在这里定义 $V_{OH}=0.5V_{DD}$=2.25 V。

采用华润上华 0.5 μm 工艺，V_{TP}=0.97 V，由于 $V_{DS}=V_{OH}<(V_{GS}-V_{TN})$=4.5−0.97=3.53 V，因此电动机驱动中宽长比为 250/1.2 的 P 管也是工作在非饱和区（线性区）。采用以上相同的公式，其中空穴迁移率 μ_p=160 $cm^2/(V\cdot S)$，氧化层厚度 t_{ox}=1.25×10^{-8} m，将这些数据代入以上表达式，计算得到 I_{Hmin}=49.8 mA。

然后进行版图设计。如果按照通常的 MOS 管的版图设计方法，大宽长比的 MOS 管的版图将画成很长的矩形，这样在整个版图中很难与相邻的中小尺寸管子形成和谐的布局。从器件性能来说也可能因栅极太长而使信号幅度衰减，因此必须要改变 MOS 管的图形形状。在实际版图设计中常采用叉指结构的 MOS 管，在这种结构中，每一个指状晶体管的宽度的选取要保证该晶体管的栅电阻小于其跨导的倒数。把一个晶体管分成多个并联指状晶体管，虽然可以减小栅电阻，但是源漏区的周边电容变大了，这就需要在指状数目和指状宽度之间进行折中，或采用在栅极两端都接金属引线的方法来减少栅极电阻，但这样做会增加走线的复杂性。

改变 MOS 管形状的步骤主要有以下两步。

（1）分段：如将图 10-35 的宽长比为 150/1.2 的 MOS 管分成 3 段，每段长度为 50，就变成 3 个 W/L=50/1.2 的 MOS 管。

（2）采用源漏共享的方法，即把相邻 MOS 管的源极和源极合并，漏极和漏极合并。即第 1 个 MOS 管的漏极也是第 2 个 MOS 管的漏极，第 2 个 MOS 管的源极也是第 3 个 MOS 管的源极，如果再把 3 个 MOS 管的栅极进行连接，它们就并联起来了。并联之后的 MOS 管的宽长比没有变，栅宽也不变，但是寄生电阻却减小了。由于 3 个 MOS 管并联，每个 MOS 管的宽长比为原来大 MOS 管宽长比的 1/3。如果并联管的数目为 N，则每个并联管的宽长比就只有大尺寸 MOS 管宽长比的 1/N。由于源区和漏区的金属形状像交叉的手指，因此这种布局又称为叉指结构，它的优点是整个版图的几何形状可以被调整为方形或接近方形。输出缓冲级中的大尺寸 MOS 管的栅极长度 L 通常要比设计规则所规定的长度稍大一些，以改善器件的雪崩击穿特性。如图 10-35 中的大管子 L 取 1.2 μm，而芯片内部管子的 L 通常取 0.5 μm。在保持 W/L 不变的前提下，增大 MOS 管的 L，其宽度也要增大，因此 MOS 管占用的面积也会相应增大。

10.4.4 RC 振荡器结构

振荡器是 CMOS 模拟集成电路中的基本电路单元，用于产生电路所需要的时钟信号。JSXX1401 电路中有两个 RC 振荡器，它们都属于产生方波的多谐振荡器，也称张弛振荡器或充放电振荡器，这种振荡器的工作特点是储能元件（通常是一个电容）在电路两个门限电平之间来回充电和放电。假设电路保持在一种暂稳态，当储能元件上的电位达到两个门限电平中的某一个值时，电路转换到另一种暂稳状态，然后储能元件上的电位往相反方向变化，当其到达另一个门限电平时，电路返回原来的暂稳状态，如此循环，形成振荡。

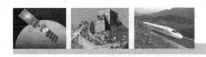

JSXX1401 电路中的两个 RC 环形振荡器是典型的张弛振荡器，是由奇数个反相器首尾相连组成的，这两个振荡器的频率有所区别，下面分别介绍。

低频振荡器的逻辑如图 10-36 所示。

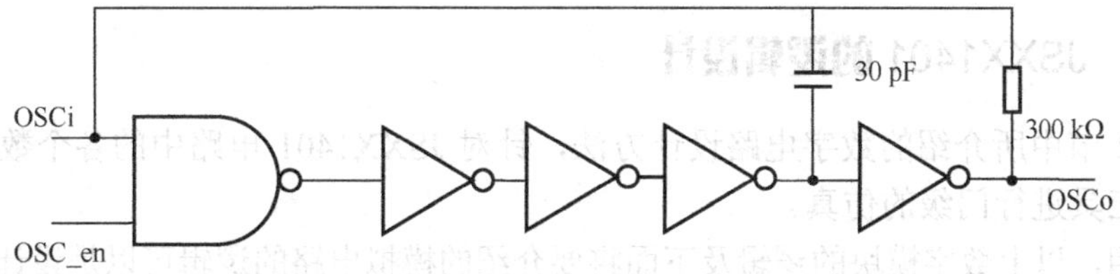

图 10-36　低频振荡器的逻辑

如图 10-36 所示的振荡器有两个输入端，一个是振荡器输入端 OSCi，另外一个是振荡器使能输入端 OSC_en，用于控制振荡器是否起作用。当 OSC_en 为低电平时，振荡器无法起振，因而不起作用。除了以上两个输入端外，还有一个振荡器输出端 OSCo，以及一个电阻和一个电容。

高频振荡器的逻辑如图 10-37 所示。

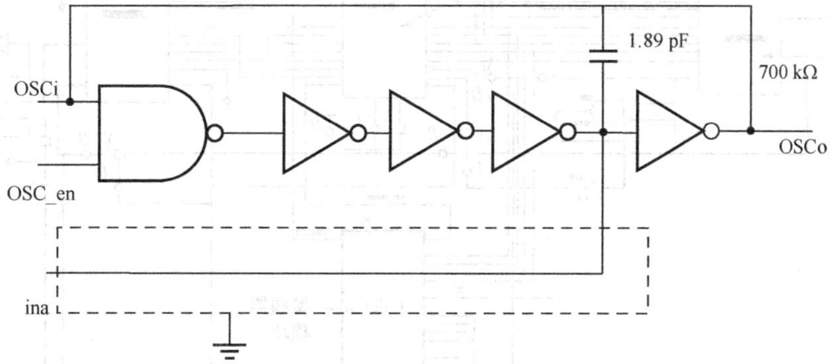

图 10-37　高频振荡器的逻辑

如图 10-37 所示的高频振荡器同样有两个输入端 OSCi 和 OSC_en 和一个输出端 OSCo；另外还有一个双向端口 ina，这个端口信号对整个高频振荡器来说非常重要，即 ina 这根线非常“敏感”，在设计版图的时候，需要重点考虑，简述原理如下。

在集成电路版图设计中，如果连线较长，那么连线的平板电容和边缘电容会使工作速度降低，更重要的是，线间电容导致了显著的信号耦合。通过在版图中“屏蔽”敏感信号可以减小这种耦合，通常在敏感信号两边各放置一条地线，这样就把“噪声”干扰线发出的大部分电场线终止于地线而不是该信号线。这样做比单纯地把信号线与干扰线隔开更有效果，但是这种屏蔽所付出的代价是布线更加复杂，同时信号线与地之间的电容变大（线间电容影响）。还可以将敏感信号线用上下两层金属地线包围，完全隔离外部电场线，但是这根信号线的对地电容更大，而且用到了三层金属，会使其他信号的布线变得更复杂。所以，首先 ina 信号线不能太粗，而且尽量用一根金属线完整地从开始走到结尾，如果无法做到，那么就用多晶这一层作为中间的连接，而不要用有源区来连接。另外，为了尽量减少 ina 与芯片内部其他信号的耦合，采用了地线保护的方法。

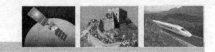

10.5 JSXX1401 的整体设计

通常集成电路的设计分成逻辑设计和版图设计两部分，JSXX1401 电路也是如此，因此下面分两部分进行叙述。

10.5.1 JSXX1401 的逻辑设计

采用 9.2 节中所介绍的数字电路设计方法，针对 JSXX1401 电路中的各个数字模块，用 Verilog-XL 工具进行门级的仿真。

补充说明，以上数字模块的逻辑及下面将要介绍的模拟电路的逻辑可以是设计者自己设计的，也可以参照已有的芯片（即采用 9.1.3 节中所介绍的芯愿景公司相关软件提取得到的逻辑），并在此基础上根据将要设计的 JSXX1401 电路的功能定义进行局部修改而得到的。

图 10-38 为最终设计完成的 JSXX1401 电路的数字模块。

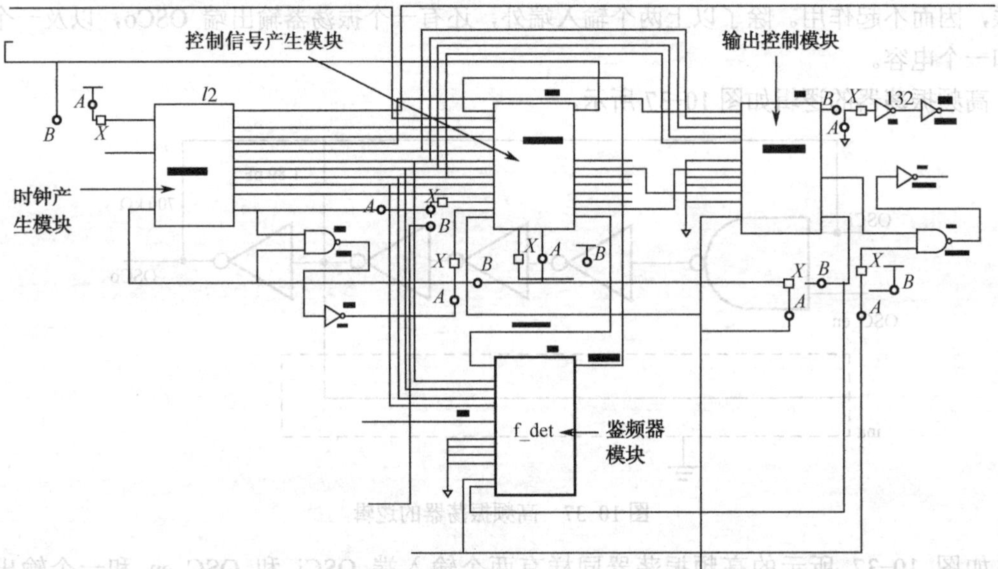

图 10-38　JSXX1401 的数字模块

在进行数字电路设计过程中，需要考虑的一个重要因素是驱动能力，即根据每一级门电路所带的负载来确定这一级门电路的宽长比，在此过程中需要考虑工艺、整个电路的工作频率等因素。对于 JSXX1401 这样一个工作频率不高，采用 0.5 μm 工艺的产品来说，可以采用一种简单的、粗略驱动设计方法，即一个驱动单元带两个负载，而不必根据 MOS 管的伏安特性方程进行复杂的计算，因此准确地统计每一个驱动单元所带的负载显得很重要。对于如图 10-38 所示的数字模块，由于采用了相互嵌套的层次化的设计，因此需要进行仔细统计，这里以整个电路的时钟信号 CLK 为例进行介绍。如图 10-39 所示。

在图 10-39 中，时钟产生模块中的反相器 INV 的输出信号 CLK 要带多个负载，包括控制信号产生模块中的 4 个 dff1 及该模块下的子模块中的 6 个 dff2，以及鉴频器模块中的 2 个 dff3 和输出控制模块中的 4 个 dff4，共计 16 个触发器。假设 dff1～dff4 的结构都与

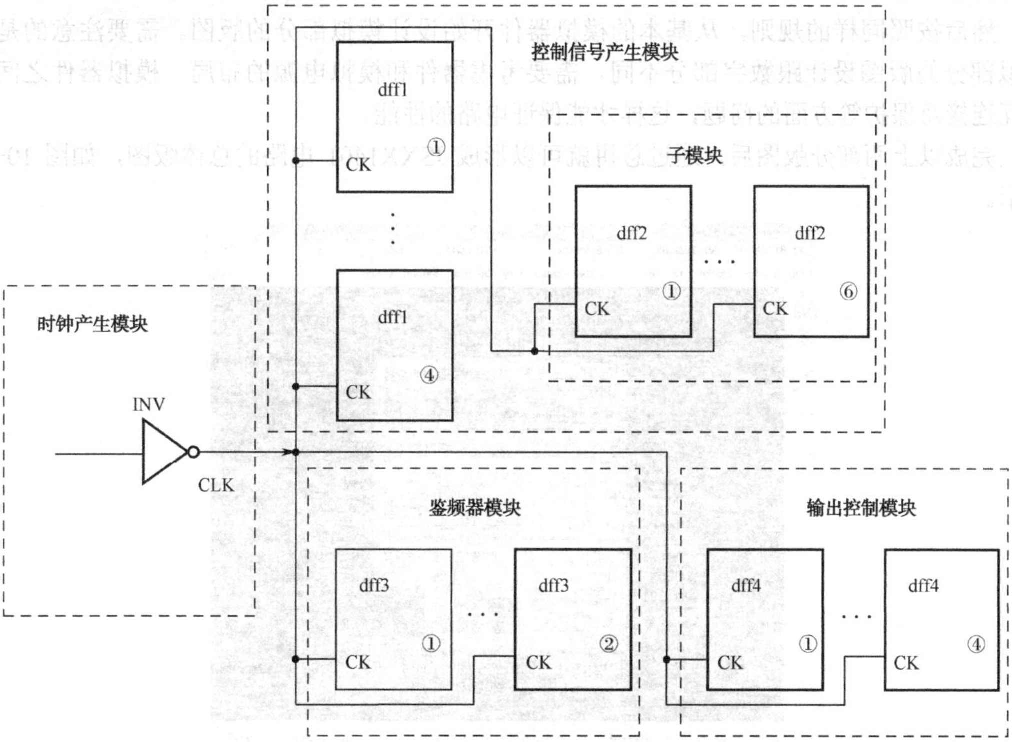

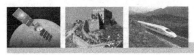

图 10-39　JSXX1401 中一个时钟信号的负载统计

如图 10-30 所示的触发器的结构类似，即每一个触发器的 CK 信号要接到 4 个 PMOS 管和 4 个 NMOS 管的栅极，那么总计 CLK 信号要接到 4×16=64 个 PMOS 管和 NMOS 管。假设这些 PMOS 管和 NMOS 管的宽长比都采用 JSXX1401 电路中使用最多的宽长比，即 PMOS 管为 2.4/1、NMOS 管为 1.2/1，那么根据以上一带二的原则，INV 的 PMOS 管的沟宽需要 2.4 μm×32=76.8 μm、NMOS 管的沟长需要 1.2 μm×32=38.4 μm。

采用 9.3 节中介绍的模拟电路设计方法，对如图 10-32～图 10-37 所示的 JSXX1401 中的各个模拟模块进行 HSPICE 仿真，以验证这些模块的功能和性能指标。

完成以上两部分电路的设计后，逻辑设计工作也就完成了。这种数字电路设计和模拟电路设计分开验证的方法是目前电路设计中经常采用的一种技术。

随着 EDA 技术的发展，还出现另外一种设计自动化程度更高的方法，那就是数模混合仿真的设计方法。例如，Cadence 公司的 AMS-Designer 就是一个能够进行数字和模拟混合信号仿真的环境，在该环境中分别采用 Spectre 和 NC-Verilog 对模拟和数字部分进行仿真。

10.5.2　JSXX1401 的版图设计

由于 JSXX1401 电路的数字部分和模拟部分划分得比较清楚，因此版图设计也可以分成两部分来进行。

首先按照本电路所采用的 CSMC 的 0.5 μm 工艺的设计规则，从基本的逻辑门开始画起，然后逐步拼成数字模块，最后形成总体数字部分版图。

然后按照同样的规则，从基本的模拟器件开始设计模拟部分的版图。需要注意的是，模拟部分的版图设计跟数字部分不同，需要考虑器件和模拟电源的布局、模拟器件之间的相互连接及保护等方面的问题，这样才能保证电路的性能。

完成以上两部分版图后，通过总拼就可以形成 JSXX1401 电路的总体版图，如图 10-40 所示。

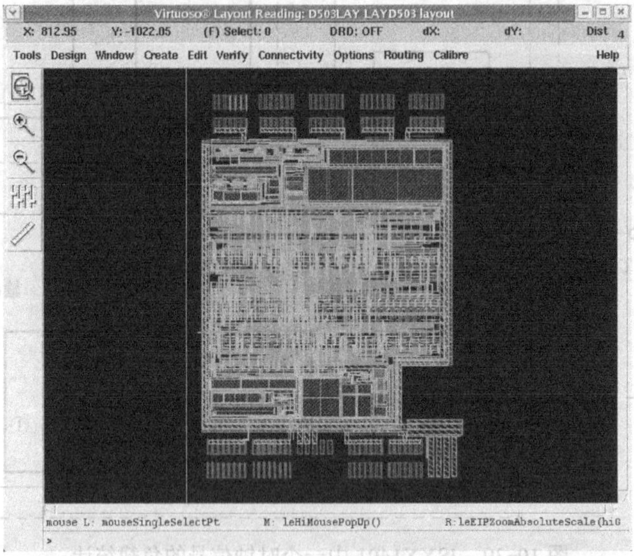

图 10-40 JSXX1401 的整体版图

完成版图设计后，还需要对版图进行验证，包括 DRC（Design Rule Check）验证和 LVS（Logic vs Schematic）验证；其中 LVS 验证所用的逻辑图就是如图 10-38 所示的 JSXX1401 电路的数字模块和如图 10-32～图 10-37 所示的模拟模块的逻辑。

10.5.3 JSXX1401 的测试

在完成集成电路设计后就可以进行集成电路工艺加工，得到集成电路圆片（也称 wafer）。

在一个圆片上有很多颗管芯（也称 Die）。6 in 的圆片上，按照 JSXX1401 的芯片面积，差不多有五千颗的管芯；每一颗管芯放大后就是一颗完整的芯片，如图 10-41 所示。

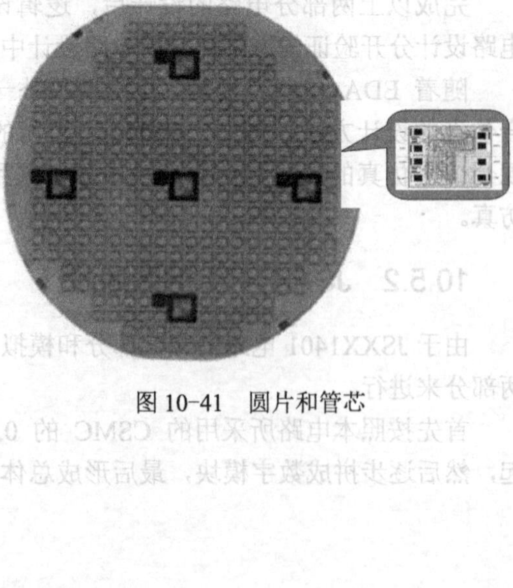

图 10-41 圆片和管芯

由于设计和集成电路加工工艺的原因，以上五千颗左右的芯片并不一定都有正确的功能和良好的性能，因此需要通过集成电路测试环节进行判断。

集成电路的测试需要通过专业的机器即圆片测试仪来进行，并且需要根据芯片的功能和性能指标编写相应的测试程序。

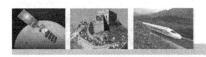

10.5.4　JSXX1401 的封装

在完成以上测试工作后，就可以对圆片进行减薄、划片等，使其成为一颗颗分立的集成电路芯片。这样的芯片还不能使用，需要进行封装。

所谓集成电路封装是指采用一定的材料，以一定的形式将集成电路芯片组装起来，以相对独立、自身完整、易于操作的形式进行系统应用。

在集成电路设计阶段需要考虑封装的可行性。以 JSXX1401 为例，假设该电路需要采用一种名称为 DFNWB 3X3-10L 的封装形式进行封装，那么需要进行如图 10-42 所示的封装可行性评估，图中 1～10 为封装外引脚编号。

图 10-42 中的可封装区域限制了 DFNWB 3X3-10L 这种封装形式所能接受的最大的芯片大小，这个区域通常称为封装腔体，如果芯片面积超出腔体的大小就无法进行封装。

还需要判断每一根键合的金丝是否会跟相邻的压焊点之间有交叉或者部分交叉，如果有，则会影响封装质量和可靠性。因此，在封装形式确定后，就对芯片上压焊点的布局提出了相应的要求，而不能随意分布。

另外，在图 10-24 中，压焊点有一个类似圆形的图形，这就是金丝键合在压焊点上留下来的痕迹，这要求压焊点下面及其周边区域不能有其他器件，否则当金丝键合时打偏就有可能造成整个电路的失效，这点在进行版图设计时也必须注意。

如果在该集成电路实际应用过程中有问题，并且怀疑是封装时键合金丝有误，那么可以对封装好的电路进行 X 光照相，得到如图 10-43 所示的图片。从该图片可以清楚看到金丝的键合情况，对应版图的压焊点可以侦测错误。

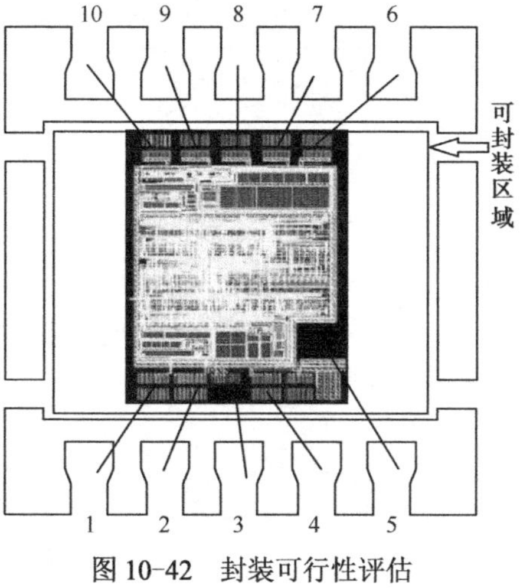

图 10-42　封装可行性评估

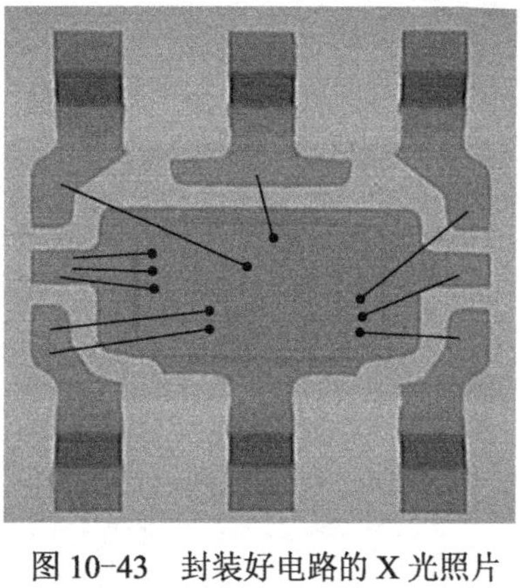
图 10-43　封装好电路的 X 光照片

知识梳理与总结

本章把触摸感应按键集成电路 JSXX1401 作为一个综合实例进行介绍，包括该电路中所包含的各种器件、数字单元和模块、模拟模块等；并具体介绍了该电路的逻辑设计和版图设计流程，测试验证和封装可行性设计等。通过该实例的介绍，读者可以建立一个完整的、真正的集成电路的总体概念。

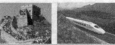

思考与练习题 10

1. JSXX1401 中包含哪些器件？各种器件的结构是怎样的？每一种器件在设计时需要考虑哪些方面的因素？

2. CMOS 集成电路为何要防止 ESD 现象？通常 ESD 保护结构有哪几种类型？分别有什么优缺点？

3. 熔丝是一种什么样的结构？有几种熔丝结构类型？分别有何优缺点？如何辨别熔丝压点和普通压点？

4. JSXX1401 中包含哪些数字单元？

5. JSXX1401 中包含哪些模拟单元？每一种模拟单元设计时需要考虑哪些因素？

6. 对于像 JSXX1401 这样的数模混合电路，通常的设计流程是怎样的？

7. 什么是集成电路的测试？为何要进行集成电路的测试？

8. 为何要进行集成电路的封装可行性评估？如何进行集成电路的封装可行性评估？